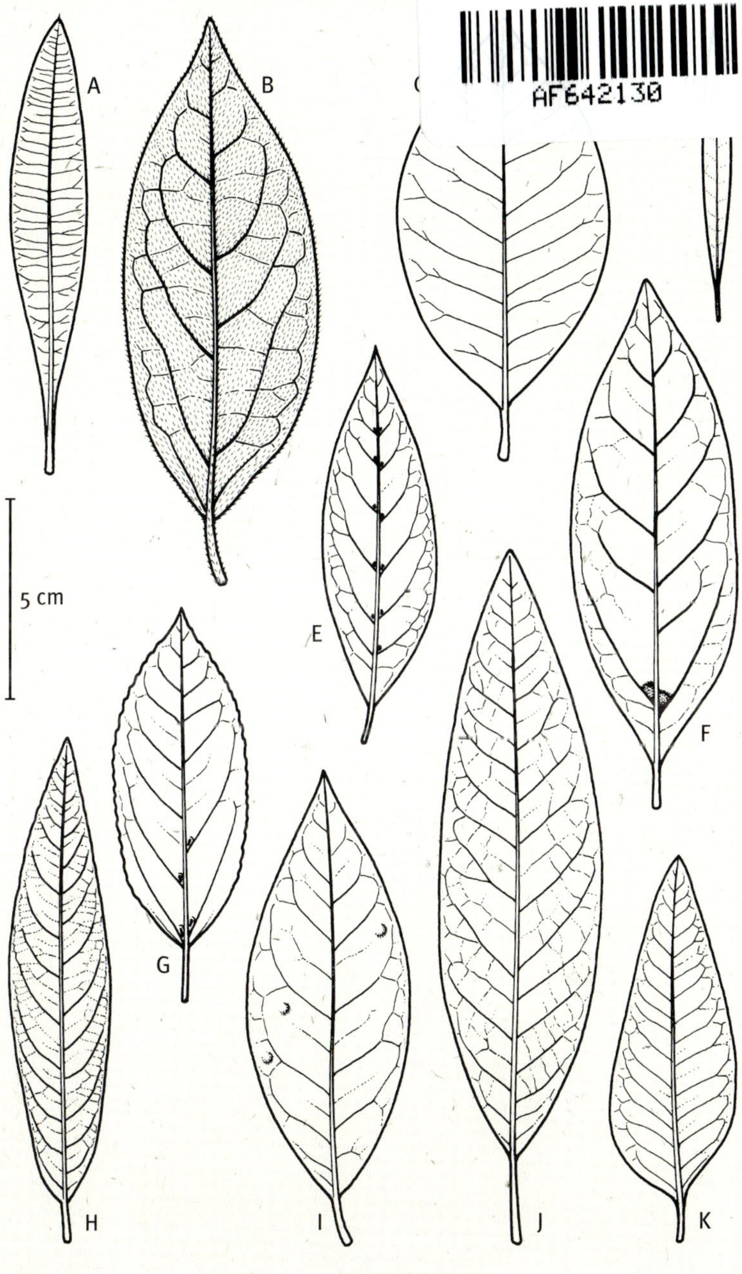
A
B
5 cm
E
F
G
H
I
J
K

PETER UND INGRID SCHÖNFELDER

Die Kosmos Kanaren — flora

KOSMOS

Vorwort

Die Flora der Kanarischen Inseln hat Fachbotaniker wie Naturfreunde aus aller Welt schon seit dem Besuch Alexander von Humboldts vor über 200 Jahren begeistert. Dies mag sehr verschiedene Gründe haben: Vor allem dürfte es die Vielfalt der Flora und Vegetation auf engstem Raum sein, die vom halbwüstenartigen Sukkulentenbusch der trockenen unteren Stufe bis zu den immergrünen Lorbeerwäldern der nebelfeuchten Bergwaldstufe der Nordseiten und bis zu den Teideginster-Gebüschen der hohen Gebirge reicht. Es dürfte auch die Tatsache eine Rolle spielen, dass von den – nach heutiger Kenntnis – über 2200 Arten und Unterarten rund ein Drittel endemisch sind, d.h. in ihrem Vorkommen ganz auf die Kanaren bzw. Makaronesien, manchmal nur auf eine oder wenige Inseln, ja nur ein kleines Gebiet beschränkt sind. Viele dieser Kanarenpflanzen sind Relikte von Formenkreisen, die in vergangenen Erdzeitaltern weiter verbreitet waren und sich hier in einem konstant warmen Klima erhalten oder in der Isolation der Inseln mit ihren vielfältigen Standorten als neue Sippen gebildet haben. So werden die Kanaren zu Recht auch als die Galapagos-Inseln der Botaniker bezeichnet.

Der „normale" Urlauber mag zunächst enttäuscht sein, wenn er in einer trockenen, wüstenartigen Landschaft, zum Beispiel im Süden Tenerifes landet. In der Umgebung seines Hotels wird er aber bald auf die vielen und zugegebenermaßen äußerst attraktiven, tropischen und subtropischen Zierpflanzen aus allen Erdteilen treffen, die in den Parks und Gärten mit Bewässerung so gut gedeihen. Nur wenn er dann die vielen Wandermöglichkeiten auf heute teilweise wieder freigelegten alten Eselspfaden, auf den Wegen bergauf oder bergab durch die Barrancos oder aber bequemer auf Forststraßen entdeckt, hat er die Möglichkeit, die Eigenart der Kanareninseln und ihrer heimischen Flora kennenzulernen. Dabei wird er vielleicht auch die „wilden" Verwandten der Cinerarien aufspüren, die er im Spätwinter als Topfpflanze gekauft hat, oder auf die „Margeriten-Bäumchen" treffen, die zu Hause auf seiner Terrasse stehen. Jede der sieben Inseln hat ihren eigenen Charakter, den man bei einem ersten Besuch nur bruchstückhaft aufnehmen kann. Auf allen Wanderungen – auch zu den verschiedenen Jahreszeiten – wird man wieder neue Pflanzen und ihre Standorte „entdecken", und auch die Wissenschaftler finden noch jedes Jahr neue, bisher unbeschriebene Arten.

Die Idee eines Bildbandes über die Kanarenflora hatten wir schon vor 45 Jahren nach unseren ersten Exkursionen (seit 1966). Inzwischen haben wir alle Kanareninseln oft besucht und noch jedes Mal für uns neue Erkenntnisse gewinnen können. In diesem Band möchten wir Ihnen einen Eindruck von dieser faszinierenden Pflanzenwelt geben und Ihnen helfen, Ihre Neuentdeckungen zu benennen. Ein besonderes Anliegen ist uns auch der Schutz dieser einmaligen Pflanzenwelt und ihrer Standorte, an deren Gefährdung der wachsende Tourismus nicht unbeteiligt ist.

In der stark bearbeiteten 3. Auflage konnte die Zahl der abgebildeten Arten und Unterarten um etwa ⅓ erhöht und die meisten Fotos durch neuere, überwiegend digitale ersetzt werden. Im Text wurden die endemischen Arten – unter Berücksichtigung zahlloser neuerer Veröffentlichungen – möglichst vollständig dargestellt, die übrigen nur in einer Auswahl der auffälligsten. Eine größere Anzahl der meist einjährigen mediterranen Arten findet sich in der „Kosmos-Mittelmeerflora" mit Angaben zum Vorkommen auf den Kanarischen Inseln.

Wir möchten es nicht versäumen, einer Reihe von Kollegen und Freunden auf den Kanaren und in Deutschland zu danken, von denen wir lernen konnten und vielfältige Unterstützung erfahren haben. Stellvertretend nennen wir Prof. Dr. W. Wildpret de la Torre und Prof. Dr. J. M. Fernández-Palacios, La Laguna, R. Barone Tosco, Sta. Cruz de Tenerife, S. Scholz, Jandía, Prof. Dr. A. Hohenester (†) und Dr. W. Welß, Erlangen, sowie Dr. V. Voggenreiter (†). Außerdem danken wir den im Impressum genannten Bildautoren, die uns mit Fotos seltener Arten unterstützt haben. Unser Dank gilt schließlich dem Verlag Franckh-Kosmos, der das Zustandekommen der inhaltlich erweiterten 3. Auflage ermöglicht hat, und nicht zuletzt unseren Lektoren Carsten Vetter, Rainer Gerstle und Claudia Salata, die in bewährter Weise das Buch betreut haben.

Die vorliegende 4. Auflage wurde vielfältig korrigiert und dem neuesten Stand der vor allem auf molekular-genetischen Untersuchungen beruhenden Benennung der Arten und Familien angepasst.

Ingrid und Peter Schönfelder

Zur Geschichte der Erforschung der Flora

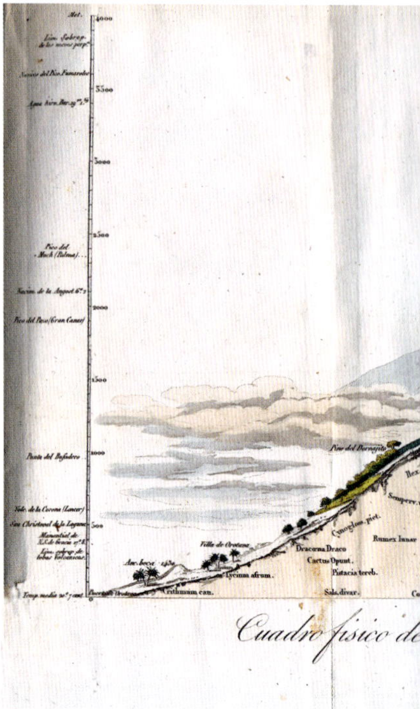

Auf seiner Reise nach Südamerika machte Alexander von Humboldt zwar nur eine Woche (19. bis 25. Juni 1799) auf Teneriffa Halt, aber der Bericht über seine Besteigung des Pico del Teide ebenso wie sein Vegetationsprofil mit der Eintragung von Vegetationsstufen („Region") und zahlreichen Pflanzenarten bildeten eine wichtige Anregung für die Erfassung der Pflanzenwelt. Bereits 1825 hat Leopold von Buch eine Beschreibung der „Canarischen Inseln" veröf-fentlicht, mit einem Verzeichnis der bis dahin dort gefundenen Arten, mit zahlreichen unveröffentlichten Neufunden von Christen Smith und vielen Erstbeschreibungen, insbesondere von Johann Heinrich Friedrich Link. Die intensivere Erfassung der Flora der Kanarischen Inseln beginnt mit der ersten vollständigen Flora, der 3-bändigen Phytographia Canariensis von Philip Barker-Webb und Sabin Berthelot (1836–1840) in lateinischer Sprache. Sie enthält weitere Erstbeschreibungen zahlloser Arten mit vielen ausgezeichneten, gestochenen Tafeln, die teilweise von Hand koloriert wurden.

Im 20. Jahrhundert beginnt die intensivere Forschung mit J. Bornmüllers „Ergebnissen zweier botanischer Reisen nach Madeira und den Canarischen Inseln", veröffentlicht 1904 in den Botanischen Jahrbüchern. Eine weitere Übersicht der Gefäßpflanze mit zahlreichen Fundortsangaben der einzelnen Inseln bringt die Florenliste von Pitard & Proust (1908). Deutschsprachige Übersichten bringen Leonhard Lindingers „Beiträge zur Kenntnis der Vegetation und Flora der kanarischen Inseln" (1926) und Oscar Burchards „Beiträge zur Ökologie und Biologie der Kanarenpflanzen" (1929).

In der 2. Hälfte des 20. Jahrhunderts beginnt weltweit die Beschäftigung mit einzelnen Gattungen der Kanaren, was zur Beschreibung zahlreicher weiterer endemischer Arten führt. Für die Kenntnis der Flora wichtig waren die neueren Florenlisten, die 1974 mit einer Liste für ganz Makaronesien von O. Eriksson, A. Hansen und P. Sunding begann und heute fortgeführt wird durch Listen für die einzelnen Inselgruppen, herausgegeben von den jeweiligen Regierungen. Die letzte Liste für die Kanaren erschien 2009.

An der Universität von La Laguna, Teneriffa, beginnt die Beschäftigung mit der heimischen Flora mit der Berufung von Wolfredo Wildpret de la Torre auf den Lehrstuhl für Botanik (1975). Mit zahlreichen Mitarbeitern (u. a. Juan Ramón Acebes Ginovés, Marcelino del Arco Aguilar, Esperanza Beltrán Tejera, Antonio García Gallo, María Catalina León Arencibia, Victoria Eugenia Martín Osorio, Pedro Luis Pérez de Paz, Octavio Rodríguez Delgado und Irene E. La Serna Ramos) findet umfangreiche Forschung an der heimischen Flora und Vegetation statt, ebenso wie an den Botanischen Gärten von Puerto Cruz (Jardín de aclimatación de La Orotava: Erik R. Sventenius, Arnoldo Santos, Alfredo Reyes Betancort u. a.) und in Tafira Alta, Gran Canaria (Jardín Botánico Viera y Clavijo: Erik R. Sventenius, David Bramwell, Juli Caujapé Castells u. v. a.).

In den letzten Jahrzehnten nimmt das Interesse an der Kanarenflora weltweit zu. Die neuen Methoden der Molekularbiologie führen zu immer genaueren Kenntnissen der Evolution der Kanarenpflanzen, aber auch zur Beschreibung vieler neuer Sippen. Erfreulicherweise sind heute die meisten klassischen Werke

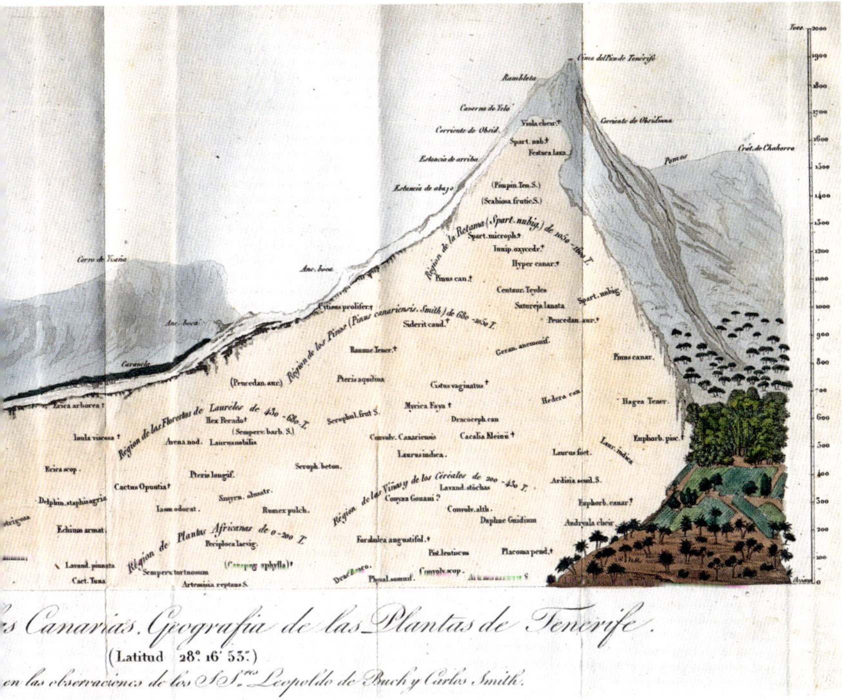

Cuadro fisico de las Islas Canarias. Geografia de las Plantas de Tenerife aus: Humboldt, A. de & A. Bonpland: Viage a las regiones equinocciales del nuevo continente. Paris 1826

ebenso wie viele der neuesten Beschreibungen einzelner Arten im Internet zugängig.

Schließlich sind in neuerer Zeit auch eine Reihe von populärwissenschaftlichen Büchern über die Kanarenflora erschienen, zunächst von Bramwell (1974) in englischer Sprache, später auch weitere Auflagen in spanischer und deutscher Sprache. Eine erste Exkursionsflora erschien 1993 in deutscher Sprache von Hohenester & Welß. Zuletzt wurde ein umfangreiches Buch von Muer, Sauerbier u. Cabrera Calixto (2016) veröffentlicht, das fast alle Arten und Unterarten beschreibt und mit Fotos illustriert (wiederum in deutscher Sprache).

Smilax canariensis aus: Webb, P. B. & Berthelot, S.: Histoire naturelle des îles Canaries. III. Botanique. 2. Phytographia canariensis. Paris 1836–1840

Lage, geologische Entstehung und Oberflächenformen

Die Kanarischen Inseln liegen vor der Küste Südmarokkos im Atlantischen Ozean, ihre nächste Entfernung zum afrikanischen Kontinent zwischen Marokko und Fuerteventura beträgt 94 km. So gehören die Kanaren geografisch zu Nordafrika. Zwischen 13° 28' und 18° 10' westlicher Länge und zwischen 27° 37' und 29° 25' nördlicher Breite befinden sie sich südlicher als der Südrand des Mittelmeergebietes. Zusammen mit den Inselgruppen der Azoren, Madeiras, den Selvagens Inseln, den Kapverden und einigen küstennahen Gebieten SW-Marokkos werden sie als Florengebiet „Makaronesien" bezeichnet, auch wenn die Berechtigung dieses Begriffes heute von einigen Autoren angezweifelt wird. Die floristischen Beziehungen, die gemeinsamen und verwandten Arten, sind dabei mit der Inselgruppe Madeiras am größten, mit den Inseln der Azoren und Kapverden deutlich geringer.

Politisch bilden die Kanaren eine autonome Region des Königreiches Spanien und sind damit auch Teil der Europäischen Union. Sie bestehen aus 2 Provinzen, benannt nach den Hauptstädten Santa Cruz de Tenerife mit den 4 westlichen Inseln Tenerife, La Gomera, La Palma und El Hierro, und Las Palmas mit den 3 östlichen Inseln Gran Canaria, Fuerteventura und Lanzarote. Hinzu kommen einige kleinere, teilweise unbewohnte Inseln, Lobos (zwischen Fuerteventura und Lanzarote), La Graciosa, Montaña Clara und Alegranza (nördlich von Lanzarote) sowie einige kleinere Felsklippen. Gran Canaria und Tenerife sind die am dichtesten besiedelten Inseln. Der Pico del Teide auf Tenerife ist mit 3717 m der höchste Berg der Kanaren und Spaniens, aber auch La Palma erreicht mit dem Roque de los Muchachos 2426 m Höhe und Gran Canaria mit dem Pico de las Nieves 1949 m.

Über die Entstehung der Kanaren gab es eine Mehrzahl von Theorien. Die antike Vorstellung eines versunkenen Kontinents Atlantis wurde durchaus auch in neuerer Zeit noch diskutiert. Heute gilt als sicher, dass alle Kanareninseln rein ozeanischen und vulkanischen Ursprungs sind, während bis vor einiger Zeit für Lanzarote und Fuerteventura noch Landverbindungen zum afrikanischen Festland angenommen wurden. Durch Plattenbewegungen und

Das Florengebiet Makaronesien

Brüche in der Kruste am Rande der afrikanischen Platte setzte im Tertiär ihre Bildung ein. Vor rund 25 Mio. Jahren, zu Ende des Oligozäns, begann die obermeerische Erhebung der ältesten Teile der Inseln, wobei auch marine Sedimente mit herausgehoben wurden. Die Inseln und einzelne ihrer Teile sind sehr unterschiedlichen Alters, die jüngsten Inseln sind nach dem derzeitigen Kenntnisstand La Palma und El Hierro mit nur 3,5 bzw. 1,1 Mio. Jahren. Heute nimmt man an, dass es nördlich der Kanaren schon seit 60 Mio. Jahren mehrere, inzwischen versunkene Inseln gab. Der Vulkanismus ist noch nicht erloschen, in historischer Zeit fanden

Der Vulkankrater des Pico Viejo, Tenerife, im Hintergrund La Gomera

Basaltsäulen an der Küste von El Golfo, Lanzarote

auf Lanzarote (1730–36, 1824) und Tenerife (Garachico 1706, Chinyero 1909) durchaus größere Vulkanausbrüche statt, der letzte 1971 an der Südspitze von La Palma mit der Entstehung des Teneguía. Zur Zeit kann man nur noch Fumarolentätigkeit am Pico del Teide beobachten oder heiße Lava nahe der Oberfläche auf Lanzarote. Ende 2011 ist vor der Südküste von El Hierro ein zunächst untermeerischer Vulkan ausgebrochen.

Die gegenwärtigen Oberflächenformen der Kanarischen Inseln werden auf weite Strecken durch Vulkankegel geprägt. Der höchste Vulkan beherrscht das Zentrum der Insel Tenerife. Nach langer Eruptionstätigkeit, in der er sich unter Bildungen vieler Lava- und Ascheschichten hoch über die Insel erhoben hatte, muss sein Gipfel explodiert und eingestürzt sein, unter Bildung eines riesigen Kraters von über 15 km Durchmesser, der zur Hälfte noch erhalten ist und als Caldera de las Cañadas bezeichnet wird. Aus ihm ragt heute der Doppelgipfel des Pico del Teide und Pico Viejo empor. An seinen Hängen finden sich in allen Höhenstufen bis zum Meer hin zahlreiche Parasitärkrater. Von anderen Calderen sind nur Teile erhalten, beispielsweise das Halbrund der Nordhänge der Insel El Hierro. Jüngere Lavaströme, die in sehr verschiedener Form erstarrt sein können, zeigen sich oft großflächig noch ohne aufliegende Bodenbildung, nur von Flechten und ersten Pionierpflanzen besiedelt. Sie werden als „malpaís“ bezeichnet, d. h. als schlechtes Land, das für die menschliche Bodennutzung ungeeignet ist, für den Botaniker aber durchaus besonders reizvoll sein kann. Die ältesten, aber ebenso vulkanisch entstandenen Teile der Inseln, auf Tenerife besonders im Teno- und Anaga-Gebirge, zeigen heute durch Jahrmillionen der Verwitterungstätigkeit weichere Landschaftsformen und tragen mächtige, teilweise sehr fruchtbare Böden.

Besonders kennzeichnende Landschaftsbestandteile der Kanaren, durch heftige Niederschläge und lange Erosion seit dem Tertiär bedingt, sind die Barrancos, tief eingeschnittene, radial vom Zentrum der Inseln verlaufende Täler, mit hohen, fast senkrechten Wänden, die wichtige Standorte seltener, endemischer Felspflanzen darstellen. Weitere botanisch interessante Steilwände sind die durch großräumige Felsstürze entstandenen „laderas“, wie im Orotavatal auf Tenerife. Auch an den Felsküsten finden sich nicht selten hohe Steilwände. Gebietsweise gibt es aber auch breite Talbildungen, die spanisch „valles“ genannt werden und oft wertvolles Kulturland bilden.

Formen junger Lava bei La Restinga, El Hierro

Orotavatal mit dem Pico del Teide, Tenerife

Das Klima

Die Kanaren gelten zu Recht als die „Inseln des ewigen Frühlings", liegen doch die Durchschnittstemperaturen in der unteren Stufe im Winter zwischen 16 und 18 °C und im Sommer mit 22 bis 24 °C auch noch im angenehm warmen Bereich. Die Jahresniederschläge haben für den Urlauber erfreulich niedrige Durchschnittswerte, sie liegen auf den Ostinseln unter 150 mm, auf Tenerife bei 420 mm und auf der bei Weitem feuchtesten Insel La Palma auch nur bei 580 mm, wobei sie in einigen Bereichen der Lorbeerwaldstufe 1000 mm übersteigen. Die Klimarhythmik ist eine mediterrane, mit Niederschlägen vorwiegend im Spätherbst und Winter und einer langen Trockenperiode vom Frühjahr bis zum Herbst.

Betrachtet man die Klimawerte genauer, so findet man sehr große Unterschiede, nicht nur von den halbwüstenartigen, trocken-heißen Verhältnissen der Ostinseln bis zu den ozeanisch-feuchten der westlichen Inseln, sondern auch von der unteren, trocken-warmen Stufe

Orotavatal mit Passatwolke und dem Pico del Teide, Tenerife (45 min später)

über die gemäßigtere Bergstufe, die oft in den Wolken liegt, bis zur trocken-kühleren und sonnigen Hochgebirgsstufe über den Wolken und schließlich von den feuchteren Nordseiten bis zu den trockeneren Südseiten. Die Hauptverantwortung für diese Unterschiede trägt der Nordost-Passat. Diese Luftströmung, die ab April und über die Sommermonate hinweg besonders kräftig herrscht, nimmt über dem Meer viel Feuchtigkeit auf und wird beim Auftreffen auf die höheren Inseln zum Aufsteigen an den Hängen der Gebirge gezwungen, kühlt sich dabei ab, und es bildet sich eine Wolkenschicht von mehreren Hundert Metern Mächtigkeit. Sie liegt in einer jahreszeitlich wechselnden Höhe zwischen etwa 600 und 1600 m, im Sommer niedriger als im Winter. Diese Passatwolke entwickelt sich, verstärkt durch die morgendliche Erwärmung des Bodens, im Laufe des Vormittags und löst sich gegen Abend wieder auf. Bei Kontakt mit der Vegetation entstehen Nebelniederschläge, die den Waldgebieten zusätzliche Feuchtigkeit bringen und für den Wasserhaushalt der Inseln außerordentlich

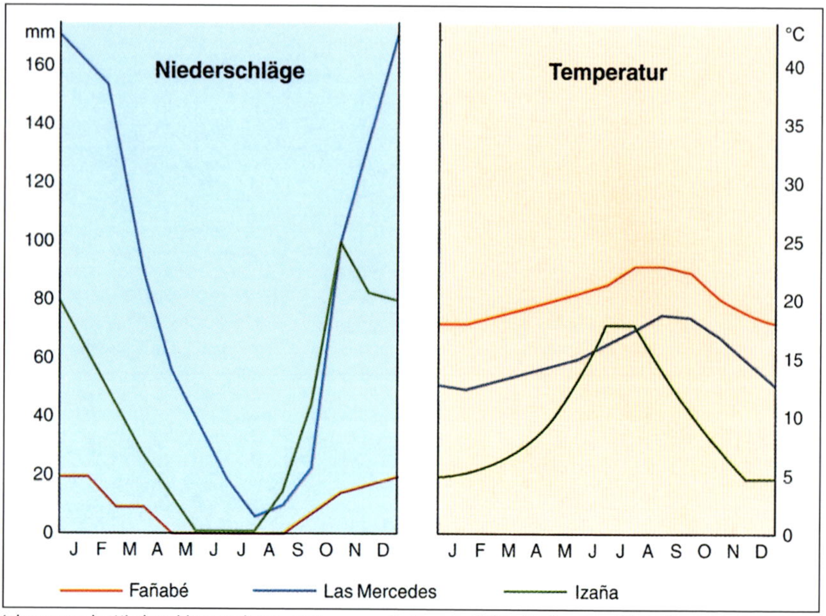

Jahresgang der Niederschläge und Temperaturen von drei ausgewählten Stationen auf Tenerife

große Bedeutung haben. Die mäßigende Klimawirkung des Nordost-Passates wird noch durch den kühlen Kanarenstrom unterstützt, der entlang der nordwestafrikanischen Küste in südwestlicher Richtung fließt und auf die Kanaren trifft. Er bewirkt an den Küsten Wassertemperaturen zwischen 18 °C im Winter und 22 °C im Sommer. Oberhalb der Passatwolke herrscht auf den höheren Inseln ein sonnig-trockenes Strahlungsklima, das die subalpine Vegetation der Gebirgshalbwüste bedingt. Eine – doch jedes Jahr auftretende – klimatische Ausnahmesituation bilden heiße Staubstürme aus der Sahara („calima"), die einige Tage andauern können und Mensch und Vegetation durch Staubniederschläge und extrem hohe Temperaturen stressen können.

Die Verteilung der Niederschläge und Temperaturen im Jahreslauf wird am Beispiel von drei Klimastationen auf Tenerife in zwei Diagrammen dargestellt. Fañabé liegt bei Playa de las Americas an der SW-Spitze der Insel in 100 m Meereshöhe in der Stufe des Sukkulentenbusches und erhält 100 mm Jahresniederschlag. Las Mercedes, nordöstlich von La Laguna im Anstieg des Anaga-Gebirges bei 700 m in der Lorbeerwaldstufe gelegen, hat im Jahresdurchschnitt über 900 mm Niederschlag. Izaña, bekannt durch sein Observatorium, liegt bei 2367 m Höhe in der Stufe der Teideginster-Gebüsche und ist die höchstgelegene Klimastation. Hier wurden 467 mm Niederschläge im Jahresdurchschnitt gemessen. Vergleicht man die drei Niederschlagskurven, so zeichnet sich die von Fañabé durch ihren flachen Verlauf und die längste niederschlagsfreie Zeit von Mai bis August aus, während Las Mercedes in keinem Monat ganz ohne Niederschläge ist und von Dezember bis Februar sehr hohe Werte erreicht. Die Temperaturkurven aller drei Stationen haben während der sommerlichen Trockenperiode ihre Maxima, wobei hier die höchstgelegene Station die niedrigsten Werte aufweist, die küstennahe Station Fañabe dagegen die höchsten. Diese Klimaunterschiede verursachen, zusammen mit den geologischen Gegebenheiten, die ausgeprägte Vegetationsstufung und die Vielfalt der Standorte und damit die Verteilungsmuster der naturnahen Flora und Vegetation. Gleichzeitig sind diese Klimaverhältnisse auch Voraussetzung für die Anbauzonen und Lebensbedingungen der Menschen.

Die Kanarenflora und ihre Entstehungsgeschichte

Die pflanzliche Besiedlung der Kanaren ist fast so alt wie ihre geologische Bildung. Sie hat bald nach ihrer Entstehung im Tertiär sicher mit Flechten begonnen, die heute noch die Pioniervegetation auf junger Lava bilden. Die ersten Farne und Samenpflanzen folgten dann schnell. Sie mussten die ozeanischen Inseln allerdings per Luftfracht erreichen, mit flugfähigen Sporen, Samen oder Früchten oder mit flugfähigen Tieren, vor allem Vögeln, entweder im Darm oder außen angeheftet. Ein schwimmender Transport über das Meer dürfte eher die Ausnahme gewesen sein. Die Neuankömmlinge fanden zunächst eine konkurrenzarme, aber auch unwirtliche Umwelt vor. Erst in Jahrtausenden haben sich Böden entwickelt, die schließlich auch anspruchsvolleren Pflanzen Lebensbedingungen boten. Im Laufe der Jahrmillionen seit der Entstehung fand eine größere Zahl von Arten, die damals das benachbarte Festland besiedelten und durchaus unterschiedliche Standortsansprüche hatten, ihren Weg auf die Kanaren und die weiteren makaronesischen Inselgruppen. Dabei können auch inzwischen versunkene Inseln nördlich der Kanaren durchaus als Trittsteine für die Besiedlung mit den Elementen der tertiären Lorbeerwälder gedient haben.

Durch die ökologische Vielfalt der Standorte besonders auf den höheren Inseln und ein relativ konstantes ozeanisches Klima konnten sich nun hier manche Sippen erhalten, die auf den angrenzenden Kontinenten, in Nordafrika und Europa, durch die Klimaveränderungen im späten Tertiär und in den folgenden Eiszeiten schon längst wieder ausgestorben waren. So findet man einige Endemiten (Arten, die in einem klar abgegrenzten Gebiet vorkommen) der kanarischen Lorbeerwälder oder ihre Verwandten fossil in Ablagerungen in Mittel- und Südeuropa, ihre nächsten lebenden Vertreter kommen heute nur noch im tropischen Amerika und in Ostasien vor. Die engste Verwandte der Kanaren-Kiefer wächst im Himalaja, und manchen Arten der kanarischen Trockengebiete stehen Sippen in den angrenzenden Gebirgen Nord- und Ostafrikas bis Südafrika nahe. Zahlreiche Arten haben allerdings auch Beziehungen zur Flora des angrenzenden Mittelmeerraumes oder reichen selbst von dort bis zu den Kanaren. Sie mögen teilweise jüngere Mitglieder der Kanarenflora sein, da sich die Mittelmeerflora ja erst im späten Tertiär in Anpassung an das sommertrockene Mittelmeerklima entwickelt hat.

Etliche Arten haben sich über die Jahrmillionen seit ihrer Ankunft auf den Kanaren zweifellos konstant erhalten können. Andere, genetisch plastischere, haben dagegen – ähnlich wie die Darwinfinken auf den Galapagos-Inseln – in Anpassung an mannigfaltige Standortsni-

Weltweite Arealbeziehungen ausgewählter Kanarenpflanzen (nach Meusel 1965)

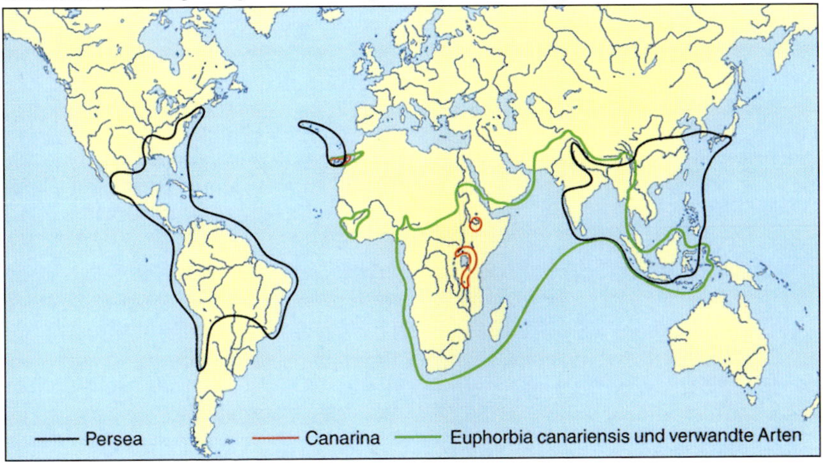

Spuren der Ureinwohner: Quesera de Zonzamas (ihre Bedeutung ist unklar), Lanzarote

schen in den einzelnen Höhenstufen und auf den isolierten Inseln aus einer Ausgangsart viele, heute verschiedene Arten gebildet, wie zum Beispiel in den Gattungen *Aeonium*, *Sideritis*, *Sonchus* oder *Argyranthemum*. Dieser Vorgang wird als adaptive Radiation bezeichnet. Die Entwicklung verholzter, strauchiger Arten auf den Inseln aus krautigen Vorfahren des Festlandes wird heute oft als sekundär angesehen, zum Beispiel bei den makaronesischen *Echium*-Arten und nicht – wie früher angenommen – als ursprünglich. Die Entstehung neuer Sippen geht noch immer kontinuierlich weiter, wie man es zum Beispiel in der formenreichen Gattung *Tolpis* beobachten kann. Bei derartigen Formenkreisen haben es die Botaniker schwer, Arten, Unterarten oder Varietäten zu unterscheiden, da manche Formen zwar deutlich abweichend, aber noch nicht genügend abgegrenzt sind. Da die monografischen Bearbeitungen dieser interessanten Gattungen von einzelnen Autoren über Jahrzehnte hinweg in verschiedenen Ländern erfolgte, gibt es bis heute keine einheitliche Auffassung über die jeweils verwendeten botanischen Rangstufen. Manche Einstufung hat sich auch in der Literatur des letzten Jahrzehnts wieder geändert, und damit in diesem Buch. Mehr als ein Viertel der Farn- und Blütenpflanzen sind Endemiten der Kanarischen Inseln. Die makaronesischen Endemiten bilden etwa ein Drittel der über 2200 Arten und Unterarten der Flora und dominieren heute in der natürlichen Vegetation.

Die Besiedlung der Kanaren mit neuen Arten ging allerdings in prähistorischer und historischer Zeit weiter und hält heute noch an. Schon die ersten menschlichen Siedler, die nach derzeitiger Kenntnis vor rund 2500 (nach anderen Quellen vor 4000–5000) Jahren die Inseln in mehreren Wellen erreichten, haben absichtlich und zufällig Pflanzen und Haustiere mitgebracht. Zwar ist die Herkunft der Altkanarier noch immer nicht vollständig geklärt, aber es sprechen heute viele Indizien für eine Abstammung von nordafrikanischen Berbern, wobei die Besiedelung wohl mehrfach erfolgte. Von den Altkanariern bzw. Guanchen zeugen vor allem eindrucksvolle, sehr unterschiedliche Felsgravuren (grabados), von denen einzelne Beispiele hier abgebildet werden, denen man auf botanischen Wanderungen immer wieder begegnen kann. Daneben gibt es Reste von Behausungen, und in den Museen vielfältige, teilweise inselspezifische, ohne Töpferscheibe hergestellte Keramik und Mumien.

Nach frühen Besuchen durch Phönizier und Römer waren die Kanaren über viele Jahrhunderte für die westliche Welt in Vergessenheit geraten, bis 1312 der Genuese Lancelloto Malocello die nach ihm benannte Insel Lanzarote besuchte. Erst seit der spanischen Besitznahme im 15. Jahrhundert, die 1494–96 mit der Eroberung Tenerifes endete, wurden die Kanaren zunehmend von Europäern besiedelt und in Kultur genommen. Dabei haben die Einwanderer aus ihrer mediterranen Heimat außer neuen Kulturpflanzen auch wieder Wildpflanzen eingeschleppt. So hat heute rund ein Drittel der auf den Kanaren wachsenden Arten ihre Hauptverbreitung im Mittelmeerraum, von denen viele erst mit dem Menschen die Inseln erreichten. Einige von ihnen haben inzwischen in der Isolation der Inseln bereits eigene Formen gebildet und können bei sorgfältiger Beobachtung als junge endemische Sippen, Unterarten oder Varietäten abgetrennt werden.

Schließlich stammt etwa ein Drittel der heutigen Flora aus allen Erdteilen und wurde überwiegend durch Handel und Verkehr von Menschen eingeschleppt, wobei die Neubürger aus Amerika neben den Vertretern der eurasischen Flora die artenreichste Gruppe stellen. Manche dieser Neophyten breiten sich nun stark aus, einige verdrängen dabei inzwischen auch ursprüngliche Arten und haben sich zum Problem für den Naturschutz entwickelt. So konnten zum Beispiel *Pennisetum setaceum*, *Tradescantia fluminensis* und auch *Opuntia ficus-indica* in einigen Schutzgebieten stark reduziert werden, auf den Inseln insgesamt sind sie wohl kaum auszurotten.

Die Kanaren sind heute ein Museum der Tertiärflora, wie sie vor Jahrmillionen auch in Europa und Nordafrika vorhanden war, und gleichzeitig eine Werkstätte der laufenden Evolution, die auf isolierten, mit vielfältigen Standortsnischen versehenen Inseln besonders zur Beobachtung einlädt. Darüber hinaus sind sie Einwanderungsland für Neubürger aus allen Erdteilen.

Die Letreros von El Julán, El Hierro

Felsritzungen „grabados“ von La Fajana, La Palma

Vegetationsstufen und naturnahe Pflanzengemeinschaften

Die auffällige Dreigliederung der Vegetation der Kanarischen Inseln haben schon die Botaniker im 19. Jahrhundert erkannt und beschrieben: die trocken-heiße Stufe unter den Wolken, die feuchte Stufe in den Wolken und die wiederum trockene, kühlere Gebirgsstufe über den Wolken. Diese auch heute noch gültige, durch den Passatwind geprägte Grundstufung wird durch die Klimaunterschiede der Süd- und Nordseiten, durch die unterschiedliche Höhe der Inseln und ihre Nähe oder Ferne zum afrikanischen Kontinent weiter modifiziert. Die Stufe unter den Wolken wird heute meist als infrakanarische Stufe bezeichnet und umfasst die Küstenvegetation und die Gesellschaften des Sukkulentenbusches. Die Stufe in den Wolken lässt sich in die thermokanarische und die mesokanarische Stufe gliedern. Erstere umfasst vor allem die feucht-warmen Lorbeerwälder und Baumheide-Buschwälder der nord- und nordostexponierten Hänge und – im Übergang zum Sukkulentenbusch – die Thermophilen Buschwälder einschließlich der Wacholdergebüsche. Die mesokanarische Stufe wird von den Kanarenkiefernwäldern gebildet, die auf den Südseiten der höheren Inseln bis etwa 800 m herabreichen. Die Stufe über den Wolken wird in die suprakanarische Stufe der Teideginster-Gebüsche und in die orokanarische Stufe der Teideveilchen-Fluren in der Gipfelregion des Pico del Teide (nur auf Tenerife) unterteilt.

Die Karten der sieben Inseln zeigen die natürliche Verbreitung der nachfolgend beschriebenen Vegetationstypen. Auch wenn heute diese natürliche Vegetation in weiten Teilen durch Kulturland und Bebauung ersetzt und damit zerstört ist, findet man viele ihrer Arten vereinzelt an Wegrändern.

Küstenvegetation

Schroffe **Felsküsten** sind auf allen Kanareninseln weit verbreitet. Bei den geringen Niederschlägen, insbesondere der östlichen Inseln, spielt bei der Artenzusammensetzung der Einfluss der salzhaltigen Gischt eine wichtige Rolle. An diese Standortsverhältnisse sind einige charakteristische Arten durch fleischige Blätter angepasst, wie *Astydamia latifolia, Patellifolia*

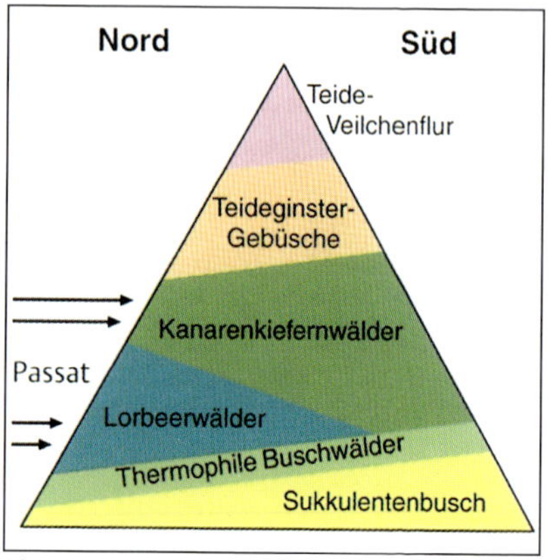

Die Vegetationsstufen der Kanaren. Die Farben entsprechen denen der nebenstehenden Karten.

patellaris oder *Reichardia crystallina.* Daneben finden sich auch Halb- und Zwergsträucher wie das formenreiche *Argyranthemum frutescens*, verschiedene *Limonium*-Arten, am häufigsten *Limonium pectinatum*, oder *Frankenia ericifolia* und *Frankenia capitata.* Der im ganzen Mittelmeergebiet häufige Doldenblütler *Crithmum maritimum* ist eher selten. Als rarer Endemit dieser Standorte auf Gran Canaria und Tenerife ist zum Beispiel *Atractylis preauxiana* zu nennen. Eigene Gesellschaften bilden mehrere Gänsefußgewächse, wie *Bassia tomentosa* und *Salsola divaricata.* Schon im Übergang zum Sukkulentenbusch wächst an den Nordküsten von Gran Canaria, Tenerife und La Gomera an einigen windexponierten Küstenabschnitten *Euphorbia aphylla* gelegentlich in größeren Beständen.

Die Vegetation der **Sandküsten** ist vor allem auf den drei östlichen Inseln großflächig ausgebildet, auf Tenerife nur noch in sehr kleinen und extrem gefährdeten Resten im äußersten Süden in der Umgebung von El Medano. Nur *Tetraena fontanesii*, ein auffälliges Jochblattgewächs, bei dem alle Teile gleichermaßen sukkulent sind, von den Stängeln, Blättern bis zu den Früchten, besiedelt schwarze wie helle Sandstrände. Letztere beherbergen neben *Polycarpaea nivea* eine Reihe mediterraner Arten. *Cakile maritima*, an Mittelmeerküsten im Spülsaum charakteristisch, wird hier gebietsweise zur häufigen Dünenpflanze, auch *Cyperus capitatus, Euphorbia paralias, Polygonum maritimum* oder *Salsola kali* sind verbreitet. Auf kleinen Dünenkämmen stehen die an ihrer

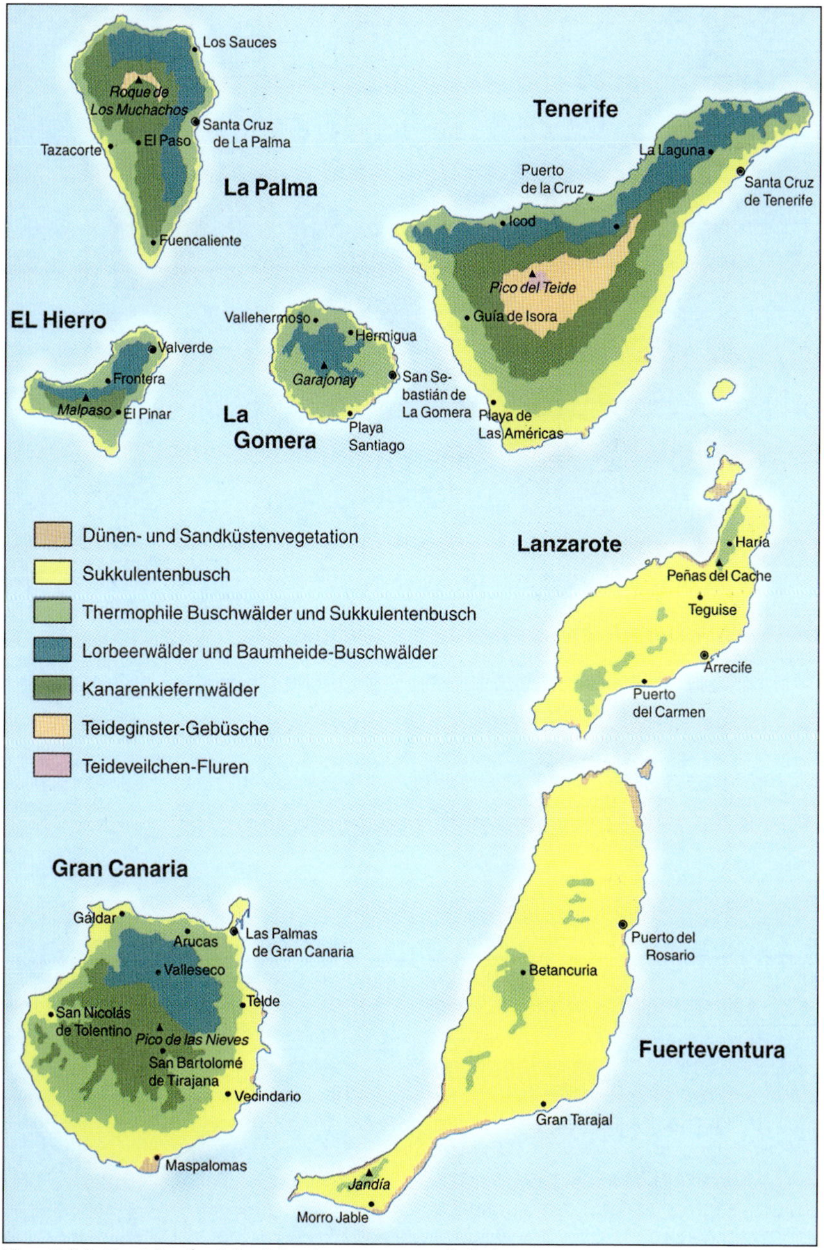

Die natürliche Vegetation (nach García Rodríguez u. a. 1990, verändert)

Felsküste von Anden Verde, mit *Euphorbia aphylla*, Gran Canaria

Düncn von Maspalomas, mit *Traganum moquinii*, Gran Canaria

bizarren Form leicht kenntlichen Sträucher von *Traganum moquinii*. Das schon um Weihnachten blühende *Androcymbium psammophilum* erfreut in einigen Dünentälern von Fuerteventura und Lanzarote. Bisher nur bis in die Dünen von Maspalomas wurde der aus Nordafrika stammende Kameldorn, *Neurada procumbens*, eingeschleppt. An feuchten Standorten sind hier auch *Tamarix canariensis* und *Juncus acutus* anzutreffen. Die Salzmarschen der drei östlichen Inseln haben mit *Sarcocornia perennis*, *Arthrocnemum macrostachyum* und *Suaeda vera* ähnliche Zusammensetzung wie im Mittelmeergebiet.

Der Sukkulentenbusch

In der unteren, infrakanarischen Stufe sind die verschiedenen Ausbildungen des Sukkulentenbusches auf allen Inseln anzutreffen, auf den trockeneren östlichen Inseln und auf den Südseiten bis 800 m ansteigend, auf den feuchtesten Inseln und den Nordseiten oft bereits mit einer Obergrenze bei 100 bis 200 m. Die Niederschläge liegen hier meist unter 300 mm, in den trockensten Bereichen sogar unter 100 mm im Jahresmittel. Die Dürreperiode kann im Extremfall auch einmal zwei Jahre andauern. Lange Sonnenscheindauer, hohe durchschnittliche Temperaturen und konstante Winde bedingen bei den Pflanzen vielfältige Anpassungen. Eine Anzahl sind sukkulent, das heißt, sie haben wasserspeichernde Gewebe in Stängeln oder Blättern.

Die Kanaren-Wolfsmilch, *Euphorbia canariensis*, eine kakteenförmige, kandelaberartig verzweigte Stammsukkulente, bildet auf felsigeren Standorten oft eindrucksvolle Bestände, die spanisch als „cardonales" bezeichnet werden. Sie beherbergen in ihren großen Exemplaren, die bis über 10 m Durchmesser erreichen können, weitere Arten, die dort vor Ziegenfraß durch die Dornen und den giftigen Milchsaft Schutz finden, zum Beispiel *Convolvulus floridus*, *Rubia fruticosa* oder *Periploca laevigata*.

Sukkulentenbusch mit *Euphorbia canariensis* und *Plocama pendula*, Malpaís de Güímar, Tenerife

Die „tabaibales" werden von anderen Wolfsmilch-Arten dominiert, dickstämmigen, regelmäßig verzweigten bäumchenartigen Sträuchern, die ihre schmalen, an den Zweigenden schopfig gedrängten Blätter in der Trockenperiode abwerfen. In Küstennähe überwiegt die Balsam-Wolfsmilch *Euphorbia balsamifera*, „tabaiba dulce" genannt, weil ihr Milchsaft nicht giftig ist. An windgefegten Standorten formt sie oft niederliegende, dem Boden angedrückte Sträucher, landeinwärts wächst sie auch aufrecht. Charakteristisch für diese Bestände sind weitere Stammsukkulente, besonders zwei Seidenpflanzengewächse, *Ceropegia fusca*, und – nur auf den Ostinseln – *Caralluma burchardii*, aber auch Arten mit fleischigen Blättern, wie *Campylanthus salsoloides*, *Lycium intricatum* und *Gymnocarpos decandrus*. Schmale, weißfilzige Blätter haben *Schizogyne sericea* oder *Neochamaelea pulverulenta*.

Die Vorkommen der „tabaibales amargos" mit *Euphorbia regis-jubae*, vor allem auf Gran Canaria und den Ostinseln, und *Euphorbia lamarckii*, besonders auf den westlichen Inseln, steigen höher hinauf und bilden auch großflächig Sukzessionsstadien auf Brachäckern. Der Milchsaft dieser Arten ist giftig. Als typische Begleiter finden sich *Kleinia neriifolia*, auch *Asparagus*-, *Argyranthemum*- und *Echium*-Arten. In Ortsnähe treten in Ersatzgesellschaften *Artemisia thuscula*, *Lavandula canariensis* und *Rumex lunaria* bestandsbildend auf. Auch die aus Mittelamerika stammenden Feigenkakteen dringen schon auf großer Fläche in den Sukkulentenbusch ein. Weiteren Wolfsmilch-Arten in dieser Stufe, wie *Euphorbia atropurpurea* oder *Euphorbia bravoana*, begegnet man nur lokal auf Tenerife bzw. auf Gomera. Im Mittelmeergebiet haben die strauchigen Euphorbien eine nähere Verwandte mit *Euphorbia dendroides*. Viele weitere strauch- oder baumförmige und sukkulente Wolfsmilcharten finden sich dagegen im östlichen und südlichen Afrika (Karte S. 13).

Vom Passatwind geformter Kanaren-Wacholder *Juniperus turbinata* ssp. *canariensis*, El Sabinal, El Hierro

Ein auffälliger Strauch oder Baum dieser Stufe ist *Plocama pendula*, der an ausgetrockneten Bachrändern und anderen Standorten mit lockeren Böden selbst im Sommer freudig grün aus der sonst vertrockneten, braunen Vegetation herausleuchtet. Auch einige ausdauernde Gräser sind am Aufbau dieser Gesellschaften beteiligt, wie *Hyparrhenia sinaica*, *Cenchrus ciliaris* oder *Aristida adscensionis*, außerdem die endemischen Geophyten *Scilla haemorrhoidalis* und *Drimia hesperia*, Einjährige sind dagegen Ausnahmen. In den trockensten Bereichen, besonders auf den Ostinseln, wird der Sukkulentenbusch auf großen Flächen durch Bestände des Strauch-Dornlattichs *Launaea arborescens* ersetzt.

Thermophile Buschwälder

Die Gesellschaften der Thermophilen Buschwälder, spanisch als „bosque termófilo" bezeichnet, am oberen Rand des Sukkulentenbusches, auf den Nord- und Südseiten der Inseln in wechselnder Höhe zwischen 200 und 900 m gelegen, sind mit diesem und den nach oben anschließenden Wäldern durch viele Übergänge verbunden. Sie werden zusammen mit den Lorbeerwäldern heute der thermokanarischen Stufe zugerechnet. Dadurch, dass ihr Holz früher intensiv genutzt wurde und in dieser Stufe zunächst die günstigsten Anbau- und Siedlungsbedingungen herrschten, sind heute größere Bestände selten und nur noch auf wenig zugängliche Stellen beschränkt. Das hatte zur Folge, dass diese Lebensgemeinschaften erst spät erkannt und weniger erforscht sind, obwohl ihre letzten Reste dringend des Schutzes bedürfen. Dazu gehören die Ausbildungen des „sabinar", meist stark durchweidete Gebüsche oder lockere Baumbestände des Kanaren-Wacholders *Juniperus turbinata* ssp. *canariensis*, der als endemische Unterart des westmediterranen *J. turbinata* aus der Verwandtschaft von *Juniperus phoenicea* abgetrennt wurde. Große Bestände

Palmenwald mit *Phoenix canariensis* im Barranco San Andrés, Tenerife

findet man zum Beispiel noch auf Tenerife im Anaga-Gebirge und auf Gomera, bekannt sind die großen, baumförmigen, windgeformten Exemplare dieser Art an der Nordwestspitze der Insel El Hierro.

Thermophile Buschwälder sind auch durch den endemischen Ölbaum, *Olea europaea* ssp. *guanchica*, mit kugeligen, kaum fleischigen Früchten, gekennzeichnet. Die sommergrüne *Pistacia atlantica*, mit breiter, schirmförmiger Krone, findet sich meist nur in Einzelexemplaren, die Wäldchen im Süden Gran Canarias zeugen von ehemals weiterer Verbreitung. In Kontakt mit den Lorbeerwäldern wachsen *Gymnosporia cassinoides (Maytenus canariensis)* und, sehr viel seltener, *Sideroxylon canariensis*, während *Jasminum odoratissimum, Globularia salicina, Bosea yervamora, Rhamnus crenulata* und *Hypericum canariense* häufiger und teilweise bestandsbildend anzutreffen sind. Einzelne der dominierenden Arten, wie *Juniperus turbinata* und *Pistacia atlantica*, sind auch im Mittelmeerraum weiter verbreitet oder haben dort Verwandte, wie *Jasminum odoratissimum* oder *Globularia salicina.*

Auch die schönen Bestände der Kanarischen Dattelpalme *Phoenix canariensis* (palmerales) und die nur noch in kleinen Gruppen erhaltenen Drachenbäume *Dracaena draco* und *Dracaena tamaranae* zählen zu den Thermophilen Buschwäldern.

Lorbeerwälder und Baumheide-Buschwälder

Die schattig-feuchten Lorbeerwälder „laurisilva" der thermokanarischen Stufe sind nur auf den westlichen Inseln Tenerife (vor allem im Anaga- und Teno-Gebirge), Gomera (im Lorbeerwald-Nationalpark Garajonay) und La Palma (in den Barrancos im Norden und Nordosten) in bemerkenswerten, bis 30 m hohen Beständen anzutreffen, auf El Hierro sind noch kleinere Flächen vorhanden. Die Vorkommen Gran Canarias wurden am stärksten auf kleine Reste in einigen Barrancos im Norden dezimiert, heute bemüht man sich, sie zumindest dort wiederherzustellen. Auf Fuerteventura und Lanzarote fehlen sie ganz, wenn auch einzelne Arten dieses Vegetationstyps auftreten. Das optimale Wachstum der Lorbeerwälder liegt zwischen 500 und 1100 Höhenmetern an den nördlichen und nordöstlichen Hängen der Gebirge (gebietsweise bis auf 200 m herabsteigend), wo der Nordostpassat seine größte Wirkung entfaltet und die Pflanzen den Wolken zusätzliche Feuchtigkeit entziehen

Lorbeerwald im Nationalpark Garajonay, La Gomera

Baumheide-Buschwald mit blühender *Erica arborea*, Teno-Gebirge, Tenerife

können. Die Niederschläge betragen hier im Jahresdurchschnitt 700 bis über 1000 mm.

Bestände mit alten, hohen Bäumen sind selten, da die meisten Vorkommen durch intensive Nutzung in den letzten Jahrhunderten zerstört und in Niederwälder mit ihren charakteristischen, mehrstämmigen Baumstrauchformen oder in Kulturland überführt wurden. Allerdings vermehren sich manche Baumarten der Lorbeerwälder (zum Beispiel *Apollonias barbujana*, *Visnea mocanera* oder *Morella faya*) auch natürlich durch Stockausschläge, sodass um einen alten, gelegentlich schon abgestorbenen Stamm ein Kreis seiner Nachkommen wächst. Durch den heute geringeren Brennholzbedarf und gezielte Schutzmaßnahmen, teilweise auch durch Wiederaufforstungen (zum Beispiel auf Gran Canaria), haben sich die Lorbeerwälder in den letzten Jahrzehnten erfreulich erholen können. Im geschlossenen Wald bereitet das Ansprechen der Gehölze auf den ersten Blick Schwierigkeiten, haben doch die meisten Bäume (fast) die gleiche, einfache Blattform (siehe Bestimmungsschlüssel auf den Vor- und Nachsatzseiten), und Blüten findet man hier auch nur selten. Von den vier Lorbeergewächsen ist *Laurus novocanariensis* die häufigste Art, *Persea indica* und *Ocotea foetens* findet man gelegentlich bestandsbildend in feuchteren Mulden, *Apollonias barbujana* in der unteren, trockeneren Zone der Wälder. Weitere lorbeerblättrige Bäume anderer Pflanzenfamilien sind ebenfalls am Aufbau dieser Wälder beteiligt, zum Beispiel die beiden Myrsinengewächse *Heberdenia excelsa* und, seltener, *Pleiomeris canariensis*, das Ölbaumgewächs *Picconia excelsa* oder die Rosacee *Prunus lusitanica*. Die hohe Bäume bildende Wolfsmilch *Euphorbia mellifera* ist nur noch in wenigen Exemplaren erhalten, und man bemüht sich ebenso wie beim sommergrünen Kanaren-Holunder *Sambucus nigra* ssp. *palmensis* um ihre Vermehrung. Die ebenfalls sommergrüne *Salix canariensis* bildet am Grund einiger Barrancos bachbegleitende Auwälder. Manche der bestandsbildenden Arten haben ihre nächsten Verwandten heute in den subtropischen Regenwäldern Südostasiens, Mittel- und Südamerikas, wie *Apollonias barbujana* und *Persea indica* (Karte S. 13) oder das Teestrauchgewächs *Visnea mocanera*, während von anderen Arten Verwandte auch im Mittelmeerraum seit dem Tertiär überlebt haben. Solche Artenpaare sind *Laurus novocanariensis* und *Laurus nobilis*, *Smilax canariensis* und *Smilax excelsa* oder *Hedera canariensis* und *Hedera helix*. Wenige, wie *Blechnum spicant* und *Brachypodium sylvaticum*, reichen von den Lorbeerwäldern bis in unsere mitteleuropäischen Wälder.

Junge dunkle Niederwaldbestände sind unterwuchsarm, in älteren Wäldern konnen Sträucher und mehrjährige, oft am Grund verholzte Kräuter gedeihen. Hierzu gehören fast ausschließlich Endemiten, zum Beispiel *Ixanthus viscosus*, *Geranium reuteri*, *Canarina canariensis* (mit 3 verwandten Arten in den ostafrikanischen Gebirgen, Karte S. 13), *Pericallis appendiculata* oder *Cryptotaenia elegans*. In manchen Ausbildungen sind meterhohe Farne im Unterwuchs typisch, die einen subtropisch-üppigen Aspekt bilden, besonders *Woodwardia radicans*, *Dryopteris oligodonta*, *Diplazium caudatum* und *Polystichum setiferum*, und in den luftfeuchtesten Lagen können *Polypodium macaronesicum* oder *Davallia canariensis* als Epiphyten Stämme und Äste besiedeln und epiphytische Moose lange Bärte bilden. Gebietsweise sind Lianen, windend und klimmend, häufig, wie *Semele androgyna* oder *Smilax aspera* ssp. *mauritanica*, sehr viel seltener und kaum je blühend *Smilax canariensis*. Auch endemische Brombeer-Arten, besonders *Rubus bollei*, klettern bis in die Kronen und *Convolvulus canariensis* mit seinen attraktiven blauen Blüten überzieht die Bäume bevorzugt an Lichtungen und Waldrändern.

An extremeren Standorten, windexponierten Bergkämmen und Steilhängen, auch am trockeneren Oberrand der Lorbeerwälder fallen die Mehrzahl der Baumarten aus, schließlich dominieren nur noch der Makaronesische Gagelbaum *Morella (Myrica) faya* und die Baum-Heide *Erica arborea*. In diesen Baumheide-Buschwäldern haben weitere lorbeerblättrige Bäume oder Sträucher ihren Schwerpunkt, wie *Ilex canariensis* oder *Rhamnus glandulosa*. Auf Lichtungen findet sich zum Beispiel der eindrucksvolle Kanarenfingerhut *Isoplexis canariensis* oder der unvergleichlich duftende Kanaren-Zitronenstrauch *Cedronella canariensis*. Ähnliche Bestände bilden sich auch nach Rodung der Lorbeerwälder als Pionierstadien bei der natürlichen Sukzession. Nach den bestandsbildenden Arten wird der Baumheide-Buschwald auf den Kanaren als „fayal-brezal" und mit dem Lorbeerwald zusammen als „monteverde" bezeichnet.

Kanarenkiefernwälder

In der mesokanarischen Stufe an den Nordseiten der Inseln löst der Kanarenkiefernwald (in ausgedehnten Beständen auf Gran Canaria, Tenerife, El Hierro und La Palma vorhanden, auf

Kanarenkiefernwald mit *Adenocarpus*, La Palma

Kanarenkiefernwald mit *Cistus symphytifolius*, La Palma

Kanarenkiefer mit Austrieb nach Brand, La Palma

La Gomera nur an einigen unzugänglichen Felsen) den Lorbeerwald bei geringeren Niederschlägen und kürzerer Zeit der Wolkenbedeckung bei etwa 900 m ab. Im „pinar" bildet die Kanaren-Kiefer *Pinus canariensis* als alleinige Baumart einen fast geschlossenen Gürtel sehr hoher und lichter Wälder, im Übergang noch mit einem Unterwuchs von *Morella faya* und *Erica arborea*. An den Nordhängen reichen die Kiefernwälder bis zur Waldgrenze bei 2000 m, an den Südhängen auch höher, mit Einzelbäumen bis 2400 m, und treffen hier auf die Teideginster-Gebüsche. Ihre Obergrenze ist vor allem durch die hohe Strahlung und die Fröste bedingt, die die Verjüngung der Kiefer begrenzen. Während wir den nächsten Verwandten der Kanaren-Kiefer an den Südhängen des Himalaja finden (in Europa sind entsprechende dreinadelige Kiefern seit dem Tertiär ausgestorben), entstammt der auffällig artenarme Unterwuchs westmediterranen Verwandtschaftskreisen. Charakteristisch sind vor allem einige Straucharten, in den Beständen der Südseiten können sie gelegentlich im Unterwuchs dominieren: die Beinwellblättrige Zistrose *Cistus symphytifolius*, *Echium*-Arten und zwei Schmetterlingsblütler, *Chamaecytisus proliferus* und *Adenocarpus viscosus*, sowie *Bystropogon origanifolius*. Verschiedene *Lotus*- und *Micromeria*-Arten kennzeichnen die Wälder auf den einzelnen Inseln, daneben finden sich meist nur wenige Kräuter. Im Süden verzahnen sich die aufgelockerten Waldbestände zwischen 600 und 900 m direkt mit den Gesellschaften des Sukkulentenbusches oder – wo noch vorhanden – mit dem „sabinar", den Beständen des Kanaren-Wacholders *Juniperus turbinata* ssp. *canariensis* (gut zu beobachten auf El Hierro).

Die Kiefernwälder sind immer wieder von Waldbränden betroffen, die früher in Vulkanausbrüchen ihre natürliche Ursache hatten, heute jedoch meist durch menschliche Unachtsamkeit oder Brandstiftung entstehen. Die Kanaren-Kiefer ist an Feuer durch ihre dicke Borke allerdings außerordentlich gut angepasst, nach Bränden treibt sie meist am Stamm

Nebeltropfen an *Pinus canariensis*, daneben Verladung von Kiefernstreu, Tenerife

und einigen Ästen wieder aus und bildet dann bizarre Baumformen. Auch die Arten des Unterwuchses überleben, teilweise durch Samen in sehr festen Fruchtkapseln, wie bei den Zistrosen, teilweise durch Ausschlagen am Grund der Sträucher. Die heute nur noch selten übliche Nutzung der Nadelstreu in der Landwirtschaft entzieht dem Boden zwar Nährstoffe, soll aber auch die Gefahr von Grundfeuern verringern, weshalb die Nadelstreu gebietsweise immer noch entfernt wird. Da die Kanaren-Kiefer ein hervorragendes Bau- und Möbelholz liefert, wurde jahrhundertelang Raubbau betrieben. In den vergangenen Jahrzehnten hat man die Bestände der Kanaren-Kiefer durch Aufforstungen stark vergrößert, sodass nun allmählich wieder Altbestände heranwachsen, in denen *Pinus canariensis* schließlich bis 60 m Höhe und 3 m Stammdurchmesser erreichen kann. Die früheren Anpflanzungen der amerikanischen, ebenfalls dreinadeligen *Pinus radiata* und, seltener, der zweinadeligen, mediterranen *Pinus halepensis* sind durch Windwürfe und Rodung heute stark im Rückgang.

Die hervorragende Bedeutung dieser Wälder nicht nur für den Bodenschutz, sondern auch für den Wasserhaushalt der Inseln kann man gut beobachten: Die langen Nadeln „kämmen" geradezu das Wasser aus den Wolken, an den Nadelspitzen glitzern Tröpfchen, die dann herabfallen und im Boden versickern. In den nebelreichsten Gebieten ist auch ein dichter Behang mit Bartflechten (besonders *Usnea*-Arten) charakteristisch.

Vegetation der Felswände und Barrancos

Auf den höheren Kanareninseln reichen tief eingeschnittene Schluchten, die Barrancos, von den Waldstufen bis an das Meer herab. Ihre oft schwer zugänglichen, steilen Felswände beherbergen eine große Zahl von Endemiten auf kleinen Vorsprüngen und in Spalten. Besondere Bedeutung haben die Vertreter der Dickblattgewächse *Crassulaceae* mit zahlreichen Arten aus den vier Gattungen *Aeonium*, *Greenovia*, *Monanthes* und *Aichryson*. Dabei besiedeln die einzelnen Arten verschiedene Höhenstufen und Expositionen, manchmal nur kleine Areale auf einer Insel. So findet sich auf Tenerife zum Beispiel unterhalb von 500 m an der Nordseite besonders *Aeonium tabulaeforme* und im Ostteil der Insel *Aeonium lindleyi*, während *Aeonium urbicum* und *Aeonium canariense* ihre Hauptverbreitung zwischen 500 und 1000 m haben. In der Stufe zwischen 1000 und 2000 m Meereshöhe wachsen dagegen *Aeonium spathulatum* und *Greenovia aurea*. Oft treten auch mehrere Arten gemeinsam auf. Weitere charakteristische Felspflanzen entstammen u. a. den Gattungen *Sonchus*, *Sideritis* oder *Crambe*. Schließlich sind in einigen Felsspaltengesellschaften auch Farne wie der Gold-Milzfarn *Asplenium aureum*, der Talerfarn *Adiantum reniforme* oder der Makaronesische Tüpfelfarn *Polypodium macaronesicum* kennzeichnend.

Barranco Los Tilos, La Palma, mit reich bewachsenen Felswänden

Teideginster-Gebüsche und Teideveilchen-Fluren

Oberhalb der Wolkenstufe und der Kanarenkiefernwälder schließt bei etwa 2000 m auf Teneriffe und in kleinerem Umfang auch auf La Palma in der suprakanarischen oder subalpinen Stufe eine charakteristische Gebüschformation an, die in den Cañadas, aber auch an den Außenhängen ihrer Randberge große Flächen einnimmt. Die meiste Zeit des Jahres herrscht hier hohe Sonneneinstrahlung mit Überhitzung und Austrocknung der Böden, im Winter mit Frost und Schneestürmen. Die Temperaturgegensätze sind groß und reichen von −13 (maximal −16) bis +58 °C, während die Niederschläge sehr gering sind und im Sommer fast vollständig fehlen. Der bestandsbildende Teideginster *Spartocytisus supranubius*, ein hoher, halbkugeliger Rutenstrauch, der nur sehr kleine, hinfällige Blätter ausbildet, ist an diese Klimabedingungen bestens angepasst. Zu den eindrucksvollsten Arten dieser Stufe gehört *Echium wildpretii* (siehe auch Titelbild), das im Mai mit seinen bis 3 m hohen, unverzweigten roten Blütenständen gebietsweise das Landschaftsbild prägt. Einige Arten schützen sich durch schmale oder stark behaarte Blätter vor zu starker Austrocknung, wie *Adenocarpus viscosus*, *Pterocephalus lasiospermus* oder *Sideritis eriocephala*. Die meisten Arten überdauern den Winter mit Knospen nahe der Bodenoberfläche und treiben

Teideginster *Spartocytisus supranubius* und Klebrige Drüsenfrucht *Adenocarpus viscosus*, Cañadas, Tenerife

dann im Frühjahr wieder buschig aus, wie *Descurainia bourgeauana*, *Erysimum scoparium*, *Nepeta teydea* oder *Arrhenatherum calderae*. In dieser Stufe sind fast alle Arten Endemiten, die weitgehend auf diese Gesellschaften beschränkt sind, die meisten haben allerdings Verwandte in tieferen Stufen und entstammen Verwandschaftskreisen, die auch im Mittelmeergebiet weiter verbreitet sind. Oberhalb etwa 3000 m klingen die Teideginster-Gebüsche aus.

In den Gipfelfluren des Pico del Teide finden sich in der orokanarischen oder alpinen Stufe nur noch wenige krautige Arten, von denen das Teide-Veilchen *Viola cheiranthifolia* die bekannteste und charakteristischste ist.

Behaarter Federkopf *Pterocephalus lasiospermus* und Teide-Rauke im Sommeraspekt am Guajara, Tenerife

Die Riscos de Famara im Parque Natural del Archipiélago Chinijo, Lanzarote, mit Blick auf La Graciosa

Naturschutz

Naturschutz, Artenschutz und Biotopschutz, hat auf den Kanaren grundsätzlich mit den gleichen Problemen zu kämpfen wie überall auf der Welt: Wo finanzieller Profit möglich ist, wird der Schutz der Natur heute selbst dann noch verdrängt, wenn die Gewinnmöglichkeiten nur kurzfristig sind. Der Artenschutz hat hier auf den Inseln allerdings eine besondere Bedeutung: Von den zahlreichen endemischen Sippen, die sonst nirgends auf der Welt vorkommen, sind eine größere Zahl auf sehr kleine Gebiete und ganz spezielle Standorte beschränkt, manche sind vom Aussterben bedroht. Andererseits haben die Landwirtschaft und der Tourismus als wichtigste Einnahmequellen in den letzten Jahrzehnten besonders an den Küsten zunehmend intensiv Land verbraucht. So haben zum Beispiel 2007 mehr als 9 Millionen Erholungssuchende vorwiegend aus West- und Mitteleuropa für 1–3 Wochen die Inseln aufgesucht, bei einer Wohnbevölkerung von etwa 1,5 Millionen. Auch wenn der Tourismus heute einen sehr wichtigen Wirtschaftsfaktor bildet, ist doch eindeutig, dass er gebietsweise eine erhebliche Naturbelastung darstellt und viele wertvolle Standorte durch Überbauung mit Hotelkomplexen und Straßen irreversibel verändert wurden. Für manche Arten

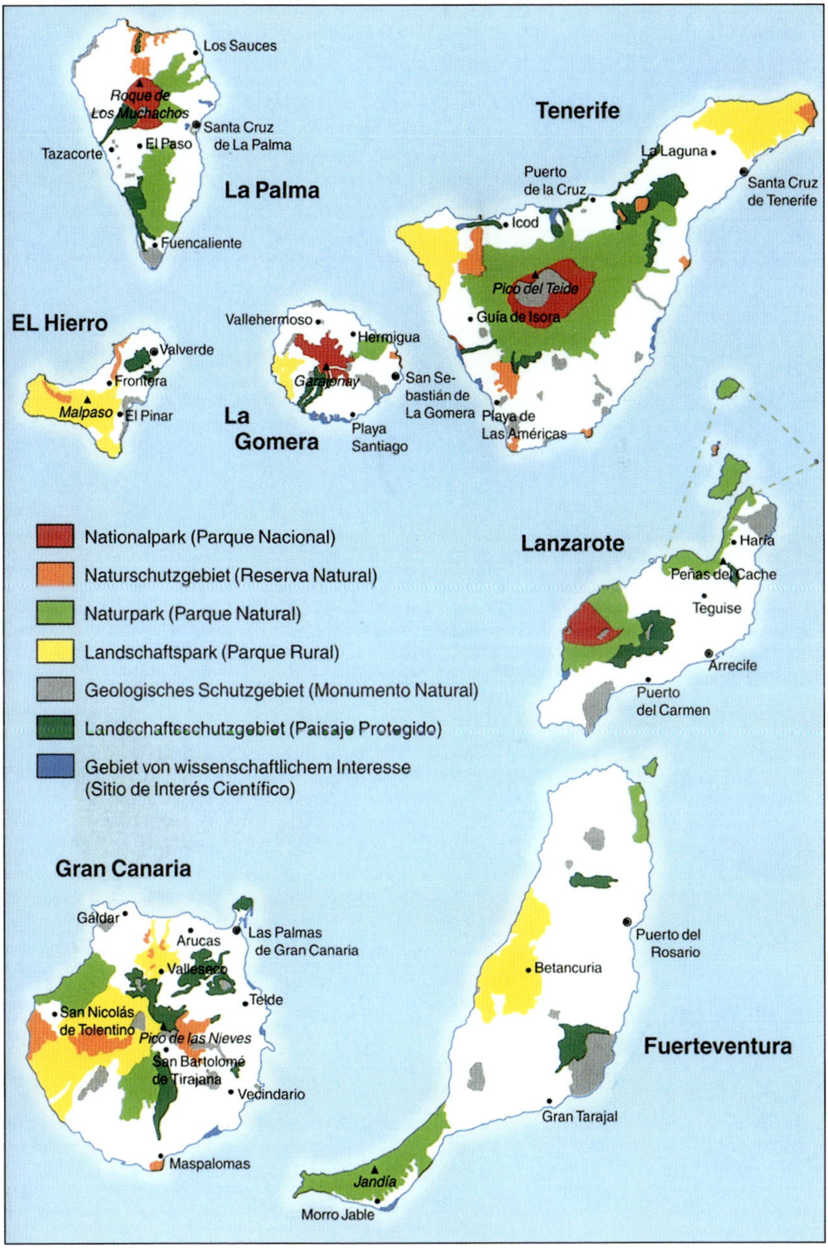

Die Schutzgebiete der Kanaren (nach „Ley de Espacios Naturales de Canarias“ 1995, verändert)

Teide-Nationalpark, Blick vom Pico del Teide in die Cañadas

und Lebensgemeinschaften sind heute nur noch letzte Refugien erhalten geblieben.

Der Artenschutz wird durch internationale Aktivitäten unterstützt: So wurden schon 1973 in das Washingtoner Artenschutzübereinkommen nicht nur alle Vertreter der Gattungen *Aeonium*, *Aichryson*, *Greenovia* und *Monanthes* aufgenommen, sondern daneben rund 70 weitere Kanaren-Endemiten, wie zum Beispiel *Caralluma burchardii*, *Euphorbia handiensis*, *Echium wildpretii* und *Echium auberianum*, die *Isoplexis*-Arten und zahlreiche *Limonium*-Sippen. Sie sind nun auch durch die deutsche Bundesartenschutzverordnung geschützt, und damit ist auch nach deutschem Recht insbesondere das Sammeln und der Besitz dieser Pflanzen verboten.

Inzwischen gibt es seit 1996 für Spanien und die Kanarischen Inseln bereits 3 Fassungen von „Roten Listen" mit 3 Nachträgen (bis 2010, siehe Literaturauswahl), die in den neueren Ausgaben umfangreiche Informationen zu den Arten enthalten. Die Gefährdung wird in die international gebräuchlichen IUCN-Kategorien (ausgestorben, bzw. in freier Wildbahn ausgestorben, vom Aussterben bedroht, stark gefährdet, gefährdet und gering gefährdet, Vorwarnstufe) eingeteilt. Fast die Hälfte der endemischen Arten der Kanaren ist nach einem der ersten drei genannten Kriterien gefährdet.

Den besten Schutz aller Organismen, nicht nur der in diesem Führer im Vordergrund stehenden Pflanzen, bildet jedoch der Schutz ihrer Ökosysteme. Dazu haben die verantwortlichen staatlichen Stellen bereits verschiedene Anstrengungen unternommen. Es wurden vier großflächige Nationalparke mit wissenschaftlicher Begleitung eingerichtet, in denen auf Gomera im Parque Nacional de Garajonay das Ökosystem der Lorbeerwälder, auf La Palma im Nationalpark La Caldera de Taburiente die Kiefernwälder, auf Tenerife im Parque Nacional del Teide die Lebensgemeinschaften der subalpinen und alpinen Stufe geschützt werden und auf Lanzarote im Parque Nacional de Timanfaya die Erscheinungen des jungen Vulkanismus. Durch die Ausweisung streng geschützter Kernzonen und durch Besucherlenkung sind hier größere Gebiete aus der touristischen Nutzung genommen worden und können sich naturnah regenerieren.

Außerdem wurde vor einigen Jahren begonnen, auf allen Inseln ein Netz von Schutzgebieten mit verschiedenen Schutzkategorien zu schaffen und diese durch ein Gesetz festzulegen. Das „Ley de Espacios Naturales de Canarias“ wurde Ende 1994 erlassen. Dabei werden die nachfolgend aufgeführten Kategorien unterschieden; die Übersetzung lehnt sich so weit wie möglich an die in Deutschland gebräuchlichen Bezeichnungen an, auch wenn die Definitionen teilweise nicht übereinstimmen und mehrere Kategorien im deutschen Naturschutzrecht nicht enthalten sind.

Parque Nacional	Nationalpark
Reserva Natural Integral	Naturschutzgebiet
Reserva Natural Especial	Naturschutzgebiet
Parque Natural	Naturpark
Parque Rural	Landschaftspark
Monumento Natural	Geologisches Schutzgebiet
Paisaje Protegido	Landschaftsschutzgebiet
Sitio de Interés Científico	Gebiet von wissenschaftlichem Interesse

Entsprechend den Schutzzielen und unterschiedlichen Nutzungsintensitäten wurden im Einzelnen genaue Vorschriften erlassen. Es wird sicher für die zuständigen Behörden der Kanarischen Inseln noch großer Anstrengungen bedürfen, dieses Schutzgebietskonzept gegen die konkurrierenden Interessen der verschiedenen Wirtschaftszweige durchzusetzen. Der botanisch interessierte Naturfreund, der Leser und Benützer dieses Buches, kann durch sein verantwortungsbewusstes Verhalten dazu beitragen, dass diese einmaligen Lebensgemeinschaften der Kanarischen Inseln mit ihren vielen Endemiten für die Nachwelt erhalten bleiben, indem er Pflanzen nicht beschädigt, sondern sich an ihnen erfreut und gegebenenfalls fotografiert und auch dabei vorsichtig vorgeht.

Nationalpark La Caldera de Taburiente, La Palma, im Hintergrund der Pico del Teide

Weinkulturen in La Geria, Lanzarote

Nutz- und Zierpflanzen

Seit der spanischen Besiedlung wurde im wintermilden Klima der Kanaren intensiver Anbau nicht nur zur Eigenversorgung der Bevölkerung, sondern auch zum Export auf das europäische Festland und später auch nach Amerika betrieben. Dabei haben sich die Schwerpunkte immer wieder verschoben, eine Monokultur löste die nächste ab. Zunächst war es das Zuckerrohr, dessen Anbau schon im Laufe des 16. Jahrhunderts auf La Palma, Tenerife und Gran Canaria die Waldbestände stark dezimiert hat, wobei das Holz vor allem zur Energiegewinnung für das Sieden des Zuckers benötigt wurde. Mit dem Mangel an Brennholz und später der Entwicklung des Rübenzuckers in den gemäßigten Breiten wurde der Zuckerrohranbau auf den Kanaren nicht mehr rentabel. Heute ist diese Kultur praktisch ganz verschwunden. Daneben wurde aber immer Getreide zur Eigenversorgung der Inseln angebaut.

Auch der Weinbau hat auf den Kanaren eine lange Tradition. Bis zum Ende des 17. Jahrhunderts waren kanarische Weine in England und Amerika sehr beliebt, später war der Export allerdings rückläufig, bis schließlich Mehltau und Reblaus die Weinstöcke vernichteten. Der Weinbau hatte dann bis heute im Wesentlichen lokale Bedeutung für die Eigenversorgung, nimmt aber zum Beispiel 2006 mit rund 19000 ha gegenüber den Bananen etwa doppelt so viel Fläche ein. In den letzten Jahren ist eine gewisse Ausweitung der Anbauflächen und auch eine Verbesserung der Qualität des kanarischen Weines zu beobachten. Für die Millionen der Urlauber reicht er allerdings noch nicht aus, die Hauptmenge stammt aus den großen Anbaugebieten des spanischen Festlandes. Eine Besonderheit stellt der Weinanbau auf

Bananenernte, Kulturen im Hintergrund, in Santa Catalina, La Gomera

Lanzarote dar, wo vor allem Malvasierreben in kunstvoll als Windschutz angelegten Bimstrichtern angebaut werden. Ihre geometrische Anordnung mit zusätzlich aufgeschichteten Steinmauern prägen im Gebiet von La Geria die Landschaft. Der Trockenfeldbau mit Eindeckung der Felder mit vulkanischem Granulat (Lapilli, Picón) spielt auch in anderen Feldkulturen, besonders im Kartoffelanbau, eine gewisse Rolle. Der Tabak, vor wenigen Jahrzehnten noch verbreitet angebaut, wird als Rohstoff zur Weiterverarbeitung heute eingeführt.

Zur Gewinnung von Soda für die Seifenherstellung wurden auf den Ostinseln zu Beginn des 19. Jahrhunderts für kurze Zeit die Mittagsblumen *Mesembryanthemum crystallinum* und *M. nodiflorum* kultiviert. In der unteren Stufe konnten ohne Bewässerung auch Feigenkakteen *Opuntia ficus-indica* angebaut werden, die als Viehfutter und seit Mitte des 19. Jahrhunderts zur Zucht von Cochenille-Schildläusen (siehe S. 150) dienten. Mit der Erfindung der Anilinfarben brach diese arbeitsintensive Kultur fast vollständig zusammen, erst im Zeichen der Rückbesinnung auf Naturfarbstoffe ist sie heute wieder etwas in Zunahme begriffen. Die anderen Kulturpflanzen in dieser Stufe benötigen dagegen intensive Bewässerung.

Während die Tomate hier bis in die 70er-Jahre des vorigen Jahrhunderts eine wichtige Rolle spielte und heute rückläufig ist, hat der staatlich subventionierte Anbau der Banane *Musa cavendishii* zur Zeit noch immer eine große, den Sukkulentenbusch verdrängende Bedeutung. Mit rund 9500 ha bedeckt sie fast ein Fünftel der gesamten Anbauflächen. Zur Wasserersparnis und zum Windschutz verschwinden diese Kulturen auf großen Flächen besonders in den trockeneren Teilen der Inseln in Plastikgewächshäusern. Während die Versu-

Ansehnliche Kassie *Senna spectabilis* in Puerto de la Cruz, Tenerife

che mit Ananaskulturen auf El Hierro und La Palma nicht Erfolg versprechend aussehen, nehmen Baumkulturen der Avocadobirne *Persea americana* zu, einem Lorbeergewächs, das mit der heimischen Lorbeerwaldart *Persea indica* verwandt ist. Auch die Papaya, *Carica papaya* und die Mango *Mangifera indica* haben ihre Liebhaber gefunden.

Vom oberen Bereich des Sukkulentenbusches bis in die unteren Waldgebiete sind heute neben dem Wein Kulturen von Kartoffeln und Gemüse wichtig. Entsprechend der Klimarhythmik können Kartoffeln sehr zeitig geerntet und dann gewinnbringend auf das Festland exportiert werden. Im unteren Bereich der Lorbeerwälder hatten Kulturen der Esskastanie *Castanea sativa* und des Mandelbaumes *Prunus dulcis* früher Bedeutung für die Ernährung, zur Zeit werden die meisten, noch erhaltenen Bestände allerdings nicht mehr gepflegt.

Die Landwirtschaft steht seit längerer Zeit mit dem Tourismus in Konkurrenz um das verfügbare Wasser. Die Vorräte sind für beide Wirtschaftszweige begrenzend, sodass viele Produkte eingeführt werden müssen. Schon heute kommt man nicht mehr ohne Meerwasserentsalzungsanlagen aus.

Unübersehbar sind die vielen Zierpflanzen auf den Kanaren. Schon seit 1788 benutzte der spanische Hof mit der Gründung des Botanischen Gartens von Orotava die Insel Tenerife als Zwischenstation zur „Akklimatisation“ für

Paradiesvogelblume *Strelitzia reginae*, ein beliebtes Reiseandenken

die Kultur und Vermehrung tropischer und subtropischer Zierpflanzen aus allen Erdteilen. Heute findet der Besucher diese im Bereich der Orte besonders auf den feuchteren westlichen Inseln in großer Vielfalt. Sie stammen aus dem tropischen und subtropischen Asien, aus Australien und Neuseeland ebenso wie aus den entsprechenden Breiten Amerikas, seltener aus Afrika. Dem botanischen Laien fallen sie oft als erste oder einzige Pflanzen auf. In den Orten finden sich als Straßenbäume oft reich und farbenprächtig blühende Gehölze. Beispielhaft sei die Feuerakazie *Delonix regia*, der Paternosterbaum *Melia azedarach*, Jacaranda *Jacaranda mimosifolia* oder der Afrikanische Tulpenbaum *Spathodea campanulata* genannt. Besonders reichblütig im öffentlichen Grün ist die hier abgebildete Ansehnliche Kassie *Senna spectabilis* (*Cassia spectabilis*). Den tropischen und subtropischen Gehölzen und Kletterpflanzen wurde deshalb ein eigener Abschnitt am Ende des Buches (siehe S. 288) gewidmet. Neuerdings werden erfreulicherweise zunehmend auch dekorative kanarische Arten an Straßenrändern und öffentlichen Plätzen gepflanzt. Der Anbau von Schnittblumen ist inzwischen zu einem bedeutenden Erwerbszweig angewachsen. Einen Strauß der in Südafrika heimischen, exotisch anmutenden und haltbaren Paradiesvogelblumen *Strelitzia reginae* im Flugzeug als „charakteristische“ Kanaren-Erinnerung mitzunehmen, vermittelt jedes Hotel.

Zum Gebrauch des Buches

Bei der **Artenauswahl** im Bestimmungsteil haben wir uns bemüht, möglichst viele, insbesondere alle weiter verbreiteten endemischen Arten, von den attraktiven bis zu den unscheinbaren, zum Beispiel auch Gräser, abzubilden und die selteneren oder auch die, die sich im Foto nur schwierig unterscheiden lassen, zumindest zu erwähnen. Diese Endemiten stellen zahlenmäßig zwar nur etwa ein Drittel der Kanarenflora dar, in der naturnahen Vegetation aber überwiegen sie. Von den mediterranen, meist einjährigen Arten konnte nur eine Auswahl auffälliger abgebildet und genannt werden, im Übrigen muss hier auf die Bände zur Mittelmeerflora verwiesen werden. Darüber hinaus kommen auf den Inseln auch zahlreiche mehr oder weniger eingebürgerte Arten aus allen Erdteilen vor, die überwiegend im Siedlungsbereich, im Kulturland und entlang der Straßen und Wege anzutreffen sind. Von diesen wurde ebenfalls nur eine kleine Zahl interessanter Sippen aufgenommen, um den beschränkten Platz eines Taschenführers nicht zu sprengen. Schließlich enthält der Band 64 Fotos und kurze Beschreibungen auffälliger und häufiger, tropischer und subtropischer **Zierpflanzen**, auch wenn diese nur gelegentlich verwildert vorkommen und damit meist nicht Bestandteil der Kanarenflora sind.

Beim **Gebrauch im Gelände** wird man als „Fortgeschrittener" direkt in den entsprechenden Bildseiten blättern bzw. über das Inhaltsverzeichnis (S. 4–5) die Familie aufsuchen oder über das Register (S. 306 ff.) eine bestimmte Familie, Gattung oder Art. Ohne Vorkenntnisse kann man mit dem Bestimmungsschlüssel (S. 42 ff.) die Familie ermitteln und sich dabei gleichzeitig ihre wichtigen Kennzeichen erarbeiten.

Die **Anordnung** der Arten folgt dem natürlichen System der Farn- und Blütenpflanzen, wie es heute noch in den gängigen Floren verwendet wird, insbesondere in der Flora Europaea und auch in der Exkursionsflora für die Kanarischen Inseln (Hohenester/Welss). So kann man, wenn man sich intensiver mit der Kanarenflora beschäftigen möchte, das entsprechende Werk neben diesen Bildband legen und auch weitere Bücher über mediterrane Pflanzen heranziehen (siehe Literaturverzeichnis auf S. 304–305). Durch neuere molekular-genetische Untersuchungen gibt es heute zahlreiche Vorschläge zur neuen Gruppierung und Benennung der Pflanzenfamilien und Gattungen, die jedoch noch einem laufenden Fortschritt der Kenntnisse und Meinungen unterworfen sind.

Bei der **Benennung** der Arten haben wir uns bei den wissenschaftlichen Namen im allgemeinen der „Lista de especies silvestres de Canarias", Abschnitt „Pteridophyta, Spermatophyta", von Acebes Ginovés, J. R. & al. (2010), angeschlossen, teilweise sind wir aber auch der Euro+Med-Datenbank gefolgt und haben außerdem zahllose neue Spezialarbeiten berücksichtigt. Wichtige Synonyme werden in Klammern angegeben. Dabei haben wir in manchen Fällen auch in der „Lista" nicht aufgeführte Varietäten (var.) dargestellt, die bei zukünftigen Bearbeitungen teilweise auch zu Unterarten (ssp.) werden könnten. Eingeführte deutsche Namen wurden, soweit vorhanden, verwendet, im Übrigen mussten sie durch Übersetzung der wissenschaftlichen Bezeichnungen oder nach einer charakteristischen Eigenschaft der Pflanze gebildet werden. Die spanischen Namen folgen Machado, A. & M. Morera: Nombres comunes de las plantas y los animales de Canarias. 2005. Dabei wird nur ein spanischer Name angegeben, der nicht auf allen Inseln gleichermaßen gebräuchlich sein muss. Die Ziffern verweisen auf die zugehörigen Fotos, die so ausgewählt wurden, dass sie möglichst viele, für die Bestimmung wichtige Merkmale zeigen.

In der **Randleiste** finden sich Angaben zur Größe, Lebensform und Blütezeit. Für die Lebensformen werden folgende Symbole verwendet:

⊙ = 1jährig
⊙ = 2jährig
♃ = ausdauernd
♄ = Holzpflanze, Strauch oder Baum

Mit den römischen Zahlen I–XII werden die Monate der **Blütezeit** angegeben. Diese variieren auf den Kanaren stark in Abhängigkeit von der Höhenstufe und dem oft sehr unterschiedlichen Witterungsverlauf, insbesondere der Verteilung der Niederschläge über das Jahr. Die Blütezeit „weiterer Arten" wird nur angegeben, wenn sie deutlich von der Hauptart abweicht.

Die **Verbreitung** der in der Überschrift genannten Art oder Unterart auf den einzelnen Inseln und im angrenzenden Marokko wird in einem **Kärtchen** dargestellt und kann die Bestimmung unterstützen, auch wenn auf den Kanaren immer noch Neufunde nicht ausgeschlossen sind. Diese Kärtchen folgen weitge-

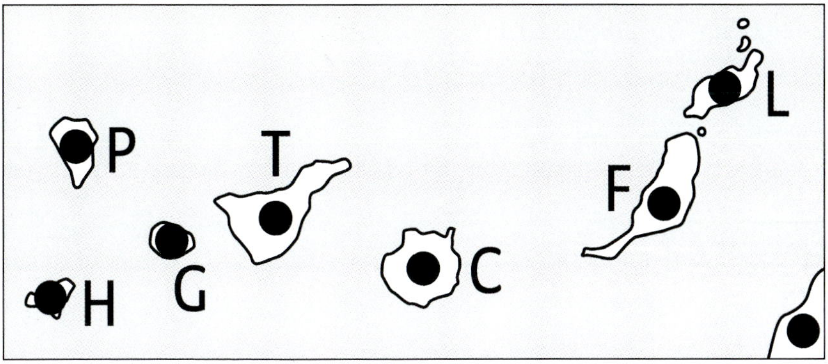

Verbreitungskärtchen mit Punkten und Abkürzungen für die 7 Inseln und Marokko

hend den Angaben in der oben genannten „Lista de especies silvestres de Canarias“, gelegentlich auch anderen Quellen.

In dem Kärtchen steht jeweils 1 Punkt für das Vorkommen auf einer Insel, (von West nach Ost) auf • El Hierro, • La Palma, • La Gomera, • Tenerife, • Gran Canaria, • Fuerteventura (einschließlich Lobos), • Lanzarote (einschließlich La Graciosa) und • Marokko.

Der Text nennt zunächst die für die Bestimmung wichtigen Merkmale und geht dabei in der Regel vom Habitus über Stängel und Blätter zu Blütenständen, Blüten und Früchten und versucht so weit wie möglich, Unterschiede zu den verwandten Arten zu beschreiben. Wenn bei der Blatt- oder Fruchtgröße zwei Zahlen, getrennt durch ein „×“ angegeben werden, so bedeuten sie Länge mal Breite.

Unter **Vorkommen** werden im Text Angaben zu den Standortsverhältnissen, wie sie in den einleitenden Kapiteln näher erläutert werden, gemacht. Bei den Verbreitungsangaben wird das Vorkommen auf einzelnen Inseln, soweit sinnvoll und auf der Textseite möglich, eingegrenzt und, soweit es sich nicht um Endemiten handelt, auch die weitere Verbreitung außerhalb der Kanaren genannt. Bei den Endemiten wird gegebenenfalls auch das Vorkommen auf weiteren Inselgruppen Makaronesiens angegeben, die Selvagens Inseln allerdings nur, soweit die Art nicht auf Madeira vorkommt.

Unter dem Stichwort **Weitere Arten** werden zusätzliche Arten erwähnt, wobei der Platz hier meist nur für wenige Merkmale gereicht hat. Abgebildete Arten haben einen fett gedruckten deutschen Namen. Gelegentlich kann aber bereits die Nennung der Insel (meist abgekürzt und in Klammern, H P G T C F L), auf der eine sehr ähnliche endemische Art vorkommt, als Bestimmungshinweis dienen. Auch die weiteren Verbreitungsangaben konnten in diesem Abschnitt nur sehr knapp gefasst werden und beziehen sich vor allem auf die Kanaren und das Mittelmeergebiet oder auch die Heimat einer eingebürgerten Art.

Bei einzelnen Familien und Gattungen finden sich einleitende Absätze, in denen Besonderheiten beschrieben und daneben auch weitere auffällige, in diesem Buch nicht behandelte, vorwiegend mediterrane Sippen vorgestellt werden, die man dann in einem Band über die Mittelmeerflora nachschlagen kann. Im Übrigen muss auf die im Literaturverzeichnis genannte weiterführende Literatur verwiesen werden. Allerdings gibt es „die große Flora der Kanaren“, in der alle Arten ausführlich beschrieben werden, leider bisher noch nicht. Zur intensiven Beschäftigung mit der Kanarenflora ist man auf die vielen, weltweit verstreuten Einzelbeiträge in Fachzeitschriften angewiesen, die in großem Umfang auch für dieses Buch ausgewertet wurden.

Weitere **Abkürzungen** im Text:

N S O W	Nord Süd Ost West
& al.	et aliorum = und anderer (Autoren)
auct.	auctorum = verschiedener Autoren
f.	filius = Sohn (bei Autorennamen)
fo.	forma = Form (bei lateinischen Sippennamen)
p. p.	pro parte = zum Teil

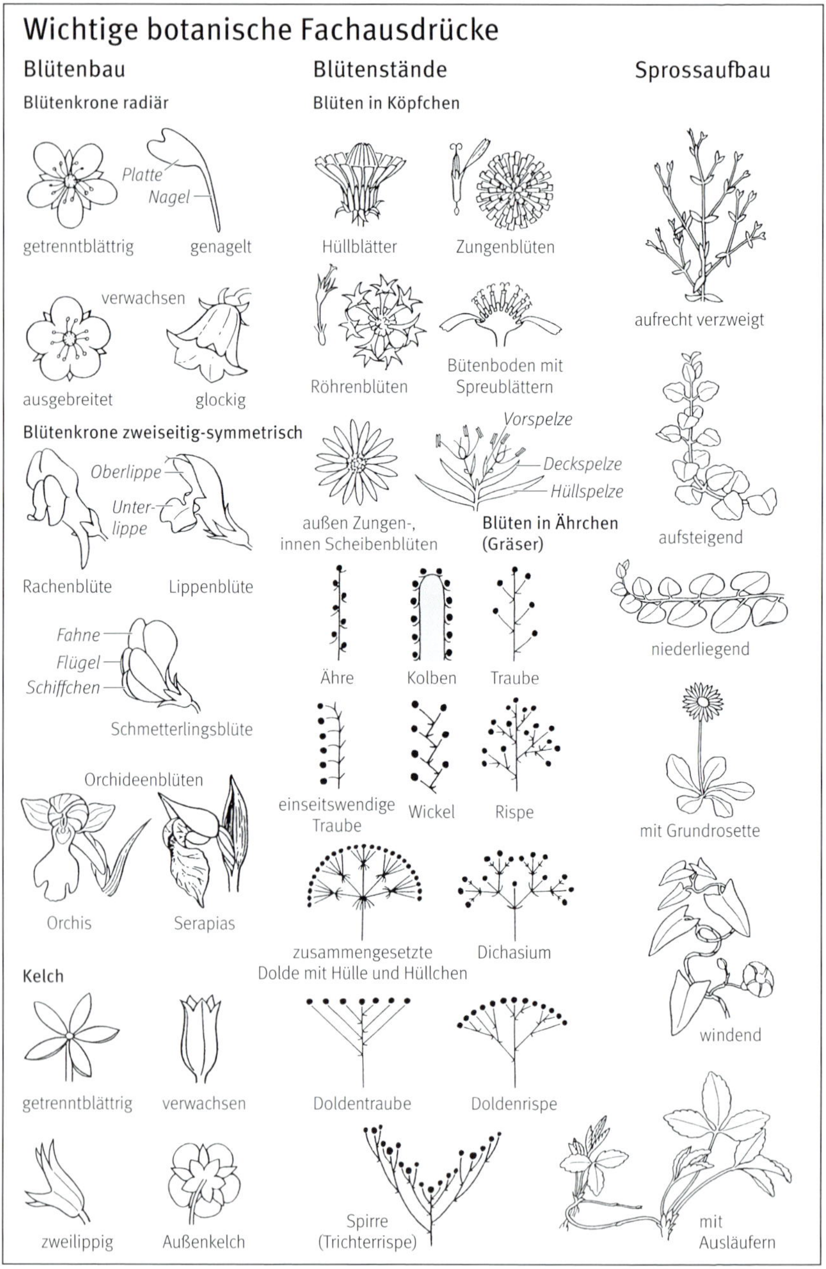
Wichtige botanische Fachausdrücke
Blütenbau
Blütenkrone radiär
Platte
Nagel
getrenntblättrig
genagelt
verwachsen
ausgebreitet
glockig
Blütenkrone zweiseitig-symmetrisch
Oberlippe
Unter-lippe
Rachenblüte
Lippenblüte
Fahne
Flügel
Schiffchen
Schmetterlingsblüte
Orchideenblüten
Orchis
Serapias
Kelch
getrenntblättrig
verwachsen
zweilippig
Außenkelch
Blütenstände
Blüten in Köpfchen
Hüllblätter
Zungenblüten
Röhrenblüten
Bütenboden mit Spreublättern
außen Zungen-, innen Scheibenblüten
Vorspelze
Deckspelze
Hüllspelze
Blüten in Ährchen (Gräser)
Ähre
Kolben
Traube
einseitswendige Traube
Wickel
Rispe
zusammengesetzte Dolde mit Hülle und Hüllchen
Dichasium
Doldentraube
Doldenrispe
Spirre (Trichterrispe)
Sprossaufbau
aufrecht verzweigt
aufsteigend
niederliegend
mit Grundrosette
windend
mit Ausläufern

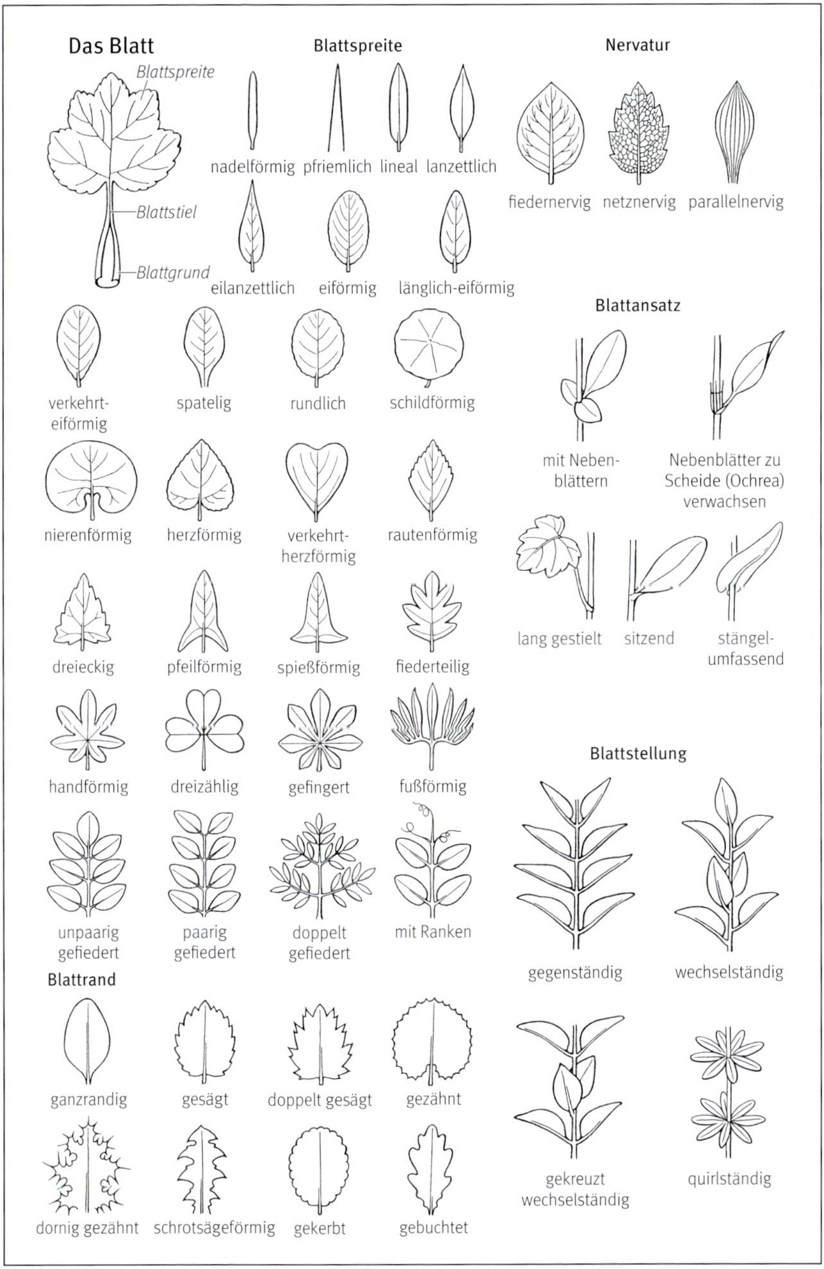

Das Blatt
Blattspreite
Blattstiel
Blattgrund
Blattspreite
nadelförmig
pfriemlich
lineal
lanzettlich
eilanzettlich
eiförmig
länglich-eiförmig
Nervatur
fiedernervig
netznervig
parallelnervig
verkehrt-eiförmig
spatelig
rundlich
schildförmig
nierenförmig
herzförmig
verkehrt-herzförmig
rautenförmig
dreieckig
pfeilförmig
spießförmig
fiederteilig
handförmig
dreizählig
gefingert
fußförmig
unpaarig gefiedert
paarig gefiedert
doppelt gefiedert
mit Ranken
Blattansatz
mit Nebenblättern
Nebenblätter zu Scheide (Ochrea) verwachsen
lang gestielt
sitzend
stängelumfassend
Blattstellung
gegenständig
wechselständig
gekreuzt wechselständig
quirlständig
Blattrand
ganzrandig
gesägt
doppelt gesägt
gezähnt
dornig gezähnt
schrotsägeförmig
gekerbt
gebuchtet

Schlüssel zur Bestimmung der Pflanzenfamilien

Um eine auf den Kanaren aufgefundene, dort heimische Pflanze einer Familie zuordnen zu können und damit im Bildteil schneller aufzufinden, haben wir uns bemüht, in den folgenden Schlüsseln vorwiegend einfache, gut sichtbare, auch dem Laien verständliche Merkmale zu verwenden. Wegen der Formenmannigfaltigkeit mancher Familien können die Schlüssel allerdings oft nur zu den in diesem Buch abgebildeten Arten führen. Eine weitere Hilfe bilden die Fotos typischer kanarischer Vertreter, jedoch stellen auch sie nur Beispiele dar.

Das Vorgehen bei der Bestimmung sei an der Kanaren-Winde *Convolvulus canariensis* erläutert, die am Rand eines Lorbeerwaldes im zeitigen Frühjahr windend und blühend angetroffen wird. Man beginnt bei den Hauptgruppen: Die Möglichkeiten „1. Farnpflanzen" und „2. Nacktsamige Pflanzen" treffen nicht zu, wohl aber „3. Zweikeimblättrige Pflanzen"; die Blätter sind netznervig, nicht parallel- oder 1-nervig, die Blüte ist 5-zipfelig. Nun ist die Entscheidung zwischen den Möglichkeiten 3a, 3b und 3c zu treffen. Die Kronblätter der großen Blüten sind deutlich verwachsen, dies führt zum Schlüssel C auf Seite 49. Auch hier ist unter mehreren Alternativen, jeweils durch Buchstaben unter einer Ziffer gekennzeichnet, zu wählen. In diesem Beispiel wird das nicht zutreffende Merkmal mit „–", das zutreffende mit „+" bezeichnet und führt dann zur nächsten Ziffer bzw. Frage:

1a –
1b –
1c + Pflanze mit grünen Blättern → 2
2a –
2b + Stängel in seiner Gesamtheit windend oder kletternd, ohne Ranken → 3
3a –
3b –
3c + Blätter wechselständig → **Windengewächse** *Convolvulaceae* S. 172

Die Entscheidung für die **Windengewächse** führt auf die Seiten 172–174. Aufgrund des Fotos und der Beschreibung fällt es nicht schwer, die Art als **Kanaren-Winde** *Convolvulus canariensis* sicher zu bestimmen. In vielen Fällen wird man einige Schritte mehr benötigen, um ans Ziel zu kommen, oder auch einmal zwei Wege verfolgen müssen.

Übersicht über die Hauptgruppen

1. Farnpflanzen. Pflanzen blütenlos, Vermehrung durch Sporen, die in besonderen Behältern, den Sporangien, gebildet werden → **Farne** S. 54
2. Nacktsamige Pflanzen. Bäume oder Sträucher mit nadel- oder schuppenförmigen, immergrünen Blättern. Blüten eingeschlechtig, ohne Blütenhülle, zu später verholzenden oder beerenartigen Zapfen vereinigt. Samenanlagen nicht in Fruchtknoten eingeschlossen → **Nadelgehölze** S. 62

3. Zweikeimblättrige Pflanzen. Blätter meist netznervig, falls parallel- oder 1-nervig, dann Blüten nicht 3- bzw. 6-zählig oder nicht mit Blütenhülle aus Spelzen. Samenanlagen in Fruchtknoten eingeschlossen
   3a Zweikeimblättrige Pflanzen mit unscheinbaren, grünlichen, gelblichen oder weißlichen Blüten. Kronblätter fehlend oder sehr klein (bis 2–3 mm lang) → **Schlüssel A** S. 43
   3b Zweikeimblättrige Pflanzen mit ansehnlichen Blüten, Kronblätter bis zum Grund frei → **Schlüssel B** S. 46
   3c Zweikeimblättrige Pflanzen mit ansehnlichen Blüten, Kronblätter zu einer kurzen oder langen Röhre verwachsen → **Schlüssel C** S. 49
4. Einkeimblättrige Pflanzen. Blätter meist parallel- oder bogennervig, einfach und ungeteilt, zuweilen stielrund, auch nadelförmig ausgebildet, bei den Palmen gefiedert. Blüten meist 3- bzw. 6-zählig oder ohne Blütenhüllblätter und von Spelzen umgeben. Samenanlagen in Fruchtknoten eingeschlossen → **Schlüssel D** S. 52

Schlüssel A: Zweikeimblättrige Pflanzen mit unscheinbaren, grünlichen, gelblichen oder weißlichen Blüten. Kronblätter fehlend oder sehr klein (bis 2–3 mm lang)

1a Kletternde oder klimmende Sträucher → 2
1b Bäume oder Sträucher; Blüten in kätzchenartigen Blütenständen → 3
1c Bäume oder Sträucher mit wechselständig oder schopfartig an den Zweigenden angeordneten Blättern oder zylindrischen bzw. kantigen, „kaktusartigen" Trieben ohne Blätter, immer mit Milchsaft. Blüten in Cyathien (eine zentrale 3-zählige weibliche Blüte, umgeben von zahlreichen, auf ein Staubblatt reduzierten männlichen Blüten) 1, 2 → **Wolfsmilchgewächse *Euphorbiaceae*** S. 128
1d Bäume oder hohe Sträucher (über 1 m); Blüten in andersartigen Blütenständen → 5
1e Kräuter, Halbsträucher oder niedrige Sträucher (meist unter 1 m hoch) → 7
2a Blätter wechselständig → **Efeugewächse *Araliaceae*** S. 152
2b Blätter quirlständig → **Rötegewächse *Rubiaceae*** S. 170
3a Blätter schuppenförmig, den Zweigen eng anliegend → **Tamariskengewächse *Tamaricaceae*** S. 148
3b Blätter gefiedert 3 → **Rosengewächse *Rosaceae*** S. 108
3c Blätter ungeteilt → 4

4

5

6

7

4a Blätter ganzrandig, oberseits rau, unterseits anliegend behaart, rot gestielt 4
→ **Brennnesselgewächse *Urticaceae*** S. 66

4b Blätter ganzrandig bis schwach gezähnt, unterseits graugrün und behaart 5
→ **Weidengewächse *Salicaceae*** S. 64

4c Blätter regelmäßig stachelig gezähnt, anfangs unterseits graugrün und filzig → **Buchengewächse *Fagaceae*** S. 64

4d Blätter meist unregelmäßig gekerbt-gesägt, kahl, drüsig punktiert, aromatisch 6
→ **Gagelstrauchgewächse *Myricaceae*** S. 64

5a Blätter gefiedert 7
→ **Sumachgewächse *Anacardiaceae*** S. 134

5b Blätter ungeteilt, walzlich, fleischig
→ **Fuchsschwanzgewächse *Amaranthaceae* (incl. *Chenopodiaceae*)** S. 72

5c Blätter ungeteilt, fädlich, gegenständig
→ **Rötegewächse *Rubiaceae*** S. 170

5d Blätter ungeteilt, flach, wechselständig → **6**

6a Blütenhülle 3–4-teilig
→ **Sandelholzgewächse *Santalaceae*** S. 68

6b Blütenhülle 6-teilig; Blätter mit häutiger, stängelumfassender Nebenblattscheide
→ **Knöterichgewächse *Polygonaceae*** S. 68

6c Blütenhülle 5-teilig, wenn 4-teilig, dann Pflanze dornig; Blätter mit (zum Teil hinfälligen) Nebenblättern 8
→ **Kreuzdorngewächse *Rhamnaceae*** S. 136

6d Blütenhülle 5-teilig; Blätter ohne Nebenblätter
→ **Fuchsschwanzgewächse *Amaranthaceae*** S. 74

6e Blüten mit Kelch und Krone, manchmal nur undeutlich, 5-zählig, in zusammengesetzten Dolden 9
→ **Doldenblütler *Apiaceae*** S. 152

7a Blüten in Köpfchen, von einer gemeinsamen, vielblättrigen Hülle umgeben 10
→ **Korbblütler *Asteraceae*** S. 216

7b Blüten in einfachen oder zusammengesetzten Dolden 11
→ **Doldenblütler *Apiaceae*** S. 152

8

9

10

11

7c Blüten nicht in Dolden oder Köpfchen → **8**

8a Kleine Sträucher mit rutenartigen, auch fleischigen Ästen, mit winzigen, schuppenförmigen Blättchen
→ **Sandelholzgewächse** ***Santalaceae*** S. 68

8b Pflanzen niederliegend bis aufsteigend, auch bisweilen kletternd, mit grünen oder silbergrauen, krautigen oder fleischigen, zum Teil walzlichen Blättern; meist in Küstennähe wachsend 12
→ **Fuchsschwanzgewächse** ***Amaranthaceae*** **(incl.** ***Chenopodiaceae*****)** S. 70

8c Pflanzen mit andersartigen Blättern und Blüten → **9**

9a Blätter in grundständiger Rosette; Blüten 4-zählig 13
→ **Wegerichgewächse** ***Plantaginaceae*** S. 208

9b Blätter in grundständiger Rosette, fleischig; Blüten 6–8-zählig 14
→ **Dickblattgewächse** ***Crassulaceae*** S. 104

9c Blätter quirlständig 15 → **Rötegewächse** ***Rubiaceae*** S. 170

9d Blätter gegenständig → **10**

9e Blätter wechselständig → **11**

10a Pflanzen mit Brennhaaren
→ **Brennnesselgewächse** ***Urticaceae*** S. 66

10b Blüten 5-zählig, in rötlichen, schlanken Scheinähren
→ **Fuchsschwanzgewächse** ***Amaranthaceae*** S. 74

10c Blüten in kleinen Knäueln, 5-, selten 4-zählig 16
→ **Nelkengewächse** ***Caryophyllaceae*** S. 76

10d Blüten 4-zählig, in grünlichen bis bräunlichen, köpfchenartigen Ähren 17
→ **Wegerichgewächse** ***Plantaginaceae*** S. 208

10e Blüten 3(–4)-zählig, Blätter gegenständig, fleischig 18
→ **Dickblattgewächse** ***Crassulaceae*** S. 106

11a Blätter dornig gezähnt, mit Nebenblättern, oder ganzrandig, nebenblattlos; Pflanzen am Grund verholzt
→ **Brennnesselgewächse** ***Urticaceae*** S. 66

11b Blätter mit häutiger, stängelumfassender Nebenblattscheide; Halbsträucher
→ **Knöterichgewächse** ***Polygonaceae*** S. 68

12

13

14

15

16

17

18

19

20

21

22

23

11c Blätter buchtig gelappt; niederliegende, 1-jährige Strandpflanzen mit 2 cm großen, scheibenförmigen, stacheligen Früchten 19 → **Kameltrittgewächse *Neuradaceae*** S. 110

Schlüssel B: Zweikeimblättrige Pflanzen mit ansehnlichen Blüten, Kronblätter bis zum Grund frei

1a Blüten zweiseitig-symmetrisch (zygomorph) → **2**

1b Blüten radiär → **3**

2a Blüten gespornt; 4 Kronblätter, die inneren an der Spitze zusammenhängend 20
→ **Mohngewächse *Papaveraceae*** S. 86

2b Blüten gespornt; 5 Kronblätter 21
→ **Veilchengewächse *Violaceae*** S. 142

2c Blüten ohne Sporn, schmetterlingsförmig; Kronblätter 5, sich von oben nach unten deckend, das nach oben weisende Blatt die Fahne, die beiden seitlichen die Flügel, die 2 unteren zum Schiffchen vereint 22
→ **Schmetterlingsblütler *Fabaceae*** S. 112

2d Blüten ohne Sporn; Kronblätter (4–)6–7, zerschlitzt 23
→ **Resedengewächse *Resedaceae*** S. 94

3a Blüten 3–4-zählig 24
→ **Rautengewächse *Rutaceae* (incl. *Cneoraceae*)** S. 134

3b Blüten 4(–5)-zählig → **4**

3c Blüten 5-zählig → **5**

3d Blüten meist mehr als 5-zählig → **12**

4a Kelchblätter 2, verwachsen 25
→ **Mohngewächse *Papaveraceae*** S. 86

4b Kelchblätter 4, frei, 2 äußere kurze und 4 innere längere Staubblätter; Frucht eine Schote oder ein Schötchen 26
→ **Kreuzblütler *Brassicaceae*** S. 88

4c Kelchblätter 4(–5), frei; Pflanzen oft mit 5-zähliger Gipfelblüte; Blätter durch Öldrüsen durchscheinend punktiert, mit streng aromatischem Geruch
→ **Rautengewächse *Rutaceae*** S. 132

24

25

26

27

4d Kelchblätter fehlend; Blütenhülle einfach, mehrere Blüten von einer Hochblatthülle umgeben 27
→ **Lorbeergewächse *Lauraceae*** S. 82

5a Staubblätter 5 → 6

5b Staubblätter 6 oder 10 → 8

5c Staubblätter mehr als 10 → 10

6a Blätter fleischig, halbstielrund, am Grund gespornt, Pflanzen 1-jährig, oder schildförmig, Pflanze ausdauernd
→ **Dickblattgewächse *Crassulaceae*** S. 96

6b Blätter ledrig, eiförmig und gesägt-gekerbt; angedeutet 6-rippige Kapseln; Sträucher oder Bäume 28
→ **Spindelstrauchgewächse *Celastraceae*** S. 136

6c Blätter ledrig, eiförmig-rhombisch, selten vorn gezähnt; beerenartige Steinfrüchte; Sträucher oder Bäume 29
→ **Primelgewächse *Primulaceae* (inkl. *Myrsinaceae*)** S. 164

6d Blätter andersartig → 7

7a Pflanzen mit 1- bis mehrfach gefiederten Blättern; Blüten in zusammengesetzten Dolden, oft mit Hülle und/oder Hüllchen 30 → **Doldenblütler *Apiaceae*** S. 152

7b Pflanzen meist mit Grundrosette; Blüten in einseitswendig angeordneten kleinen Ährchen in rispigen Gesamtblütenständen; Kelchblätter zu einer trockenhäutigen und farbigen Röhre verwachsen 31
→ **Bleiwurzgewächse *Plumbaginaceae*** S. 160

8a Blätter ungeteilt und ledrig, wechselständig; Bäume 32
→ **Teestrauchgewächse *Theaceae*** S. 142

8b Blätter ungeteilt und krautig, selten fleischig, gegenständig, Blütenstand oft gabelig verzweigt; Kräuter oder Halbsträucher 33
→ **Nelkengewächse *Caryophyllaceae*** S. 76

8c Blätter gegenständig, 3-teilig mit dornigen Nebenblättern (Kräuter) oder Pflanzen insgesamt fleischig (Sträucher) 34
→ **Jochblattgewächse *Zygophyllaceae*** S. 126

28

29

30

31

32

33

34

35

36

37

38

39

8d Blätter zum Teil nadelförmig, klein, gegen- oder quirlständig, 6 Staubblätter; Zwergsträucher 35
→ **Frankeniengewächse** ***Frankeniaceae*** S. 148

8e Blätter alle grundständig; Kräuter → **9**

9a Blätter 3-zählig, kleeblattartig
→ **Sauerkleegewächse** ***Oxalidaceae*** S. 126

9b Blätter bis zum Grund 5-lappig 36
→ **Storchschnabelgewächse** ***Geraniaceae*** S. 126

10a Blätter 5-zählig gefingert; stachelige Sträucher
→ **Rosengewächse** ***Rosaceae*** S. 110

10b Blätter ungeteilt oder handförmig gelappt → **11**

11a Kronblätter weiß, glatt 37
→ **Rosengewächse** ***Rosaceae*** S. 110

11b Kronblätter weiß, rosa oder gelb, auch nach völliger Entfaltung noch zerknittert aussehend 38
→ **Zistrosengewächse** ***Cistaceae*** S. 144

11c Kronblätter rosa bis rot oder gelb, Staubblätter zu einer Röhre verwachsen 39
→ **Malvengewächse** ***Malvaceae*** S. 138

11d Kronblätter gelb, Staubblätter gebündelt 40
→ **Johanniskrautgewächse** ***Hypericaceae*** S. 140

11e Kronblätter gelb, am Grund mit Nektarschuppe
→ **Hahnenfußgewächse** ***Ranunculaceae*** S. 82

12a Kronblätter (4–)6; Pflanzen distelartig, mit gelbem Milchsaft, Kräuter → **Mohngewächse** ***Papaveraceae*** S. 86

12b Kronblätter 5–7, am Grund mit Nektarschuppe; Kräuter
→ **Hahnenfußgewächse** ***Ranunculaceae*** S. 82

12c Blütenhülle einfach, 6-blättrig; Sträucher oder Bäume 41
→ **Lorbeergewächse** *Lauraceae* S. 84

12d Kronblätter 7 oder mehr; Pflanzen fleischig → **13**

13a Pflanzen dornenlos, Fruchtknoten unterständig 42
→ **Eiskrautgewächse** ***Aizoaceae*** S. 74

13b Pflanzen dornenlos, Fruchtknoten oberständig 43
→ **Dickblattgewächse** ***Crassulaceae*** S. 96

13c Pflanzen mit Dornenpolstern auf den fleischigen, verbreiterten Stängelgliedern → **Kakteen** ***Cactaceae*** S. 150

40

41

42

43

Schlüssel C: Zweikeimblättrige Pflanzen mit ansehnlichen Blüten, Kronblätter zu einer kurzen oder langen Röhre verwachsen

1a Pflanzen ohne grüne Blätter; Blüten in dichter, langer Ähre mit gelben bis bräunlichen Tragblättern
→ **Sommerwurzgewächse** ***Orobanchaceae*** S. 210

1b Pflanzen mit gegenständigen, sehr früh abfallenden Blättern; Triebe gegliedert und fleischig, zylindrisch oder 4-kantig „kaktusartig"; Blüten nicht in Ähren
→ **Hundsgiftgewächse** ***Apocynaceae*** **(incl.** ***Asclepiadaceae*****)** S. 168

1c Pflanzen mit grünen Blättern → 2

2a Stängel mit spiralig eingerollten Ranken 44
→ ***Cucurbitaceae*** S. 148

2b Stängel in seiner Gesamtheit windend oder kletternd, ohne Ranken → 3

2c Stängel nicht windend oder kletternd, ohne Ranken → 4

3a Blätter gegenständig, Krone 5-zipfelig
→ **Hundsgiftgewächse** ***Apocynaceae*** **(incl.** ***Asclepiadaceae*****)** S. 166

3b Blätter gegenständig, Krone meist 6-zipfelig 45
→ **Glockenblumengewächse** ***Campanulaceae*** S. 214

3c Blätter wechselständig
→ **Windengewächse** ***Convolvulaceae*** S. 172

4a Blüten in dichten Köpfchen, am Grund von einer gemeinsamen, vielblättrigen Hülle umgeben → 5

4b Blüten nicht in dichten Köpfchen, nicht von einer gemeinsamen Hülle umgeben → 7

5a Blütenkrone 2-lippig, hellblau
→ **Wegerichgewächse** ***Plantaginaceae*** **(incl.** ***Globulariaceae*****)** S. 210

5b Blütenkrone radiär, 5-zipfelig, rosa, Randblüten oft strahlend; Kelch mit fedrigen Borsten, von einem Außenkelch umgeben, der die Frucht einschließt 46
→ **Geißblattgewächse** ***Caprifoliaceae*** **(incl.** ***Dipsacaceae*****)** S. 212

5c Blütenkrone radiär mit 5-zipfeliger Röhre (Röhrenblüten) oder zweiseitig-symmetrisch, zungenförmig (Zungenblüten); Kelch meist in eine wechselnde Zahl von Haaren, Borsten oder Schuppen umgewandelt (Pappus), die der Frucht (Achäne) aufsitzen
→ **Korbblütler** ***Asteraceae*** (S. 216) → 6

6a Alle Blüten radiär 5-zipfelig und röhrig oder nur die zentralen Blüten (Scheibenblüten), die randständigen des Köpfchens dagegen zungenförmig, vorn 3-zähnig oder ganzrandig; Pflanzen ohne Milchsaft 47
→ **Röhrenblütige Korbblütler** S. 216

44

45

46

47

48

49

50

51

52

6b Alle Einzelblüten einseitig zu einer Zunge, vorn 5-zähnig oder ganzrandig, ausgezogen (Zungenblüten); Pflanzen mit Milchsaft 48 → **Zungenblütige Korbblütler** S. 250

7a Blütenkrone zweiseitig-symmetrisch (zygomorph), manchmal nur undeutlich → **8**

7b Blütenkrone radiär → **10**

8a Blätter kreuzgegenständig oder quirlständig, im Sommer größtenteils abgefallen, Stängel 4-kantig; Blüten 2-lippig, einzeln achselständig, Staubblätter 2; bis 2 cm lange Kapselfrüchte 49 → **Akanthusgewächse** ***Acanthaceae*** S. 210

8b Blätter kreuzgegenständig, Stängel 4-kantig; Blüten 2-lippig, manchmal die Oberlippe fehlend, zu mehreren in Scheinquirlen in den Achseln laubiger Hochblätter, Staubblätter 4 oder 2; Fruchtknoten bereits zur Blütezeit deutlich 4-teilig, in Nüsschen zerfallend 50 → **Lippenblütler** ***Lamiaceae*** S. 182

8c Blätter kreuzgegenständig, Stängel 4-kantig; Blüten mit bauchiger, fast kugeliger Röhre, Staubblätter 4, das 5. verkümmert unter der Kronoberlippe; 2-klappige Kapseln 51 → **Rachenblütler** ***Scrophulariaceae*** S. 204

8d Blätter wechsel- oder grundständig, Stängel meist rund → **9**

9a Staubblätter 5, Blüten in schneckenförmig eingerollten Wickeln; Blätter einfach und ganzrandig, meist rau behaart; Frucht bei der Reife in 4 Nüsschen zerfallend 52 → **Raublattgewächse** ***Boraginaceae*** S. 174

9b Staubblätter 5; fleischige Beerenfrüchte 53 → **Nachtschattengewächse** ***Solanaceae*** S. 200

9c Staubblätter 2 oder 4, Blüten z. T. mit Sporn; Kapselfrüchte 54 → **Rachenblütler** ***Scrophulariaceae*** S. 202

10a Blütenhülle einfach, 4-zipfelig; Sträucher 55 → **Seidelbastgewächse** ***Thymelaeaceae*** S. 142

10b Blütenhülle einfach, 5-zipfelig; niederliegende, krautige Pflanzen 56 → **Eiskrautgewächse** ***Aizoaceae*** S. 74

53

54

55

56

10c Blütenhülle in Kelch (bisweilen sehr klein) und Krone gegliedert → **11**

11a Krone 4-, selten auch 5-zipfelig → **12**

11b Krone 5-zipfelig oder bis 8-zipfelig → **13**

12a Blätter gegenständig 57
→ **Ölbaumgewächse** ***Oleaceae*** S. 164

12b Blätter wechselständig 58
→ **Stechpalmengewächse** ***Aquifoliaceae*** S. 134

12c Blätter in Quirlen, nadelförmig 59
→ **Heidekrautgewächse** ***Ericaceae*** S. 158

13a Blätter gegenständig, sitzend, Blüten gelb; Pflanzen nur am Grund verholzt 60
→ **Enziangewächse** ***Gentianaceae*** S. 166

13b Blätter gegenständig, gestielt, Blüten weiß; Sträucher oder Bäume 61
→ **Geißblattgewächse** ***Caprifoliaceae*** S. 212

13c Blätter wechselständig → **14**

14a Bäume oder hohe Sträucher mit ledrigen, glänzenden Blättern → **15**

14b Kräuter oder Sträucher mit krautigen Blättern → **16**

15a Blätter einfach, ganzrandig, Krone weiß, 5-zipfelig; Pflanzen mit Milchsaft 62
→ **Breiapfelgewächse** ***Sapotaceae*** S. 158

15b Blätter einfach, ganzrandig, mit roten oder durchscheinenden Drüsenpunkten, Krone weiß, 5–7-zipfelig 63
→ **Primelgewächse** ***Primulaceae*** **(incl.** ***Myrsinaceae*****)** S. 164

15c Blätter einfach, gezähnt, am Blattstiel mit Drüsenhaaren, Krone grünlich, rot überlaufen, 5-zipfelig 64
→ **Heidekrautgewächse** ***Ericaceae*** S. 158

15d Blätter mit 3–5 Fiedern, Krone gelb, 5–8-zipfelig
→ **Ölbaumgewächse** ***Oleaceae*** S. 166

16a Narben 2, Krone mit kurzer Röhre und ausgebreitetem Saum; Frucht in 4 Nüsschen zerfallend; Pflanzen rau behaart → **Raublattgewächse** ***Boraginaceae*** S. 174

57

58

59

60

61

62

63

64

65

66

67

68

69

16b Narben 2 oder Narbe kopfig, Krone mit langer Röhre und kurzem Saum, selten weit trichterförmig; Frucht eine Beere oder Kapsel
→ **Nachtschattengewächse *Solanaceae*** S. 200

16c Narben 2, Krone weit trichterförmig; Sträucher 65
→ **Windengewächse *Convolvulaceae*** S. 172

16d Narben 3 (2) oder 5, Krone glockenförmig und aufrecht oder lang trichterförmig und hängend; 1-jährige Kräuter
→ **Glockenblumengewächse *Campanulaceae*** S. 214

16e Narben 5, Blüten in einseitswendigen kleinen Ähren in rispigen Gesamtblütenständen; Pflanzen meist mit Grundrosette; ausdauernde Kräuter oder kleine Sträucher 66
→ **Bleiwurzgewächse *Plumbaginaceae*** S. 160

Schlüssel D: Einkeimblättrige Pflanzen

1a Windende oder kletternde Pflanzen, zum Teil dornig → 2

1b Bäume → 3

1c Sträucher; Pflanzen mit nadelartigen, schmalen Blättern
→ **Spargelgewächse *Asparagaceae*** S. 266

1d Krautige Pflanzen → 4

2a Pflanzen immergrün, strauchig, zum Teil dornig 67
→ **Stechwindengewächse *Smilacaceae*** S. 264

2b Pflanzen immergrün, strauchig, mit nadelartigen, schmalen Blättern 68
→ **Spargelgewächse *Asparagaceae*** S. 266

2c Pflanzen krautig 69
→ **Schmerwurzgewächse *Dioscoreaceae*** S. 264

3a Blätter fiederschnittig, groß
→ **Palmen *Arecaceae (Palmae)*** S. 276

3b Blätter ungeteilt, schmal schwertförmig und spitz
→ **Spargelgewächse *Asparagaceae (Dracaenaceae)*** S. 268

4a Blütenhülle weiß oder anders auffällig gefärbt, über 4 mm lang → 5

4b Blütenhülle fehlend oder unscheinbar, weniger als 4 mm lang oder nur in Form von schuppenförmigen Blättern (Spelzen) → 7

5a Blüten zweiseitig-symmetrisch (zygomorph)
→ **Orchideen *Orchidaceae*** S. 276

5b Blüten radiär → 6

6a Fruchtknoten oberständig, Staubblätter 6, Blütenhülle aus 6 gleichfarbigen Blättern
→ **Spargelgewächse *Asparagaceae* *(Agavaceae, Hyacinthaceae)*** S. 268
→ **Affodillgewächse *Asphodelaceae*** S. 270
→ **Zwiebelgewächse *Alliaceae*, Liliengewächse *Liliaceae*** 70, 71 S. 272

6b Fruchtknoten oberständig, Staubblätter 6, Blütenhülle aus 3 Kelch- und 3 Kronblättern gebildet 72
→ **Commelinengewächse *Commelinaceae*** S. 274

6c Fruchtknoten unterständig, Staubblätter 6; Blüten zum Teil mit Nebenkrone
→ **Amaryllisgewächse *Amaryllidaceae*** S. 272

6d Fruchtknoten unterständig, Staubblätter 3 73
→ **Schwertliliengewächse *Iridaceae*** S. 274

7a Blüten ohne Blütenhülle an einem Kolben stehend, von einem auffälligen Hochblatt (Spatha) umgeben; Blätter mit fußförmiger, auch pfeil- oder spießförmiger Spreite 74
→ **Aronstabgewächse *Araceae*** S. 274

7b Blütenhülle 6-blättrig, trockenhäutig, klein, aber gut sichtbar; Blätter binsenartig und stechend oder flach, lineal 75
→ **Binsengewächse *Juncaceae*** S. 278

7c Blütenhülle aus Spelzen bestehend; Blätter flach oder eingerollt, unten mit einer Scheide → **8**

8a Stängel 3-kantig, markig, Blattscheiden geschlossen, am Grund nicht knotig verdickt; Gesamtblütenstand aus mehreren Ährchen bestehend, jede Blüte nur mit 1 Spelze 76
→ **Sauergräser *Cyperaceae*** S. 280

8b Stängel rund oder 2-seitig abgeflacht, hohl, Blattscheiden offen, oben mit Blatthäutchen oder Haarkranz, am Grund mit knotiger Verdickung; Gesamtblütenstand ährenförmig, fingerförmig oder rispig, Blüte meist von 1 Deck- und 1 Vorspelze umschlossen in 1- bis vielblütigen Ährchen, diese meist mit 2 Hüllspelzen 77
→ **Süßgräser *Poaceae*** S. 282

70

71

72

73

74

75

76

77

Farnpflanzen *Equisetaceae, Ophioglossaceae, Culcitaceae, Hymenophyllaceae*

Von den heute 64 für die Kanaren angegebenen **Farnpflanzen** im weiteren Sinne (*Pteridophyta*) sind nur 2 Arten und 1 Unterart endemisch. Häufiger angetroffen werden, neben den nachfolgend vorgestellten, die mediterranen Arten *Selaginella denticulata* (L.) Spring (H P G T C), *Adiantum capillus-veneris* L., *Asplenium onopteris* L. und *Anogramma leptophylla* (L.) Link (alle Inseln), *Polystichum setiferum* (Forssk.) Moore ex Woyn. (H P G T) oder auch der fast weltweit verbreitete Adlerfarn *Pteridium aquilinum* (L.) Kuhn (H P G T C L). Die Zuordnung der Arten und die Benennung der Familien wird noch unterschiedlich gehandhabt.

1 Ästiger Schachtelhalm *Equisetum ramossisimum* Desf.

Colacaballo

0,3–1 m ♃ IV–VII

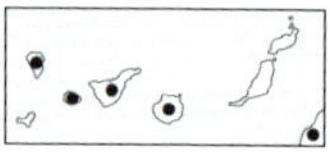

Merkmale Triebe nur 3–9 mm dick, einfach oder ungleich lang quirlig verzweigt, auch die fruchtbaren grün, mit spitzer Sporangienähre. Stängelscheiden nach oben trichterförmig erweitert, ihre Zähne nach Abwerfen einer weißlichen pfriemlichen Spitze dreieckig, weiß gerandet, am Grund schwarz.
Vorkommen Feuchte Standorte der unteren Stufe, auf den Kanaren einzige Schachtelhalm-Art, Azoren, Kapverden, Mittelmeergebiet und weiter.

2 Vielblättrige Natternzunge *Ophioglossum polyphyllum* A. Br.

Lenguaserpiente foliosa

0,02–0,07 m ♃ XII–IV

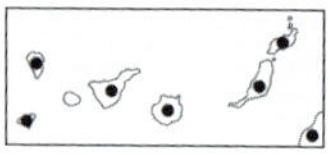

Merkmale Wedel meist zu 1–2, etwas fleischig, mit alten Blattscheiden am Grund. Spreite breit lanzettlich und scharf zugespitzt, am Grund keilförmig, der ährenartige fruchtbare Teil meist kürzer, beiderseits mit bis zu 15–30 Sporangien.
Vorkommen Sandig-tonige Standorte vor allem im Küstenbereich, selten und gefährdet. Kanaren, Kapverden, Portugal und weltweit.
Weitere Arten *O. azoricum* C. Presl, Ähre zumindest teilweise die lanzettliche bis eiförmige, spitze Spreite überragend, mit 6–15(–20) Sporangien auf jeder Seite (C F, Madeira, Azoren, W- bis Zentral-Europa). *O. lusitanicum* L., Spreite schmal lanzettlich, mit je 5–10 Sporangien (H P G T C, Azoren, Mittelmeergebiet, W-Europa).

3 Kissenfarn *Culcita macrocarpa* C. Presl

Helecho colchonero

0,3–1(–2) m ♃ V–VII

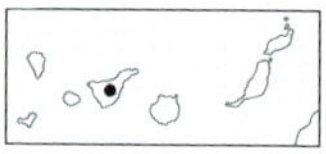

Merkmale Zu den Baumfarnen gehörende, allerdings stammlose, kräftige Art. Wedel bis 2 m lang, an der Basis mit seidig glänzenden, goldbraunen bis rötlichen, geteilten Haaren. Die dreieckige Spreite etwa so lang wie ihr Stiel, ledrig und glänzend, 4–5fach gefiedert, mit eingeschnitten gesägten Endabschnitten. Sori randständig, muschelförmig, mit 2-klappiger Hülle.
Vorkommen Schattig-feuchte Felsen im Lorbeerwald, sehr selten und gefährdet. Kanaren, Madeira, Azoren, lokal auf der Iberischen Halbinsel.

4 Englischer Hautfarn *Hymenophyllum tunbrigense* (L.) Sm.

Helechilla

0,02–0,08 m ♃ VI–VIII

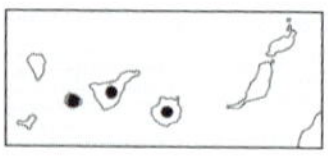

Merkmale Moosähnlicher, kleiner zarter Farn. Die dünnhäutige, durchscheinende Wedelspreite 2–3-mal so lang wie der Stiel, matt, im Umriss länglich-eiförmig, doppelt fiederteilig, asymmetrisch, mit lineal-länglichen, fein gezähnten, an der Spitze abgerundeten Abschnitten. Sori fast kugelig, gezähnelt.
Vorkommen Schattig-feuchte Felsen, Baumstämme (*Erica*-Arten) in den Lorbeerwäldern, selten. Kanaren, Madeira, Azoren, W-Europa, zerstreut weltweit.
Weitere Arten Ähnlich *H. wilsonii* Hook., Sori aber ganzrandig (sehr selten G T C, Madeira, Azoren, NW-Europa).

5 Prächtiger Haarfarn *Vandenboschia speciosa* (Willd.) Kunk.
(*Trichomanes speciosum* Willd.)

Helecho de cristal

0,1–0,3 m ♃ VII–VIII

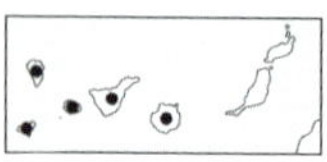

Merkmale Zarter Farn, die Wedelstiele schmal geflügelt, mit etwa gleich langer Spreite, wie bei *Hymenophyllum* durchscheinend, dunkelgrün, symmetrisch eiförmig, 3–4fach fiederteilig. Endfiedern länglich-eiförmig, stumpf, am Ende die zylindrischen Sori mit haarfeinen Anhängseln.
Vorkommen Schattig-feuchte Standorte im Lorbeerwald, sehr selten und gefährdet. Kanaren, Madeira, Azoren, W-Europa, zerstreut weltweit.

1

2

3

4

5

1 Zierlicher Schuppenfarn *Cheilanthes pulchella* Bory ex Willd. — Doradilla fina

Bis 0,3 m ♃ III–VI

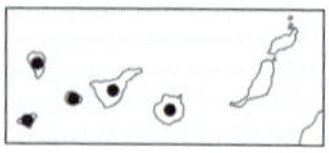

Merkmale Wedelstiele violettbraun, am Grund mit zerstreuten, purpurvioletten Schuppen. Spreiten im Umriss dreieckig, 2fach gefiedert, mit linealen Abschnitten, der Endabschnitt gewöhnlich länger. Auffällig das einseitig nach unten verbreiterte unterste Fiederpaar mit ganzrandigen, bis 1,5 cm langen Abschnitten. Sori zum Teil vom umgebogenen Blattrand verdeckt.
Vorkommen Trockene und warme Felsstandorte, junge Lava. Kanaren-Endemit.
Weitere Arten *Ch. guanchica* Bolle, Fiederchen des untersten Fiederpaares kaum verlängert, die gekerbten Abschnitte etwa 5 mm (H P G T C F L, Madeira, Azoren, Mittelmeergebiet). Nach Cumarin duftend *Ch. maderensis* Lowe mit rundlichen Abschnitten (H P G T C F L, Madeira, Azoren, Mittelmeergebiet). Neu beschrieben wurde *Ch. tirajanae* Sánchez Velázquez (C).

2 Maranta-Pelzfarn *Notholaena marantae* (L.) Desv. ssp. *subcordata* (Cav.) Kunk. (*Cheilanthes marantae* (L.) Dom. ssp. *subcordata* (Cav.) Benl & Poelt) — Doradilla canela

0,1–0,3 m ♃ III–XII

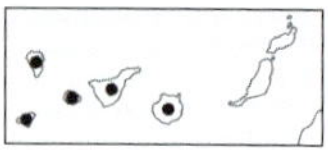

Merkmale Wedel mit dunkelbraunem Stiel. Spreite derb ledrig, im Umriss lineal-lanzettlich, zugespitzt, am Grund gestutzt, doppelt gefiedert, mit länglichen stumpfen Abschnitten und umgerollten Rändern. Die Oberseite dunkelgrün, kahl, Unterseite mit zunächst sand-, dann zimtfarbenem, zuletzt rotbraunem oder auch von Anfang an leuchtend kupferrotem Spreuschuppenbesatz (var. *cupripaleacea*), unter dem sich die Sori verbergen.
Vorkommen Sonnige Felsspalten und Mauerfugen, überwiegend in der Waldstufe. Kanaren, Madeira und Kapverden endemisch, die ssp. *marantae* im Mittelmeergebiet und weiter verbreitet.

3 Wolliger Pelzfarn *Cosentinia vellea* (Ait.) Tod. (*Cheilanthes vellea* (Ait.) Muell., *Ch. catanensis* (Cosent.) H. P. Fuchs, *Notholaena vellea* (Ait.) Desv.) — Doradilla velluda

0,05–0,35 m ♃ II–V

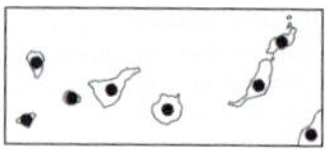

Merkmale Ähnlich voriger Art, aber Wedelstiele gelblich braun. Fiedern mit rundlichen, stumpfen Abschnitten, zum Grund hin lockerer stehend und kleiner, zunächst beiderseits dicht mit weißen bis gelblichen, später rostroten Spreuschuppen besetzt, oberseits später verkahlend. Für die Kanaren wird die ssp. *bivalens* (Reichst.) Rivas-Mart. & Salvo angegeben.
Vorkommen Sonnige Felsspalten und Mauerfugen, überwiegend in der unteren Stufe. Kanaren, Madeira, Kapverden, Mittelmeergebiet.

4 Talerfarn *Adiantum reniforme* L. — Tostonera

0,03–0,3 m ♃ I–XII

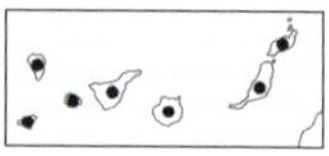

Merkmale Spreite der Wedel ledrig, nieren- bis herzförmig. Bei der var. *reniforme* bis 7 cm und breiter und bis 25 cm lang gestielt, Nerven 3fach gegabelt. Bei der zierlichen, endemischen var. *pusillum* Bolle Spreite unter 3 cm breit, Stiel kürzer als 7 cm, Nerven meist nur 2fach gegabelt. Sori halbmondförmig auf der Unterseite am umgeschlagenen, gekerbten Rand.
Vorkommen Schattige Felsspalten überwiegend in der Lorbeerwaldstufe. Kanaren, Madeira, Kapverden, Afrika, O-Asien.

5 Unvollständiger Saumfarn *Pteris incompleta* Cav. — Raguño dentado

Bis 1,5 m ♃ III–VIII

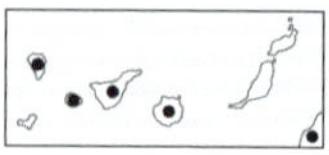

Merkmale Die großen Wedel an der Spitze ± gebogen (**5a**). Spreite etwa so lang wie der kahle, glänzende, braune Stiel, einfach gefiedert, Fiedern tief eingeschnitten und gesägt, nur das unterste Paar nochmals gefiedert. Sori in randständigen Streifen im unteren, ganzrandigen Teil der Abschnitte (**5b**).
Vorkommen Lorbeerwälder, selten. Kanaren, Madeira, Azoren, Marokko, Iberische Halbinsel.
6 **Weitere Arten** Der **Gebänderte Saumfarn** *P. vittata* L. mit einfach gefiederter Spreite, Endfieder stark verlängert (P G T C, Makaronesien, Mittelmeergebiet).

1
2
3
4
5a
5b
6

1 Efeufarn *Asplenium hemionitis* L. — Hierba candil

0,1–0,5 m ♃ X–VI

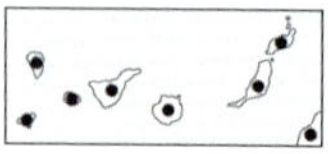

Merkmale Junge Wedel zart und frisch grün, ältere ledrig, dunkelgrün, mit langen, rötlich braunen Stielen, am Grund mit einigen fadenförmigen Schuppen. Spreiten vielgestaltig, 8–15(–60) cm lang, herz- oder spießförmig bis handförmig 3–5-lappig, der Mittellappen länger als die seitlichen (**1a**). Sori streifenförmig, schräg zur Mittelrippe angeordnet (**1b**).
Vorkommen Vorwiegend in der Lorbeerwaldstufe, bisweilen epiphytisch. Makaronesien, NW-Afrika, südl. Iberische Halbinsel.

2 Fädiger Streifenfarn *Asplenium filare* (Forssk.) Alston ssp. *canariense* (Willd.) Ormonde

Bis 0,5 m ♄ III–IX

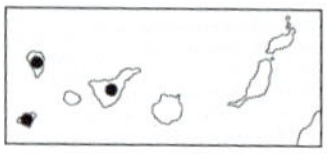

Merkmale Wedel dünn ledrig, im Umriss meist länglich-lanzettlich, Stiel und Mittelrippe zerstreut bräunlich schuppig, zuletzt ± kahl. Spreite geschwänzt, einfach gefiedert, untere Fiedern kurz gestielt, zur Basis hin verschmälert und schief, unregelmäßig eingeschnitten und gezähnt, ihre Spitze oft verlängert. Streifenförmige Sori auf der Unterseite.
Vorkommen Schattig-feuchte Felsspalten. Kanaren-Endemit.
Weitere Arten Ähnlich *A. aethiopicum* (Burm. f.) Bech. in der ssp. *braithwaitii* Ormonde, dicht schuppig, mit breiteren, lanzettlichen, nicht verlängerten Fiedern (H P G T, Madeira, Kapverden, endemisch). Als Endemit von Gran Canaria wurde *A. terorense* Kunk. mit stärker zerteilter Spreite beschrieben, der den verbreiteten *A. billotii* F. W. Schultz (H C F L) und *A. obovatum* Viv. (H C) nahesteht.

3 Gold-Milzfarn *Ceterach aureum* (Cav.) *Buch* (*Asplenium aureum* Cav.) — Doradilla medicinal

0,1–0,35(–0,5) m ♃ X–V

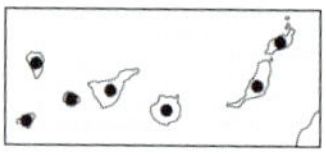

Merkmale Wedel dick ledrig, im Umriss länglich, fiederteilig mit beiderseits versetzten, halbkreisförmigen Abschnitten. Oberseits kahl, Unterseite mit dichten goldbraunen, gefransten Spreuschuppen, die am Rand wimperartig hervorragen und die linealen Sori anfangs verbergen.
Vorkommen Felsspalten vorwiegend im Lorbeerwaldbereich, durch Sammeln für Heilzwecke gefährdet. Kanaren, Kapverden, endemisch.
Weitere Arten Die als var. *parvifolium* Benl & Kunk. bezeichnete Sippe wurde als der im Mittelmeergebiet heimische Milzfarn *C. officinarum* DC. (T C) erkannt. Intermediäre Merkmale hat *Asplenium octoploideum* Viane & Van den Heede mit 8fachem Chromosomensatz (P T C).

4 Schattenfrauenfarn *Diplazium caudatum* (Cav.) Jermy — Helecho de monte

0,7–1,5(–1,9) m ♃ V–XI

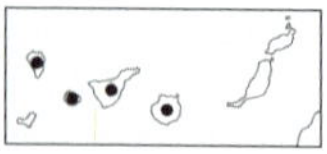

Merkmale Wedel in zwei Reihen einem kriechenden Rhizom entspringend, keinen Trichter bildend wie die verwandte Art *Athyrium filix-femina* (L.) Roth (H P G T C, weiter verbreitet). Stiele kahl und schwärzlich, kürzer als die ebenfalls kahlen, dunkelgrünen, bis zu 3fach gefiederten, im Umriss eiförmig-lanzettlichen Spreiten. Fiedern und Fiederchen ± lang geschwänzt, Endabschnitte stumpf gezähnt (**4a**). Sori schmal länglich, gerade, wechselständig neben den Nerven (**4b**).
Vorkommen Feuchte und sehr schattige Standorte in den Lorbeerwäldern. Makaronesien, SW-Spanien.

5 Zarter Blasenfarn *Cystopteris viridula* (Desv.) Desv. (*C. diaphana* (Bory) Blasd.) — Helecho de manantial

0,2–0,4 m ♃ I–XII

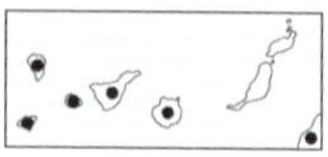

Merkmale Zarter, häufig herabhängender Farn, Stiele der durchscheinenden Wedel unten mit Spreuschuppen bedeckt. Spreiten im Umriss eiförmig-lanzettlich, 2(–3)fach gefiedert, mit eiförmigen, am Ende ausgerandeten oder 3-spitzigen Fiederchen, Nerven in den Buchten endend. Sori unterseits auf den Nerven.
Vorkommen Immerfeuchte, schattige Felsen, an Brunnen, Wasserleitungen. Kanaren, Madeira, Azoren, SW-Europa, Afrika.
Weitere Arten *C. fragilis* (L.) Bernh. wird ebenfalls für die Kanaren angegeben. Fiederchen spitz, Nerven in der Spitze endend (P G T C, weit verbreitet).

1a

2

1b

3

4a

4b

5

1 Gezähnter Sumpffarn *Christella dentata* (FORSSK.) BROWNSEY & JERMY — Cristela dentada

0,3–1 m ♃ V–VIII

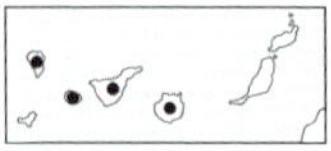

Merkmale Wedelstiel rinnig, viel kürzer als die eiförmig-lanzettliche, einfach gefiederte, fein behaarte Spreite, die Fiederpaare regelmäßig tief eingeschnitten, mit flach gerundeten Enden. Sori rund, mit abstehend hell behaartem Schleier.
Vorkommen Feuchte Felsstandorte in der Lorbeerwaldregion. Makaronesien, S-Spanien, Kreta, in den Tropen und Subtropen verbreitet.

2 Wurzelnder Kettenfarn Woodwardia radicans (L.) SM. — Píjara

Bis 3 m ♃ IV–VIII

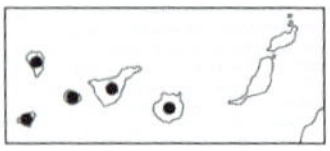

Merkmale Große, überhängende, ledrige Wedel, die älteren oft mit Brutknospen an der Spitze, aus denen bei Bodenkontakt Jungpflanzen vegetativ entstehen können. Spreite etwa 2-mal so lang wie ihr Stiel, eiförmig-lanzettlich, 2fach gefiedert. Fiedern bis 30 cm lang, geschwänzt, mit sichelförmigen, gekerbt-gezähnten Abschnitten (**2b**). Sori länglich, in 2 Reihen beiderseits der Mittelrippen (**2a**).
Vorkommen Feuchte, manchmal durchaus lichte Standorte in den Lorbeerwäldern. Kanaren, Madeira, Azoren, zerstreut in S-Europa, Algerien.
Weitere Arten Verwandt ist der Rippenfarn *Blechnum spicant* (L.) ROTH mit kammförmig gefiederten Wedeln (G T, weit verbreitet).

3 Kanaren-Wurmfarn *Dryopteris oligodonta* (DESV.) PIC. SERM. — Helecho macho

Bis 1(–2) m ♃ III–X

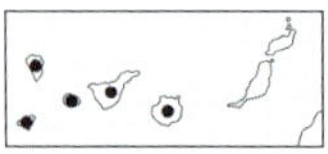

Merkmale Mit dem heimischen Wurmfarn *D. filix-mas* (L.) SCHOTT verwandte Art, Wedelstiele kurz, Spreite 2–3fach gefiedert, unterstes Fiederpaar fast so breit wie das mittlere breiteste, nahezu einen rechten Winkel bildend und damit schief zur Achse stehend. Fiederchen ± ungestielt und die gegenüberstehenden gleich groß, Endabschnitte gerundet oder schwach gezähnelt, mit gabeliger, bläulicher Aderung (**3a**). Sori auf der drüsigen Unterseite, mit nierenförmigem Schleier (**3b**).
Vorkommen Schattig-feuchte Lorbeerwälder, häufig. Kanaren, Kapverden?

4 Guanchen-Wurmfarn *Dryopteris guanchica* GIBBY & JERMY — Helecho penco dentado

0,5–0,8(–1,2) m ♃ V–XI

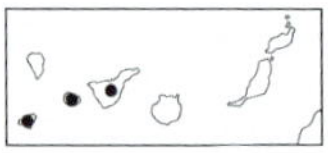

Merkmale Zur *D. carthusiana*-Gruppe gehörender Farn, von *D. oligodonta* unterschieden durch dunkelgrüne, glänzende, 3fach gefiederte Wedelspreiten, Fiederchen gestielt, asymmetrisch, zur Spitze gerichtet und abgerundet, mit begrannten Zähnen. Auf der Unterseite wenige Drüsen.
Vorkommen Schattig-feuchte Lorbeerwälder, gern mit *D. oligodonta* vergesellschaftet. Kanaren, Iberische Halbinsel.

5 Kanaren-Davallia *Davallia canariensis* (L.) SM. — Helecho batatilla

0,15–0,4 m ♃ X–V

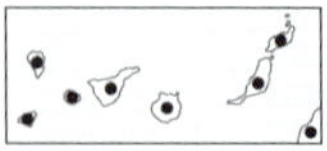

Merkmale Das teilweise oberirdisch kriechende, gut sichtbare Rhizom fingerdick, dicht mit hell- bis rotbraunen Schuppen bedeckt. Wedel einzeln entfernt stehend, zu Beginn des Sommers absterbend, im Herbst frisch leuchtend grün austreibend. Der Stiel etwa so lang wie die später ledrige, kahle, im Umriss breit dreieckige, 3–4fach gefiederte Spreite, Endabschnitte eiförmig bis lanzettlich, oft 2-teilig (**5a**). Sori randnah in schüsselartigen Hüllen (**5b**).
Vorkommen Auf Felsen und Mauern, auch epiphytisch, vom Sukkulentenbusch bis in die Lorbeerwälder. Kanaren, Madeira, Kapverden, Marokko, Iberische Halbinsel.

6 Makaronesischer Tüpfelfarn *Polypodium macaronesicum* BOBROV — Polipodio del país

0,1–0,5 m ♃ IX–VI

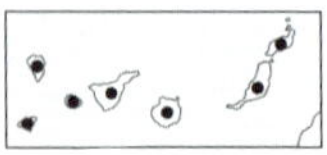

Merkmale Schuppen am oft sichtbaren Rhizom 5–14 mm lang, meist mit dunklem Mittelstreifen. Wedel dreieckig-eiförmig, bis fast zur Mittelrippe fiederteilig, mit schmal lanzettlichen, deutlich gekerbt-gesägten Abschnitten. Auf der Unterseite große, ovale, schleierlose Sori beiderseits des Hauptnervs. Wird auch als ssp. zu *P. cambricum* L. gestellt.
Vorkommen Schattig-feuchte Felsspalten, auch epiphytisch auf Baumstämmen im Lorbeerwaldbereich. Kanaren, Madeira, Azoren, SW-Spanien.

1
2a
2b
3a
3b
4
5a
5b
6

Kieferngewächse *Pinaceae*

1 Kanaren-Kiefer *Pinus canariensis* Chr. Sm. ex DC. — Pino canario

Bis 25(–40) m ♄ III–V

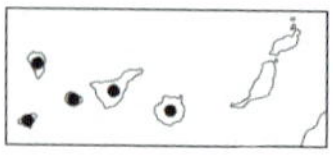

Merkmale Stamm mit sehr brandresistenter, rötlich brauner, rissiger, sich schuppig ablösender Borke (**1a**). Nadeln an Kurztrieben, 1–3 Jahre ausdauernd, jeweils zu 3 in einer 10–20 mm langen, grünlich braunen Scheide, biegsam und spitz, oft hängend, frisch grün, 15–30 cm × 0,5–1,3 mm, an den 3 Kanten winzig spitz gezähnelt. Nadeln von Jungpflanzen einzeln, auffällig blaugrün, 3–8 cm lang. Knospenschuppen frei, mit weißlich gefranstem Rand und zurückgebogener Spitze. Blüten 1-häusig, unscheinbar (**1b**). Fruchtzapfen einzeln oder paarweise, sitzend oder bis 2 cm lang gestielt, nach dem Öffnen breit eiförmig, 9–20 × 9–12 cm groß, glänzend nussbraun. Schuppenschild rhombisch, breiter als hoch, mit ziemlich flachem Nabel (**1c**). Samen ± verkehrteiförmig, der breit aufsitzende, 12–25 mm lange Flügel mit charakteristischen, dunkelbraunen, gewellten Linien.
Vorkommen Zwischen 800 und 2200 m waldbildend und landschaftsbestimmend, viele durch Brand geschädigte und geformte Bäume (siehe S. 26). Einzige heimische Kiefernart, Kanaren-Endemit.
Weitere Arten Zeitweise gepflanzt wurde die ebenfalls 3-nadelige Monterey-Kiefer *P. radiata* D. Don. Größere Bestände, wenn auch nach Unwettern schwer geschädigt, vor allem noch im Orotava-Tal, während die Art aus dem Nationalpark in den Cañadas inzwischen entfernt wurde. Sie unterscheidet sich durch die graue bis dunkelbraune Borke, dicht angedrückte Knospenschuppen, dunkleres Grün der nur 10–15 cm langen Nadeln und stark asymmetrische, kleinere Zapfen, 7–14 × 5–8 cm, deren Nabel mit feiner, hinfälliger Spitze (alle Inseln außer F, Heimat Kalifornien). Vereinzelt gepflanzt sieht man die 2-nadeligen, im Mittelmeergebiet heimischen Arten *P. halepensis* Mill. (H G T C F L) und *P. pinaster* Ait. (T C).

Zypressengewächse *Cupressaceae*

2 Zedern-Wacholder *Juniperus cedrus* W. & B. — Cedro canario

Bis 10(–25) m ♄ VIII–I

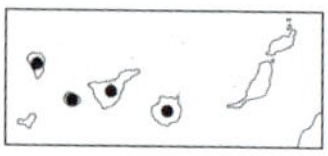

Merkmale Zweihäusiger Strauch oder kleiner Baum, einige sehr alte Exemplare von beträchtlicher Größe. Junge Zweige hängend, Blätter alle nadelförmig in 3-zähligen Wirteln, aufrecht-abstehend und nach vorn gerichtet, kaum stechend und mit 2 hellen Streifen auf der Oberseite, 7–12 mm lang, bis 2 mm breit. Männliche Blüten mit Schuppenhülle (**2a**), weibliche in Beerenzapfen (**2b**) anfangs blaugrün, reif rötlich braun, etwa 1 cm groß, Samen zu einem 3-fächrigen Steinkern verwachsen.
Vorkommen Felsspalten der höheren Gebirge, durch früheren Raubbau stark dezimiert. Heute ist die Art durch Schutz wieder in Ausbreitung begriffen und wird auch gepflanzt. In der ssp. *cedrus* endemisch auf den Kanaren, auf Madeira *Juniperus maderensis* (Menezes) Adams.

3 Kanaren-Wacholder *Juniperus turbinata* Guss. ssp. *canariensis* (Guy.) Rivas-Mart. & al. — Sabina canaria

1–2(–8) m ♄ II–IV

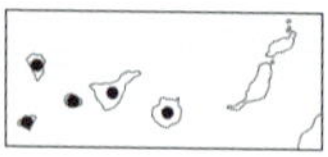

Merkmale Einhäusiger Strauch oder kleiner Baum, Zweigenden ± geschwänzt. Blätter schuppenförmig, eiförmig-rhombisch, den Zweigen dicht angedrückt, 1–2 mm lang, zugespitzt mit verhärteter, stechender Spitze, dunkelgrün mit deutlich häutigem Rand und einer Drüsenfurche auf dem Rücken. Blätter von Jungpflanzen dagegen in 3-zähligen Wirteln nadelförmig abstehend, 5–14 mm lang. Blüten unscheinbar. Beerenzapfen zuletzt dunkel braunrot, 9–14 mm groß, wenig bereift, mit 3–9 freien Samen. (Mit dem im Mittelmeergebiet verbreiteten Phönizischen Wacholder *J. phoenicea* L. verwandte Sippe, bei dieser Zweigenden aber kaum geschwänzt, Schuppenblätter ± stumpf, Beerenzapfen 6–9 mm groß.)
Vorkommen Lokal bestandsbildend oberhalb des Sukkulentenbusches, zur Formation des Thermophilen Buschwaldes gehörend, früher weiter verbreitet. Berühmt sind die für El Hierro typischen Windformen (siehe S. 21). Kanaren, Madeira, endemisch, die ssp. *turbinata* im westl. Mittelmeergebiet.
Weitere Arten Nur vereinzelt gepflanzt und verwildert die Zypressengewächse *Cupressus macrocarpa* Hartw. (H P T C) sowie *C. sempervirens* L. (H G).

1a

1b

1c

2a

2b

3

Weidengewächse *Salicaceae*

1 Kanaren-Weide *Salix canariensis* CHR. SM. ex LINK — Sauce canario

Bis 6(–10) m ♄ I–IV

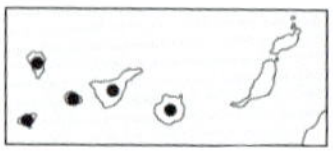

Merkmale Sommergrüner 2-häusiger Baum oder Baumstrauch, junge Zweige behaart, verkahlend. Die unterseits graugrünen Blätter länglich-lanzettlich, am Rand glatt und leicht gewellt oder schwach unregelmäßig gezähnelt, zuerst insgesamt filzig, später nur unterseits auf der Mittelrippe bleibend behaart, Hauptnerven rötlich. Blüten in 1–3 cm lang gestielten Kätzchen, Tragblätter der männlichen Blüten mit dunkelbrauner Spitze, lang behaart.
Vorkommen Galeriewälder im Grund von Barrancos. Kanaren, Madeira, endemisch. Mehrere Ortsnamen weisen auf ursprüngliche Vorkommen hin.
Weitere Arten Die u. a. für die Korbflechterei eingeführte *S. fragilis* L. unterscheidet sich durch beiderseits kahle, regelmäßig knorpelig gesägte Blätter mit Drüsen am oberen Ende des Blattstieles (H G T C). *Populus alba* L. (P G T C F) und *P. nigra* L. (C) sind ebenfalls keine heimischen Weidengewächse.

Buchengewächse *Fagaceae*

2 Echte Kastanie, Esskastanie *Castanea sativa* MILL. — Castañero

10–30 m ♄ VI

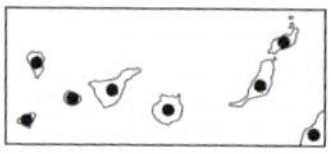

Merkmale Sommergrüner Baum, Laubaustrieb erst ab April. Blätter länglich-lanzettlich, stachelig gezähnt, mit stark hervortretenden Nerven. Männliche Blüten in 10–20 cm langen, weißlichen, kätzchenartigen Blütenständen (**2a**), weibliche am Grund derselben zu 1–3 von einem gemeinsamen schuppigen Fruchtbecher umschlossen, dieser zur Reifezeit lang stachelig, mit 1–3 dunkelbraunen Früchten (**2b**).
Vorkommen Als Kulturbaum in der Lorbeerwaldstufe gepflanzt, zum Teil in größeren Beständen. Kanaren, Madeira, Heimat wohl Kleinasien und Kaukasus, seit der Römerzeit im Mittelmeergebiet und weiter verbreitet.
Weitere Arten Nicht heimische Buchengewächse sind die Eichen-Arten *Quercus ilex* L. (P G T C), *Qu. robur* L. (T C) und *Qu. suber* L. (T C), die man bisweilen auch gepflanzt und verwildert antrifft. Kürzlich konnten Eichenpollen fossil in der ehemaligen Lagune von La Laguna nachgewiesen werden.

Gagelstrauchgewächse *Myricaceae*

3 Makaronesischer Gagelbaum *Morella faya* (AIT.) WILBUR (*Myrica faya* AIT.) — Faya canaria

4–10(–20) m ♄ III–IV

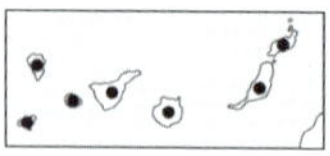

Merkmale Immergrüner 2-häusiger Baum oder Baumstrauch, junge Zweige mit kleinen, rostfarbenen Schildhaaren. Die aromatischen, wechselständigen, ledrigen, frisch bis dunkelgrünen Blätter 4–12 × 1–2,5 cm, länglich-lanzettlich, am Ende spitz bis stumpflich, in einen kurzen Stiel verschmälert, dicht und fein drüsig punktiert, am Rand etwas umgerollt, gewellt, meist unregelmäßig gekerbt-gesägt. In der Regel verzweigte kätzchenartige Blütenstände in den Blattachseln, die männlichen mit auffälligen roten Staubbeuteln (**3a**). Essbare, 4–8 mm große, kugelige, leicht fleischige, schwarze, runzelige Früchte (**3b**).
Vorkommen Verbreitet im Baumheide-Buschwald („Fayal-Brezal") und Lorbeerwald. Kanaren, Madeira, Azoren, endemisch, in Portugal wohl nur eingebürgert.

4 Römischer Gagelbaum *Morella rivas-martinezii* SANTOS & J. HERB. (*Myrica rivas-martinezii* SANTOS) — Faya herreña

Bis 13(–16) m ♄ V

Merkmale Unterscheidet sich von *M. faya* durch nur 2 × 1 cm große, mattgrüne, spatelige, am Ende abgerundete oder leicht ausgerandete, schwach unregelmäßig gekerbte Blätter, die jüngeren mit 6 × 3,5 cm allerdings viel größer, eiförmig-rundlich. Auffällig die nahezu wirtelige Verzweigung und fast schopfige Stellung der Blätter an jungen Astenden. Blütenstände kürzer und armblütiger.
Vorkommen Sehr selten im Baumheide-Buschwald, wegen der Zweihäusigkeit und isolierter Standorte vom Aussterben bedroht. Kanaren-Endemit.

1

2a

2b

3a

3b

4

1 Schmalblättrige Forsskaolea *Forsskaolea angustifolia* Retz. — Ratonera picona

0,3–2 m ♃ I–VI

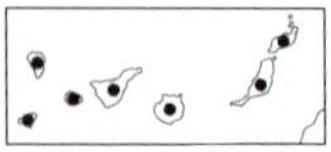

Merkmale Steif borstige, am Grund oft verholzte, reich beblätterte Pflanze ohne Brennhaare. Die wechselständigen Blätter in einen kurzen Stiel verschmälert oder sitzend, lanzettlich, 4–5-mal so lang wie breit, am Rand etwas umgerollt fein dornig und schwach buchtig gezähnt, oberseits dunkelgrün, unterseits meist dünn grau- bis weißfilzig mit 3 dunkelgrünen Hauptnerven. Unscheinbare grünlich rosa Blüten eingeschlechtig in den Blattachseln, männliche mit je 1 Staubblatt.
Vorkommen Sonnige Ruderalstandorte der unteren Stufe. Kanaren-Endemit.

2 Maulbeerblättrige Brennnessel *Urtica morifolia* Poir. — Ortigón

0,4–1 m ♄ IV–VII

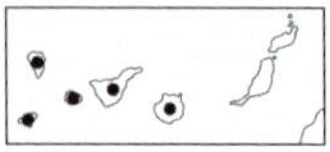

Merkmale Einzige am Grund verholzte *Urtica*-Art, wie die mitteleuropäischen Nesseln mit Brennhaaren. Die dunkelgrünen Blätter gegenständig, lang gestielt, herzförmig, am Rand gekerbt, an jedem Knoten mit 2 Nebenblättern. Blütenstände eingeschlechtig in den Blattachseln, die männlichen so lang wie die zugehörigen Blätter oder länger, die weiblichen unterhalb der männlichen, lang gestielt, aber immer kürzer als die zugehörigen Blätter.
Vorkommen Schattig-feuchte Standorte vor allem in der Lorbeerwaldstufe. Kanaren, Madeira, Azoren, endemisch.

3 **Weitere Arten** Einjährig dagegen die **Kanaren-Brennnessel** *U. stachyoides* W. & B., kenntlich an Blütenständen, die länger sind als die zugehörigen Blätter, an jedem Knoten 4 Nebenblätter (H P T C, endemisch). Ähnlich *U. membranacea* Poir. (*U. caudata* Vahl, non Burm. f.), aber kräftiger, die männlichen Blüten einseitswendig an etwas aufgeblasener Achse sitzend, jeweils 2 paarweise verwachsene Nebenblätter an jedem Knoten (H P G T C F, Mittelmeergebiet). Eingeschleppt aus gemäßigten Breiten kommt *U. urens* L. vor, mit Blütenständen, die viel kürzer als die Tragblätter sind (alle Inseln).

4 Strauchglaskraut *Gesnouinia arborea* (L. f.) Gaud. — Estrelladera

0,5–5 m ♄ I–VII

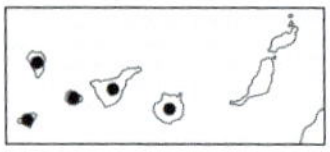

Merkmale Vom Grund an verzweigter, immergrüner oder halbimmergrüner Strauch, manchmal auch baumartig, ohne Brennhaare. Blätter wechselständig, ihre Stiele behaart, die dünnen, aber ausdauernden, eiförmig-lanzettlichen, zugespitzten, oberseits rauen und unterseits anliegend behaarten Spreiten mit 3 deutlich hervortretenden Hauptnerven, 3–15 cm lang und 2–5 cm breit. Blütenstände grünlich bis rotviolett, rispig und überhängend an den Zweigenden, die unscheinbaren Blüten getrenntgeschlechtig, je 2 männliche und 1 weibliche von einer gemeinsamen Hülle umgeben. Einzige Art der endemischen Gattung.
Vorkommen Schattig-feuchte Standorte der Lorbeerwaldregion in direktem Einfluss des NO-Passates. Kanaren-Endemit.

5 Fadenartiges Glaskraut *Parietaria filamentosa* W. & B. — Ratonera de sombra

0,05–0,3 m ♄ III–VII

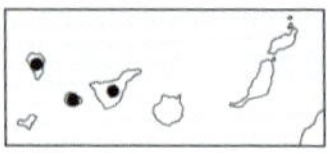

Merkmale Halbstrauch mit niederliegenden, oft auch hängenden, holzigen, dünnen Ästen, ohne Brennhaare. Die nahezu gegenständigen Blätter klein, 8–20 × 3–15 mm, zugespitzt eiförmig. Blütenstände knäuelig in den Blattachseln. Zipfel der Blütenhülle schmal und lang ausgezogen, behaart.
Vorkommen Trockene, beschattete Felsspalten vor allem der unteren Stufe, oft unter Überhängen. Kanaren-Endemit.

6 **Weitere Arten** Einjährig, etwas schlaff aufrecht das **Schwache Glaskraut** *P. debilis* G. Forst., mit wechselständigen, rundlich-eiförmigen, kurz zugespitzten, ± behaarten Blättern. Tragblätter zur Fruchtzeit so lang wie die Blütenhülle oder länger (Kanaren auf allen Inseln, besonders in gestörten Lorbeerwaldgebieten eingebürgert, Heimat wohl Australien, Neuseeland). In schattig-feuchten Mauerfugen nicht selten *P. judaica* L. (*P. diffusa* Mert. & Koch), eine ausdauernde, weich behaarte Art aus dem Mittelmeergebiet. Blätter eiförmig, zugespitzt, Tragblätter zur Fruchtzeit kürzer als die Blütenhülle (alle Inseln).

1

2

3

4

5

6

Sandelholzgewächse *Santalaceae*

1 Ruten-Kunkeliella *Kunkeliella retamoides* SANTOS — Escobilla de Güímar

Bis 2 m ♄ III–VI

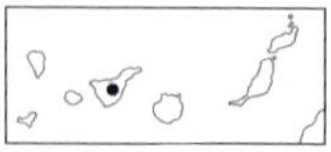

Merkmale Strauchiger Halbschmarotzer mit aufrecht verzweigten, an den Rutenstrauch *Retama* erinnernden, dünnen Ästen. Blättchen schuppenartig, 2,5 mm lang, wie die Äste sehr fein behaart. Unscheinbare weißliche Blüten, 4,5 mm breit, mit 5 spitzen Zipfeln (**1a**). Eiförmige, 6–7 mm lange, zuletzt weiße Früchte (**1b**). Die Gattung wird heute auch zu *Thesium* gestellt.
Vorkommen Kiefernwälder, Gebüsche, wohl auf *Cistus*-Arten und *Erica arborea* schmarotzend, selten. Tenerife-Endemit.
2 **Weitere Arten** Extrem selten und gefährdet sind die folgenden Endemiten: **Fleischige Kunkeliella** *K. subsucculenta* KÄMMER, nur bis 0,8 m hoch, mit ± sukkulenten, dicken, sparrigen Ästen, Blüten 2,5 mm breit, ihre Zipfel spitz (T). Mit dünnen Ästen dagegen *K. psilotoclada* (SVENT.) STEARN, Blütenzipfel stumpf (T) sowie *K. canariensis* STEARN, Blütenzipfel spitz, die einzige kahle Sippe (C).

3 Vierteiliger Rutenstrauch *Osyris lanceolata* HOCHST. & STEUD. (*O. quadripartita* SALZM. ex DECNE) — Bayon canario

Bis 3 m ♄ I–VI

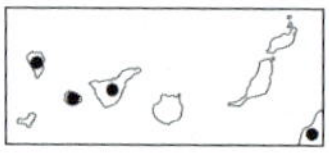

Merkmale Zweihäusiger, strauchiger Halbschmarotzer, aufrecht verzweigt und kahl. Die fast sitzenden, etwas fleischigen oder ledrigen Blätter lanzettlich, kurz bespitzt, ganzrandig und deutlich fiedernervig, 12–40(–50) × 4–15 mm. Blüten zu 1–3 achselständig, mit gelblicher, 3- oder 4-zipfeliger Blütenhülle. Rote, fleischige, breit verkehrteiförmige Früchte, 9 × 8 mm.
Vorkommen Selten im Thermophilen Buschwald, auf den Kanaren in der von F. KÄMMER beschriebenen var. *canariensis*, die Art auch im westl. Mittelmeergebiet.

Knöterichgewächse *Polygonaceae*

4 Blasen-Ampfer *Rumex vesicarius* L. — Vinagrerilla roja

0,1–0,4 m ⊙ II–VII

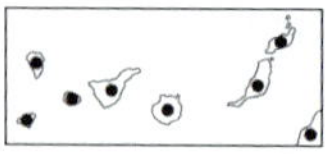

Merkmale Graugrüner Ampfer mit dreieckigen, am Grund verschmälerten oder herz- bis spießförmigen Blättern. Blüten mit auffälligen, leuchtend roten, 1–2 cm großen, rundlichen, fein netznervigen Fruchtklappen, davon 2 mit einer Schwiele.
Vorkommen Felsfluren, Brachland. SW-Asien, südl. Mittelmeergebiet, u. a. auf den Kanaren und Kapverden in der var. *rhodophysa* BALL.
5 **Weitere Arten** Unverwechselbar der **Fieder-Ampfer** *R. bipinnatus* L. f. mit 1- bis 2fach fiederschnittigen, etwas fleischigen Blättern (Sandküsten F L, N-Afrika). Formenreich der mediterrane, ebenfalls 1-jährige, zierliche und oft rot überlaufene *R. bucephalophurus* L. überwiegend in der makaronesischen ssp. *canariensis* (STEINH.) RECH. f. (alle Inseln), die ssp. *gallicus* (STEINH.) RECH. f. nur auf T C F L.

6 Kanaren-Ampfer *Rumex lunaria* L. — Vinagrera

1–3 m ♄ XII–V

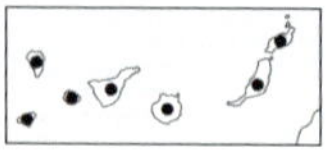

Merkmale Immergrüner kahler Strauch mit biegsamen Ästen, die ledrig fleischigen Blätter breit eiförmig, gestielt, am Grund schwach herzförmig oder gestutzt, oft breiter als lang, 2,5–5 × 2,5–6 cm. Blütenstand rispig, zuletzt nicht selten rot bis rotbraun, die rundlich-nierenförmigen Fruchtklappen mit einer Schwiele.
Vorkommen Felsen, Geröll, Barrancos, häufig besonders in der unteren Stufe, auch kultiviert, in Italien gebietsweise eingebürgert. Kanaren-Endemit.

7 Madeira-Ampfer *Rumex maderensis* LOWE — Aceda de Madeira

0,2–1(–1,5) m ♃ V–VIII

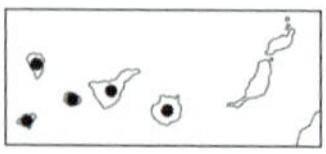

Merkmale Am Grund verholzter, kahler, grüner oder blaugrüner Ampfer mit krautigen, häufig rötlichen Stängeln. Die gestielten Blätter dreieckig-eiförmig bis spießförmig, spitz oder stumpf, am Rand etwas gekerbt, 5–8 × 3–6,5(–8) cm, in der Regel länger als breit. Blütenstand rispig, dünn, Fruchtklappen rundlich-herzförmig, häutig, grün oder rot überlaufen, ohne Schwiele.
Vorkommen Waldgebiete, Straßenränder. Kanaren, Madeira, endemisch.

1a
1b
2
3
4
5
6
7

1 Napffrüchtige Rübe *Patellifolia patellaris* (Moq.) A. J. Scott & al. Tebete común

0,1–1,5 m ⊙ X–VII

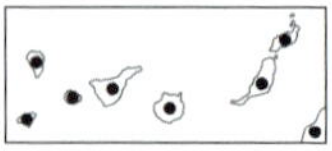

Merkmale Niederliegende bis aufsteigende kahle Pflanze. Blätter frisch grün, etwas fleischig, gestielt, dreieckig-eiförmig, am Grund schwach herzförmig oder keilförmig. Blüten zu 1–3 entlang der Triebe in den Achseln von blattähnlichen Hochblättern sitzend, ihre unscheinbaren, grünlichen Hüllblattabschnitte zur Fruchtzeit verhärtet, abstehend oder über die halbkugelförmige Frucht gebogen.
Vorkommen Küstenfelsen, Geröll, Schutt, häufig. Kanaren, Madeira, Kapverden, südwestl. Mittelmeergebiet.
Weitere Arten *Beta macrocarpa* Guss., Tragblätter der Blüten viel kleiner als die eiförmigen bis rhombischen Laubblätter (P T C F L, südl. Mittelmeergebiet).

2 Niederliegende Rübe *Patellifolia procumbens* (Chr. Sm.) A. J. Scott & al. Marmojaya

Bis 1,5 m ♃ XII–VII

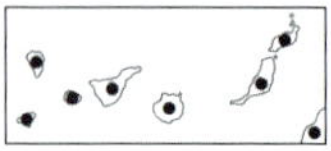

Merkmale Reich verzweigte, niederliegend-aufsteigende oder kletternde, krautige Art. Blätter ± zart, dreieckig pfeil- oder spießförmig, am Rand entfernt geschweift-gezähnt, die Spreite etwa so lang wie der Stiel. Blüten zu 1–3 in den Blattachseln.
Vorkommen Ruderalstandorte in Meeresnähe. Kanaren, Madeira, Kapverden, SW-Marokko.
3 **Weitere Arten** Ähnlich die **Webb-Rübe** *P. webbiana* (Moq.) A. J. Scott & al., Stängel am Grund verholzt, Blätter fleischig ledrig, sehr schmal pfeil- oder spießförmig, im Blütenstand oft lineal. Blattstiel kürzer als die Spreite. Kanaren-Endemit (H G T C F L). Der systematische Rang der Sippe wurde zeitweise bezweifelt.

4 Kletternder Salzbusch *Einadia nutans* (R. Br.) A. J. Scott Amuelle colgante

Bis 0,6 m ♃ V–VIII

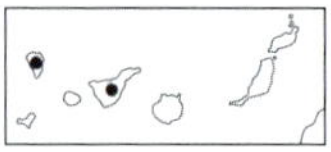

Merkmale Am Grund etwas verholzt, mit schwachen, niederliegenden, häufig herabhängenden Stängeln, Polster bildend. Blätter meist gegenständig, lanzettlich bis spießförmig, ± plötzlich in den dünnen Blattstiel verschmälert, in der Jugend bemehlt, 5–20 (–25) × 2–10(–15) mm. Blüten unscheinbar, 5-zipfelig, in ährenartigen Blütenständen. Auffällig sind die zahlreichen, roten, 2 mm großen, saftigen, beerenartigen Früchte mit schwarzen Samen.
Vorkommen Felsen und Mauern. Kanaren, Heimat Australien, eingebürgert auch in Spanien (Gerona) und den Steppengebieten S-Amerikas und SW-Afrikas.
5 **Weitere Arten** Verwechselt werden könnte die **Rotfrucht-Melde** *Atriplex semibaccata* R. Br. mit rhombischen, die Blüten umgebenden Vorblättern, die sich zur Fruchtzeit verdicken und auf dem Rücken rot färben. Blätter wechselständig, fast sitzend, länglich, keilförmig verschmälert und geschweift-gezähnt, graugrün (alle Inseln, N-Afrika und weiter verwildert, Heimat Australien).

6 Ifni-Melde *Atriplex glauca* L. ssp. *ifniensis* (Cab.) Rivas-Mart. & al. Amuelle salado

0,3–0,5 m ♄ III–IX(–II)

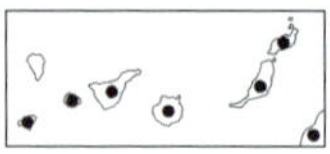

Merkmale Niedriger, silbrig graugrüner Strauch, kriechend, mit aufrechten, auffällig hellen Ästen. Blätter etwas fleischig, eiförmig-länglich, aber auch fast rundlich, ganzrandig oder geschweift-gezähnt, bis 1(–3) × 0,5(–1) cm. Blütenstände am Grund ± beblättert, mit grünlichgelben, etwas entfernt stehenden Blütenknäueln. Vorblätter dreieckig oder rhombisch, manchmal 3-lappig, mit zahlreichen großen Anhängseln auf dem Rücken.
Vorkommen Ruderalstandorte in Meeresnähe. Kanaren, Madeira, NW-Afrika, die Art in Spanien und Portugal.
Weitere Arten Ein erst seit 2003 bekannter, sich an gestörten Stellen schnell ausbreitender Neubürger auf den östl. Inseln (F L) ist die krautige **Halbmond-Melde**
7 *A. semilunaris* Aellen mit weißlich grünen, entfernt buchtig gezähnten Blättern und Blüten in blattlosen Ähren. Auf den Vorblättern kammartig gezähnte, auffällige Anhängsel (Heimat Australien). Der bis 2,5 m hohe, silbrig-schilfrige Strauch *A. halimus* L., mit eiförmig-rhombischen bis spießförmigen Blättern und nierenförmigen Vorblättern ohne Anhängsel, wird als Zierstrauch gepflanzt und ist eingebürgert. (T C F L, Mittelmeergebiet).

1

2

3

4

5

6

7

1 Moquin-Traganum *Traganum moquinii* Moq. — Balancón

0,5–3 m ♄ III–IV

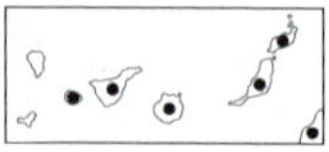

Merkmale Schon von Weitem auf Dünenkämmen kenntlicher, robuster, bizarrer Strauch mit waagerechten bis aufsteigenden, gestreiften, weißlichen Ästen (**1a**). Die fleischigen, sich leicht lösenden Blätter an feinwarzigen Kurztrieben sitzend, gelbgrün oder graugrün, oval bis länglich, halbstielrund, stumpf mit winziger Spitze und einem Haarbüschel am Grund. Winzige, dicht behaarte, 5-zählige, gelbliche Blüten einzeln in den Blattachseln, mit je 2 blattähnlichen Tragblättern (**1b**). Früchtchen mit 2 hornartigen Fortsätzen.
Vorkommen Sanddünen, durch den Tourismus gefährdet. Kanaren, Kapverden, Marokko.

2 Sperriges Salzkraut *Salsola divaricata* Link — Matabrusca negra

0,5–2,5 m ♄ IV–X

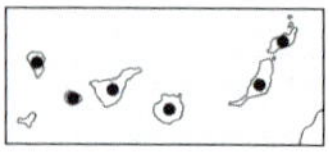

Merkmale Sparrig verzweigter, ± kahler Strauch mit gegenständigen, auffällig weißen Ästen. Die gegenständigen Blätter fleischig, fast zylindrisch und bespitzt, 5–23 mm lang. Blüten achselständig, ährenartig angeordnet, mit je 2 häutig berandeten Vorblättern. Blütenhülle zur Fruchtzeit 12–22 mm breit, wie für *Salsola*-Arten charakteristisch, mit 5 abstehenden, häutigen, oft rot überlaufenen Flügeln.
Vorkommen Felsige und sandige Standorte in Küstennähe, häufig. Kanaren-Endemit. Synonym sind *S. marujae* Castrov. & Luc., *S. orotavensis* (Iljin) Freitag, früher auch *S. oppositifolia* Desf. (Mittelmeergebiet).

3 **Weitere Arten** Bis 1 m hoch das **Wurmförmige Salzkraut** *S. vermiculata* L., ein graugrüner Strauch mit wechselständigen Ästen und Blättern, diese fleischig, an der Basis halb stängelumfassend und verbreitert, teilweise in eine 3-kantige, stumpfe Spitze auslaufend, an jungen Zweigen 2–9 mm lang. Blütenhülle zur Fruchtzeit mit häutigen, oft rot überlaufenen Flügeln, 4–8 mm breit (sandige Standorte in Küstennähe, T C F L, Mittelmeergebiet).

4 Kurzblättrige Maireana *Maireana brevifolia* (R. Br.) P. G. Wilson — Pinillo de Mairena

0,2–1(–1,5) m ♃ III–X

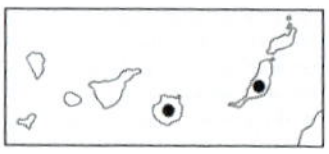

Merkmale Nur am Grund verholzte, aufrechte, locker behaarte Pflanze mit wechselständigen, ± halbstielrunden, 2–5 mm langen, fleischigen, kahlen Blättern. Blüten einzeln, unscheinbar, die 5 wollig behaarten Hüllblätter zur Fruchtzeit mit 2–3 mm langen, keilförmigen, zuletzt dunkel genervten Flügeln.
Vorkommen Erst seit 1999 für die Kanaren bekannte, salztolerante Art, in Ausbreitung an ruderalen Standorten, Heimat Australien.

5 Weiche Sode *Suaeda vermiculata* Gmel. (*S. mollis* (Desf.) Delile) — Matomoro brusquillo

0,4–0,6(–1) m ♄ III–X

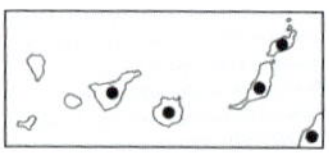

Merkmale Kleiner kahler Strauch mit wechselständigen, gestielten, graugrünen, fleischigen, tropfenförmigen, oberseits fast flachen bis eingedellten, etwa 5 mm großen Blättern, die sich oft rotviolett verfärben. Kleine achselständige Blüten mit auffälligen gelben Staubbeuteln. Blütenhülle zur Fruchtzeit ohne häutige Flügel.
Vorkommen Sandküsten, Dünentäler. Kanaren, südl. Mittelmeergebiet.
Weitere Arten Längliche, halbstielrunde, spitze Blätter haben *S. vera* Gmel., kahl, mit 2 oder mehr Blüten in den Blattachseln (G T C F L, Mittelmeergebiet) und *S. ifniensis* Maire, junge Äste ± behaart, Blüten einzeln achselständig (T F L, Marokko).

6 Filzige Steppenmelde *Bassia tomentosa* (Lowe) Maire & Weill. (*Chenoleoides tomentosa* (Lowe) Botsch.) — Algahuera

0,1–0,5 m ♄ XI–IV

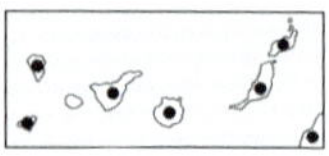

Merkmale Kleiner, aufsteigender, stark verzweigter, weißwolliger Halbstrauch. Die fleischigen, halbstielrunden und stumpfen Blätter später verkahlend, bis 1 cm lang, untere schmaler und länger, obere oval bis rundlich, sich fast dachziegelig überlappend. Blüten einzeln oder zu 2–3 in den oberen Blattachseln. Blütenhülle zur Fruchtzeit nicht vergrößert, häutig, 2,5 mm.
Vorkommen Sandige Küsten. Kanaren, Madeira, Marokko.

1a

1b

2

3

4

5

6

Fuchsschwanzgewächse *Amaranthaceae*

1 Sizilianische Spreublume *Achyranthes sicula* (L.) All.
(*A. aspera* L. var. *sicula* L.) **Malpica sangradera**

0,3–0,7 m ♃ II–VII

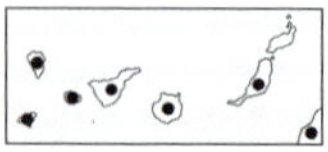

Merkmale Stängel 4-kantig, kahl oder behaart, die gegenständigen Blätter kurz gestielt, zugespitzt eiförmig, unterseits silbrig-seidig behaart. In schlanken Scheinähren trockenhäutige Blüten aus einfacher, 4 mm langer Hülle, zunächst aufrecht-abstehend, später hängend, von je 2 rötlichen, begrannten Vorblättern umgeben.
Vorkommen Ruderalflächen der unteren Stufe. Makaronesien, Mittelmeergebiet.

2 Yerbamora *Bosea yervamora* L. **Yerbamora**

1–3 m ♄ XII–VI

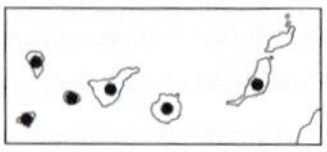

Merkmale Kahler Baumstrauch mit biegsamen, oft hängenden Ästen. Die unangenehm riechenden Blätter wechselständig, gestielt, auch im Sommer frisch grün, ledrig bis etwas fleischig, eiförmig-länglich, spitz, am Grund meist asymmetrisch. Blüten in reichen, achselständigen Trauben, mit unauffälliger, grünlicher, 5-blättriger Blütenhülle (**2a**). Leuchtend rote, etwa 5 mm große Beeren (**2b**).
Vorkommen Thermophile Buschwälder, auch Felsspalten, in Barrancowänden zum Teil hängend. Kanaren-Endemit.
Weitere Arten Außerdem kommen 14 auf den Inseln ± eingebürgerte *Amaranthaceae* vor, davon 13 *Amaranthus*-Arten.

Eiskrautgewächse *Aizoaceae*

Zu dieser Familie gehören eine Reihe verwilderter bodendeckender Zierpflanzen aus S-Afrika wie *Drosanthemum*-Arten oder *Carpobrotus edulis* (L.) N. E. Br. in gelb oder karminrot blühenden Varietäten sowie *Aptenia cordifolia* (L. f.) Schwant. mit ± herzförmigen, fein papillösen Blättern und purpurnen Blüten.

3 Kanaren-Eiskraut *Aizoon canariense* L. **Patilla**

0,05–0,5 m ⊙♃ I–V

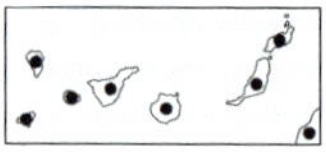

Merkmale Am Grund verzweigte, fleischige, behaarte Art mit ausgebreitet niederliegenden Stängeln. Blätter wechselständig, gestielt, ± spatelförmig. Blüten sitzend in den Blattachseln, mit einfacher, außen grünlicher, innen gelber, bis 5 mm langer 5-zipfeliger Blütenhülle. Die rotbraunen, schüsselförmigen Kapseln über Sommer und Herbst an längst vertrockneten, skelettartigen Pflanzen.
Vorkommen Trockene Standorte, Brachland, in Küstennähe. Kanaren, Madeira, Kapverden, südl. Mittelmeergebiet bis Indien, S-Afrika.
Weitere Arten *A. hispanicum* L., aufsteigende, gabelig verzweigte Art mit gegenständigen, länglich-lanzettlichen Blättern. Blütenhülle 5-zipfelig, innen milchweiß, etwa 15 mm lang (G F L, südl. Mittelmeergebiet).

4 Kristall-Mittagsblume *Mesembryanthemum crystallinum* L. **Barilla**

0,2–0,8 m ⊙⊙ II–VII

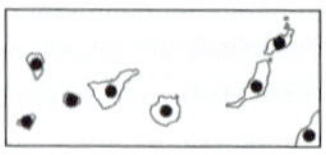

Merkmale Vom Grund an verzweigte, ausgebreitet niederliegende Art, dicht mit großen, glitzernden Papillen besetzt. Blätter fleischig, spatelförmig, flach und etwas gewellt, bis 4 × 5 cm, später ± rot überlaufen, die unteren gestielt und gegenständig. Blüten 2–3 cm breit, die zahlreichen, sehr schmalen, weißlichen oder rosa Kronblätter länger als der Kelch.
Vorkommen Küstennahe Ruderalstandorte, Brachland. Kanaren, Madeira, Azoren, Mittelmeergebiet, S-Afrika.
5 **Weitere Arten** Verbreitet auch die **Knotenblütige Mittagsblume** *M. nodiflorum* L., oft größere Flächen bedeckend, zur Trockenzeit rot überlaufen. Die fleischigen Blätter sitzend, walzlich, bis 4 cm lang, mit kleinen Papillen besetzt. Blüten nur bis 1,5 cm breit, mit weißlichen bis gelblichen Kronblättern (Vorkommen wie *M. crystallinum*). Die beiden, dem trockenen Klima angepassten, von Winterregen unabhängigen Mittagsblumen-Arten wurden zur Sodagewinnung herangezogen und spielten im Ausgang des 18. Jahrhunderts vor allem auf den östl. Inseln als Handelsprodukt eine bedeutende Rolle. Selten dagegen ist *M. theurkauffii* (Maire) Maire (*Opophytum theurkauffii* (Maire) Maire), mit bis 1 cm dicken, zylindrischen, papillösen Blättern (F, NW-Afrika).

1

2a

2b

3

4

5

Nelkengewächse *Caryophyllaceae*

Von den 83 vorkommenden Arten der Familie sind 23 (zusätzlich 1 Unterart) endemisch auf den Kanaren. Außer den nachfolgend beschriebenen gehört auch *Cerastium sventenii* Jalas dazu, eine am Grund verholzte Felspflanze der subalpinen Stufe (H P T). Die Mehrzahl der übrigen Arten stammt aus dem Mittelmeergebiet.

1 Breitblättrige Miere *Minuartia platyphylla* (Gay ex Christ) McNeill — Morujón de risco

Bis 0,1 m ♃ II–IV

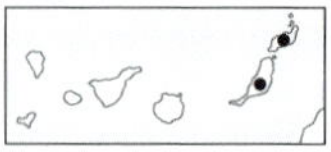

Merkmale Drüsig behaarte, ausgebreitet niederliegende, am Grund etwas verholzte Pflanze. Blätter gegenständig, fleischig, länglich-eiförmig, bespitzt, bis 1,5 cm lang, ohne Nebenblätter. Die 5 rosa Kronblätter ± so lang wie die Kelchblätter.
Vorkommen Felsspalten der unteren Stufe. Kanaren-Endemit.
Weitere Arten Ähnlich *M. webbii* McNeill & Bramw., Blätter schmaler (T F L, endemisch), und die verwandte, mediterrane *M. geniculata* (Poir.) Thell. (C F L).

2 Gefranste Schuppenmiere *Spergularia fimbriata* Boiss. — Romerillo manso

0,05–0,3 m ♃ I–IV

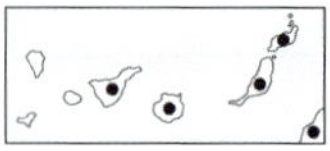

Merkmale Am Grund verholzte Art mit ± fleischigen, linealen, begrannten, etwa 3,5 cm langen Blättern und deutlichen häutigen, am Grund verbundenen Nebenblättern. Blütenstand dicht drüsig, die lila Kronblätter 4–6 mm lang, wenig länger als die häutig berandeten Kelchblätter. Samen ohne oder mit gefransten Flügeln.
Vorkommen In Küstennähe. Kanaren, Iberische Halbinsel, Marokko.

3 Tenerife-Bufonie *Bufonia paniculata* Dub. ssp. *teneriffae* (Christ) Kunk. — Escobilla estrellada

0,1–0,3 m ♃ IV–VI

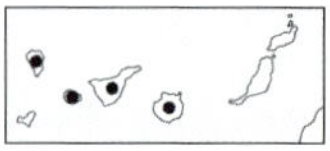

Merkmale Grasartige, graugrüne, am Grund verholzte Unterart mit aufrechten, fein behaarten, papillösen Stängeln. Blätter lineal-borstlich, dem Stängel angedrückt, am Grund verwachsen. Blüten mit 4 in eine lange Spitze ausgezogenen, hautrandigen, ungleich langen Kelchblättern und 4 kürzeren Kronblättern.
Vorkommen Schuttfluren, besonders in der subalpinen Stufe. Kanaren-Endemit, die ssp. *paniculata* in S-Europa, Syrien.

4 Kanaren-Mauermiere *Paronychia canariensis* (L. f.) Juss. — Nevadilla canaria

0,1–0,6 m ♄ I–VI

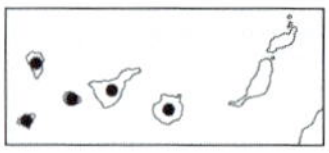

Merkmale Aufsteigender bis aufrechter oder von Felsen herabhängender, fein behaarter Halbstrauch mit braunen Ästen. Die gegenständigen, kurz gestielten Blätter schmal bis breit lanzettlich mit feiner Stachelspitze, 7–18 mm lang. Endständige, ausgebreitet lockere oder zusammengezogene Blütenstände mit silbrigen Hochblättern. Blütenhülle unscheinbar, aus 5 schmalen, häutig berandeten und begrannten, am Grund rötlichen Kelchblättern, Kronblätter winzig oder fehlend.
Vorkommen Felspflanze, bis in die Waldgebiete. Kanaren-Endemit.
Weitere Arten *P. capitata* (L.) Lam. in der endemischen ssp. *canariensis* (Chaudhri) Sund., Pflanze niederliegend, Blüten ganz von den silbrigen Hochblättern verdeckt (C, die ssp. *capitata* im Mittelmeergebiet).

5 Nacktfrucht *Gymnocarpos decandrus* Forssk. — Matocosta milengrana

0,1–0,4 m ♄ I–V

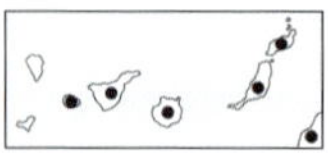

Merkmale Aufrechter, fleischiger Halbstrauch mit biegsamen Ästen. Die gegenständigen oder büschelig gestellten Blätter walzlich, bespitzt, bis 15 mm lang. Blüten zu (3–)7–15 köpfchenartig, mit gelblich grünen oder rötlich braunen, schmal hautrandigen, bespitzten Kelchblättern und winzigen bräunlichen Kronblättern.
Vorkommen Felsküsten, Felsfluren. Kanaren, N-Afrika, SW-Asien.

6 Hahnensporn *Dicheranthus plocamoides* Webb — Falso balo de risco

0,2–1 m ♄ IV–X

Merkmale Graugrüner Strauch, die Äste oft herabhängend. Blätter gegenständig, lineal und fleischig, etwa 2 cm lang. Blütenstände flach doldenförmig, in der Aufsicht wie bei einigen anderen Nelkengewächsen auffällig rechteckig. Blüten zu dritt, mit gräulich rosa Kelchblättern.
Vorkommen Sonnige Felsstandorte. Kanaren-Endemit.

1

2

3

4

5

6

Von den 9 kanarischen Arten der Gattung **Vielfrucht** *Polycarpaea* sind 8 endemisch und ein charakteristischer Bestandteil der Flora, manche sind durchaus häufig anzutreffen. Sie haben gegenständige oder scheinbar quirlständige Blätter mit häutigen Nebenblättern. Die zahlreichen unauffälligen, rispigen oder doldentraubig knäuelig angeordneten Blüten bestehen aus 5 freien, häutig berandeten Kelchblättern und 5 kürzeren Kronblättern, die Kapseln sind 3-klappig.

1 Schneeweiße Vielfrucht *Polycarpaea nivea* (Ait.) Webb — Saladillo blanco común

0,05–0,3 m ♄ XII–V

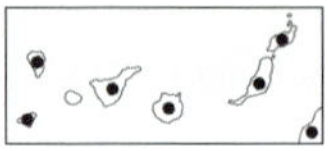

Merkmale Silbergrüner kleiner Strauch mit ausgebreiteten bis aufsteigenden Ästen. Die stark fleischigen Blätter lanzettlich bis eiförmig oder rhombisch, beiderseits ± stark silbrig weiß behaart. Blütenstände dicht, gelblich-bräunlich.
Vorkommen In der Küstenzone auf Sand oder Fels und Geröll, an Südhängen auch höher steigend. Kanaren, Kapverden, Marokko, die einzige, auf den Kanaren vorkommende, nicht endemische *Polycarpaea*.
Weitere Arten Als eigene Art beschrieben wurde der kräftigere Halbstrauch *P. robusta* (Pit.) Kunk. mit aufrechten, bis 0,5 m hohen Stämmchen, Blätter fast weiß, Blütenstände breiter (L).

2 Fleischige Vielfrucht *Polycarpaea carnosa* Buch — Pataconejo carnosa

0,1–0,25 m ♄ V–VIII

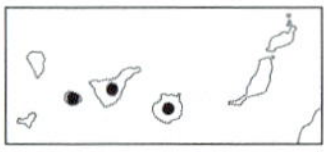

Merkmale Kahle und oft blaugrün bereifte, verholzte Felspflanze, bisweilen aus Spalten senkrechter Felswände herabhängend. Blätter fleischig, sehr variabel (3 Varietäten), rhombisch, eiförmig-spatelig bis fast rundlich, stumpf, am Grund verschmälert. Blütenstände dicht, gelbgrün.
Vorkommen Felsstandorte der unteren Stufe, selten. Kanaren-Endemit.

3 Gewöhnliche Vielfrucht *Polycarpaea divaricata* Steud. — Pataconejo común

0,05–0,2 m ♃ XII–VI

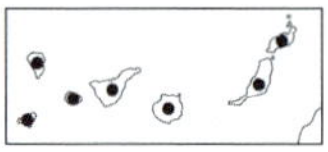

Merkmale Ausgebreitet niederliegende, am Grund bisweilen schwach verholzte, formenreiche Art. Blätter kaum fleischig, kahl oder spärlich silbergrau behaart, spatelförmig oder verkehrtlanzettlich, stumpf oder kurz begrannt. Blütenstände dicht, weißlich grün bis rosa.
Vorkommen Trockene Wegränder, von der Küste bis in die Kiefernwaldstufe. Kanaren-Endemit.
4 **Weitere Arten** Ähnlich die **Breitblättrige Vielfrucht** *P. latifolia* Poir., aber Blätter etwas fleischig, breit spatelig bis rundlich mit kleiner Grannenspitze, frisch grün, kaum behaart (Wegränder, Forstpisten der Lorbeerwaldregion, H G T C F).

5 Begrannte Vielfrucht *Polycarpaea aristata* (Ait.) DC. — Pataconejo de aristas

0,05–0,1 m ♃ IV–VI

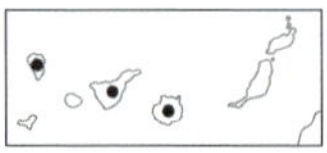

Merkmale Ausgebreitet niederliegende Art. Blätter schmal spatelförmig bis pfriemlich, lang begrannt, silbergrau oder graugrün, ± behaart. Blütenstand rosa.
Vorkommen Geröll und Felsen, bis in die Kiefernwaldstufe. Kanaren-Endemit.
Weitere Arten Niedrige, dichte, silbergraue Polster bildet *P. tenuis* Christ in der subalpinen Stufe (P T).

6 Smith-Vielfrucht *Polycarpaea smithii* Link — Pataconejo de risco

Bis 0,3 m ♃ V–IX

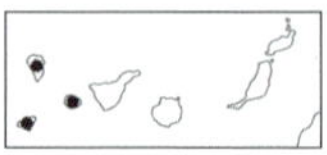

Merkmale Locker verzweigte, verholzte Felspflanze, häufig mit herabhängenden Ästen. Blätter abhängig vom Standort ± fleischig und kahl, lineal, am Ende stumpf, lebhaft grün. Der lockere Blütenstand cremefarben.
Vorkommen Vorwiegend schattige Felsspalten von der Küste bis in die Kiefernwaldstufe. Kanaren-Endemit.
7 **Weitere Arten** Auffällig durch helles Grün die **Fädliche Vielfrucht** *P. filifolia* Christ (*P. gomerensis* Burch.), verholzt und aufrecht, bis 0,4 m hoch, stark verzweigt, mit kahlen, abstehenden, sehr schmalen, fleischigen, zylindrischen Blättern. Der gelbliche dichte Blütenstand fein behaart (Felsen im Sukkulentenbusch, in Barrancos, insgesamt selten, G T C).

1

2

3

4

5

6

7

1 Kanaren-Bruchkraut *Herniaria canariensis* CHAUD. — Milengrena tinerfeña

0,03–0,1 m ♄ XII–V

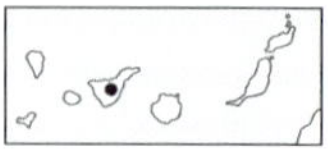

Merkmale Flache Polster bildender, fleischiger, starrer, gelbgrüner Zwergstrauch. Blätter schmal lanzettlich, stumpf, bis 5 mm lang, Nebenblätter am Rand gewimpert, oft etwas rötlich gestreift. Bis 1,5 mm große Blüten knäuelig zu 7–15, die 4 Kelchzipfel etwa gleich lang, äußere die inneren etwas umschließend, außerdem winzige Kronblätter. Tragblätter meist schwarzviolett.
Vorkommen Sandig-grusige Standorte der unteren Stufe. Tenerife-Endemit.
2 **Weitere Arten** Ähnlich das **Desfontaines-Bruchkraut** *H. fontanesii* GAY, aber Blüten 1,5–2,5 mm groß, zu 3–7, Kelchzipfel ungleich (T C F, Spanien, Sizilien, N-Afrika). Deutlich zu unterscheiden ist *H. hirsuta* L. ssp. *cinerea* (DC.) COUT., einjährig und dicht behaart, mit 5-zähligen Blüten (H G T C F L, Mittelmeergebiet).

3 Nanteuil-Felsennelke *Petrorhagia nanteuilii* (BURN.) BALL & HEYW. — Clavelito silvestre

0,1–0,5 m ⊙ II–VI

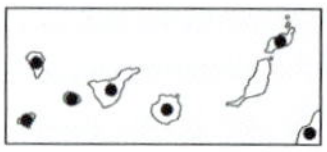

Merkmale Stängel aufrecht, kahl oder rau behaart, ohne Drüsen. Blätter lineal-lanzettlich, mit rauem Rand, die Blattscheiden höchstens 2,5-mal so lang wie breit. Blütenstand köpfchenförmig, von breit eiförmigen, trockenhäutigen, hellbraunen Hochblättern umgeben. Lang genagelte, herzförmige, rosa Kronblätter.
Vorkommen Ruderale Standorte. Kanaren, Madeira, westl. Mittelmeergebiet.

Leimkraut-Arten *Silene* werden zur Zeit 26 für die Kanaren angegeben. Die meisten sind 1-jährig und stammen aus dem Mittelmeergebiet, auf allen Inseln z. B. die oberwärts drüsig-klebrige *S. gallica* L. Ausdauernd ist *S. vulgaris* (MOENCH) GARCKE, mit kahlen, aufgeblasenen Kelchen und weißen oder rosa Kronen, verbreitet in der ssp. *commutata* (GUSS.) HAYEK. Der Formenkreis der 8 endemischen, am Grund ± verholzten, ausdauernden Sippen (nur *S. canariensis* WILLD. von Gran Canaria ist 1-jährig) bedarf weiterer Untersuchungen.

4 La Laguna-Leimkraut *Silene lagunensis* CHRIST — Canutillo de Anaga

0,1–0,3 m ♃ II–IV

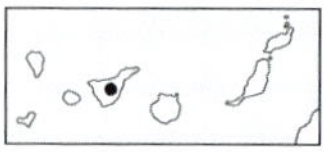

Merkmale Kleiner Halbstrauch mit kahlen, verkehrteiförmigen, kurz zugespitzten, am Rand fein gezähnelten Blättern (Lupe!), untere gestielt, rosettig, obere sitzend, schmaler. Geöffnete Blüten nickend, sehr kurz gestielt, mit tief 2-spaltigen, weißen Kronblättern und drüsig behaartem, grün oder braun genervtem Kelch.
Vorkommen Felspflanze der Lorbeerwaldregion. Tenerife-Endemit.
5 **Weitere Arten** Ähnlich das **Sabinosa-Leimkraut** *S. sabinosae* PIT., aber Blätter breit spatelförmig, Blüten blassrosa (Felspflanze, H).

6 Bourgeau-Leimkraut *Silene bourgeaui* CHRIST — Canutillo gomero

0,1–0,2 m ♃ II–IV

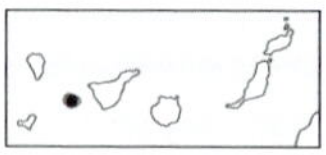

Merkmale Ähnlich *S. lagunensis*, aber Blätter lanzettlich, zumindest auf den Nerven bleibend behaart und am Rand gewimpert. Die weißen Blüten länger gestielt, während der Blütezeit aufrecht. Kelchnerven blassgrün.
Vorkommen Seltene Felspflanze in der Lorbeerwaldregion. Gomera-Endemit.
Weitere Arten Ähnlich auch das T**amarán-Leimkraut** *S. tamaranae* BRAMW., mit
7 gewimperten Blatträndern und tiefer 2-spaltigen Kronblättern (Felspflanze im Thermophilen Buschwald und Kiefernwald, C).

8 Berthelot-Leimkraut *Silene berthelotiana* WEBB — Canutillo de Berthelot

0,2–0,8 m ♃ VI–IX

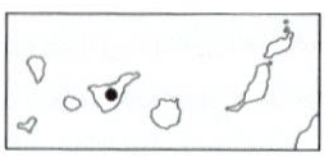

Merkmale Pflanze oberwärts klebrig, mit lanzettlichen bis verkehrteiförmigen, zugespitzten, in einen langen Stiel verschmälerten, auf der ganzen Fläche weichhaarigen Blättern. Geöffnete Blüten nickend, Kronblätter weiß bis blassrosa, tief 2-spaltig, der drüsig behaarte Kelch mit bräunlichen Nerven.
Vorkommen Schattige Felsen der Kiefernwaldstufe. Tenerife-Endemit, El Hierro?
Weitere Arten *S. nocteolens* W. & B., geöffnete Blüten aufrecht, der weichhaarige Kelch vortretend dunkelbraun geadert (T, nur sehr selten am Pico del Teide).
S. pogonocalyx (SVENT.) BRAMW. mit purpurnen Kelchnerven (Felsspalten in Lorbeer- und Kiefernwäldern, H? P).

1
2
3
4
5
6
7
8

Hahnenfußgewächse *Ranunculaceae*

Während man im Mittelmeergebiet im Frühjahr auf eine große Zahl auffällig blühender Hahnenfußgewächse trifft, findet man auf den Kanaren nur einen einzigen heimischen Vertreter, *Ranunculus cortusifolius* Willd. An eingeschleppten und eingebürgerten, vorwiegend mediterranen Arten sieht man u. a. *Adonis microcarpa* DC. (P T C F L) oder *Nigella damascena* L. (P G T), *Consolida regalis* (L.) Gray (H T C L), auch einige 1-jährige Hahnenfußarten, wie *Ranunculus muricatus* L., *R. parviflorus* L. und *R. trilobus* Desf. im Kulturland (alle H P G T C), oder den weißblütigen *R. trichophyllus* Chaix in Bewässerungskanälen (T C).

1 Kanaren-Hahnenfuß *Ranunculus cortusifolius* Willd. — Morgallana

0,5–1 m ♃ I–IV

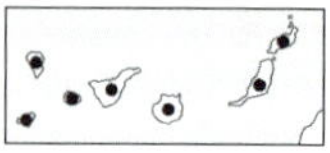

Merkmale Kräftige, steif abstehend behaarte Staude. Die lang gestielten, fast ledrigen, runzeligen Grundblätter rundlich-herzförmig, 3–7-lappig mit breiten, gekerbt-gesägten Abschnitten, 15–30 cm im Durchmesser. Zahlreiche, goldgelbe, große Blüten bis 5 cm breit, Kelchblätter zur Blütezeit waagerecht abstehend. Kahle, glatte, geschnäbelte, zur Reifezeit schwarze Früchtchen auf behaartem Fruchtboden. Formenreiche Art, auf den einzelnen Inseln und Inselgruppen sehr unterschiedlich ausgebildet.
Vorkommen Lorbeer- und Kiefernwälder, an feuchten, felsigen Standorten auch herabsteigend. Kanaren, Madeira, Azoren, endemisch.

Lorbeergewächse *Lauraceae*

Die 4 Lorbeergewächse der Kanaren bilden zusammen mit etwa 15 weiteren Gehölzen aus verschiedenen Familien (siehe S. 24f.) die für die westl. Inseln charakteristischen Lorbeerwälder. Ihre ledrigen, immergrünen, ungeteilten Blätter sind dem Passatklima, der Stufe in den Wolken, angepasst. Die Unterscheidung im nichtblühenden Zustand ist nicht ganz einfach, zur Bestimmung nach Blattmerkmalen sei auf den Schlüssel auf den Vor- und Nachsatzseiten verwiesen.

2 Kanaren-Lorbeer *Laurus novocanariensis* Rivas-Mart. & al. (*L. canariensis* W. & B., non Willd.) — Loro

15–25 m ♄ II–V

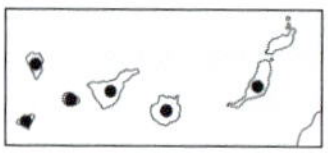

Merkmale Hoher, meist zweihäusiger Baum, am Stammfuß mit Stockausschlägen, Borke ziemlich glatt, grau, junge Zweige und junge Blätter unterseits etwas filzig behaart (**2a**). Die ausgewachsenen, wechselständigen Blätter dunkelgrün glänzend, kahl, eiförmig-lanzettlich, 5–10(–17) × 3–6 cm, am Rand glatt oder schwach gewellt, entlang der Mittelrippe in den meisten Achseln der Seitennerven mit kleinen „Drüsen“ (Domatien, von Milben bewohnte Ausbuchtungen), ein sicheres Kennzeichen für diese Art. Blüten knäuelig an kurzem, behaartem Stiel in den Blattachseln, von einer Hochblatthülle umgeben, die 4 gelblichen Blütenhüllblätter 3,5–5 mm lang, stumpf (**2b**). Früchte fleischig, olivenförmig, 1–2 cm lang, grün, zur Reifezeit blauschwarz, ohne Blütenreste (**2c**). Von T, G und Madeira wurde die var. *longifolia* (Kuntze) Kunk. mit längeren, schmaleren Blättern beschrieben.
Vorkommen Dominierende Art der Lorbeerwälder, auch im Baumheide-Buschwald. Kanaren, Madeira, S-Marokko. Für Lanzarote bleibt die Art fraglich, für Fuerteventura konnte sie aber neuerdings bestätigt werden. Nach jahrzehntelangem Raubbau bemüht man sich um die Pflege der verbliebenen Bestände, Überführung der früher stark genutzten Niederwälder in Hochwälder und auch um Neuanpflanzungen. Die Vorkommen auf den Azoren mit kurzen und breiteren, stärker behaarten Blättern werden heute wieder als *L. azorica* (Seub.) Franco abgetrennt. Die Abgrenzung und Benennung der *Laurus*-Sippen in Makaronesien, in Marokko und im übrigen Mittelmeergebiet bedarf weiterer Untersuchungen.
Weitere Arten Die Blätter des Kanaren-Lorbeers sind nur schwach aromatisch, als Gewürz verwendet man besser die Blätter des verwandten, im Mittelmeergebiet heimischen, auf den Kanaren aber auch gelegentlich kultivierten *Laurus nobilis* L. mit kahlen jungen Zweigen und kahlen, am Rand stärker gewellten Blättern.
Gelbbraune geweihartige Auswüchse am Stamm des Kanaren-Lorbeers werden von
3 dem **Lorbeerbaumpilz** *Laurobasidium lauri* (Geyl.) Jül. „Madre del loro“ hervorgerufen, der ausschließlich diese Art befällt (H P G T C).

1

2a

2b

2c

3

1 Barbusano *Apollonias barbujana* (Cav.) Bornm. ssp. *barbujana* — Barbuzano

Bis 25 m ♄ VII–XII

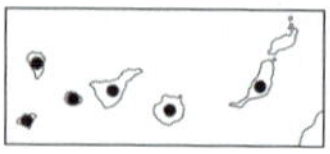

Merkmale Hoher Baum mit längsrissiger, bräunlicher Borke, wegen seines harten, braunroten Holzes als „Kanarisches Ebenholz" für die Herstellung von Möbeln geschätzt. Junge Triebe und Knospen rötlich, kahl. Blätter wechselständig, dunkelgrün glänzend, breit eiförmig-lanzettlich, 5–10 × 2–5 cm, am glatten Rand schwach umgerollt, etwas gewölbt, oft mit Ausbuchtungen, „Beulen", auf der Fläche. Diese werden durch Milben hervorgerufen, die auf diese Art spezialisiert sind und ein eindeutiges Bestimmungsmerkmal liefern. Blüten duftend, zwittrig in kahlen, achsel- und endständigen Rispen, die etwa so lang sind wie die zugehörigen Blätter. Die 6 gelblich weißen, spitzen oder stumpfen Blütenhüllblätter 3–4,5 mm lang, ausdauernd (**1a**), die fleischigen, olivenförmigen, 1–2 cm langen, zur Reifezeit blauschwarzen Früchte am Grund umschließend (**1b**).
Vorkommen Lorbeerwälder, besonders im unteren oder trockeneren und lichteren Bereich. Kanaren, Madeira, endemisch.
Weitere Arten Die seltene ssp. *ceballosi* (Svent.) Kunk. nur 4–10 m hoch, Blätter breit eiförmig, etwas fleischiger und zugespitzt, Blütenstände nur halb so lang (in einer einzigen Population schwer zugänglich am Unterrand der Lorbeerwälder, Gomera-Endemit).

2 Indische Persea *Persea indica* (L.) Spreng. — Viñatigo

Bis 30 m ♄ III–IX

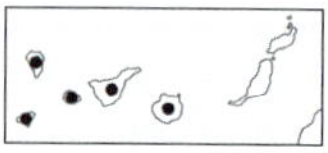

Merkmale Hoher Baum mit ziemlich regelmäßig warziger, grauer, später bräunlicher Borke, das rotbraune Holz wird auch als „Kanarisches Mahagoni" bezeichnet. Junge Zweige fein behaart. Die wechselständigen Blätter breit länglich-lanzettlich mit glattem, schwach umgebogenem Rand, groß, 8–20 × 3–8 cm, heller grün als die der übrigen Lorbeergewächse. Unterseite mit stark hervortretendem Mittelnerv und zahlreichen regelmäßigen Seitennerven, ohne Domatien, für das bloße Auge kaum sichtbar fein angedrückt behaart (**2a**). In der Regel zu jeder Jahreszeit an oder unter dem Baum zu finden sind vergilbende, zuletzt intensiv orangerot gefärbte Blätter (**2b**). Blüten zwittrig in behaarten, achsel- und endständigen Rispen, die 6 Blütenhüllblätter 4–6 mm lang, spitz, am Grund der Früchte ausdauernd. Diese fleischig, olivenförmig, 1,5–2 cm lang, zur Reifezeit blauschwarz. Die Blätter sind für das Vieh giftig, werden aber von Ratten gerne gefressen.
Vorkommen Lorbeerwälder, zum Teil in größeren Beständen in feuchten, schattigen Lagen. Kanaren, Madeira, Azoren (eingebürgert), endemisch.
Weitere Arten Zunehmend kultiviert wird der Avocadobaum *P. americana* Mill., „aguacate", mit länglich-elliptischen, zugespitzten Blättern, unscheinbaren Blüten und großen, schmackhaften, schief ei- oder birnförmigen Früchten, heimisch in den Bergwäldern Mittelamerikas.

3 Stinklorbeer *Ocotea foetens* (Ait.) Baill. — Til

Bis 30 m ♄ VI–IX

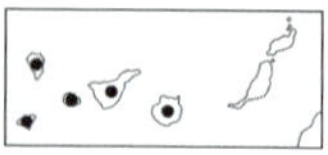

Merkmale Hoher Baum, die bräunliche Borke mit dicht stehenden, waagerecht angeordneten Warzen bedeckt. Das dunkle, harte und wertvolle Holz verbreitet frisch einen unangenehmen Geruch (Name!). Junge Zweige kahl. Die wechselständigen Blätter nur in jungem Zustand unterseits behaart, später kahl, dunkelgrün glänzend, breit länglich-lanzettlich, ganzrandig, durch 2–3 große, auffällige Domatien mit starker Behaarung in den Achseln der untersten Seitennerven charakterisiert (vergleiche *Rhamnus glandulosa* siehe S. 136), 6–13 × 2–6 cm. Blüten zwittrig oder eingeschlechtig in zerstreut behaarten achsel- und endständigen Rispen, die 6 grünlich gelben Blütenhüllblätter 2–3 mm lang, stumpf, später hinfällig (**3a**). Die fleischigen, olivenförmigen Früchte etwa 2,5 cm lang, reif blauschwarz, wie Eicheln im unteren Drittel in einem Becher aus der fleischig gewordenen Blütenachse sitzend (**3b**).
Vorkommen Lorbeerwälder, besonders häufig in feuchten Ausbildungen. Kanaren, Madeira, endemisch, auf den Azoren nur eingebürgert. Einige Ortsnamen, wie Los Tilos auf La Palma, erinnern an ehemalige ausgedehnte *Ocotea*-Bestände. Auch der sagenumwobene Baum Garoë von El Hierro wird als „Til" gedeutet.

1a

1b

2a

2b

3a

3b

Mohngewächse *Papaveraceae* (incl. Erdrauchgewächse *Fumariaceae*)

Neben den im Folgenden beschriebenen und erwähnten Mohngewächsen reichen u. a. 7 *Papaver*- und 2 *Glaucium*-Arten von Europa und dem Mittelmeergebiet bis zu den Kanaren, auch *Chelidonium majus* (H T) kommt vor. 2 *Fumaria*-Arten sind endemisch (s. unten), 7 weitere aus dem Mittelmeerraum eingeschleppt.

1 Mexikanischer Stachelmohn *Argemone mexicana* L. — Cardosanto

0,2–0,8 m ⊙ I–XII

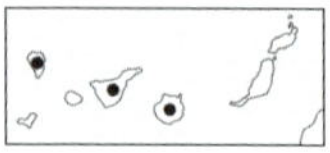

Merkmale Distelartige Pflanze mit gelbem Milchsaft, gewöhnlich vom Grund an verzweigt. Blätter lanzettlich, die oberen stängelumfassend sitzend, unregelmäßig tief dornig-buchtig gezähnt. Blütenknospen fast kugelig, die 6 Kronblätter meist gelborange, rundlich, sich deckend, 2–3 cm lang, Kapsel an den Enden abgeflacht, sich von oben mit 4–6 Klappen öffnend.
Vorkommen Trockene Ruderalstandorte, Brachflächen. Kanaren, Madeira, Kapverden, in weitere warme Gebiete verschleppt, Heimat Westindische Inseln.
2 **Weitere Arten** Ähnlich der **Zitronengelbe Stachelmohn** *A. ochroleuca* Sweet, auch als Varietät zu *A. mexicana* gestellt. Pflanze aber meist nur oberwärts verzweigt, Blätter viel stärker weiß geadert und blaugrün. Blütenknospen länglich, Kronblätter meist zitronengelb und schmaler. Kapsel an beiden Enden verjüngt (Kanaren, Madeira und weiter, Heimat Mexiko).

3 Kalifornischer Schlafmohn *Eschscholzia californica* Cham. — Amapola de California

0,2–0,6 m ⊙♃ IV–X

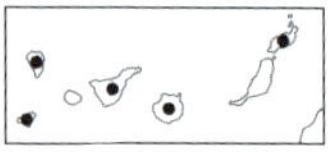

Merkmale Kahle, reich verzweigte, blaugrüne Pflanze mit wässrigem Saft. Blätter fein zerteilt, mit linealen bis spateligen Abschnitten. Blüten aus vier 2–3 cm langen, zuweilen tief eingeschnittenen, gelben bis orangefarbenen, am Grund oft dunkleren Kronblättern. 2 verwachsene Kelchblätter umschließen die Knospe mit einem Häubchen, das sich bei der Blütenentfaltung abhebt („Schlafmützchen"). Die schmale und gerade, kahle Kapsel öffnet sich mit 2 Klappen von unten.
Vorkommen Wegränder, vor allem im Kulturland mit Trockenfeldbau, sich seit etwa 1950 stark bis in die Kieferngebiete ausbreitend, beliebte Zierpflanze. Kanaren, Madeira, Azoren, weiter verschleppt, Heimat Kalifornien.

4 Borstiger Mohn *Papaver setigerum* DC. — Amapola común pelosa

0,4–0,7 m ⊙ IV–VII

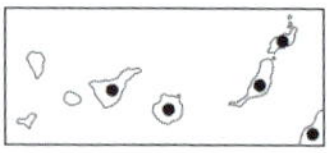

Merkmale Dem Schlaf-Mohn nahestehende Art mit halb stängelumfassenden, länglich-eiförmigen, gelappt-gezähnten, oft mit kleinen Borstenspitzen versehenen, grünen Blättern. Die 4 Kronblätter 3–4 cm lang, weiß bis violett, am Grund dunkel gefleckt. Kelchblätter wie Stängel und Nerven der Blattunterseiten oft borstig. Kapsel verkehrteiförmig, mit 5–8 Narbenstrahlen, sich mit Poren öffnend.
Vorkommen Frische, offene Standorte. Kanaren, Madeira, Azoren, im Mittelmeergebiet weit verbreitet.

5 Berg-Erdrauch *Fumaria montana* Schmidt (incl. *F. praetermissa* Pugsl.) — Mellorina macaronesica

0,2–0,8 m ⊙ XII–IV

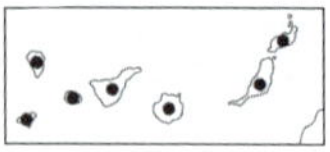

Merkmale Aufsteigende Art, Blätter 2–3fach gefiedert, mit bespitzten Abschnitten. Trauben 8–19-blütig, so lang wie ihr Stiel oder länger. Krone 7–10 mm, mit weißen, oft hellpurpurn überlaufenen, an der Spitze dunkelpurpurn gefleckten Kronblättern, 2 gezähnte Kelchblätter. Früchte abgestumpft kugelig, warzig bis fast glatt, ± gekielt, an aufrecht-abstehenden, verdickten Stielen. Formenreich.
Vorkommen Kulturland, Wegränder. Kanaren, Madeira, Kapverden, endemisch.

6 Scharlachroter Erdrauch *Fumaria coccinea* Lowe ex Pugsl. — Mellorina roja

0,2–0,8 m ⊙ II–V

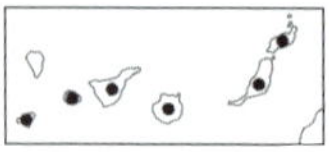

Merkmale Durch seine feuerroten, sehr schlanken Blüten auffälliger Erdrauch, oft größere Flächen überziehend. Krone 10–12 mm lang, mit 2 weißlich rosa, gezähnten Kelchblättern. Trauben sehr dicht, 6–13(–15)-blütig, deutlich kürzer als ihr Stiel. Früchte an aufrecht-abstehenden Stielen, fein warzig und etwas gekielt. Endabschnitte der 2–3fach gefiederten Blätter bespitzt.
Vorkommen Felsige, offene Standorte, Wegränder. Kanaren-Endemit, La Palma?

1

2

3

4

5

6

Kreuzblütler *Brassicaceae (Cruciferae)*

Unter den 84 gefundenen Kreuzblütlern *Brassicaceae* (davon 35 endemische Arten und Unterarten) treten besonders im Kulturland mehrere gelbblütige Arten auf, die ihre Heimat im Mittelmeergebiet haben und an ihren charakteristischen Früchten zu erkennen sind, darunter, bisweilen sogar bestandsbildend, auf allen Inseln: *Hirschfeldia incana* (L.) LAGR.-FOSS., Früchte dem Stängel anliegend, kahl, der Schnabel im unteren Teil geschwollen; *Rapistrum rugosum* (L.) ALL. mit ebenfalls anliegenden, kahlen oder behaarten Früchten, das obere Glied kugelig, glatt bis stark gerippt und in einen langen, fädlichen Griffel zugespitzt oder *Sinapis alba* L. mit abstehenden, borstig behaarten Früchten, der Schnabel schwertförmig flach.
Die ebenfalls gelbblütige *Notoceras bicorne* (AIT.) AMO, die anliegenden, 4-kantigen Früchte mit 2 kleinen Hörnern, bevorzugt trockenere Standorte (alle Inseln) wie auch *Carrichtera annua* (L.) DC., Früchte abstehend oder zurückgebogen, der untere Abschnitt borstig, der obere kahl und löffelförmig, Blüten weißlich, violett geadert (H G T C F L).
An Sandküsten ist *Cakile maritima* SCOP. anzutreffen (T C F L). Außer den im Folgenden beschriebenen Arten ist *Brassica bourgeaui* (WEBB ex CHRIST) KUNTZE ein seltener Endemit (H P G T), nicht zu verwechseln mit den zahlreichen verwilderten Formen des Kohls *Brassica oleracea* L. (alle Inseln).
Die folgenden 7 endemischen **Rauke**-Arten *Descurainia* sind außer durch Blätter und Früchte durch ihre Vorkommen und Standorte auf den einzelnen Inseln charakterisiert.

---

1 Teide-Rauke *Descurainia bourgeauana* (FOURN.) O. E. SCHULZ — Pajonera de cumbre

0,5–1 m ♄ IV–VI

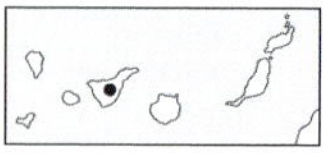

Merkmale Kugelbüsche bildender, am Grund verzweigter Halbstrauch. Blätter graugrün mit Stern- und Drüsenhaaren, 1–2fach fiederteilig mit linealen oder 3-zähnigen Endabschnitten. Blüten mit 3–4 mm langen, gelben Kronblättern. Schoten aufrecht an weit abstehenden Stielen, 16-samig.
Vorkommen Cañadas, bestandsbildend und landschaftsbestimmend, im Sommer durch strohfarbene, bleibende Fruchtstände („Teidestroh"). Tenerife-Endemit.
Weitere Arten *D. lemsii* BRAMW., in einem kleinen Gebiet im oberen Bereich der Kiefernwälder bis in die subalpine Stufe Tenerifes, gekennzeichnet durch silbergraue, 2fach fiederteilige Blätter ohne Drüsenhaare. Durch die breiteren Endabschnitte schon an *D. millefolia* aus der unteren Stufe erinnernd. Fruchtstiele aufrecht, mit 28–32-samigen Schoten.
2 Auf La Palma in dieser Höhenstufe endemisch die **La Palma-Rauke** *D. gilva* SVENT., Blätter 2fach fiederteilig, mit linealen, spitzen Endabschnitten, graufilzig. Fruchtstiele aufsteigend bis aufrecht, Schoten 16–24-samig.

---

3 Despréaux-Rauke *Descurainia preauxiana* (WEBB) O. E. SCHULZ — Mostaza de risco

0,6–0,8 m ♄ III–V

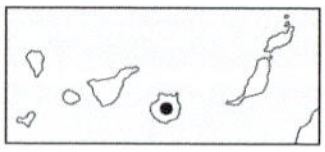

Merkmale Blätter frisch grün, zerstreut drüsig, ± rosettig am Ende der verzweigten, verholzten Triebe, wie auch die unteren nur einfach fiederteilig mit bis zu 6 Paaren schmal linealer, spitzer Lappen, obere oft nur mit 1 Fiederpaar. Blüten mit 5 mm langen Kronblättern. Schoten an aufrechten Stielen, 18–27-samig.
Vorkommen Felsstandorte vor allem im Zentrum der Insel. Gran Canaria-Endemit.
Weitere Arten Auf Tenerife endemisch, mit zerstreuten Vorkommen im oberen Bereich der Kiefernwälder bis in die Cañadas hinein, *D. gonzalesii* SVENT. mit ähnlichem Blattschnitt, die oberen Blätter völlig ungeteilt, sternhaarig, graugrün. Früchte der Achse ± anliegend.

---

4 Tausendblättrige Rauke *Descurainia millefolia* (JACQ.) W. & B. — Pajonera canaria

0,2–0,8 m ♄ I–V

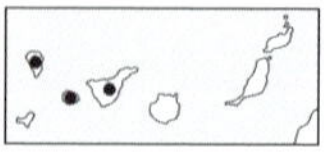

Merkmale Blätter oft rosettig am Ende der verzweigten holzigen Triebe, 2–3fach fiederteilig, von Sternhaaren grau, mit stumpfen, lanzettlichen bis eiförmigen, bis 1 mm breiten Endabschnitten. Blüten mit 5–6,5 mm langen Kronblättern. Schoten an abstehenden oder aufrechten Stielen, 10–22-samig.
Vorkommen Schattige Felsen, Barrancos der unteren Stufe. Einzige und häufigste Art mit Vorkommen auf mehreren Inseln. Kanaren-Endemit.
5 **Weitere Arten** Ähnlich auf Gran Canaria lokal im Nordwesten die **Beifußblättrige Rauke** *D. artemisoides* SVENT., Pflanze kräftiger, die 2fach fiederteiligen, graufilzigen Blätter mit bis zu 3 mm breiten, stumpfen Endabschnitten. Früchte an aufrecht-abstehenden Stielen, 18–22-samig (Felsfluren, 400–600 m).

1
2
3
4
5

1 Besen-Schöterich, Teidelack *Erysimum scoparium* (Willd.) Wettst. — Alhelí de cumbre

0,3–1 m ♄ IV–VII

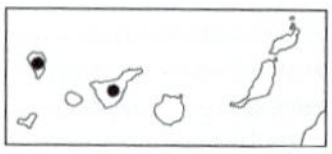

Merkmale Graugrüner Halbstrauch mit anliegender Behaarung. Blätter schopfartig unterhalb der Blütentrauben, lineal-lanzettlich, ± ganzrandig, auf Ober- und Unterseite mit überwiegend 2-armigen Haaren, bis 8 × 0,7 cm. Blütentrauben dicht, Blüten 2–4 mm lang gestielt, Kronblätter sich von Weiß zu Violett verfärbend. Schoten 3–6 cm lang, mit bleibendem, 2–4,5 mm langem Griffel.
Vorkommen In der subalpinen Stufe der beiden Inseln. Kanaren-Endemit.
2 **Weitere Arten** Als **Weißwerdender Schöterich** *E. albescens* (W. & B.) Bramw. wurde die ähnliche endemische Sippe der Hochlagen von Gran Canaria beschrieben: Blätter öfter entfernt gezähnt, Blütentraube dichter, Griffel kürzer als 3 mm.

3 Zweifarbiger Schöterich *Erysimum bicolor* (Hornem.) DC. — Alhelí de medianía

0,25–1,2 m ♄ II–VI

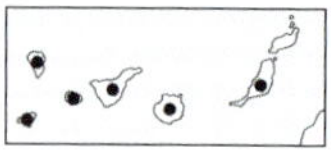

Merkmale Blätter länglich-lanzettlich, breiter und länger als bei den vorigen Arten, in der Regel gezähnt, bis 9(–14) × 2,1 cm. Behaarung oft nur spärlich, auf den Blattoberseiten überwiegend 3–5-armig. Blütentrauben gewöhnlich locker, Blüten 4–7 mm lang gestielt, Kronblätter sich ebenfalls von Weiß zu Violett verfärbend. Schoten 2,5–10 cm lang, mit bleibendem, 3–5(–7) mm langem Griffel.
Vorkommen Felsige Hänge, vom Sukkulentenbusch bis in die Waldgebiete. Kanaren, Madeira, endemisch.

4 Mittlere Parolinia *Parolinia intermedia* Svent. & Bramw. — Dama de Tenerife

0,5–1,3(–2) m ♄ II–V

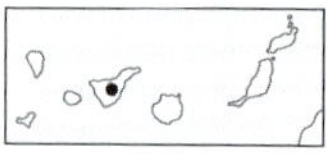

Merkmale Dicht verzweigter, von Sternhaaren grauer Strauch, oft einen kleinen Stamm bildend, mit 3–6 cm langen, etwas fleischigen, linealen, stumpfen Blättern. Blüten mit rosa bis weißen, 7–8 mm langen Kronblättern. Die kennzeichnenden, insgesamt unter 1,8 cm langen Schoten mit 2 an der Spitze zweispaltigen Anhängseln, dazwischen sichtbar der viel kürzere, bleibende Griffel. Jedes Fach mit 4–5 quadratischen Samen.
Vorkommen Trockene, felsige Hänge im Sukkulentenbusch, lokal im Westen der Insel. Tenerife-Endemit (einzige Art auf dieser Insel).
Weitere Arten Auf La Gomera als einzige Art der Endemit *P. schizogynoides* Svent., auf La Palma sehr selten *P. aridanae* Santos ined.

5 Geschmückte Parolinia *Parolinia ornata* Webb — Dama de Gran Canaria

1–2 m ♄ III–V

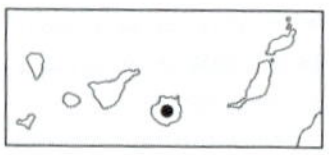

Merkmale Ähnlich *P. intermedia*, aber Pflanze locker verzweigt. Blätter lineal-lanzettlich, bis 10 cm lang. Blüten mit rosa bis weißen, etwa 8 mm langen Kronblättern. Die beiden Anhängsel der insgesamt 2–2,5 cm langen Schoten an der Spitze tief zweispaltig, jedes Fach mit 5–8(–9) ovalen Samen.
Vorkommen Sukkulentenbusch, örtlich häufig im Westen und Süden der Insel. Gran Canaria-Endemit.
Weitere Arten Auf Gran Canaria 3 weitere endemische, seltenere Arten: *P. platypetala* Kunk., Kronblätter 13–15 mm lang, am Rand unregelmäßig gewellt (im Osten); *P. filifolia* Kunk., Blätter sehr schmal, fast pfriemlich, bis 1,5 cm lang, Kronblätter 10–12 mm (im Westen). Deutlich zu unterscheiden von allen anderen Arten ist die
6 (fast) **Kahlfrüchtige Parolinia** *P. glabriuscula* Montel. & al. durch am Ende ungeteilte, spitze Fruchtanhängsel, Kronblätter 9–10 mm lang (im Nordosten).

7 Kaukasische Gänsekresse *Arabis alpina* L. ssp. *caucasica* (Willd.) Briq.

0,1–0,3 m ♃ III–VII

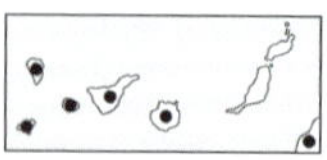

Merkmale Blattrosetten aus länglich verkehrteiförmigen, geschweift-gezähnten, graugrün behaarten Blättern, Stängelblätter sitzend, am Grund herzpfeilförmig. Die wohlriechenden Blüten mit weißen, 9–18 mm langen Kronblättern. Lineale, flache, 4–6,5 cm lange Schoten mit deutlichem Mittelnerv.
Vorkommen Felspflanze der Gebirge, zweifelhaft einheimisch, da die Sippe auch kultiviert wird. Kanaren, Madeira, Mittelmeergebiet bis Innerasien.

1

2

3

4

5

6

7

1 Bolle-Levkoje *Matthiola bolleana* Christ — Alhelí canari

0,05–0,3 m ♃ III–IV

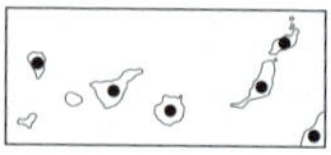

Merkmale Vom Grund an verzweigte, niedrige Polster bildende Pflanze. Blätter gewöhnlich ungeteilt, linealisch, stumpf, mit Sternhaaren. Blütenstände meist nur wenig länger, die Blüten fast sitzend, duftend und groß, mit 10–15 mm langen, am Ende ausgerandeten, rosaroten, am Grund hellen, seltener völlig weißen, am Rand gewellten Kronblättern. Schoten abspreizend, mit 2 pfeilförmig zurückgerichteten Hörnern. Formenreiche Art mit 3 Unterarten, auch in Marokko.
Vorkommen Auf Geröll und Sand der unteren Stufe. Kanaren-Endemit.
Weitere Arten Aus dem Mittelmeergebiet 4 eingebürgerte Arten, darunter *M. fruticulosa* (L.) Maire mit viel längeren Blütenständen, Kronblätter gewellt, 12–28 mm lang (T C F L) und *M. parviflora* (Schousb.) R. Br., Kronblätter nur 6–12 mm lang, am Rand glatt, Blätter geschweift-gezähnt bis fiederschnittig (alle Inseln).

2 Kanaren-Hundsrauke *Erucastrum canariense* W. & B. — Relinchon canari

0,1–0,3 m ⊙⊙ XII–III

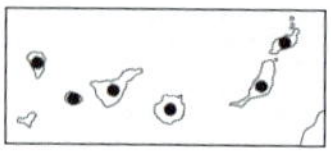

Merkmale Untere Blätter gestielt, länglich-eiförmig, buchtig fiederspaltig mit rundlichen Lappen oder ungeteilt mit schwach buchtigem Rand, Stängelblätter halb stängelumfassend sitzend, wie die übrigen dicht rauhaarig. Kronblätter 8–9 mm lang, Kelchblätter aufrecht-abstehend. Schoten dünn, lang gestielt vom Stängel abspreizend, kahl, sehr schmal vierkantig-zylindrisch und etwas wulstig, mit kurzem, konischem Schnabel und jeweils einem deutlichen Nerv auf den Klappen.
Vorkommen Gestörte Standorte der unteren Stufe. Kanaren-Endemit.
Weitere Arten *E. cardaminoides* (Christ) O.E. Schulz, untere Blätter fast bis zur Mittelrippe buchtig fiederspaltig, behaart, obere deutlich gestielt und ± kahl. Kronblätter etwa 6 mm lang (Kanaren, alle Inseln, Mauretanien?).

3 Kanaren-Silberkraut *Lobularia canariensis* (DC.) Borgen — Paniquesc

0,1–0,25(–0,7) m ♃
I–XII

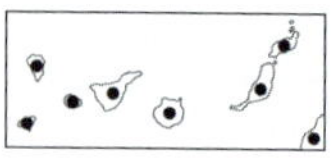

Die komplexe makaronesisch-endemische Art hat auf den Kanaren 5 Unterarten. Die am Grund verholzten Kräuter oder Halbsträucher wachsen bis in 2000 m Meereshöhe, als Felspflanzen, in Felsfluren oder an steinigen Ruderalstandorten. Die Verbreitungsgebiete sind meist getrennt, was die Bestimmung erleichtert.
Merkmale Ssp. *canariensis* (**3a**) mit linealen, ± stumpfen, silbergrau behaarten Blättern. Kronblätter weiß, ziemlich plötzlich verschmälert, 1,5–1,8 mm breit. Die eiförmig-rundlichen Schötchen mit dünnem Rand und (1–)2–3(–6) deutlich geflügelten, dunkelbraunen Samen (T im Süden und Südosten, C).
Ssp. *intermedia* (Webb) Borgen (**3b**) dagegen mit ± schmal verkehrteiförmigen, stumpfen, kaum grau behaarten Blättern. Kronblätter nur bei dieser Unterart cremefarben, waagerecht ausgebreitet, schmal spatelig und am Rand umgerollt, 0,9–1,2 mm breit. Schötchen eiförmig, behaart, sonst wie vorige ssp. (H, selten auf P im Osten, G, T im Norden, C).
Ssp. *palmensis* (Christ) Borgen (**3c**), gekennzeichnet durch hohen Wuchs (bis 0,7 m), Blätter lineal und spitz, mehr als 10-mal so lang wie breit, oft zurückgebogen, weniger behaart, Kronblätter 1,8–2,4 mm breit, plötzlich verschmälert, Schötchen eiförmig, mit 2–4 Samen (P, auf T selten).
Ssp. *marginata* (Webb) Borgen (**3d**), Pflanze kräftiger, Blätter lanzettlich, spitz, silbergrau behaart. Kronblätter weiß, 2,1–2,6 mm breit, plötzlich verschmälert. Schötchen groß und rundlich, oft violett überlaufen, mit verdicktem Rand und (2–)4–6(–8) Samen (F L, auch SW-Marokko).
Bei der silbergrau behaarten ssp. *microsperma* Borgen Kronblätter 1,2–1,6 mm breit, 3–5 Samen, bei dieser Sippe flügellos (T im Süden, C im Norden).
Weitere Arten Die mediterrane, verwilderte *L. maritima* (L.) Desv. mit 1,6–2 mm breiten Kronblättern und 2 flügellosen, hellbraunen Samen (H P T C).
4 Das **Libysche Silberkraut** *L. libyca* (Viv.) Meisn. dagegen 1-jährig, ausgebreitet niederliegend bis aufrecht, mit winzigen, weißen, weniger als 1,2 mm breiten, spatelförmigen Kronblättern, Schötchen mit 6–8 kaum geflügelten, hellbraunen Samen (Kanaren alle Inseln, Madeira, südl. Mittelmeergebiet).

1

2

3a

3b

3c

3d

4

1 Schmächtiger Meerkohl *Crambe strigosa* L'Hér. — Colderrisco canari

0,5–1,5 m ♄ II–VI

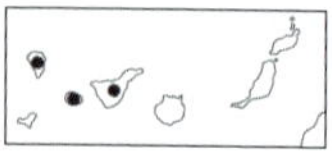

Merkmale Blätter am Ende eines verholzten, glatten Stängels genähert, mit herzeiförmiger, rauer, grob gezähnter, bis 20 cm langer Spreite, am ungeflügelten Blattstiel gelegentlich mit 2 Öhrchen. Blütenstand ausladend rispig, Kronblätter 5–6 mm lang, weiß. Der untere Teil der Schötchen stielartig und samenlos, der obere kugelig, schwach 4-rippig.
Vorkommen Lorbeerwälder, die einzige auf mehreren Inseln vorkommende und auch häufigste von insgesamt 13 auf den Kanaren endemischen *Crambe*-Arten.
Weitere Arten Viele haben nur kleine Verbreitungsgebiete: Im Lorbeer- oder Kiefernwaldbereich ähnlich *C. santosii* Bramw. (*C. gigantea* (Ceb. & Ort.) Bramw.), Pflanze bis 4 m hoch, Blätter dünn und kaum rau, bis 50 cm lang (P im Nordosten, G); *C. pritzelii* Bolle, sehr rau behaart, Blattränder fein gesägt (C im Norden und Osten); *C. tamadabensis* Prina & Marrero Rodr. (C im Nordwesten).
2 Herausragend der **Baum-Meerkohl** *C. arborea* Christ mit hohem Stamm (bis 1,5 m) und fiederspaltigen bis ungeteilten Blättern (T im Südosten). Isoliert steht der
3 **Sventenius-Meerkohl** *C. sventenii* Bramw. & Sund., die ± kahlen, graugrünen, eiförmig-rundlichen, gelappten Blätter mit großem Endabschnitt (Sukkulentenbusch, einzige *Crambe*-Art auf F, auf L keine Art). *C. scoparia* Svent. wiederum ist durch biegsame, rutenartige Äste ausgezeichnet (C im Westen).

4 Teno-Meerkohl *Crambe laevigata* Christ — Colderrisco de Teno

0,4–0,5 m ♄ III–V

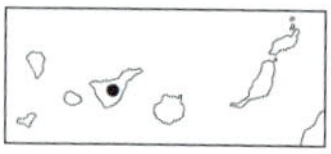

Merkmale Blätter rosettig, graugrün, verkehrteiförmig, mit abwechselnd großen und kleinen Zähnen und weißlichem Mittelnerv. Blütenstand kahl, ausladend rispig, Kronblätter weiß. Oberer (kugeliger) Fruchtteil mit dünner Spitze.
Vorkommen Felspflanze im Teno-Gebiet (Masca). Tenerife-Endemit.
Weitere Arten Ähnlich *C. scaberrima* Bramw., aber Blütenstand schmaler verzweigt (T) und *C. gomerae* Christ (G, Felsen der Lorbeerwaldregion), *C. wildpretii* Prina & Bramw., kenntlich an kleinen ausdauernden Tragblättern im Blütenstand (G nur im Westen), *C. microcarpa* Santos mit winzigen, bis 2,5 mm langen Früchten (P), *C. feuilleei* Santos als einzige Art auf H.

Resedengewächse *Resedaceae*

5 Leinblättrige Oligomeris *Oligomeris linifolia* (Vahl) Macbr. — Romerillo pardo

0,05–0,35 m ⊙ II–V

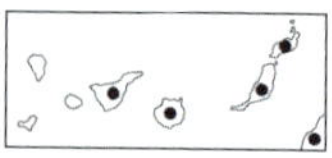

Merkmale Kahle, ± graugrüne Pflanze mit fast pfriemlichen, gebüschelten Blättern. Blüten in aufrechten dichten Ähren, 1–2 mm, mit (1–)2 weißen, einfachen oder gelappten Kronblättern und 2–4 ungleich langen Kelchblättern. Gelbliche kugelige Früchte, oben offen, mit 4 aufrechten Zähnen.
Vorkommen Trocken und küstennah. Kanaren, N-Afrika, Asien, N-Amerika.

6 Kristall-Resede *Reseda crystallina* W. & B. (*R. lancerotae* Del.) — Sonajera

0,05–0,2 m ⊙♃ II–V

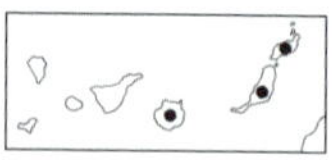

Merkmale Ganze Pflanze ± kristallartig papillös, mit grünen bis graugrünen, ± fleischigen, 3(–5)-teiligen Blättern. Blüten in kurzen dichten Trauben mit 4–6 zerschlitzten, gelben Kronblättern. Die aufrecht stehenden, zylindrischen, papillösen Kapseln an der Spitze offen, mit 3 kräftigen, spreizenden Zähnen.
Vorkommen Auf Sand oder Geröll, küstennah. Kanaren-Endemit.
7 **Weitere Arten** Mit rutenartigen Ästen die endemische **Besen-Resede** *R. scoparia* Willd., kahler Halbstrauch, bis 0,7 m hoch. Die graugrünen, weich behaarten, ± fleischigen Blätter lineal, ungeteilt. Blüten in lockeren Trauben mit weißlichen Kronblättern. Kapseln keulenförmig, etwas gebogen, aufrecht-abstehend, an der Spitze offen, mit 3 Zähnen (P G T C).
Die auch im Mittelmeergebiet und weiter verbreitete *R. luteola* L. mit ungeteilten lanzettlichen Blättern, langen, dichten Trauben aus blassgelben Blüten und kugeligen Früchten, häufig an trockenen Ruderalstandorten (H P T C F L).

1

2

3

4

5

6

7

Dickblattgewächse haben sich auf den Kanaren mit den Gattungen *Aeonium, Greenovia, Monanthes* und *Aichryson* außerordentlich reich entwickeln können und bilden einen typischen Bestandteil der Flora. Die artenreichste Gattung *Aeonium* ist mit derzeit 28 endemischen Arten und 5 Unterarten (hinzu kommen zahlreiche Hybriden) vertreten, fast alle sind inselspezifisch und manche wegen ihrer kleinräumigen Verbreitung extrem gefährdet. Alle stehen unter internationalem Artenschutz! Daneben finden sich einige überwiegend mediterrane Arten der Gattungen *Crassula, Sedum* und *Umbilicus*.

---

1 Cadiz-Nabelkraut *Umbilicus gaditanus* Boiss. — Sombrerillo común

0,1–0,5 m ♃ III–VII

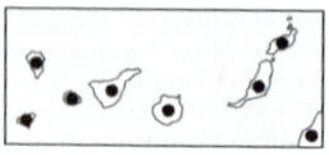

Merkmale Kahle, fleischige Pflanze, untere Blätter schildförmig, gekerbt, der Stiel etwas exzentrisch, bei den oberen Blättern seitlich angesetzt. Blüten ± abstehend, im oberen 2/3 des Stängels. Die kurz 5-lappige Krone röhrig, 5–8 mm lang, strohfarben oder grünlich, mit 5 Längsstreifen. 10 Staubblätter. Auf den Kanaren unzureichend geklärte Sippe.

2 **Vorkommen** Felsen, Mauern, Kanaren, Madeira, westl. Mittelmeergebiet.
Weitere Arten Bis 1 m hoch ist das **Heyland-Nabelkraut** *U. heylandianus* Webb in W. & B., Tragblätter pfriemlich, aus dem Blütenstand herausragend. Krone gelb, 9–12 mm lang. 5 Staubblätter (P C, westl. Mittelmeergebiet).

---

3 Keilblättriges Aeonium *Aeonium cuneatum* W. & B. — Góngaro de Anaga

0,9–1,2 m ♃ IV–VI

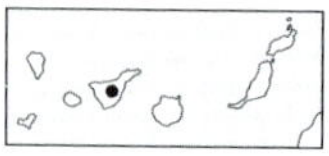

Merkmale Rosetten meist sitzend, oft mit Ausläufern, relativ locker becherförmig, 15–50 cm breit. Blätter kahl, blaugrün bereift, länglich-keilförmig, am Rand kurz gewimpert. Blütenstand pyramidal, Kronblätter 8–9, goldgelb, kahl, am Rand fein gezähnelt.
Vorkommen Feuchte, schattige Felsen und Gebüsche, bisweilen auch epiphytisch, in Lorbeerwaldlichtungen. Tenerife-Endemit.

---

4 Kanaren-Aeonium *Aeonium canariense* (L.) W. & B. — Góngaro canario

0,2–0,9 m ♃ III–VIII

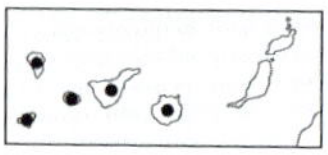

Merkmale Rosetten meist sitzend, selten auf niedrigem, sichtbarem Stamm, aus beiderseits samtig behaarten Blättern. Blütenstand pyramidal, 15–60 cm lang.
Ssp. *canariense* (**4a**): Rosette schüsselförmig, Blätter grün, samtig und wenig drüsig behaart, verkehrteiförmig-lanzettlich, am Rand nach oben gebogen, ohne Wimpern. Kronblätter 8–10, blassgelb bis weißlich, unterseits spärlich behaart (T).
Ssp. *christii* (Burch.) Bañares (*Ae. palmense* Christ) (**4b**): Blätter der schüsselförmigen Rosette samtig und stark drüsig-klebrig, in der unteren Hälfte am Rand oft gewellt. Kronblätter 8–10, hellgelb (H, P). Die Vorkommen auf El Hierro wurden wegen der größeren Rosetten und längeren Blütenstände früher auch als *Ae. longithyrsum* (Burch.) Svent. abgetrennt.
Ssp. *virgineum* (Christ) Bañares (*Ae. virgineum* Christ) (**4c**): Rosette schüsselförmig, klein, unter 25 cm breit, Blätter samtig, nicht klebrig, manchmal zum Grund hin am Rand gewellt, rötlich überlaufen, Kronblätter 6–9, gelbgrün (C).
Ssp. *latifolium* (Burch.) Bañares (*Ae. subplanum* Praeg.) (**4d**): Rosetten bis 80 cm breit, flach, dem Untergrund angedrückt. Blätter hellgrün, samtig behaart, nicht klebrig, charakteristisch in der Form, mit querelliptischem oberem Drittel und keilförmigem, unterem Teil, der Rand fein gewimpert und nach unten gebogen. Kronblätter 10–12, blassgelb (G).
Vorkommen Felsstandorte vor allem in der Lorbeerwaldregion, auch an feuchten bis trockenen Mauern. Alle Sippen sind auf den angegebenen Inseln endemisch.

---

5 Tellerförmiges Aeonium *Aeonium tabulaeforme* (Haw.) W. & B. — Góngaro pastel de risco

0,3–0,6 m ⊙ ♃ V–VIII

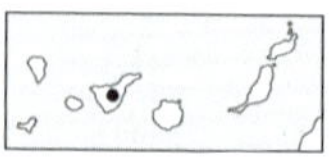

Merkmale Die auch in sterilem Zustand unverwechselbaren, 9–40 cm großen, tellerförmigen Rosetten flach dem Boden angedrückt. Blätter oft zu 100–200 dicht dachziegelig, gelb- bis grasgün, kahl, im oberen Drittel rhombisch, zum Grund hin keilförmig, relativ dünn, am Rand über 1 mm lang weiß bewimpert. Blütenstand pyramidal, 14–30 cm lang, Kronblätter 7–9, blassgelb, unterseits behaart.
Vorkommen Feuchte, schattige Felsspalten im Norden. Tenerife-Endemit.

1

2

3

4a

4b

4c

4d

5

1 Lindley-Aeonium *Aeonium lindleyi* W. & B. Bejequillo gomeret

0,2–0,5 m ♄ VI–IX

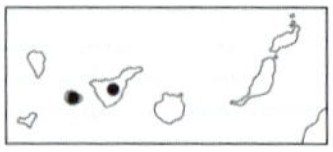

Merkmale Kleiner, dicht verzweigter Halbstrauch mit 4–9 cm breiten Rosetten. Blätter verkehrteiförmig-lanzettlich bis spatelig, 5–7 mm dick, drüsig-klebrig und deutlich sichtbar fein behaart, hell- oder dunkelgrün. Blütenstand doldenrispig, bisweilen reichblütig, 8–9 leuchtend gelbe Kronblätter (ssp. *lindleyi*, Foto). Bei der ssp. *viscatur* (BOLLE) BAÑARES Blätter klebrig, scheinbar kahl, nur 3–4 mm dick.
Vorkommen Sonnige Felsstandorte, die ssp. *lindleyi* im Osten von Tenerife, die ssp. *viscatum* im Norden und Osten von La Gomera. Kanaren-Endemiten.

2 Gooch-Aeonium *Aeonium goochiae* (W. & B.) W. & B. Bejequillo meler

0,2–0,4 m ♄ II–VI

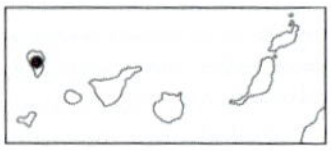

Merkmale Kleiner klebriger Halbstrauch mit 3–12 cm breiten Rosetten. Blätter dünn (1 mm), 0,5–1,5 cm lang stielartig verschmälert, der vordere Teil elliptisch bis rundlich 1,5–5 cm, grün bis gelbgrün, gelegentlich rötlich überlaufen, klebrig und sichtbar fein behaart. Der nahezu sitzende Blütenstand 3–11 cm breit, 10–45-blütig, 7–11 weiße Kronblätter, der Fruchtknoten rosa.
Vorkommen Schattig-feuchte Felsen und Mauern im Norden. La Palma-Endemit.

3 Mauerpfefferblättriges Aeonium *Aeonium sedifolium* (WEBB EX BOLLE) PIT. & PROUST Bejequillo menud

0,15–0,4 m ♄ III–VII

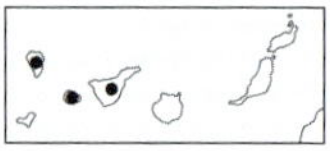

Merkmale Kleiner dichter Halbstrauch mit 1,5–3 cm breiten Rosetten. Blätter verkehrteiförmig, 3–5 mm dick, glänzend und etwas klebrig, scheinbar kahl, grün bis gelbgrün, mit roter Zeichnung. Im Sommer nur die dicht kugelig zusammengeschlossenen jüngsten Blätter bleibend. Blütenstand 2–5 cm breit, 6–15-blütig, 2–8 cm lang gestielt. 9–11 gelbe Kronblätter.
Vorkommen Trockene Felsstandorte im Westen von Tenerife und La Palma, auf La Gomera im Osten. Kanaren-Endemit.

4 Spateliges Aeonium *Aeonium spathulatum* (HORN.) PRAEG. Bejequillo canari

0,2–0,6 m ♄ III–VI

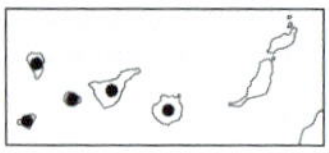

Merkmale Kleiner dichter Halbstrauch mit 1–5 cm breiten Rosetten. Blätter verkehrteiförmig-spatelig, flach (etwa 1 mm), fein behaart und etwas klebrig, grün bis rot überlaufen, auf der Unterseite mit roten Streifen und durchscheinenden Wimpern am Rand, im Sommer hinfällig bis auf die dicht kugelig zusammengeschlossenen jüngsten Blätter. Blütenstand 3–15 cm breit, bis 20 cm lang gestielt. 8–10 goldgelbe Kronblätter.
Vorkommen Trockene Felsstandorte, auch Mauern, Hausdächer, vor allem in der Kiefernwaldstufe. Kanaren-Endemit.

5 **Weitere Arten** Ähnlich das aromatische **Saunders-Aeonium** *Ae. saundersii* BOLLE, aber Blätter größer, fast rundlich, Blütenstand meist aus wenigen, 12–16-teiligen, hell gelben Blüten (G, im Osten).

6 Eigenartig das **Smith-Aeonium** *Ae. smithii* (SIMS) W. & B. mit stark sukkulenten, bis 3 cm dicken, unterhalb der Blattrosetten lang und abstehend weiß behaarten Ästen. Blätter spatelig, 3–7 cm lang, am Rand oft gewellt, außen mit dunkelroten Streifen, fein behaart und am Rand gewimpert. Blütenstände oft lang gestielt (T, Kiefernwälder und Cañadas, besonders in den Randbergen).

7 Sims-Aeonium *Aeonium simsii* (SWEET.) STEARN Gongaro flor de piedr

0,1–0,3 m ♃ III–VIII

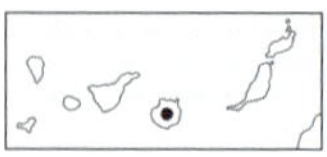

Merkmale Rosetten 4–12 cm breit, sitzend, nur selten mit sichtbarem Stämmchen, Ausläufer treibend und zum Teil dichte Polster bildend. Blätter aufrecht, lanzettlich, zugespitzt, bis 2 mm dick, behaart und am Rand lang durchscheinend gewimpert, beiderseits mit roten Streifen. Blütenstand 2–8 cm breit, seitlich den untersten Blattachseln der Rosetten entspringend, 5–30 cm lang gestielt, Blüten mit 7–9 goldgelber Kronblättern.
Vorkommen Trockene Felsstandorte, auch auf Mauern und Hausdächern. Vor allem im Zentrum der Insel. Gran Canaria-Endemit.

1

2

3

4

5

6

7

1 Baum-Aeonium *Aeonium arboreum* (L.) W. & B. — Bejeque arboreo

0,5–2 m ♄ XI–VI

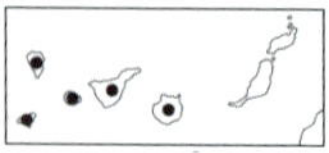

Merkmale Weit verbreitet in der ssp. *holochrysum* (H. Y. Liu) Bañares (*Ae. vestitum* Svent.), Halbstrauch mit verzweigten, 1–3 cm dicken, glatten Ästen. Die endständigen Blattrosetten 10–25 cm, in der Trockenperiode aber unter 5 cm breit. Blätter verkehrt-eiförmig-lanzettlich, 1,5–3 mm dick, kahl, grün, gewöhnlich purpurn gezeichnet und mit rötlichem, gewimpertem Rand. Der dichte Blütenstand eiförmig bis kegelförmig, 7–30 cm lang. Blüten an kahlen Stielen und mit kahlen Kelchblättern, Kronblätter 9–11, goldgelb. Auf La Gomera wurde früher daneben *Ae. rubrolineatum* Svent. abgetrennt. Die ssp. *arboreum* (*Ae. manriqueorum* Bolle) mit behaarten Blütenstielen und Kelchblättern endemisch auf Gran Canaria.

Vorkommen Felsen, vor allem in der unteren Stufe. Kanaren-Endemit.

Weitere Arten Tetraploide Pflanzen der Art werden weltweit kultiviert und kommen u. a. im Mittelmeergebiet verwildert vor, während die Sippe Marokkos als eigene Art *Ae. korneliuslemsii* H. Y. Liu beschrieben wurde.

2 Das **Gewelltblättrige Aeonium** *Ae. undulatum* W. & B. unterscheidet sich durch einzelne, aufrechte, höchstens nahe dem Grund oder unterirdisch verzweigte Triebe. Blätter der endständigen Rosetten kahl, spatelförmig, besonders im Hochsommer gewellt. Blütenstand 12–50 cm lang, kahl (C, im Zentrum, blüht IV–VI).

Ähnlich auch *Ae. balsamiferum* W. & B., mit Balsamgeruch der meist graugrünen, klebrigen Blätter (F eingebürgert, L).

3 La Palma-Aeonium *Aeonium nobile* (Praeg.) Praeg. — Bejeque rojo

0,3–0,6(–1,5) m ♄ V–VII

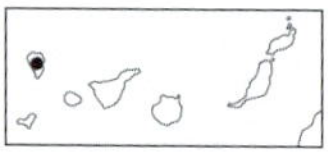

Merkmale Einzigartig, mit kräftiger, 15–60 cm breiter Rosette auf bis zu 0,6 m hohem Stamm. Blätter rot überlaufen, breit eiförmig, am Rand gewimpert, 6–12 mm (!) dick, jung klebrig. Blütenstand sehr groß und reich, flach kuppelförmig, 30–60 cm breit, Kronblätter weißlich, mit dunkelroten Streifen.

Vorkommen Felsen, Trockenhänge, 200–600 m, im Westen und Süden, lokal häufig. La Palma-Endemit.

4 Stadt-Aeonium *Aeonium urbicum* (Buch) W. & B. — Bejeque puntero de Tenerife

0,3–0,6(–1,5) m ♄ IV–VII

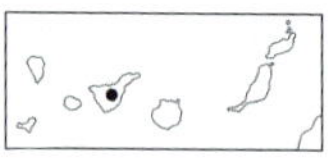

Merkmale Stamm unverzweigt, bis 6 cm dick, mit auffälligen Blattnarben, am Ende mit einer einzigen, bis 30 cm breiten Rosette. Ihre Blätter spatelförmig, 3–4 mm dick. Blütenstand kuppelartig, kahl, 25–65 cm lang, Blüten 8–10-zählig. Bei der var. *urbicum* (**4a**) Blätter kahl und grün, Kronblätter grünlich weiß (im Nordwesten und Nordosten, bis 1000 m ansteigend), bei der var. *meridionale* Bañares (**4b**) Blätter behaart, graugrün, Kronblätter blassrosa (im Süden und Westen, bis 1800 m ansteigend).

Vorkommen Junge Lava, Felsen, Mauern, Hausdächer. Tenerife-Endemit.

Weitere Arten Der var. *meridionale* ähnlich *Ae. appendiculatum* Bañares, Pflanze kahl, bis 1 m hoch, Stamm bis 9 cm dick, in jungem Zustand glatt, Blätter graugrün, Blüten 8-teilig, Kronblätter rosa weiß (G, im Süden und Zentrum). Mit behaartem Blütenstand dagegen *Ae. pseudourbicum* Bañares (T, im Westen) und *Ae. hierrense* (Murr.) Pit. & Proust (H P).

5 Bramwell-Aeonium *Aeonium davidbramwellii* H. Y. Liu — Bejeque palmero

0,3–0,6(–1,3) m ♄ III–VI

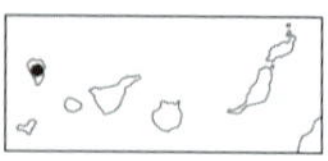

Merkmale Ältere Exemplare verzweigt, mit 0,7–2,5 cm dicken Ästen und 6–22 cm breiten Rosetten. Blätter spatelig, beiderseits fein behaart, 2–6 mm dick, blaugrün, oft rot überlaufen, mit rotem, gewimpertem Rand. Blütenstand kuppelartig, 10–35 cm lang, 6–8 weiße, innen grünliche bis rötliche, behaarte Kronblätter.

Vorkommen Felsstandorte, bis in die Waldregionen, häufig. La Palma-Endemit.

6 **Weitere Arten** Beim **Valverde-Aeonium** *Ae. valverdense* (Praeg.) Praeg. Blätter und Blütenstand ebenfalls behaart, Kronblätter ± rosa (H, im Südosten).

Verzweigt sind auch die beiden kahlen, seltenen Arten mit grünlich weißen Kronblättern *Ae. ciliatum* W. & B., Blätter grün (T, im Nordosten) und *Ae. gomerense* (Praeg.) Praeg., Blätter graugrün (G).

1

2

3

4a

4b

5

6

1 Fleischfarbenes Aeonium *Aeonium percarneum* (Murr.) Pit. & Proust — Bejeque rosado

0,5–1,5 m ♄ IV–VI

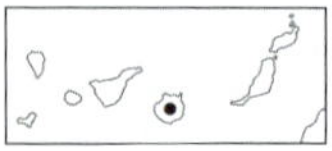

Merkmale Gewöhnlich verzweigter, kräftiger Halbstrauch mit glatten, bis 2 cm dicken Ästen. Die endständigen Rosetten 8–20 cm breit, ihre Blätter verkehrteiförmig-spatelig, 3–6 mm dick, graugrün, rot überlaufen und mit rotem, ± gewimpertem Rand. Blütenstand spitz kuppelförmig, 10–30 cm lang, Blütenstiele und Kelche behaart, 8–10 weißliche, innen rosa, unterseits etwas behaarte Kronblätter.
Vorkommen Trockene Felsstandorte, vor allem in *Euphorbia*-Gesellschaften. Gran Canaria-Endemit.
Weitere Arten Ähnlich *Ae. lancerottense* (Praeg.) Praeg., Blattrand aber schwach gezähnt, Kronblätter kahl (L, im Norden).

2 Zierliches Aeonium *Aeonium decorum* Bolle — Bejequillo ornado

0,2–0,6 m ♄ IV–VI

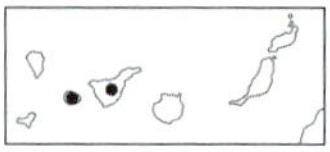

Merkmale Stark verzweigter kleiner Halbstrauch, die Äste mit querstehenden, schuppigen Auswüchsen, 0,6 cm dick. Rosetten 5–10 cm breit, aus verkehrteiförmig-lanzettlichen, oft etwas gefalteten und an der Spitze zurückgebogenen, behaarten, blaugrünen, häufig rot überlaufenen Blättern mit rotem, gewimpertem Rand. Blütenstand locker (var. *decorum*) oder seltener dicht (var. *alucense* Bañares & Marrero), 8–30 cm lang, Blütenstiele und Kelchblätter behaart, die 6–8 Kronblätter weißlich, in der Mitte rosa, unterseits spärlich behaart.
Vorkommen Trockene Felsstandorte. Kanaren-Endemit (auf Tenerife sehr selten).
Weitere Arten Ähnlich, aber mit grünlich weißen Blüten *Ae. castello-paivae* Bolle, Blätter kahl, nur auf der Unterseite manchmal mit rötlichen Streifen, Blütenstand behaart (G).

3 Haworth-Aeonium *Aeonium haworthii* W. & B. — Bejequillo tinerfeño

0,2–0,6 m ♄ IV–VII

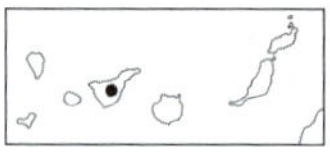

Merkmale Stark verzweigter Halbstrauch mit zahlreichen 6–11 cm breiten Rosetten, deren Blätter verkehrteiförmig, kahl, ± blaugrün, mit ± roten, gewimperten Rändern. Blütenstand kahl, locker halbkugelig, 6–16 cm lang. Kronblätter 7–9, grünlich weiß oder rosa überlaufen.
Vorkommen Trockene, sonnige Felsstandorte. Tenerife-Endemit (im Westen).
Weitere Arten Ähnlich *Ae. volkerii* Hernández & Bañares, aber Blätter behaart, grün, mit rotem Rand und rot gewimpert, oberseits oft mit einem roten Längsstreifen in der Mitte. Blüten blassrosa (T, Anaga-Gebiet).

4 Gold-Greenovia *Greenovia aurea* (Hornem.) W. & B. — Bea dorada

0,3–0,45 m ♃ III–IV

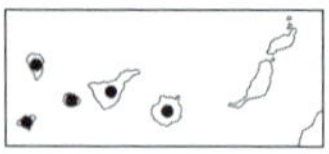

Merkmale Die Arten der Gattung *Greenovia* werden heute auch zu *Aeonium* gestellt. Blätter anfangs in becherförmiger, später ausgebreiteter Rosette, im Gegensatz zu den Aeonien mit dünnen, durchscheinenden, glatten Rändern, stark blau bereift und kahl, in der Größe allmählich zu den Stängelblättern übergehend. Pflanze mit wenigen Tochterrosetten. Blüten mit 28–32 goldgelben Kronblättern.
Vorkommen Zeitweise feuchte Felswände, auf Tenerife meist oberhalb 800 m Meereshöhe. Kanaren-Endemit.
Weitere Arten Ähnlich *G. dodrentalis* (Willd.) W. & B. mit zahlreichen Tochterrosetten, Kronblätter nur 18–22 (T, lokal, meist unter 800 m Meereshöhe). Bei der
5 **Eiskraut-Greenovia** *G. aizoon* Bolle Rosetten zahlreich, viel kleiner, kompakt, aus dicht drüsig-weichhaarigen Blättern, Kronblätter 17–21 (T, lokal, über 600 m).

6 Doppelkreis-Greenovia *Greenovia diplocycla* Webb ex Bolle — Bea simple

0,2–0,3 m ♃ III–IV

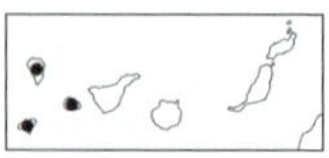

Merkmale Rosetten stets einzeln, 8–20(–25) cm breit, junge Blätter gewöhnlich fein und dicht gewimpert (Lupe!). Stängelblätter von den Rosettenblättern in der Größe sofort deutlich abgesetzt, mit breitem Grund stängelumfassend. Blüten nur 1,5 cm breit, mit etwa 20 goldgelben Kronblättern.
Vorkommen Schattige sowie besonnte Felsstandorte in der unteren und der Waldstufe. Kanaren-Endemit.

1
2
3
4
5
6

Die **Vorkommen** der 9 kanarisch-endemischen, ausdauernden **Monanthes**-Arten finden sich an schattig-feuchten Felsen in N- und NO-Exposition, nur *M. laxiflora* auch an trockeneren Standorten wie alten Mauern. *M. icterica* (Bolle) Christ ist als einzige Sippe 1-jährig (G T). Sämtliche Blätter, auch Kron- und Kelchblätter sind fleischig, die Blüten, gewöhnlich (5–)6–8(–10)zählig, blassgelb und häufig rot gestreift, tragen einen Kreis deutlich vergrößerter, fast kronblattähnlicher Nektarien.

1 Kurzstängeliges Monanthes *Monanthes brachycaulos* (W. & B.) Lowe — Pelotilla isleña

Bis 0,1 m ♃ IV–V

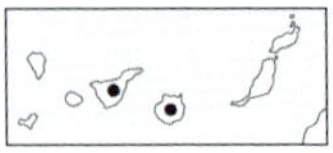

Merkmale Rosetten 7–35 mm breit, Blätter unter 60, schmal verkehrteiförmig, bisweilen rot überlaufen, alle, auch die innersten ausgebreitet, höchstens am Grund spärlich drüsenhaarig, am Ende papillös, 5–14(–22) × 3–6 mm. Blütentriebe seitlich den unteren Blattachseln entspringend, einfach oder verzweigt, gleichmäßig abstehend beblättert oder oben mit kleinen Rosetten. Blüten 6–7(–8)-zählig, 3–4(–5) mm breit.
Weitere Arten Neu beschrieben wurde *M. wildpretii* Bañares & S. Scholz, Rosette 10–20 mm breit, mit über 100 drüsig behaarten, papillösen Blättern. Blüten 6–7-zählig, 4–5 mm breit (T).
Ähnlich *M. minima* (Bolle) Christ mit drüsig behaarten Blättern in 2 Unterarten, neben der ssp. *minima* die ssp. *adenoscepes* (Svent.) Bañares (T).

2 Bleiches Monanthes *Monanthes pallens* (Webb) Christ — Pelotilla pallida

Bis 0,05 m ♃ II–VI

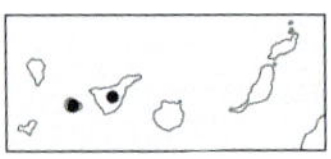

Merkmale Fast halbkugelige, flache oder in der Mitte eingesenkte, 10–40 mm breite Rosetten aus über 100 sehr dicht stehenden, verkehrteiförmigen, lang verschmälerten Blättern. Diese 5–18 × 1–3 mm, blaugrün, oft rot gefleckt, kahl oder spärlich drüsig, vorne dicht papillös, die innersten aufrecht stehend. Blütentriebe seitlich den unteren Blattachseln entspringend, an der Spitze mit rosettig gehäuften, ± aufrechten Blättern. Blüten (5–)6–7-zählig, 3–4 mm breit.

3 Vielblättriges Monanthes *Monanthes polyphylla* Haw. — Pelotilla profusa

Bis 0,2 m ♃ VI

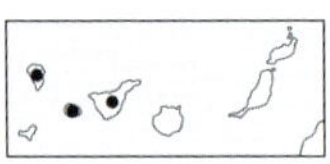

Merkmale Dichte Matten oder Polster aus gleich großen, 6–14 mm breiten Rosetten. Blätter eng stehend, die innersten aufrecht, gelbgrün bis trübgrün, bisweilen unterseits rot überlaufen, schmal verkehrteiförmig, ± drüsenhaarig und papillös, 3–7 × 1–4 mm. Der blattlose Blütentrieb aus der Mitte der Rosette entspringend. Blüten (6–)8–9(–10)-zählig, (2–)4–6 mm breit. Das Vorkommen auf C ist fraglich. Die Sippe auf P und G wurde als ssp. *amydros* Nyff. abgetrennt.

4 Mauer-Monanthes *Monanthes muralis* (Bolle) Christ — Pelotilla de muro

Bis 0,1 m ♃ IV–V

Merkmale Dicht verzweigt, am Grund leicht verholzt und an den Zweigenden mit kompakten Rosetten aus verkehrteiförmigen, spärlich drüsig behaarten, besonders an den Rändern papillösen, rot überlaufenen Blättern, diese 6–10 × 3–4 mm, die innersten im Gegensatz zu voriger Art bald abstehend. Blütenstand aus der Mitte der Rosette treibend, blattlos. Blüten (5–)6–7(–8)-zählig, 3–5 mm breit.

5 Lockerblütiges Monanthes *Monanthes laxiflora* (DC.) Bolle — Pelotilla escamosa

0,1–0,2 m ♃♄ XII–V

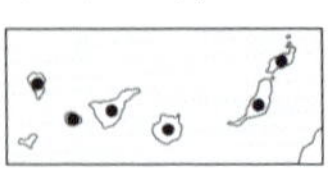

Merkmale Strauchartige, verzweigte Pflänzchen, niederliegend bis aufsteigend, später oft hängend. Blätter kahl, kreuzweise gegenständig über die Stängel verteilt, eiförmig mit einer Längsfurche, bis 3-mal so lang wie breit, 5–12 × 3–8 mm, matt grün bis rotbraun, oft mit weißlichem Wachsüberzug. Blütenstände am Ende der Ästchen, Blüten (6–)7–8-zählig, sehr unterschiedlich breit, etwa 7 mm. Auf den Ostinseln mit fast kugeligen Blättern die var. *microbotrys* (Bolle & Webb) Burch.

6 **Weitere Arten** Ähnlich das **Anaga-Monanthes** *M. anagensis* Praeg., „Pelotilla de Anaga", bis 0,3 m groß, Blätter wechselständig, schmal elliptisch, ± spitz, 4–6-mal so lang wie breit, gelb- bis dunkelgrün, auch rot überlaufen, immer ohne weißlichen Wachsüberzug. Blüten 6–8(–9)-zählig, 4–6 mm breit (T, lokal häufig, vor allem in der Lorbeerwaldzone des Anaga-Gebietes). Neu beschrieben wurde *M. subrosulata* Bañares & Acev-Rodr., selten im S von La Palma.

1 2

3 4

5 6

Die 10 kanarisch-endemischen **Aichryson**-Arten sind in der Regel kurzlebige, zerbrechliche Kräuter mit fleischigen, flachen Blättern. Die zu den Aeonien vermittelnde, verholzte Sippe mit dicht drüsig klebrigen Blättern (zeitweise als *Macrobium* abgetrennt) wird heute *Aichryson tortuosum* (AIT.) W. & B. genannt (L F, mit der var. *bethencourtianum* (BOLLE) BAÑARES & S. SCHOLZ im Süden von F). Auf La Palma gibt es 7 Arten!

1 Lockerblättriges Aichryson *Aichryson laxum* (HAW.) BRAMW. — Gongarillo canario

0,15–0,3(–0,5) m ⊙⊙
III–VI

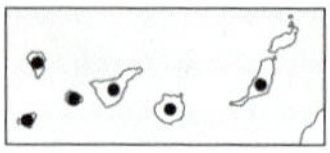

Merkmale Insgesamt weich abstehend behaarte Pflanze, häufig rot überlaufen, mit regelmäßig aufrecht-gabelig verzweigten Ästchen. Blätter rhombisch, am breitesten nahe dem plötzlich in einen Stiel verschmälerten Grund. 9–12 Kronblätter.
Vorkommen Feuchte Felsspalten, Mauern, gelegentlich epiphytisch, wohl die häufigste *Aichryson*-Art. Kanaren-Endemit, in Portugal eingebürgert.
Weitere Arten Ähnlich *A. porphyrogennetos* BOLLE, Pflanze rotpurpurn, Kronblätter elliptisch (T C). *A. palmense* BOLLE, ganze Pflanze drüsig-klebrig (P).

2 Parlatore-Aichryson *Aichryson parlatorei* BOLLE — Gongarillo chico

0,02–0,15 m ⊙ II–V

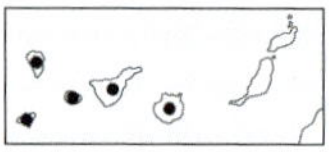

Merkmale Zierliche, drüsig behaarte Art. Die rhombischen Blätter allmählich in den Stiel verschmälert, am Rand papillös, bisweilen mit wenigen dunklen Kerbungen. 7–9 goldgelbe Kronblätter, länger als die spitzen Kelchblätter.
Vorkommen Feuchte Felsspalten, Mauern. Kanaren-Endemit.
Weitere Arten Einjährig auch *A. brevipetalum* PRAEG., aber insgesamt drüsenlos, Kronblätter die stumpfen Kelchblätter kaum überragend (P).

3 Punktiertes Aichryson *Aichryson punctatum* (BUCH) W. & B. — Gongarillo punteado

0,08–0,2(–0,3) m ⊙⊙
IV–VII

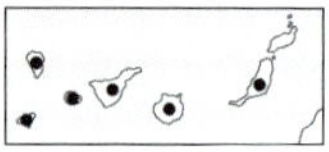

Merkmale Stängel oben behaart, Blätter aber ± kahl, eiförmig-rhombisch, dunkelgrün, am Rand rot und dunkel punktiert gekerbt, auch die Fläche manchmal dunkel punktiert. 6–10 goldgelbe Kronblätter.
Vorkommen Halbschattige Felsen, Mauern. Kanaren-Endemit.
Weitere Arten Ähnlich *A. bollei* BOLLE, aber Pflanze rot überlaufen, behaart (P). *A. bituminosum* BAÑARES, Blätter drüsig klebrig, am Rand dunkel punktiert, nicht gekerbt, mit Teergeruch (C).

4 Dickstängeliges Aichryson *Aichryson pachycaulon* BOLLE — Gongarillo mayor

Bis 0,65 m ⊙⊙ X–IV

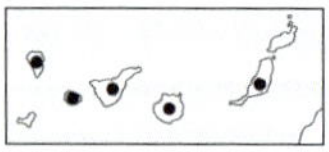

Merkmale Robuste Art mit dickem, oft rotem Stängel, insgesamt kahl, aufrecht oder ± ausgebreitet. Blätter eiförmig-rhombisch, am Rand glatt (Foto ssp. *immaculatum* (CHRIST) BRAMW., T) oder ± gekerbt wie bei der ssp. *praetermissum* BRAMW. mit schwarzen Drüsen (C). Blüten 6–15 mm breit, meist 7–8-zählig, blass- bis goldgelb. Für P, G, T, C und F wurde jeweils 1 Unterart beschrieben.
Vorkommen Feuchte Standorte der Lorbeerwaldstufe. Kanaren-Endemit.

5 Moos-Dickblatt *Crassula tillaea* LEST.-GARL. — Crásula muscosa

0,01–0,08 m ⊙ II–VI

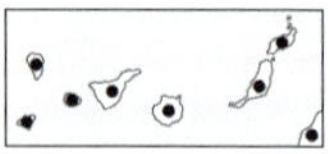

Merkmale Moosartige, zuletzt rötliche Pflanze mit wurzelnden kriechenden bis aufsteigenden Trieben. Blätter fleischig, abstehend, bis 3 mm lang. Blüten 3(–4)-zählig, sitzend, einzeln oder in kleinen Gruppen, bis 1 mm.
Vorkommen Offene Standorte, Kiefernwälder. Kanaren, W-Europa, NW-Afrika.
Weitere Arten Seltener ist *C. campestris* (ECKL. & ZEYH.) ENDL. (H P G T C L).

6 Rötlicher Mauerpfeffer *Sedum rubens* L. — Crásula jabonera

0,05–0,15 m ⊙ III–V

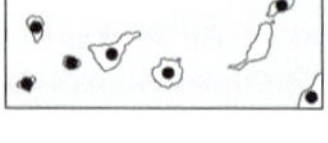

Merkmale Blätter fleischig, halbstielrund, graugrün bis rötlich, drüsig behaart, am Grund gespornt. Blüten sternförmig, mit 5 rosa oder weißlichen Kronblättern.
Vorkommen Sukkulentenbusch, Mauern. Kanaren, Mittelmeergebiet.
Weitere Arten Ausdauernd und gelbblütig das endemische *S. nudum* AIT. ssp. *lancerottense* (MURR.) HANS. & SUND. mit kriechenden Trieben (L).

1

2

3

4

5

6

Rosengewächse *Rosaceae*

Die windblütigen, strauchförmigen Rosengewächse der Kanaren und Madeiras mit den Gattungen *Bencomia*, *Marcetella* und *Dendriopoterium*, ausgezeichnet durch die schopfige Anordnung ihrer gefiederten Blätter an den Zweigenden und die kätzchenartigen Blütenstände mit eingeschlechtigen Blüten, stellen eine Besonderheit dar. Ihr krautiger Verwandter ist die nordafrikanische Art *Sanguisorba megacarpa* (Lowe) Muñoz Garm. & C. Navarro (alle Inseln). Erwähnenswert sind auch die wohl natürlichen Vorkommen von *Sorbus aria* (L.) Crantz (P T) und einer *Rosa canina*-Sippe (P G T C). Die Wollmispel *Eriobotrya japonica* (Thunb.) Lindl. und vor allem der Mandelbaum *Prunus dulcis* (Mill.) D. A. Webb wurden früher häufiger kultiviert und kommen oft verwildert vor.

1 Geschwänzte Bencomia *Bencomia caudata* (Ait.) W. & B. — Bencomia de monte

1,5–6 m ♄ II–VI

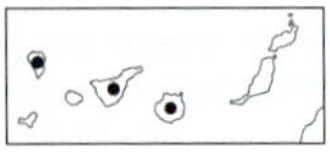

Merkmale Hoher Strauch bis Baumstrauch. Blätter mit 7–13 gestielten, zugespitzt eiförmigen (auf Gran Canaria auch mehr ovalen), gesägt-gekerbten, am Grund asymmetrisch gestutzten Fiedern, oberseits dunkelgrün, meist fast kahl, unterseits graugrün, seidig behaart. Blattspindel ± abstehend behaart. Blütenstände unverzweigt, dicklich, 2-häusig. Früchte fast fleischig, birnförmig, 4–6 mm.
Vorkommen Felsige, schattige Standorte, Barrancos in der Lorbeerwaldstufe, häufigste *Bencomia*-Art. Kanaren-Endemit.

2 Kugelfrüchtige Bencomia *Bencomia sphaerocarpa* Svent. — Bencomia herreña

2–4 m ♄ III–V

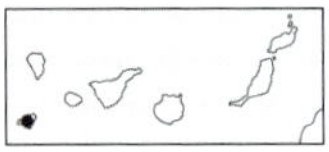

Merkmale Hoher Strauch bis Baumstrauch. Blätter mit 11–17 sitzenden, schmal eiförmig-länglichen, zugespitzten, am Grund ungleich herz- bis keilförmigen, gesägt-gekerbten Fiedern, diese oberseits grün, spärlich behaart, unterseits graugrün, dicht filzig, Spindel lang und dicht abstehend behaart. Blütenstände unverzweigt, dicklich, 2-häusig. Früchte fast fleischig, hellgrün, kugelig, 7 mm.
Vorkommen Felsstandorte in der Lorbeerwaldstufe, selten. El Hierro-Endemit.

3 Nebenblattlose Bencomia *Bencomia exstipulata* Svent. — Bencomia de cumbre

0,5–2 m ♄ IV–V

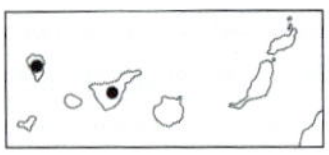

Merkmale Strauch, Blätter bei dieser Art ohne Nebenblätter, mit 7–9 fast sitzenden, länglich-eiförmigen, am Grund ungleich herzförmigen, gekerbten, oberseits dunkelgrün glänzenden und drüsigen, unterseits filzig behaarten Fiedern, Spindel drüsig und lang abstehend behaart. Männliche Blütenstände einfach, weibliche ± verzweigt, meist 1-häusig. Früchte schwammig-trocken, kugelig, 5 mm.
Vorkommen Felsstandorte der subalpinen Stufe, selten. Kanaren-Endemit.
Weitere Arten Ähnlich *B. brachystachya* Svent., Fiedern 7–11, schmaler, untere kurz gestielt, oberseits glänzend, verkahlend, unterseits zerrissen gelblich filzig. Blütenstand fast immer verzweigt. Früchte 3 mm (C, endemisch).

4 Moquin-Marcetella *Marcetella moquiniana* (W. & B.) Svent. — Palosangre

1–4 m ♄ III–XII

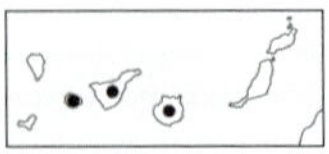

Merkmale Obere Äste des Strauches auffallend rot bis braun und oft drüsenhaarig. Blätter mit 13–27 kahlen, blaugrünen, eiförmig-elliptischen, gekerbten Fiedern an feinen Stielen, Nebenblätter klein und schmal. Blüten 2-häusig in lockeren, verzweigten Ähren. Trockene, bräunliche Nüsschen mit 2 Flügeln.
Vorkommen Sonnige Felsstandorte, Barrancos. Kanaren-Endemit.

5 Menéndez-Baumbibernelle *Dendriopoterium menendezii* Svent. — Algafitón de Tamadaba

1,5–2,5 m ♄ II–V

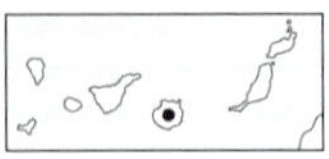

Merkmale Strauch bis Baumstrauch, junge Triebe violett. Die kahlen Blätter mit 9–15 sehr kurz gestielten, eiförmig-elliptischen, gekerbten, oberseits dunkelgrünen, unterseits graugrünen Fiedern. Fast ebenso groß die hellgrünen, ganzrandigen bis schwach gezähnten Nebenblätter. Blüten 1-häusig in einfachen oder verzweigten Ähren. Früchte dunkelbraun, mit 4 vorstehenden Rippen, etwa 2 mm.
Vorkommen Felspflanze der Bergstufe, selten. Gran Canaria-Endemit.
6 **Weitere Arten** Ähnlich die **Pulido-Baumbibernelle** *D. pulidoi* Bramw., 1–1,5 m hoch, Nebenblätter unregelmäßig grob gesägt, Früchte bis 5 mm (C, endemisch).

1

2

3

4

5

6

1 Bolle-Brombeere *Rubus bollei* FOCKE — Zarza de monte

1,5–8 m ♄ V–VII

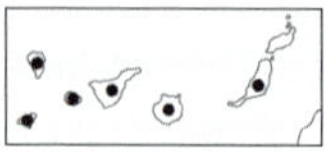

Merkmale Mehrjährig und strauchig, mit überhängenden oder zum Teil weit hinauf in die Bäume kletternden Ästen. Stacheln kräftig, zurückgekrümmt, etwa gleich groß, einfache Haare spärlich. Blätter 5-zählig gefingert, Teilblätter gestielt, breit eiförmig bis fast rundlich mit meist kurzer, ausgezogener Spitze, unregelmäßig gesägt, oberseits kahl, unterseits grau- bis weißfilzig, Endblatt 8–12(–15) cm lang. Blütenstand sehr groß, mit ausgebreiteten Ästen, der blattlose Teil 15–30 cm lang. Kronblätter breit eiförmig, weiß, seltener blassrosa.
Vorkommen Offene Standorte in Lorbeerwäldern. Kanaren, Madeira, endemisch.

2 Mittelmeer-Brombeere *Rubus ulmifolius* SCHOTT — Zarza común

1–3 m ♄ V–IX

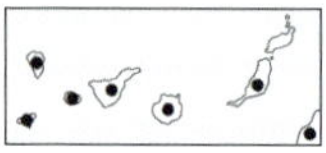

Merkmale Triebe meist 2-jährig, Stängel mit Stacheln, einfachen und Sternhaaren. Blätter derb ledrig, unterseits wie bei *R. bollei* weißfilzig, Spitze der Teilblätter aber nicht ausgezogen, Endblatt unter 8 cm lang. Blütenstand viel kürzer und schmaler, Kronblätter hell- bis dunkelrosa. Nicht selten sind Hybriden dieser beiden Arten: *R. × wolfredoi-wildpretii* WEBER.
Vorkommen Gestörte Standorte in der Lorbeerwaldregion und tiefer, auch heckenbildend. Kanaren, im westl. und zentralen Mittelmeergebiet verbreitet.

3 La Palma-Brombeere *Rubus palmensis* HANS. — Zarza palmera

1,5–5 m ♄ VI–VII

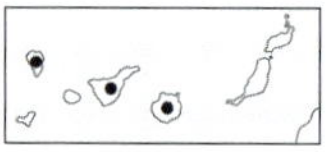

Merkmale Mehrjährig, verholzt, in den Lorbeerwaldbäumen kletternd, leicht zu unterscheiden durch sitzende Drüsen, Drüsenborsten und lange einfache Haare zwischen den Stacheln (**3b**) an Stängeln und Blattstielen. Blätter 5-zählig gefingert, gesägt-gezähnt, Teilblätter oft mit lang ausgezogener Spitze, auf beiden Seiten nur dünn behaart, grün, Endblatt 14–19 cm lang. Blütenstand sehr groß, überhängend, Kronblätter schmal verkehrteiförmig, weiß (**3a**).
Vorkommen Offene Standorte in Lorbeerwäldern. Kanaren-Endemit.

4 Portugiesischer Kirschlorbeer *Prunus lusitanica* L. ssp. *hixa* (WILLD.) FRANCO — Hija

3–8(–20) m ♄ VI–IX

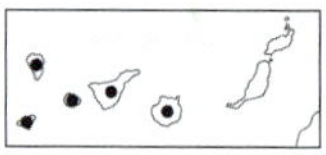

Merkmale Immergrüner, insgesamt kahler Baum oder Strauch, junge Triebe und Blattstiele dunkelrot, an deren Basis die quergestellten Narben der hinfälligen Nebenblätter. Blätter 2-zeilig angeordnet, ledrig, dunkelgrün glänzend, eilänglich-lanzettlich, zugespitzt, am Rand gekerbt-gesägt, am abgerundeten oder breit keilförmigen Grund auf der Unterseite mit 2 eingesenkten Drüsen, 6–15 × 2,5–5 cm. Blütentrauben 4–18 cm lang, aufrecht-abstehend, reichblütig, die 4–7 mm langen Kronblätter rundlich, weißlich. Früchte eiförmig spitz, 6–8 mm, schwarzpurpurn.
Vorkommen Lorbeerwälder, in feuchten Ausbildungen. Kanaren, Madeira, endemisch. Auf den Azoren die ssp. *azorica* (MOUILL.) FRANCO, in SW-Europa die ssp. *lusitanica* (ssp. in Marokko unbekannt).

Kameltrittgewächse *Neuradaceae*

5 Kameltritt *Neurada procumbens* L. — Patacamello

0,05–0,15 m ⊙ II–VI

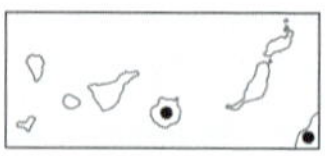

Merkmale Ausgebreitet niederliegende, vom Sand oft überwehte, dicht filzig behaarte Pflanze mit gestielten, eiförmig-länglichen, buchtig gelappten Blättern. Blüten einzeln und gestielt in den Blattachseln, mit etwa 3 mm langer, unscheinbar grünlich weißer, deutlich genervter, 5-blättriger Krone. Die scheibenförmigen, verholzenden, etwa 2 cm breiten Früchte, oberseits stachelig und in der Mitte mit vergrößerten, verhärteten Griffeln, bohren sich in Dromedar- und Touristenfüße. Die Einordnung der Familie im Pflanzensystem war lange Zeit umstritten, sie wird heute zu den Malvenartigen gestellt.
Vorkommen Dünen, Sandböden. Gran Canaria eingebürgert, N-Afrika bis Afghanistan.

1

2

3a

3b

4

5

Schmetterlingsblütler *Fabaceae* (*Papilionaceae*)

Schmetterlingsblütler bilden nach den Korbblütlern die artenreichste Familie der Kanarenflora. Von 179 Arten sind 46 Endemiten (mit zahlreichen endemischen Unterarten), bis auf wenige Ausnahmen Sträucher oder zumindest am Grund verholzt. Aus dem Mittelmeergebiet konnten nur wenige Holzgewächse gebietsweise Fuß fassen, wie der Pfriemenginster *Spartium junceum* L. (H P G T C), und die in Europa weiter verbreiteten Arten *Ulex europaeus* L. (siehe S. 114) und *Cytisus scoparius* (L.) Link. (G T). Viele überwiegend mediterrane Einjährige haben sich dagegen stark ausbreiten können, z. B. *Trifolium* mit 27, *Medicago* mit 16, *Vicia* mit 14 und *Lathyrus* mit 12 Arten, *Astragalus* mit 8 Arten.

1 Breitblättriger Stinkstrauch *Anagyris latifolia* Brouss. ex Willd. — Oro de risco

1–5 m ♄ XII–II

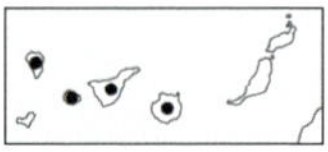

Merkmale Strauch mit 3-zähligen, lang gestielten Blättern. Die spitzen, länglich-elliptischen, etwas fleischigen Blättchen oberseits kahl, unterseits fein filzig. Blüten etwa 2 cm lang, gelb, die schwach 2-lappige, kaum schwärzlich gefärbte Fahne viel kürzer als Flügel und Schiffchen. Kelch glockig, fein behaart, mit 5 regelmäßigen Zähnen. Zusammengedrückte, wulstige, 2–9 cm lange Hülsen.
Vorkommen Barrancos im oberen Sukkulentenbusch, selten. Kanaren-Endemit.

2 Sprossender Zwergginster *Chamaecytisus proliferus* (L. f.) Link — Tagasaste, escobón

0,5–5(–7) m ♄ I–VI

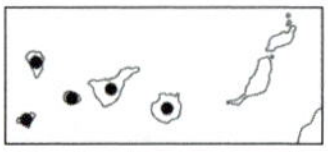

Merkmale Formenreicher, oft hoher Strauch oder Baumstrauch. Blätter 3-zählig an behaarten Stielen, Blättchen sehr variabel, lineal lanzettlich bis verkehrteiförmig oder elliptisch, spitz oder stumpf bis ausgerandet, kahl und grün bis seidig silbrig behaart, das mittlere größer. Blüten weiß, zuletzt oft gelblich, 16–25 mm lang, zu 3–7(–10) in den Blattachseln. Fahne nur auf dem Mittelnerv oder flächig behaart, breit eiförmig bis rundlich, vorn ausgerandet, zurückgekrümmt oder seitlich gefaltet. Kelch röhrig bis glockig, tief 2-lippig, mit 5 kleinen Zähnen, bisweilen violett. Hülsen ± gebogen, 3–7,5 cm lang, behaart, zuletzt schwärzlich. 3 Unterarten: die ssp. *proliferus* (H P G T C), darunter die var. *palmensis* (Christ) Hans. & Sund. (**2a**), die als Futterpflanze über La Palma hinaus vielfach angebaut wurde, auf El Hierro die var. *hierrensis* (Pit.) Acebes. Ferner die ssp. *angustifolius* (Kuntze) Kunk. (**2b**) auf H? G T und die ssp. *meridionalis* Acebes (C).
Vorkommen Die Sippen haben durchaus getrennte Areale über eine große Höhenverbreitung (700–2200 m) von der Lorbeerwaldregion bis in die Kiefernwälder. Ihre Vorkommen wurden durch Brand begünstigt. Kanaren-Endemit.

3 Fädlicher Teideginster *Spartocytisus filipes* W. & B. (*Cytisus filipes* Webb) — Retama fina

3–5 m ♄ I–IV

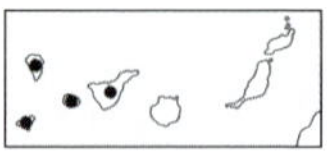

Merkmale Lockerer Strauch oder Baumstrauch, grün, mit biegsamen, rutenförmigen, in der Jugend 4–5-kantigen Ästen. Die hinfälligen Blätter verkahlend, gestielt, 3-zählig mit kaum 1 cm langen, verkehrtlanzettlichen Blättchen. Blüten intensiv duftend, weiß, zu 1–4 locker in den oberen Blattachseln, ihre feinen Stiele länger als die tief 2-lippigen Kelche mit schiefem Saum und 5 kurzen Zähnen. Die flachen Hülsen 1,5–4,5 cm lang, kahl, zuletzt schwarz.
Vorkommen Gebüsche im Übergang vom Sukkulentenbusch zu den Wäldern, Barrancos. Kanaren-Endemit.

4 Echter Teideginster *Spartocytisus supranubius* (L. f.) Christ ex Kunk. (*Cytisus supranubius* (L. f.) Kuntze) — Retama del Teide, retama de cumbre

2–4 m ♄ V–VI

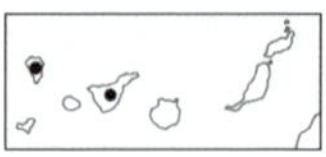

Merkmale Großer und dichter, graugrüner oder grüner Kugelbusch mit aufstrebenden, dicken, fein gerillten, rutenförmigen Ästen. Die hinfälligen Blätter an kurzen dicken Stielen, mit 3 linealen, dicht behaarten, etwa 1 cm langen Blättchen. Weiße oder rosa, stark duftende Blüten (reiche Bienenweide!) büschelig und ziemlich dicht entlang der Zweigenden (**4a**), höchstens so lang gestielt wie die glockigen, angedrückt behaarten Kelche mit schiefem Saum und 5 kurzen Zähnen. Hülsen flach, 2,5–4 cm lang, spärlich behaart, zuletzt schwarz.
Vorkommen Subalpine Stufe, bestandsbildend vor allem in den Cañadas (**4b**). Kanaren-Endemit.

1

2a

2b

3

4a

4b

1 Echte Retama *Retama rhodorhizoides* W. & B. — Retama blanca canaria

1–3,5 m ♄ I–IV

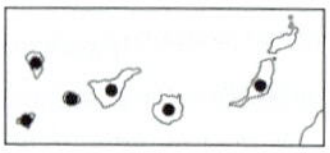

Merkmale Rutenstrauch mit aufsteigenden, graugrünen, gerillten und fein angedrückt behaarten Ästen. Blätter lineal, bald abfallend. Die weißen, zuletzt cremefarbenen, stark duftenden Blüten kaum 10 mm lang, das vorne stumpfliche Schiffchen wie Flügel und Fahne außen behaart. Kelch purpurn, glockig, die Oberlippe mit 2 breit dreieckigen Zähnen, die Unterlippe 3-spitzig. Hülse 1-samig, aufgeblasen eiförmig, deutlich geschnäbelt oder bespitzt, 7–20 mm lang, hellbraun.
Vorkommen Oberer Sukkulentenbusch. Kanaren-Endemit (früher als Unterart zur südmediterran verbreiteten *R. raetam* (Forssk.) Webb gestellt).

2 Europäischer Stechginster *Ulex europaeus* L. ssp. *europaeus* — Tojo

0,5–2 m ♄ I–XII

Merkmale Sparrig verzweigter, abstehend behaarter, grüner Strauch, alle Blätter sowie Kurz- und Langtriebe dornig. Blüten mit gelber, bis 20 mm langer Krone und dem charakteristischen, gelblichen, 2-klappigen, ± abstehend behaarten Kelch. Hülsen zottig, den Kelch nur wenig überragend.
Vorkommen Gebietsweise in der Lorbeerwaldstufe eingebürgert. Tenerife, W-Europa, östl. bis Italien.

3 Blättchenreiche Drüsenfrucht *Adenocarpus foliolosus* (Ait.) DC. — Codeso de monte

2–4 m ♄ I–VII

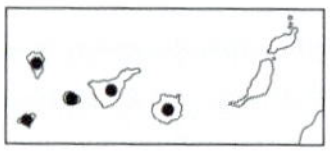

Merkmale Aufrechter hoher Strauch bis Baumstrauch mit dicht stehenden, 1–3 mm lang gestielten, 3-zähligen Blättern. Die dunkelgrünen Blättchen eilanzettlich, 3–6 mm lang, flach oder schwach eingerollt, nur unterseits fein behaart. Blüten gelb, mit 12 mm langer, dicht seidig behaarter Fahne. Kelch deutlich 2-lippig mit 2-spaltiger Oberlippe und längerer, kurz 3-zähniger Unterlippe, dicht behaart, aber gewöhnlich ohne Drüsen. Die schmal länglichen Hülsen 3–5 cm, kahl oder zerstreut warzig. Auf P und C eine Varietät mit lang behaarten Hochblättern (Foto).
Vorkommen Lorbeerwald- und untere Kiefernwaldstufe, wie *A. viscosus* als Futterpflanze genutzt. Kanaren-Endemit.
Weitere Arten *A. ombriosus* Ceb. & Ort., ähnlich, aber Blätter lockerer gestellt, etwa 1 cm lang gestielt, Abschnitte lineal-lanzettlich, Hülsen dicht drüsig-warzig (H, sehr selten).

4 Klebrige Drüsenfrucht *Adenocarpus viscosus* (Willd.) W. & B. — Codeso de cumbre

0,3–1(–5) m ♄ IV–VI

Merkmale Oft niederliegender, aber auch aufrechter Strauch bis Baum (**4a**). Blätter sehr dicht stehend, 2–5 mm lang gestielt, dunkelgrün, beiderseits abstehend behaart, 3-zählig, mit schmalen, nach oben eingerollten, bei der ssp. *viscosus* (**4b**) 3–7 mm langen Blättchen (bis 14 mm lang bei der ssp. *spartioides* Rivas-Mart. & Belmonte „codeso palmero"). Blüten gelb, mit kahler oder zur Spitze hin spärlich behaarter, 12 mm langer Fahne, der stark drüsig-warzige Kelch nur mit einzelnen einfachen Haaren. Hülse mit hervortretenden Drüsen und zerstreuter Behaarung. Im Übergangsbereich zu *A. foliolosus* vermischen sich die Merkmale.
Vorkommen Obere Kiefernwaldregion und subalpine Stufe, zum Teil bestandsbildend. Kanaren-Endemit, ssp. *viscosus* auf G und T, ssp. *spartioides* nur auf P.

5 La Palma-Ginster *Genista benehoavensis* (Bolle) Arco — Retamón palmero

1–4 m ♄ VI–VIII

Merkmale Reich verzweigter, seidig-wollig behaarter, graugrüner Strauch. Blätter sitzend, einfach, lineal bis elliptisch, gefaltet, in den Achseln mit fertilen Trieben, die oft ein 3-teiliges Blatt vortäuschen. Blüten einzeln, kurz gestielt, dicht traubig an den Zweigenden, Fahne eiförmig, außen seidenhaarig, 15–18 mm lang. Der röhrig-glockige Kelch 5-zähnig, schwach 2-lippig. Hülse flach, seidig behaart, leicht wellig, 1,5–3 cm lang. Einzige *Genista*-Art der Kanaren.
Vorkommen Cumbre der Caldera de Taburiente, La Palma-Endemit. Vor dem Aussterben durch Maßnahmen des Nationalparkes bewahrt.

1

2

3

4a

4b

5

Gegenwärtig werden 9 endemische **Teline**-Arten mit mehreren Unterarten für die Kanaren angegeben: dornenlose Sträucher mit gelben Blüten in Trauben, die breit eiförmige Fahne etwa so lang wie das Schiffchen, der Kelch mit tief 2-spaltiger Ober- und 3-zähniger Unterlippe, Hülse schmal länglich, behaart. Auf Fuerteventura und Lanzarote gibt es keine „Teline".

1 Kanaren-Teline *Teline canariensis* (L.) W. & B. (incl. *T. hillebrandii* (Christ) Kunk.)

Retamón canario

1–3 m ♄ I–VIII

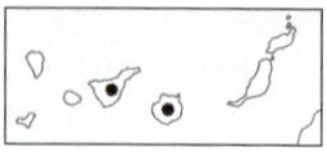

Merkmale Dichter Strauch mit seidig-wollig behaarten Ästen. Blätter 1–6 mm lang gestielt, mit 3 verkehrteiförmig-lanzettlichen, ± flachen, oberseits fast kahlen, unterseits seidig-wolligen, 3–10 mm langen Blättchen. Fahne 10–13 mm lang, zur Spitze hin V-förmig behaart.
Vorkommen Gebüsche, vor allem in der Lorbeerwaldstufe. Kanaren-Endemit.

2 Kleinblättrige Teline *Teline microphylla* (DC.) Gibbs & Dingw.

Retama amarilla

0,5–3 m ♄ I–VI

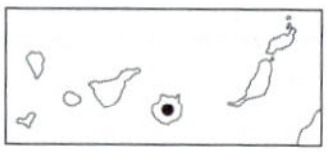

Merkmale Meist niedriger Strauch mit nur 1–3,5 mm lang gestielten Blättern. Die 3 Blättchen wie auch die Zweige mit kurzer, dichter, weißwollig-filziger Behaarung, schmal lanzettlich, durch den nach oben eingerollten Rand scheinbar lineal, 3–6 mm lang. Fahne 9–12 mm, zur Spitze hin V-förmig behaart.
Vorkommen Felsfluren, Gebüsche, in höheren Lagen teilweise bestandsbildend. Gran Canaria-Endemit.

3 Schmalkronblättrige Teline *Teline stenopetala* (W. & B.) W. & B.

Gacia

1–6 m ♄ III–VI

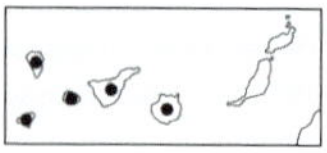

Merkmale Oft hoher Strauch, Blätter 5–21 mm lang gestielt, die 3 Blättchen schmal elliptisch bis lanzettlich, 8–45 mm lang, verkahlend, nur unterseits schwach seidig behaart wie bei der ssp. *stenopetala* (**3a**) auf P T C oder beiderseits dicht seidig wie bei der ssp. *sericea* (Pit. & Proust) Arco (**3b**), Hochlagen von P, durch Naturschutzmaßnahmen gefördert. Blüten mit 12–16 mm langer, kahler oder auf dem Mittelnerv behaarter Fahne. 3 weitere Unterarten.
Vorkommen Überwiegend im Bereich der Lorbeerwaldregion. Kanaren, Kapverden, endemisch. Als Futterpflanze genutzt.

4 Rutenstrauch-Teline *Teline osyroides* (Svent.) Gibbs & Dingw.

Retamón

Bis 1,5(–2,5) m ♄ II–IV

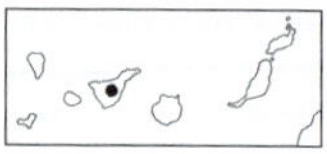

Merkmale Rutenstrauch, obere Blätter gewöhnlich einfach, untere 3-zählig, sitzend bis kurz gestielt. Blättchen lineal bis schmal elliptisch, beiderseits ± seidig behaart, 3–15 mm lang. Blüten mit 10–13 mm langer, kahler oder auf dem Mittelnerv behaarter Fahne. 2 Unterarten.
Vorkommen Felsstandorte im Sukkulentenbusch. Tenerife-Endemit.
Weitere Arten Ähnlich *T. salsoloides* Arco & Acebes, niedriger, ausgebreiteter Felsenstrauch. Nur wenige Blätter einfach, Blättchen oval (T, selten).

5 Blasse Teline *Teline pallida* (Poir.) Kunk.

Gildana

Bis 2,5 m ♄ III–VI

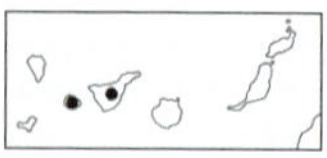

Merkmale Strauch mit 3-teiligen, sitzenden oder nur kurz gestielten Blättern, Blättchen länglich-lanzettlich, am Rand oft umgerollt, 13–60 mm lang, besonders unterseits angedrückt weißhaarig mit vorstehendem Mittelnerv. Fahne 9–14 mm lang, gleichmäßig seidenhaarig. Abgebildet sind die ssp. *pallida* (**5a**) aus dem Anaga-Gebiet Tenerifes (im Teno die ssp *silensis* Arco) und die ssp. *gomerae* (Gibbs & Dingw.) Arco (**5b**) von La Gomera. Die Art wurde wie auch *T. splendens* (W. & B.) Arco (P) früher zu *T. linifolia* W. & B. s. l. (westl. Mittelmeergebiet) gestellt.
Vorkommen Felsen, Thermophiler Buschwald, bis 600 m. Kanaren-Endemit.
6 **Weitere Arten** Ähnlich 2 Gran Canaria-Endemiten: die **Rosmarinblättrige Teline** *T. rosmarinifolia* W. & B., durch die linealen, am Rand umgerollten, silbrig behaarten Blättchen unverkennbar, sowie die seltene *T. nervosa* (Esteve) Hans. & Sund. mit auffällig genervten, eiförmigen, kraus behaarten Blättchen.

1
2
3a
3b
4
5a
5b
6

1 Harzklee, Asphaltklee *Bituminaria bituminosa* (L.) Stirt. (*Psoralea bituminosa* L.) Tedera

0,2–1 m ♃♄ IV–VIII

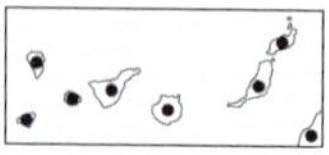

Merkmale Formenreiche Art, Pflanzen an Felsstandorten am Grund oft verholzt, strauchig, Stängel behaart, beim Zerreiben teilweise durchdringend nach Teer riechend. Blätter lang gestielt, 3-zählig, Blättchen sehr unterschiedlich, lineal-lanzettlich bis breit eiförmig, ganzrandig, drüsig punktiert. Lang gestielte, behaarte Blütenköpfe aus 7–30 schmutzig violetten, 15–20 mm langen Blüten, umgeben von 2–3-zähnigen Hochblättern. Kelche mit 5 ungleichen, grannenartigen Zähnen. Hülsen geschnäbelt.
Vorkommen Wegränder, Unkrautfluren, Felsen, vom Sukkulentenbusch bis in die subalpine Stufe. Kanaren, Madeira, Mittelmeergebiet.

2 Kanaren-Kichererbse *Cicer canariense* Santos & Lewis Garbancera canaria

0,5–1(–2) m ♃ IV–VI

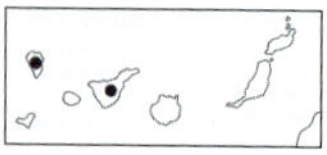

Merkmale Am Grund verholzte Pflanze, bisweilen mit langen, kletternden Sprossen. Blätter mit einfacher Ranke und 40–60 linealen Fiedern. Blüten rosa oder violett, die Fahne dunkler genervt, zu 1–5 in achselständigen Trauben. Hülsen aufgeblasen, 6–8-samig, wie der Blütenstand durch Drüsenhaare mit Essiggeruch.
Vorkommen Kiefernwälder, schattig-feuchte Standorte. Kanaren-Endemit.

3 Tanger-Platterbse *Lathyrus tingitanus* L. Chicharo de flor

0,6–1,2 m ⊙ IV–VI

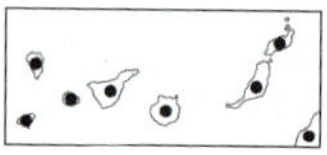

Merkmale Stängel der kahlen Platterbse breit geflügelt. Blätter mit verzweigter Ranke und nur 1 Paar Fiedern, diese lanzettlich bis eiförmig, 2–8 cm lang. Traube 1–3-blütig, lang gestielt, Krone sehr groß, 25–35 mm, leuchtend purpurrot. Kelchzähne etwa gleich lang, kürzer als die Röhre.
Vorkommen Mauern, Gebüsche, in der Lorbeerwaldstufe. Kanaren, Madeira, Azoren, westl. Mittelmeergebiet.
Weitere Arten 10 weitere überwiegend mediterrane, 1-jährige *Lathyrus*-Arten: häufig
4 ist u. a. die formenreiche **Purpur-Platterbse** *L. clymenum* L. (*L. articulatus* L.), obere Blätter mit 2–5 Fiederpaaren, untere bis auf den verbreiterten Blattstiel zurückgebildet. Blüten nur rosa und weiß (Foto La Palma) oder die Fahne purpurn, Flügel violett, das Schiffchen weißlich (H P G T C F L, Mittelmeergebiet).

5 Ranken-Wicke *Vicia cirrhosa* Sm. ex W. & B. Chicharilla canaria florida

Bis 1,5 m ⊙ II–V

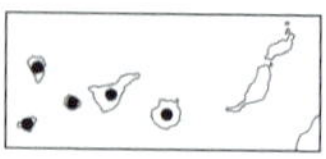

Merkmale Zarte kahle Wicke. Blätter mit verzweigter Ranke, 2–4-paarig gefiedert, die Blättchen lineal. Blüten weißlich, blauviolett geadert, 10–12 mm, in 3–10(–12)-blütigen, lang gestieltenTrauben. Kelchzähne klein, obere fast fehlend.
Vorkommen Im oberen Bereich des Sukkulentenbusches. Kanaren-Endemit.
Weitere Arten Auf Gran Canaria 2 (meist) 1-blütige endemische Arten: *V. filicaulis* W. & B., aber Blätter nur mit 1–2 Fiederpaaren, Blüten weiß, alle Kelchzähne gleich. *V. chaetocalyx* W. & B., gelbblütig, das Schiffchen mit purpurnem Fleck, Blätter mit 6–7 Fiederpaaren (viele Jahre verschollen, kürzlich neu gefunden). Außerdem wurden beschrieben: auf Lanzarote *V. vulcanorum* J. Gil & M.L. Gil und auf La Gomera *V. voggenreiteriana* J. Gil & al.

6 Kletternde Wicke *Vicia scandens* Murr. Chicharilla canaria mayor

2–6(–12) m ♃ VI

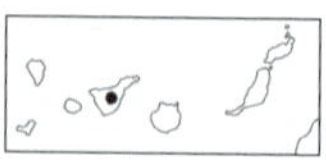

Merkmale Weit und hoch kletternde, kräftige, kaum behaarte Wicke, am Grund verholzend. Blätter mit verzweigten Ranken, 3–5(–8)-paarig gefiedert mit linealen, 2–3 cm langen Blättchen. Weißliche, violett überlaufene, 10–18 mm lange Blüten zu (6–)12–20(–30) in lang gestielten Trauben. Kelchzähne ungleich, die unteren weit vorgestreckt, länger als die Röhre.
Vorkommen Lorbeerwaldregion, Baumheide-Buschwald, gerne in *Erica arborea* kletternd. Tenerife-Endemit.
Weitere Arten Ähnlich *V. nataliae* U. & A. Reifenberger, aber nicht verholzend, insgesamt schwächer, in den Merkmalen zu *V. cirrhosa* vermittelnd. Blüten 12–15 mm lang, weiß, Fahne violett geadert, Schiffchen an der Spitze mit violettem Fleck (G, endemisch). 14 weitere, überwiegend mediterrane, 1-jährige Wicken.

1

2

3

4

5

6

1 Schmalblättrige Hauhechel *Ononis angustissima* Lam. — Taboire

0,15–0,35(–0,45) m ♄ XI–VI

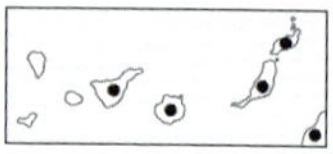

Merkmale Dicht beblätterter Halbstrauch mit Drüsen- und Gliederhaaren. 2 kanarisch-endemische Unterarten: Blätter bei der ssp. *angustissima* (Foto) mit 3 oder nach oben zu mit 1, am Grund mit 5 Blättchen, diese sehr schmal lineal, rinnig gefaltet und gebogen, unscheinbar gezähnt, 6–27 × 0,8–2,5 mm. Blüten einzeln, gelb, an gegliederten Stielen mit 3 mm langer Granne. Fahne 10–15 mm lang, kahl, mit violettbrauner Nervatur. Hülse kurz geschnäbelt, hängend, 10–20 × 2–3 mm. Bei der ssp. *longifolia* (Willd.) Förth. & Podl. Blätter schmal eiförmig, flach, 1–6 mm breit, fein gezähnt, Granne 5–12 mm lang.
Vorkommen Geröll, Straßenränder, die ssp. *angustissima* ab etwa 300 m (T C), die ssp. *longifolia* eher küstennah (T C F L). Weitere ssp. in N-Afrika.
2 **Weitere Arten** Niedrige, fast kugelige, dichte Zwergsträucher bildet die **Westliche Hauhechel** *O. hesperia* (Maire) Förth. & Podl.: Blätter meist 3-blättrig, Blättchen 2–7 mm lang, überwiegend in der oberen Hälfte kurz und stumpf gezähnt, mit Drüsen- und weichen, langen Gliederhaaren, Granne 3,5–12 mm (küstennah in T C F L, SW-Marokko, Mauretanien).

3 Catalina-Hauhechel *Ononis catalinae* Reyes-Bet. & S. Scholz — Taboire de Catalina

0,1–0,2 m ⊙ II–IV

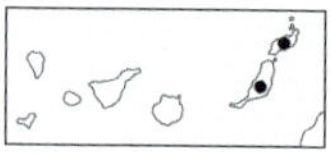

Merkmale Erst kürzlich von *O. hebecarpa* abgetrennte, niederliegende bis aufsteigende, drüsig behaarte Art, im unteren Stängelbereich einseitswendig mit einfachen Haaren. Mittlere Blätter mit 3 verkehrteiförmigen bis fast rundlichen, reich gezähnten Blättchen, die übrigen 1-blättrig. Blüten häufig zu 2 an gegliederten Stielen mit bis zu 4 mm langer Granne, Krone gelb, 12–15 mm lang, kahl. Hülsen lineal, 18–22 mm, mit konischen Drüsenhaaren. 30–50 warzige Samen.
Vorkommen Sandige und tonige Böden. F, Lobos, L (im Süden), endemisch.
Weitere Arten Ähnlich *O. hebecarpa* W. & B., Krone 10–12 mm lang, Granne 1–2 mm. Hülsen ohne konische Haare. 8–20 glatte Samen (L im Norden, endemisch).

4 Lockerblütige Hauhechel *Ononis laxiflora* Desf. — Melosa simple

0,1–0,3 m ⊙⊙ III–VI

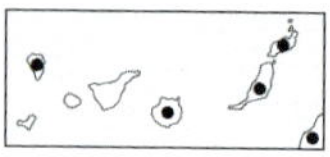

Merkmale Locker beblätterte, am Grund kaum verholzte Pflanze mit einfachen und Drüsenhaaren. Blätter 3-teilig, mit kleinen, rundlich-eiförmigen, vorne gezähnten Blättchen. Blüten einzeln an langem, gegliedertem Stiel ohne Granne, Krone 8–14 mm, rosa, 1,5-mal so lang wie der Kelch.
Vorkommen Geröll, Wegränder. Kanaren, NW-Afrika, Iberische Halbinsel.
Weitere Arten Bei *O. pendula* Desf. Krone 1,5–2-mal so lang wie der Kelch (C F L, Spanien, NW-Afrika). Selten ist *O. christii* Bolle, niederliegende Felspflanze mit abstehenden weißlichen Haaren. Blüten zu 1–3 (F, endemisch).

5 Broussonet-Backenklee *Dorycnium broussonetii* (Choisy in DC.) W. & B. — Trébol de risco de Broussonet

Bis 1,5 m ♄ III–IX

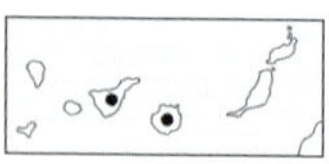

Merkmale Strauch mit blaugrünen 5-zähligen Blättern. Fiedern ganzrandig, untere nebenblattartig, am Grund frei, sehr kurz gestielt. Blüten zu 6–10 mit weißlicher, purpurn geaderter Krone. Kelch locker behaart, Zähne ungleich lang.
Vorkommen Thermophile Buschwälder, schattige Felswände. Kanaren-Endemit.
Weitere Arten Ähnlich *D. eriophthalmum* W. & B., unterste Blattfiedern sitzend, am Grund verbunden. Kelch kahl, Zähne ± gleich lang (H P G T C, endemisch).

6 Ansehnlicher Backenklee *Dorycnium spectabile* (Choisy in DC.) W. & B. — Trébol de risco rosado

Bis 2 m ♄ IV–IX

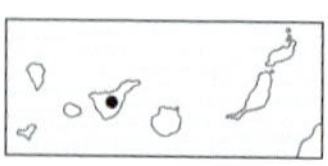

Merkmale Strauch ähnlich *D. broussonetii*, die beiden untersten, nebenblattartigen Fiederblätter deutlich kurz gestielt und am Grund frei. Blüten zu 6–12, die anfangs rosa, später violette Krone fast 3-mal so lang wie der Kelch. Dieser kahl, mit 5 etwa gleich langen Zähnen.
Vorkommen Felswände, Thermophile Buschwälder, selten. Tenerife-Endemit.

1

2

3

4

5

6

Die Gattung **Hornklee** *Lotus* ist mit 20 endemischen, am Grund verholzten Arten und Unterarten auf den Kanaren vertreten. Sie lassen sich aufgrund ihrer Areale in der Regel problemlos ansprechen, auch wenn die Bestimmungsmerkmale nicht immer eindeutig sind. Sie haben 5-zählig gefiederte Blätter mit ganzrandigen Blättchen, wobei die untersten, oft kleineren, nebenblattartig an den Stängel herangerückt und ± deutlich abgesetzt sind. Die Blüten stehen in der Regel in Köpfchen, die linealen Hülsen sind gerade und überragen die Kelche weit. Außerdem 6 überwiegend mediterrane, krautige Sippen.

1 Berthelot-Hornklee *Lotus berthelotii* MASF. — Picopaloma

0,1–0,5 m ♃ IV–V

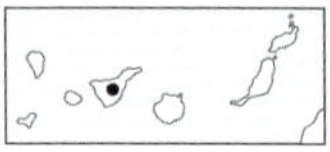

Merkmale Hängender oder ausgebreiteter, reich verzweigter, silbrig seidig behaarter Halbstrauch. Blätter sitzend, mit 5 linealen, spitzen, 10–18 mm langen, kaum 1 mm breiten Abschnitten. Die eleganten scharlachroten Blüten seitlich zusammengedrückt, 2,5–3 cm lang, Kronblätter lang geschnäbelt, die Fahne kurz und zurückgebogen. Die Art wurde früher zusammen mit den 3 folgenden zu einer eigenen Gattung gestellt.
Vorkommen Felsen in der Kiefernwaldstufe, heute wohl ohne natürliche Vorkommen. Als Zierpflanze häufig kultiviert, auch in Hybriden mit den folgenden, nah verwandten Arten. Tenerife-Endemit.

2 Gefleckter Hornklee *Lotus maculatus* BREITF. — Pico de El Sauzal

0,1–0,2 m ♃ II–VIII

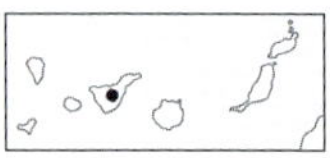

Merkmale Ähnlich voriger Art, aber kräftiger und grün unter der dünneren Behaarung. Blättchen lineal-lanzettlich, stumpf, bis 25 × 1–2 mm. Krone bis 4 cm, gelb, orangerot bis braunrot überlaufen, die Fahne in der Mitte mit dunklem Band.
Vorkommen Küstenfelsen, sehr selten. Tenerife-Endemit, auch Zierpflanze.
Weitere Arten Auf La Palma 2 endemische Arten jeweils nur in wenigen Exemplaren,
3 inzwischen auch kultiviert: Der **Feuerrote Hornklee** *L. pyranthus* P. PÉREZ mit 10–15 × 1–1,5 mm großen, schmal linealen, spitzen, grauseidigen Blättern und leuchtend orangerot und gelb „geflammten", 3–3,5 cm langen Blüten. Bei *L. eremiticus* SANTOS Blätter kürzer, 5–12 × 1–2 mm, lineal-lanzettlich, stumpf, Blüten etwa 3 cm, ockergelb, etwas orangerot überlaufen.

4 Kanarenkiefernwald-Hornklee *Lotus campylocladus* W. & B. — Corazoncillo de Tenerife (de La Palma)

0,1–0,3 m ♃ III–VII

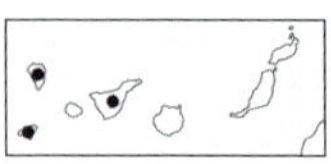

Merkmale Pflanze am Grund verholzt, niederliegend-aufsteigend, oft als niedriger Kugelbusch. Die ssp. *campylocladus* (Foto) grau durch meist gekrümmte, angedrückte Haare. Blättchen verkehrteiförmig bis schmal elliptisch, stumpf bis ausgerandet, 1–9 mm lang, alle 5 ziemlich gleich, das untere Paar etwa so lang wie die Blattspindel oder kürzer. Gelbe 10–18 mm lange Blüten, zu 3–6 in mehr als 4 cm lang gestieltem Köpfchen. Die ssp. *hillebrandii* (CHR.) SANDRAL & SOKOLOFF, früher als eigene Art betrachtet, dagegen mit geraden oder gekrümmten Haaren, das untere Blattpaar mit 2–14 mm etwas länger als die Spindel.
Vorkommen Kiefernwälder, die ssp. *campylocladus* nur auf T, die ssp. *hillebrandii* auf H und P. Die Art wird durch Brand begünstigt. Kanaren-Endemit.
5 **Weitere Arten** Ähnlich der **Pfriemenginster-Hornklee** *L. spartioides* W. & B., endemisch in den Kiefernwäldern von Gran Canaria im Nordwesten, mit anliegenden, grau seidigen, geraden (!) Haaren. Blättchen schmal spatelig bis lineal, 5–10 mm lang, das untere Paar oft länger als die Blattspindel. Blüten zu 2–5 an langem Stiel, Fahne innen mit rotbraunen Streifen (C, im Nordwesten, endemisch). Im Zentrum von C wird auch *L. holosericeus* W. & B. unterschieden.

6 Masca-Hornklee *Lotus mascaënsis* BURCH. — Corazoncillo de Masca

0,3–0,4 m ♃ III–V

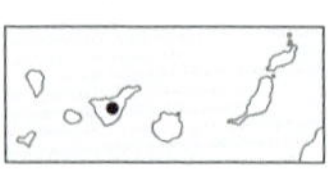

Merkmale Dicht anliegend silbrig weiß behaarter, ± niederliegender oder hängender Halbstrauch. Blättchen lineal, in der Mitte kahnförmig gefalzt, 5–18 mm lang, das untere Paar viel länger als die nur 2–3 mm lange Blattspindel. Zitronengelbe Blüten zu 1–4 an 2–5 cm langem Stiel.
Vorkommen Südexponierte Felsen und Geröll im Südwesten. Tenerife-Endemit.

1

2

3

4

5

6

1 Sitzendblättriger Hornklee *Lotus sessilifolius* DC.

Corazoncillo canario

0,1–0,3 m ♃ XII–IV

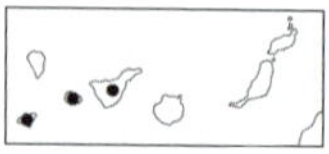

Merkmale Niederliegende, spärlich bis dicht behaarte Art. Bei der ssp. *sessilifolius* (Foto) Blättchen 2–11 mm lang, schmal lineal, manchmal fast fädig (var. *pentaphyllus* (Link) Davis, besonders im Süden von Teneriffe). Die ± fehlende Blattspindel lässt die Blätter 5-zählig gefingert erscheinen. Gelbe Blüten zu 1–6(–8) auf langem Stiel. Auf El Hierro in der ssp. *villosissimus* (Pit.) Sandral & Sokoloff mit dichter, abstehender Behaarung, Blüten zu 1–4.

Vorkommen Küstennahe Felsen und Geröll. Kanaren-Endemit.

2 **Weitere Arten** Ebenfalls ohne Blattspindel der **Arinaga-Hornklee** *L. arinagensis* Bramw. (*L. leptophyllus* (Lowe) Lars.), Blättchen dicht angedrückt silbrig behaart und fleischig, rundlich, nur 2–5 mm lang. Blüten zu 1–6 an kurzem Stiel (Gran Canaria-Endemit, selten an der O-Küste).
An der NO-Küste ähnlich *L. kunkelii* (Esteve) Bramw. & Davis mit dicht abstehend behaarten Blättchen. Blüten zu 1–3.

3 Lanzarote-Hornklee *Lotus lancerottensis* W. & B.

Corazoncillo de Lanzarote

0,1–0,2 m ♃ XII–IV

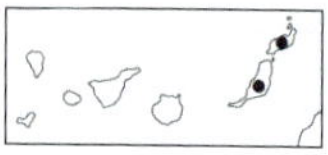

Merkmale Niederliegende, ± dicht behaarte Art. Blättchen verkehrteiförmig, das untere Paar kleiner, mit 2–8 mm etwa so lang wie die Blattspindel. Gelborange Blüten zu 1–5 auf 2–4 cm langem Stiel, Kronblätter kahl, die Fahne innen oft mit roten Nerven.

Vorkommen Von der Küste bis etwa 500 m Meereshöhe, häufig. Kanaren, Madeira, endemisch.

4 Blaugrüner Hornklee *Lotus tenellus* (Lowe) Sandral & al. (*L. glaucus* auct. p. p.)

Corazoncillo de costa

0,1–0,6 m ♃ I–V

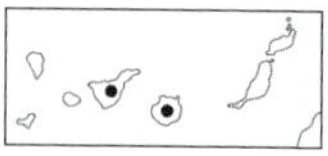

Merkmale Blaugrüne bis silbrige, behaarte Pflanze, ausgebreitet niederliegend oder hängend mit dünnen Ästen, am Grund ± verholzt. Blättchen verkehrteiförmig oder spatelig, leicht fleischig, die unteren 1–5 mm lang, die Blattspindel nur 1–2 mm. Blüten gelb bis orange, bräunlich vertrocknend, zu 1–3(–4) kurz gestielt.

Vorkommen An den N-Küsten der beiden Inseln. Kanaren-Endemit.

Weitere Arten Ähnlich *L. dumetorum* Webb ex Murr. mit dicht angedrückten Haaren,
5 Blüten zu 1–3(–5) (nur auf T im Anaga-Gebiet). Der **Gomera-Hornklee** *L. emeroides* Murr. mit angedrückten oder abstehenden Haaren, Blättchen breit eiförmig bis rundlich, die unteren 1–7 mm lang, etwas kürzer als die 3 oberen, Blattspindel 2–9 mm. Blüten zu 1–5, Krone gelb, gelegentlich zur Spitze hin rot (G an der N-Küste, endemisch). Nahestehend ist *L. callis-viridis* Bramw. & Davis, eine auffällig frisch grüne, spärlich fein behaarte Art (C an der W-Küste, endemisch).

6 Rosa Hornklee *Lotus glinoides* Del.

Cuernecillo rosado

0,1–0,3 m ⊙ II–IV

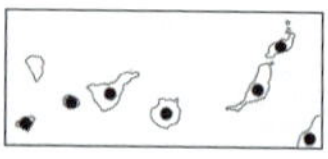

Merkmale Niederliegende, behaarte graugrüne Art mit ± sitzenden Blättern. Blättchen eiförmig-lanzettlich, stumpf, das untere Paar viel kleiner. Blüten zu 1–2(–4), Krone 5–7 mm lang mit rosa Fahne und Flügeln, Schnabel des purpurnen Schiffchens senkrecht nach oben gebogen.

Vorkommen Küsten, häufig an zeitweilig wasserführenden Rinnen. Kanaren, N-Afrika, SW-Asien.

7 Ruten-Kronwicke *Coronilla viminalis* Salisb.

Coronilla moruna

Bis 2 m ♄ I–VI

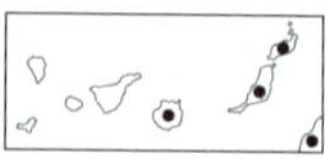

Merkmale Dichter kahler Strauch mit fein gerillten Stängeln. Blätter blaugrün, sitzend, unpaarig gefiedert mit 9–21 Blättchen, diese eiförmig, vorne gestutzt und mit kleiner, dreieckiger Spitze. Blüten kronenartig zu 3–10 auf langem Stiel, Krone blass rosaviolett, etwa 1,5 cm lang, Kelch mit 5 kurzen Zähnen. Die geraden, linealen, 4-kantigen Hülsen gegliedert, 6–12 cm lang.

Vorkommen Felsen, wärmeliebende Gebüsche. Auf den Kanaren sehr selten, in Marokko häufiger, inzwischen als Zierpflanze kultiviert.

1
2
3
4
5
6
7

Sauerkleegewächse *Oxalidaceae*

1 Nickender Sauerklee *Oxalis pes-caprae* L. — Trebolina amarilla

0,1–0,5 m ♃ XII–V

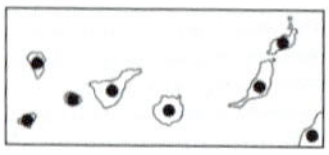

Merkmale Blätter alle grundständig, lang gestielt, kleeblattartig mit tief verkehrt-herzförmigen, unterseits behaarten Blättchen. Trichterförmige Blüten zu 6–12 doldenartig auf langem Stiel, anfangs nickend, später aufrecht, mit 5 zitronengelben, 2–2,5 cm langen Kronblättern. Die Art vermehrt sich im Gebiet nur über Brutknöllchen an unterirdischen Sprossen. 5 weitere eingeschleppte *Oxalis*-Arten.
Vorkommen Kulturland, Wegränder, auch mit gefüllten Blüten. Kanaren, Mittelmeergebiet und weiter verschleppt, Heimat S-Afrika.

Storchschnabelgewächse *Geraniaceae*

2 Kanaren-Storchschnabel *Geranium reuteri* Aedo & Muñoz (*G. canariense* Reut.) — Patagallo canario

0,2–1 m ♃ XII–VIII

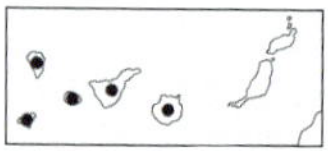

Merkmale Kräftige, am Grund bisweilen verholzte Staude, einziges endemisches Storchschnabelgewächs der Kanaren. Blätter in großer Rosette, lang gestielt, höchstens unterseits auf den Nerven behaart, ihre Spreite fast bis zum Grund 5-lappig mit fiederschnittigen, gekerbt-gesägten Abschnitten, der mittlere sitzend. Blüten auf stark abstehend behaarten Stielen, 2–3 cm breit, mit lang genagelten, rosa, außen weißlichen Kronblättern und behaarten, begrannten Kelchblättern.
Vorkommen Lorbeerwälder. Kanaren-Endemit.
Weitere Arten Daneben eine Vielzahl von auch in Mitteleuropa verbreiteten, 1–2-jährigen *Geranium*- und *Erodium*-Arten vor allem mediterraner Herkunft. Die zahlreichen *Pelargonium*-Arten und -Hybriden, „Geranien", sind Gartenflüchtlinge und zum Teil eingebürgert, ihre Heimat ist meist S-Afrika.

Jochblattgewächse *Zygophyllaceae*

3 Kretische Fagonie *Fagonia cretica* L. — Espinocillo

0,1–0,4 m ♃ III–VI

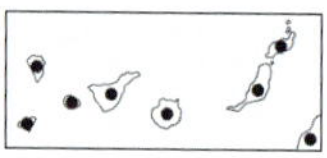

Merkmale Niederliegend-ausgebreitet verzweigte Art mit kantigen Stängeln. Blätter gegenständig, mit 3 ledrigen, 5–15 mm langen, schmal lanzettlichen, grannig bespitzten, asymmetrischen Abschnitten, Nebenblätter dornig, kürzer als die Blattstiele. Blüten einzeln, 1–2 cm breit, mit 5 genagelten Kronblättern und hinfälligen Kelchblättern. Früchte borstig behaart, bis 5 mm breit, aus 5 scharfwinkeligen Fächern. Bei der ssp. *cretica* (**3a**) Pflanze nahezu kahl, Kronblätter violett, sich ± berührend, plötzlich in den Nagel verschmälert, bei der noch unbeschriebenen ssp. (**3b**) (bisher *F. albiflora* Chev. zugeordnet) Pflanze drüsig behaart, Kronblätter wesentlich schmaler, sich nicht berührend, blassviolett bis weißlich.
Vorkommen Sukkulentenbusch, aufgelassenes Kulturland. Die ssp. *cretica* L F C, Kapverden, südl. Mittelmeergebiet, die unbeschriebene ssp. nach bisheriger Kenntnis H P G T C (endemisch).

4 Desfontaines-Jochblatt *Tetraena fontanesii* (W. & B.) Beier & Thulin (*Zygophyllum fontanesii* W. & B.) — Uva de mar común

0,1–0,6 m ♄ I–VI

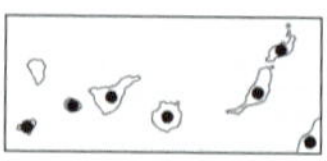

Merkmale Eigenartiger, dicht kurz behaarter Strauch mit knotig gegliederten Ästen. Die gegenständigen, eiförmig-zylindrischen, fleischigen Blätter graugrün, später gelblich, einfach oder mit 2 Blättchen am ebenso gestalteten Stiel. Blüten unscheinbar, 4 mm lang, mit 5 weißen oder rosa Kronblättern. Frucht eine kugelig-eiförmige, etwa 5 mm große, 5-spaltige Kapsel.
Vorkommen Sandige, auch felsige Küstenstandorte. Kanaren, Kapverden, N-Afrika.
5 **Weitere Arten** Ähnlich das **Afrikanische Jochblatt** *T. gaetula* (Emb. & Maire) Beier & Thulin, bei der ssp. *gaetula* (Foto) Blättchen zylindrisch, graugrün und rosa bis purpurn, Frucht glockenförmig, 7–15 mm lang (F im Süden, N-Afrika). Bei der ssp. *waterlotii* (Maire) Beier & Thulin Blättchen 3-kantig, graugrün, Frucht zylindrisch, 5–10 mm (C, im Osten und Süden, Kapverden, NW-Afrika).

1
2
3a
3b
4
5

Wolfsmilchgewächse *Euphorbiaceae*

Mehrere der 12 strauchigen und/oder sukkulenten, endemischen oder auch bis Madeira und NW-Afrika reichenden **Wolfsmilch**-Arten *Euphorbia* prägen das Landschaftsbild im kanarischen Sukkulentenbusch. Von den über 25 krautigen Sippen der Gattung sind die meisten Neubürger aus Europa, Afrika oder N-Amerika. Allein die neu beschriebene, 1-jährige *Mercurialis canariensis* Obbard & Harris ist endemisch (bisher H P T L). Die Art wird durch 4–8 mm lange Nebenblätter von der in Europa, N-Afrika und weiter verbreiteten *M. annua* L. (alle Inseln) unterschieden. Aus dem tropischen Afrika stammt Rizinus *Ricinus communis* L., der als hoher Strauch an Straßenrändern und Schuttplätzen der unteren Stufe auftritt.

---

1 Honiggebende Wolfsmilch *Euphorbia mellifera* Ait. (*E. longifolia* Lam.) Tabaiba de monteverde

2–15 m ♄ II–VIII

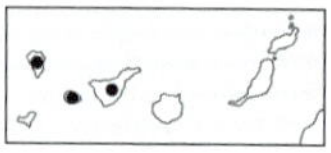

Merkmale Baumförmig wachsende Art (**1a**). Blätter an den relativ dünnen Ästen am Ende gehäuft, 6–18 cm lang, länglich-lanzettlich, lang bespitzt, dunkelgrün, der kräftige blasse Mittelnerv auf der Unterseite ± behaart, Seitennerven fast waagerecht. Die endständigen, duftenden Blütenstände behaart, nur bei dieser Art rispig, Tragblätter länglich-eiförmig, gewimpert. Nektardrüsen der Cyathien (siehe S. 43) quer eiförmig, purpurrot mit blasserem Rand (**1b**).

Vorkommen Nur noch an wenigen, schattigen und feuchten Standorten der Lorbeerwälder natürliche Vorkommen, zunehmend aber auch von den Naturschutzbehörden gepflanzt. Kanaren, Madeira, endemisch.

---

2 Bourgeau-Wolfsmilch *Euphorbia bourgeana* Gay ex Boiss. Tabaiba amarilla de Tenerife

1–2,5 m ♄ III–V

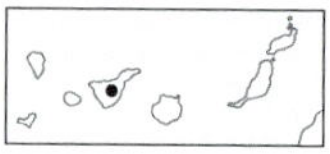

Merkmale Locker verzweigter hoher Strauch. Blätter schopfig an den Zweigenden, schmal länglich-eiförmig, stumpflich, kahl und blaugrün. Blüten in einer Scheindolde aus 4–7 Strahlen, diese nochmals 3-armig verzweigt, die großen grünlich gelben, breit rundlichen und kurz bespitzten Hochblätter unterhalb der Cyathien nur am Grund verbunden. Halbmondförmige, ganzrandige Nektardrüsen. Kapseln hellbraun bis dunkelrot, kahl.

Vorkommen Felsen am Unterrand der Lorbeerwälder. Vor wenigen Jahren nur von 1 Fundort bekannt, inzwischen auch im Anaga- und Teno-Gebiet entdeckt. Die Art bleibt selten und gefährdet. Tenerife-Endemit.

3 **Weitere Arten** Die sehr ähnliche **Lamb-Wolfsmilch** *E. lambii* Svent. wird neuerdings auch als synonym mit *E. bourgeana* angesehen. Die Merkmale der bis über die Hälfte ihrer Länge verbundenen Hochblätter und der gezähnelten Nektardrüsen sind nicht konstant (G, endemisch, selten, wird zunehmend gepflanzt).

---

4 Dunkelpurpurrote Wolfsmilch *Euphorbia atropurpurea* (Brouss.) W. & B. Tabaiba majorera

0,3–1,5 m ♄ III–IV

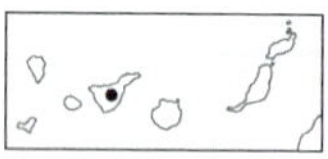

Merkmale Die zimtbraunen Äste und der dunkel purpurrote Blütenstand unterscheiden die Art von den übrigen strauchförmigen Euphorbien (**4a**). Die schopfig an den Zweigenden angeordneten, blaugrünen, bisweilen purpurrot überlaufenen Blätter groß, bis 15 cm lang, länglich-spatelförmig, stumpf. Scheindolde aus 5–15 Strahlen, diese nochmals 4-armig verzweigt. Hochblätter unterhalb der Cyathien nierenförmig, breiter als 1 cm, am Grund verwachsen. Gelbgrüne, ovale Nektardrüsen. Kapseln dunkel rotbraun, kahl (**4b**). Die fo. *lutea* Santos (**4c**) mit gelblichen Hochblättern, Blüten und Früchten (nur selten im Teno-Gebiet, die Sippe wurde früher mit *E. bourgeana* verwechselt).

Vorkommen Felsige, eher küstenferne Standorte im Sukkulentenbusch, höher ansteigend als die verwandten Arten. Tenerife-Endemit, im Westen und Südwesten.

---

5 Bravo-Wolfsmilch *Euphorbia bravoana* Svent. Tabaiba de Bravo

0,3–2 m ♄ IV–VII

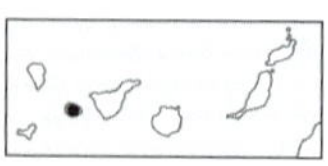

Merkmale Der Dunkelpurpurroten Wolfsmilch entsprechende Art Gomeras, Pflanze aber weniger dicht verzweigt, mit dunkelbraunen Ästen und lineal-lanzettlichen, graugrünen Blättern. Scheindolde aus 6–9 Strahlen, diese nochmals mit 3–4 deutlich längeren Armen als bei voriger Art. Die purpurvioletten Hochblätter unter 5 mm breit. Kapseln hell rötlich braun, kahl.

Vorkommen Nur an wenigen Felsstandorten im Nordosten. Gomera-Endemit.

1a

1b

2

3

4a

4b

4c

5

1 Balsam-Wolfsmilch *Euphorbia balsamifera* AIT. ssp. *balsamifera* Tabaiba dulc

0,2–2 (–3) m ♄ XII–VII

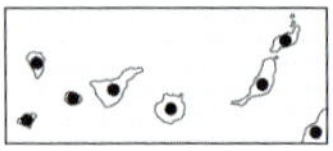

Merkmale Meist niedrige Kugelbüsche bildender Strauch oder auch mit Stamm (**1a**), an windexponierten Hängen oft dem Boden angedrückt, mit kräftigem, grauem Astwerk, zur Zeit der größten Trockenheit wie auch die folgenden Arten kahl. Blätter schopfig an den Zweigenden sitzend, 2–3,5 cm lang, blassgrün bis graugrün, etwas fleischig, lanzettlich, die obersten kleiner und gelbgrün. Nur 1 endständiges, sitzende oder kurz gestieltes Cyathium (siehe S. 43) mit grünlich gelben, breit ovalen Nektardrüsen, männliche und weibliche überwiegend auf getrennten Pflanzen. Weibliche Cyathien mit einer einzigen, kugeligen, etwa 1 cm großen, rötlichen, samtig behaarter Kapsel (**1b**), männliche mit zahlreichen, auf 1 Staubblatt reduzierten Blüten (**1c**). Der Milchsaft gilt im Gegensatz zu dem der übrigen kanarischen Euphorbien als ungiftig.
Vorkommen In der Küstenzone bestandsbildend, vor allem im Süden und Westen der Inseln „tabaibales dulces", zum Teil sehr alte Exemplare (mehrere Jahrhunderte). Kanaren und NW-Afrika, 2 weitere Unterarten südl. der Sahara und in S-Arabien, Somalia.

2 König-Juba-Wolfsmilch *Euphorbia regis-jubae* W. & B. Tabaiba salvaj

0,2–2,5 m ♄ II–VII

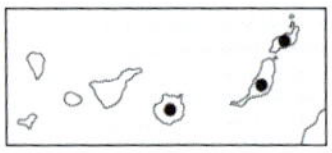

!! Die Benennung dieser und der folgenden Arten wurde mehrfach geändert, der Name *E. regis-jubae* wird heute wieder für die Sippe der Ostinseln verwendet.
Merkmale Strauch oder Baumstrauch, bisweilen niederliegend, meist aber kugelbuschartig, mit hellbraunen bis rötlichen Ästen. Blätter (1–)5–8(–10) cm lang, etwas fleischig, grün, schmal länglich, spitz oder stumpf, schopfig an den Zweigenden. Die Scheindolde aus 3–7(–14) oft nochmals verzweigten Strahlen, unterhalb der Cyathien mit großen, hell grünlich gelben, zur Fruchtzeit in der Regel noch erhaltenen Hochblättern. Nektardrüsen halbrund oder trapezförmig, mit 2 deutlichen Hörnern an den Enden. Kapseln gefurcht, hellbraun bis rötlich, kahl.
Vorkommen Sukkulentenbusch, häufig in großen Beständen landschaftsbestimmend. Kanaren, marokkanische Atlantikküste.
3 **Weitere Arten** Ähnlich die **Gomera-Wolfsmilch** *E. berthelotii* BOLLE, aber dichter verzweigt, mit niedrig-knorrigem, rötlich grauem Stamm und blaugrünen Blättern. Scheindolden 6–10-strahlig, Cyathien mit rundlich-dreieckigen, angedeutet gehörnten Nektardrüsen (G, endemisch, verbreitet im Süden und Südosten).

4 Lamarck-Wolfsmilch *Euphorbia lamarckii* SWEET Tabaiba amarg

0,4–2(–3) m ♄ XII–V

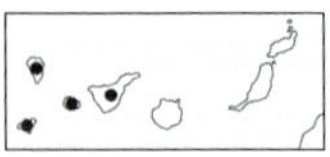

Merkmale Ähnlich *E. regis-jubae*, jedoch hochwüchsiger, oft mit deutlichem, dunkel grauem Stamm. Scheindolde aus 2–7 oft nochmals verzweigten Strahlen, die blassgrünen Hochblätter unterhalb der Cyathien zur Fruchtzeit bereits abgefallen, Nektardrüsen eiförmig (ohne Hörner!). Bei der ssp. *lamarckii* (**4a**) Blätter 13–40-mal so lang wie breit, lineal-lanzettlich, spitz, Hochblätter eiförmig bis elliptisch, ebenfalls spitz (T, im Süden). Bei der ssp. *broussonetii* (WILLD. ex LINK) MOLERO & ROVIRA (**4b**) Blätter 7–12-mal so lang wie breit, mit stumpfer oder ausgerandeter Spitze, Hochblätter breit elliptisch, spitz bis abgerundet (H P, G im Norden, T im Norden).
Vorkommen Im Sukkulentenbusch auf den westl. Inseln verbreitet, landschaftsbestimmend („tabaibales amargos"), bis in die Kiefernwälder, auf 1500 m ansteigend auch im aufgelassenen Kulturland zum Teil häufig. Kanaren-Endemit.

5 Blattlose Wolfsmilch *Euphorbia aphylla* BROUSS. ex WILLD. Told

0,4–0,8 m ♄ III–VII

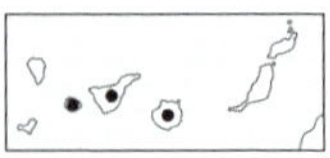

Merkmale Kahler, nahezu blattloser, dichter Strauch mit zylindrischen, gegliederten grünen oder graugrünen, im Alter bräunlichen, fleischigen Ästen. Grüngelbe Scheindolden ± sitzend an den Enden der Triebe.
Vorkommen Felshänge vorwiegend der N-Küsten im Einflussbereich des Meeres. Gefährdet durch Hotelbauten und Kulturen. Kanaren-Endemit, Fuerteventura?
Weitere Arten Hybriden mit *E. atropurpurea*, *E. regis-jubae* und *E. lamarckii* komme gelegentlich vor.

1a
1b
1c
2
3
4a
4b
5

Wolfsmilchgewächse *Euphorbiaceae*

1 Kanaren-Wolfsmilch *Euphorbia canariensis* L. — Cardón canario

2–3(–4) m ♄ IV–VII

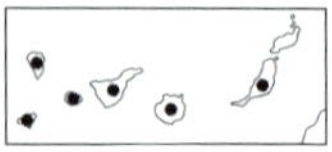

Merkmale Langsamwüchsige, „kaktusähnliche" Art, alte Exemplare mit mehreren Metern Durchmesser (**1a**). Die kahlen und blattlosen, grünen oder graugrünen, 8–15 cm dicken Triebe kandelaberartig bogig aufsteigend, meist flach 5-, seltener auch 4- oder 6-kantig. Auf den Rippen jeweils paarweise übereinander 4–5 mm lange, gebogene, rötlich braune Dornen. An den Sprossenden grünlich rote, sitzende Cyathien (siehe S. 43) jeweils zu dritt, das mittlere männlich, die 2 seitlichen weiblich, sodass nach Befruchtung jeweils 2 Reihen der dunkel rotbraunen Kapseln entstehen (**1b**). Der Milchsaft dieser Art gilt als besonders giftig und darf keinesfalls in die Augen gelangen. Vorsicht bei Verletzung durch die Dornen!
Vorkommen Charakteristische und gebietsweise landschaftsbestimmende Art des Sukkulentenbusches, besonders an felsigen Standorten, kaum in unmittelbarer Meeresnähe, jedoch gebietsweise bis 1100 m ansteigend. Auf Fuerteventura sind die Vorkommen selten, auf Lanzarote fraglich.
Die Bestände werden als „cardonales" bezeichnet. Als Teil typisch kanarischer Landschaft sind sie sehr erhaltenswert, jedoch durch die Ausdehnung des Kulturlandes und durch Urbanisationen und Straßenbau bedrängt. Nach der Washingtoner Artenschutzkonvention sind sukkulente Euphorbien geschützt! Kanaren-Endemit.

2 Jandía-Wolfsmilch *Euphorbia handiensis* Burch. — Cardón de Jandía

0,8–1 m ♄ III–V

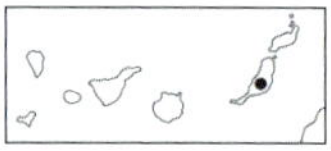

Merkmale Langsamwüchsige, ebenfalls „kaktusähnliche", aber niedrigere Art mit blattlosen, grauen, 6–8 cm dicken, 8–14-rippigen Ästen (**2a**). Auf den durch tiefe Furchen getrennten Kanten jeweils paarweise übereinander 2–3 cm lange, gerade, rötlich braune Dornen, an älteren Trieben oft abgebrochen. Oberhalb der beiden Dornen sitzen meist einzeln und eingeschlechtig die unscheinbaren gelblich grünen Cyathien (**2b**). Kapseln rotbraun.
Vorkommen Sukkulentenbusch, durch näher rückende Hotelbauten möglicherweise gefährdet. Fuerteventura-Endemit mit nahen Verwandten in Marokko, insbesondere *E. beaumieriana* Hook. f. & Coss.

Rautengewächse *Rutaceae*

3 Gefiederte Raute *Ruta pinnata* L. f. — Ruda canaria

0,5–1,5(–2) m ♄ II–VI

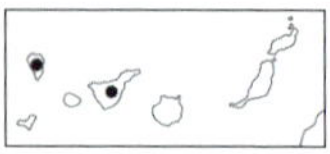

Merkmale Oft hoher Strauch mit durchdringendem Geruch. Die großen Blätter oberseits grün, unterseits graugrün, einfach unpaarig gefiedert, Blättchen dünn, meist 7, eiförmig-rhombisch, ± spitz, am Rand etwas gekerbt, durchscheinend drüsig punktiert. Locker rispig stehende, 4-zählige Blüten mit gelben, ausgebreiteten, vorne gezähnten und gewellten Kronblättern, nur die zentrale Blüte eines Blütenstandes meist 5-zählig. Früchte orangebraun.
Vorkommen Gebüsche am Unterrand der Lorbeerwälder und tiefer, auch als Zierpflanze kultiviert. Kanaren-Endemit.
Weitere Arten Ähnlich *R. microcarpa* Svent., aber nur bis 0,8 m hoch, dicht verzweigt, Blättchen schmaler, Blüten und Früchte kleiner (Gomera-Endemit, selten). Auf allen Inseln die mediterrane *R. chalepensis* L., leicht kenntlich an den doppelt gefiederten Blättern und am Rand gefranste Kronblätter.

4 Felsen-Raute *Ruta oreojasme* Webb — Ruda grancanaria

0,2–0,4 m ♄ VIII–X

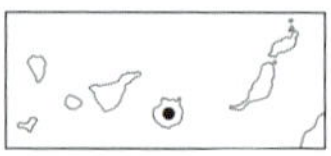

Merkmale Wie bei *R. pinnata* mit durchdringendem Geruch, aber habituell deutlich anders, Äste des kleinen Strauches niederliegend bis aufsteigend. Blätter blaugrün, einfach gefiedert, Blättchen dicklich, länglich-eiförmig, ganzrandig oder schwach gekerbt, breit abgerundet. Kronblätter schwefelgelb, zusammenneigend, auf dem Rücken gekielt. Früchte hellbraun.
Vorkommen Felsstandorte, 250–800 m. Gran Canaria, im Süden, endemisch.

1a

1b

2a

2b

3

4

Rautengewächse *Rutaceae* (incl. *Cneoraceae*)

1 **Staubiger Zeiland** *Neochamaelea pulverulenta* (VENT.) ERDTM.
(*Cneorum pulverulentum* VENT.) **Orijama**

0,5–1,5 m ♄ I–V

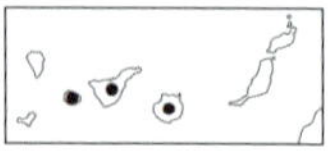

Merkmale Weißlich grauer bis graugrüner Strauch mit dichter, kurzer Behaarung. Derbe, bis 6 cm lange, schmal verkehrtlanzettliche, stumpfe, sitzende Blätter. Blüten in den oberen Blattachseln, mit (3–)4 gelben Kronblättern (**1a**). Von den Teilfrüchten oft nur eine entwickelt, kugelig, bis 1 cm groß, besonders in der Jugend filzig, zuletzt rotviolett (**1b**). Einzige Art der endemischen Gattung.
Vorkommen Sukkulentenbusch, lokal häufig. Kanaren-Endemit, El Hierro?

Sumachgewächse *Anacardiaceae*

Neben den folgenden *Pistacia*-Arten gilt auch *Rhus coriaria* L. als heimisch. Der im Mittelmeergebiet verbreitete Strauch oder Baum unterscheidet sich u. a. durch unpaarig gefiederte Blätter mit 7–21 grob gekerbt-gesägten, behaarten Blättchen, Blüten in dichten Rispen und behaarte braunrote Früchte (H P G T C).

2 **Atlantische Pistazie** *Pistacia atlantica* DESF. **Almácigo**

4–12 m ♄ III–IV

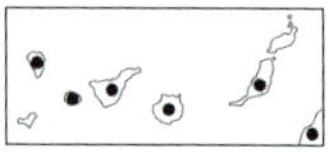

Merkmale Zweihäusiger, laubwerfender Strauch oder Baum mit dichter, breiter, schirmförmiger Krone. Blätter dunkelgrün, unpaarig gefiedert, mit 5–11 eiförmig-länglichen, ganzrandigen und stumpflichen, kahlen, kaum ledrigen Blättchen ohne aufgesetzte Spitze. Spindel sehr schmal geflügelt, Stiel behaart. Blüten unscheinbar in bis 15 cm langen, gelbgrünen bzw. rötlichen Rispen. Früchte eiförmig-kugelig, seitlich etwas zusammengedrückt, rötlich, etwa 6 mm groß.
Vorkommen Thermophile Buschwälder, bisweilen noch in kleinen Beständen („almacigares"), vor allem im Westen von Gran Canaria. Kanaren, N-Afrika, östl. Mittelmeergebiet bis Pakistan.
Weitere Arten Die im Mittelmeergebiet verbreitete Art *P. lentiscus* L. mit immergrünen, paarig gefiederten Blättern, Blättchen bespitzt, Spindel deutlich geflügelt, Blattstiel kahl (G T C F L, nur im Nordosten von C häufiger, sonst selten).

Stechpalmengewächse *Aquifoliaceae*

3 **Kanaren-Stechpalme** *Ilex canariensis* POIR. **Acebiño**

5–10 m ♄ IV–VII

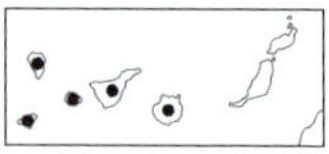

Merkmale Immergrüner Strauch oder Baum mit grauer, glatter, nur wenig schuppiger Borke, wie manche Lorbeerwald-Arten sich auch durch Stockausschläge vermehrend (**3a**). Die gestielten, derb ledrigen, glänzenden Blätter eiförmig oder eiförmig-länglich, an der Spitze stumpflich, am Rand etwas umgerollt, glatt oder nur gelegentlich an Jungtrieben oder Stockausschlägen mit wenigen Zähnen, 4–11 × 2–4,5 cm. Blüten weiß, mit 4(–5) Kronlappen, einzeln oder in kleinen Trugdolden (**3b**). Leuchtend rote, zuletzt fast schwarze, kugelige, etwa 1 cm große, bis 2 cm lang gestielte Steinfrüchte (**3c**).
Vorkommen Verbreitet im Baumheide-Buschwald und Lorbeerwald, gebietsweise bis in die Kiefernwälder. Kanaren, Madeira, endemisch.

4 **Breitblättrige Stechpalme** *Ilex perado* AIT. ssp. *platyphylla* (W. & B.) TUTIN **Naranjero salvaje**

Bis 15 m ♄ III–V

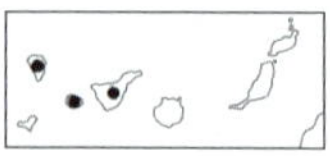

Merkmale Baum mit silbergrauem Stamm. Blätter sehr variabel, ledrig und dick, stark glänzend, breit eiförmig bis fast rundlich, an der Basis abgerundet, am Rand mit vorwärts gerichteten, kleinen stacheligen Zähnen, an der Spitze fein ausgezogen, an blühenden Trieben aber auch ganzrandig, 10–15 × 5–8 cm. Blüten weißlich rosa, zu 2–3 büschelig und kurz gestielt, mit jeweils 4 Kronlappen. Früchte dunkelrot bis schwärzlich, 8–10 mm (P G T). Bei der ssp. *lopezlilloi* (KUNK.) HANS. & SUND. Blätter ganzrandig mit keilförmigem Grund, Blüten lang gestielt (G, selten).
Vorkommen Feuchte Standorte im Lorbeerwald. Beide Unterarten kanarisch-endemisch. Weitere Unterarten auf Madeira und den Azoren.

1a

1b

2

3a

3b

3c

4

Spindelstrauchgewächse *Celastraceae*

1 **Kanaren-Maytenus** *Gymnosporia cassinoides* (L'HÉR.) MASF.
(*Maytenus canariensis* (LOES.) KUNK. & SUND.) **Peralillo**

3–5(–8) m ♄ VIII–XII

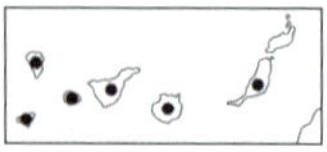

Merkmale Immergrüner Strauch oder kleiner Baum ohne Dornen. Die dunkelgrünen, ledrigen, an jungen Trieben hellgrünen Blätter eiförmig, gesägt-gekerbt, am Grund verschmälert, 4–7 × 2–4 cm. Blüten zwittrig zu 3–7 in kleinen Trugdolden, 5-zählig, mit 3–4 mm langen, weißen Kronblättern (**1a**). Die angedeutet 6-rippigen, zuletzt hellbraunen Kapseln 3-klappig aufspringend, mit dunkelbraunen, am Grund von einem weißen Arillus becherförmig umgebenen Samen (**1b**).
Vorkommen Thermophile Buschwälder. Kanaren-Endemit.
Weitere Arten *G. cryptopetala* REYES-BET. & SANTOS, gewöhnlich 2-häusiger, bis 1,5 m hoher, ± dorniger Strauch mit kleineren Blättern. Blüten zu 1(–2) mit unscheinbaren, rötlich grünen, am Rand gewimperten, nur 0,4–0,8 mm langen Kronblättern (F, L, endemisch, in unzugänglichen Felsspalten, selten und gefährdet). Früher wurde die Art als *Maytenus senegalensis* auct. (SO-Spanien, N-Afrika) identifiziert.

Kreuzdorngewächse *Rhamnaceae*

2 **Gekerbtblättriger Kreuzdorn** *Rhamnus crenulata* AIT. **Espinero**

1–3 m ♄ XII–IV

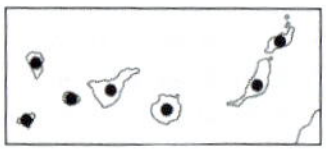

Merkmale Zweige des Strauches gewöhnlich in Dornen endend. Die ledrigen, kahlen, ausdauernden oder zur Trockenzeit abfallenden Blätter an Kurztrieben genähert, Spreite meist unter 4 cm lang, sehr unterschiedlich in der Form, fast rundlich, eiförmig bis oval-lanzettlich oder spatelig, drüsig gekerbt-gesägt, in den rinnigen, fein behaarten, 3–6 mm langen Blattstiel verschmälert. Blüten büschelig stehend, 4(–5)-zählig, gelblich grün, mit den dreieckigen Kelchblättern etwa 4 mm breit, Kronblätter winzig. Kahle, ± kugelige, zuletzt schwarze, 5–8 mm große Beeren.
Vorkommen Trockene, steinige Standorte im oberen Bereich des Sukkulentenbusches, nur auf den westl. Inseln häufiger. Kanaren-Endemit.
Weitere Arten Auf Gran Canaria selten *Rh. alaternus* L., die im Mittelmeergebiet verbreitete, dornenlose Kreuzdorn-Art, wohl aus Gärten verwildert.

3 **Drüsiger Kreuzdorn** *Rhamnus glandulosa* AIT. **Sanguino**

4–10 m ♄ XII–IV

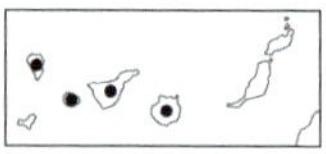

Merkmale Immergrüner kleiner Baum oder Baumstrauch ohne Dornen, junge Zweige rötlich. Ausdauernde, ledrige und kahle, bis 10 × 5 cm große Blätter, breit eiförmig, spitz, mit abgerundetem Grund und kräftigem Mittelnerv, in den Achseln der Seitennerven meist von der Basis bis etwas über die Mitte mit charakteristischen „Drüsen" (Domatien, von Milben bewohnte Ausbuchtungen). Durch den stumpf gesägt-gekerbten Blattrand und den rinnigen, fein filzigen Blattstiel (6–25 mm lang) von *Laurus* und *Ocotea*, bei denen auf den Blättern ebenfalls Domatien zu finden sind, sicher zu unterscheiden. Kleine Trauben aus 5-zähligen, gelblich grünen Blüten, mit den dreieckigen Kelchblättern etwa 4 mm breit, Kronblätter winzig (**3a**). 5–8 mm große, ± kugelige, braunrote, zuletzt schwarze Früchte (**3b**).
Vorkommen Lorbeerwälder und Baumheide-Buschwälder, gebietsweise häufiger. Kanaren, Madeira, endemisch.

4 **Ganzrandiger Kreuzdorn** *Rhamnus integrifolia* DC. **Moralito**

Bis 1,2 m ♄ IV–VI

Merkmale Strauch mit biegsamen Ästen. Blätter oft von auffälligem Olivgrün, dick ledrig, eiförmig oder oval lanzettlich, spitz oder zugespitzt, ganzrandig, ohne Domatien, die größeren 10 × 3 cm, der bis 2 cm lange Blattstiel fein behaart, kaum rinnig. Blüten meist zu 3–6 traubig, gelblich grün, 5-zählig, mit den dreieckigen Kelchblättern etwa 5 mm breit, keine Kronblätter (**4a**). Die ± kugeligen Früchte 5–7 mm groß, dunkelrot bis blauschwarz (**4b**).
Vorkommen Barrancos, Felsstandorte, vor allem in den Randbergen der Cañadas, seltener auch tiefer. Tenerife-Endemit.

1a

1b

2

3a

3b

4a

4b

Neben den 2 endemischen, strauchigen **Strauchpappel**-Arten *Lavatera-* bzw. *Navaea* fällt *Lavatera arborea* L. auf, eine aus Gärten verwilderte, 1–2 m hohe, höchstens am Grund verholzte, mediterrane Strauchpappel mit 3–4 cm breiten, purpurnen, zum Grund hin dunkleren Blüten (alle Inseln). Häufig sind neben *L. cretica* L. auch die 1- und 2-jährigen Malven *Malva parviflora* L. (alle Inseln), *M. neglecta* Wallr. (H T C F L) und *M. nicaeensis* All. (G T C F L). Die Baumwoll-Art *Gossypium herbaceum* L. wird für H G F als verwildert angegeben. Zahlreiche Zierpflanzen, darunter besonders *Hibiscus*-Arten (siehe S. 296), werden kultiviert.

1 Ahornblättrige Strauchpappel *Lavatera acerifolia* Cav. — Malvarrisco rosada

1–3(–5) m ♄ XI–V

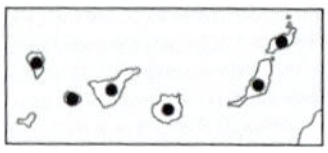

Merkmale Hoher Strauch mit lang gestielten, vor allem oberseits weich behaarten, ahornähnlichen, handförmig 5–7-lappigen Blättern, Abschnitte in der Regel spitz, unregelmäßig gekerbt-gesägt. Meist einzeln stehend und lang gestielt die bis 8 cm breiten Blüten mit 5 verkehrtherzförmigen, blassrosa, dunkler geaderten und zum Grund hin purpurnen Kronblättern. Der kurze, 5-zipfelige Kelch mit 3(4)-zähligem, am Grund verwachsenem, noch kürzerem Außenkelch. Früchte aus 12–15 kahlen, 1-samigen Teilfrüchten. Auf F und L kommt die Art selten in der var. *hariensis* Svent. vor: kräftiger im Wuchs und Blätter mit kürzeren, abgerundeten, am Rand welligen Abschnitten.
Vorkommen Felsspalten und Geröll schattiger, etwas feuchter Orte der unteren Stufe, auch in Gärten gepflanzt. Kanaren-Endemit.

2 Phönizische Strauchpappel *Navaea phoenicea* W. & B. (*Lavatera phoenicea* Vent.) — Malvarrisco encarnada

2–5 m ♄ IX–II

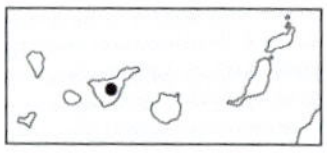

Merkmale Hoher Strauch, ähnlich *L. acerifolia*, aber Blätter fast kahl und rau. Blüten oft schon vor dem Laubaustrieb zu mehreren auffällig aufrecht, mit lachsfarbenen, schmal länglichen, an der Spitze abgerundeten und gezähnelten Kronblättern, kürzerem, 5-zipfeligem Kelch und hinfälligem, 3-teiligem Außenkelch (**2a**). Früchte aus 30–40 kahlen, 1-samigen Teilfrüchten. Aufgrund molekularer Untersuchungen wird die Pflanze heute wieder als einzige Art der Gattung *Navaea* betrachtet und als Tertiärrelikt interpretiert, während *L. acerifolia* Verwandtschaft zu mediterranen Arten zeigt. Die Art wird durch Vögel, z. B. die kanarisch-endemische Unterart der **Samtkopf-Grasmücke** *Sylvia melanocephala* (Gmelin) ssp. *leucogastra* (Ledrú) bestäubt (**2b**, abgebildet ist ein Weibchen).
Vorkommen Schattige Felsstandorte der Nordküste im Thermophilen Buschwald, selten. Tenerife-Endemit.

3 Großblättriges Abutilon *Abutilon grandifolium* (Willd.) Sweet — Abutilo

0,5–2 m ♄ III–VII

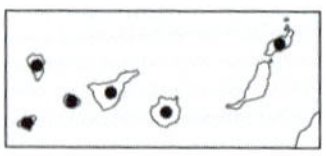

Merkmale Aufrechter Strauch mit lang und weich abstehend behaarten Stängeln. Die lang gestielten, dicht sternhaarigen Blätter tief herzförmig, zugespitzt, unregelmäßig gekerbt-gesägt. Blüten zu 1–2 auf gemeinsamem Stiel, mit 15–20 mm langen, orangefarbenen Kronblättern. Kelch ohne Außenkelch, tief in breit eiförmige Abschnitte geteilt. Die 8–10 Teilfrüchte jeweils mit mehreren Samen.
Vorkommen Straßenränder, Ruderalflächen in Siedlungsnähe. Kanaren, weltweit in warmen Gebieten, Heimat tropisches Amerika.

4 Rautenblättrige Sida *Sida rhombifolia* L. — Malva té de Canarias

0,3–1 m ♃ IV–XII

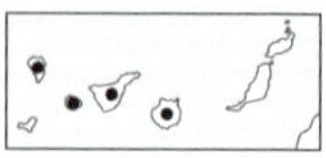

Merkmale Steif aufrechter, spärlich verzweigter Halbstrauch, sternhaarig-filzig, später verkahlend. Blätter kurz gestielt, länglich-eiförmig bis rhombisch, vorn gekerbt-gesägt, am Spreitengrund meist keilförmig, unterseits graugrün. Blüten einzeln, bis 3 cm lang gestielt, Kronblätter 6–8 mm, blassgelb oder orangegelb, am Grund mit braunrotem Fleck. Kelch ohne Außenkelch, zu etwa ⅓ in breit dreieckige, zugespitzte Abschnitte geteilt. Früchte aus 8–14 einsamigen Teilfrüchten.
Vorkommen Wegränder im Kulturland. Kanaren, weltweit in warmen Gebieten in zahlreichen Unterarten. Faser-, Futter- und Heilpflanze.
Weitere Arten Ähnlich *S. acuta* Burm. f., aber Blätter lanzettlich, Blüten rein hellgelb (T C, weltweit in warmen Gebieten, Heimat wohl O-Asien).

1

2a

2b

3

4

Johanniskrautgewächse *Hypericaceae* (*Clusiaceae*)

Von den 5 abgebildeten, strauchigen **Johanniskraut**-Arten *Hypericum* sind die meisten ziemlich häufig und auffällig, 2 sind kanarisch-endemisch, 3 kommen auch auf Madeira vor. Eher selten sind die eingebrachten, krautigen, mehrjährigen Arten *H. perforatum* L. (P T, Europa und weiter verbreitet) und *H. perfoliatum* L. (C, Mittelmeergebiet). Im Lorbeerwaldbereich von La Palma trifft man auf das kleinblütige *H. humifusum* L., eine niederliegend-aufsteigende, an den Stängeln wurzelnde Art, Kronblätter bis 7 mm lang, Blätter nur 5–15 mm (Europa).

1 Großblättriges Johanniskraut *Hypericum grandifolium* Choisy — Malfurada grande

0,3–1,5 m ♄ III–VIII

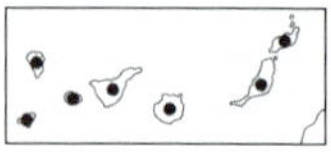

Merkmale Kahler immergrüner Strauch, junge Triebe und Blätter oft auffällig braunrot. Blätter wie bei allen *Hypericum*-Arten gegenständig, hier breit eiförmig, 4–9 cm lang, fast sitzend und stängelumfassend, aber nicht verwachsen. Blüten sehr groß, Kronblätter mit 18–22 mm 3–4-mal so lang wie die Kelchblätter, diese wie die Blätter am Rand ohne schwarze Drüsen. Staubblätter in 5 Bündeln.
Vorkommen Schattig-feuchte Standorte von der oberen Küstenregion bis in die Wälder. Kanaren, Madeira, endemisch.

2 Kanaren-Johanniskraut *Hypericum canariense* L. — Granadillo canario

1–4 m ♄ III–VII

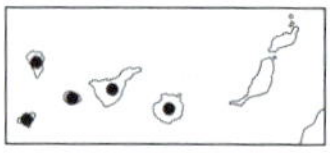

Merkmale Hoher kahler Strauch oder Baumstrauch (**2a**), während der Trockenzeit bisweilen unbelaubt. Blätter sitzend, länglich-lanzettlich bis eiförmig-lanzettlich, spitz, am Grund keilförmig, krautig oder etwas ledrig, sehr unterschiedlich groß, 2–8 cm lang. Blüten an den oberen Zweigenden ± trugdoldig, Kronblätter etwa 15 mm lang, Staubblätter in 3 Bündeln. Kelchblätter wie die Blätter am Rand ohne schwarze Drüsen (**2b**). Formenreiche Art (2 Varietäten).
Vorkommen Felsige Standorte der unteren Lorbeerwaldregion, Thermophile Buschwälder. Kanaren, Madeira, endemisch. Aus botanischen Gärten entkommen sich inzwischen aggressiv in Kalifornien, Hawaii und W-Australien ausbreitend. Ihre dichten Bestände gefährden dort die natürliche Vegetation.

3 Drüsiges Johanniskraut *Hypericum glandulosum* Ait. — Malfurada de monte

0,3–1(–2) m ♄ III–VII

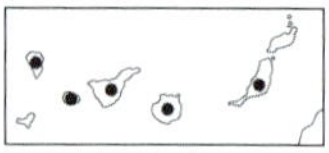

Merkmale Strauch mit kahlen oder behaarten Ästen. Blätter eiförmig-lanzettlich, 3–5 cm lang, in einen sehr kurzen Stiel verschmälert, am Rand fast gekerbt schwarzdrüsig (Jungpflanzen am Rand ohne Drüsen). Blüten mit 8–10 mm langen Kronblättern, Staubblätter in 3 Bündeln. Auch die Kelchblätter mit großen schwarzen Drüsen am Rand.
Vorkommen Schattige, felsige Standorte im Lorbeerwaldbereich. Kanaren, Madeira, endemisch.

4 Kreuzblättriges Johanniskraut *Hypericum reflexum* L. f. — Cruzadilla

0,3–1,5 m ♄ IV–VIII

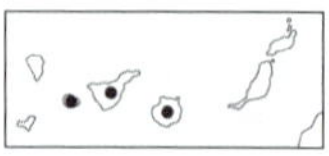

Merkmale Strauch, junge Äste meist dicht abstehend behaart. Blätter streng kreuzgegenständig, die unteren zurückgeschlagen, bis 3 cm lang, eiförmig-lanzettlich, spitz, kahl oder fein behaart und etwas stängelumfassend sitzend, aber frei, wie die Kelchblätter am Rand mit kleinen schwarzen Drüsen. Blüten mit 10–12 mm langen Kronblättern, Staubblätter in 3 Bündeln. Formenreiche Art mit 3 Varietäten.
Vorkommen Felshänge von der unteren Stufe bis in die Wälder. Kanaren-Endemit.

5 Zusammengewachsenes Johanniskraut *Hypericum coadunatum* Link — Cruzadilla de naciente

0,3–1,2 m ♃ VIII–IX

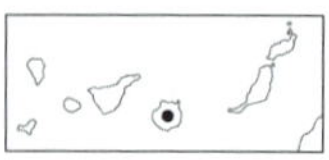

Merkmale An der Basis verzweigter Halbstrauch mit einfachen, wolligen Ästen. Die besonders unterseits behaarten Blätter oval, am Grund ± stark miteinander verwachsen und am Rand mit einzelnen schwarzen Drüsen, bis 3,5 cm lang. Kronblätter nur 5 mm, Staubblätter in 3 Bündeln. Kelchblätter drüsig gewimpert.
Vorkommen Feuchte Felsen und Mauern, Wasserkanäle, im Gebirge. Kanaren-Endemit. Die früher zu dieser Art gestellte Sippe NW-Afrikas wird heute als *H. naudinianum* Coss. & Dur. abgetrennt.

1
2a
2b
3
4
5

Seidelbastgewächse *Thymelaeaceae*

1 Herbst-Seidelbast *Daphne gnidium* L. — Torvisco

0,5–2 m ♄ VI–X

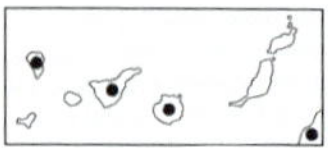

Merkmale Strauch mit aufrechten Ästen, diese im oberen Bereich dicht und gleichmäßig mit kahlen, blaugrünen, 2–5 cm langen, linealen bis lanzettlichen, spitzen, unterseits fein drüsigen Blättern besetzt. Endständig und in den oberen Blattachseln Blüten aus 2–4 mm langen, gelblich weißen, 4-zipfeligen Kelchen, die in einen schmalen, behaarten Achsenbecher übergehen, ohne Kronblätter. Früchte eiförmig, fleischig, leuchtend rot, später schwärzlich. Giftpflanze.
Vorkommen Offener Baumheide-Buschwald, Kiefernbestände. Kanaren, S-Europa, Marokko, Algerien.
Weitere Arten Auf Tenerife aus Gärten lokal verwildert *Gnidia polystachya* Berg. mit endständigen hellgelben Blüten (Heimat S-Afrika).

Veilchengewächse *Violaceae*

Außer den 3 endemischen werden 5 auch in Mitteleuropa verbreitete **Veilchen**-Arten *Viola* für die Kanaren angegeben: *V. riviniana* Rchb. (H P G T) und *V. odorata* L. mit der endemischen ssp. *maderensis* (Lowe) Kunk. (P G T C, Madeira) in feuchten Wäldern und Gebüschen. Neben *V. arvensis* Murr. (P G T) und *V. tricolor* L. (P G T) auch *V. kitaibeliana* Schult. in der endemischen var. *brevicalcarata* Font Quer & Svent. (T).

2 Teide-Veilchen *Viola cheiranthifolia* Humb. & Bonpl. — Violeta del Teide

0,05–0,15 m ♃ IV–V

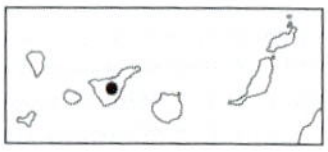

Merkmale Rosetten mit eiförmig-spateligen, zum Grund hin verschmälerten, dicht behaarten, dicklichen, ganzrandigen oder etwas geschweiften Blättern. Blüten mit nur kurzem Sporn, überwiegend blau, die seitlichen Kronblätter aufwärts gerichtet, die Unterlippe am Grund gelb und mit deutlicher Zeichnung.
Vorkommen Geröllfluren in der Gipfelregion des Pico del Teide und der Cañadas-Randberge. Tenerife-Endemit.
3 **Weitere Arten** Ähnlich das **La Palma-Veilchen** *V. palmensis* W. & B. („Pensamiento de la cumbre"), Blätter ± deutlich gekerbt, nicht so fleischig, Blüten größer und mit langem, schlankem Sporn, seitliche Kronblätter aufwärts gerichtet (La Palma, endemisch, Cumbre der Caldera de Taburiente).

4 Anaga-Veilchen *Viola anagae* Gilli — Violeta de Anaga

0,1–0,2 m ♃ III–IX

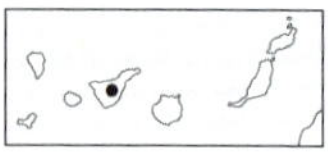

Merkmale Blätter rosettig, kahl und lang gestielt, schmal herzförmig, am Rand gesägt-gekerbt. Charakteristisch sind die langen, niederliegenden, aber kaum wurzelnden Ausläufer mit wechselständigen Blättern. In deren Achseln zum Ende der Ausläufer 3–5 cm lang gestielte Blüten mit 5 mm langem, weißem Sporn. Kronblätter blau, am Rand verblassend, am Grund weiß, die beiden seitlichen abwärts gerichtet, das unterste mit feiner, dunkler Zeichnung.
Vorkommen Lorbeerwälder im Anaga-Gebiet. Tenerife-Endemit.

Teestrauchgewächse *Theaceae*

5 Mocán *Visnea mocanera* L. f. — Mocán

6–8(–15) m ♄ I–XII

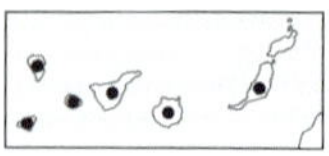

Merkmale Immergrüner Baumstrauch oder auch kräftiger Baum, sich durch Stockausschläge verjüngend, kleinere Zweige durch Korkleisten fast geflügelt. Die wechselständigen, 2-zeilig angeordneten, kurz gestielten, eiförmig-lanzettlichen Blätter am Rand fein gesägt, unterseits in der Jugend abstehend behaart, 2–6 cm lang. Duftende Blüten zu 1–3 hängend in den Blattachseln, mit weißer, glockenförmiger, 5-zähliger Krone (**5a**). 5 stumpfe, flaumig behaarte, später vergrößerte, fleischige und zusammengeneigte Kelchzipfel, die an der Bildung der braunroten, zuletzt schwarzen, essbaren Frucht beteiligt sind (**5b**).
Vorkommen Lorbeerwaldstufe, besonders im unteren Bereich. Kanaren, Madeira, endemisch.

1

2

3

4

5a

5b

Alle 7 rosablütigen **Zistrosen**-Arten *Cistus* der Kanaren sind endemisch. Die gestielten Blätter stehen gegenständig, von den 5 Kelchblättern sind die inneren viel größer als die äußeren, der meist gebogene Griffel überragt die Staubblätter weit. Als Wurzelschmarotzer mit endemischen Unterarten die zu den *Rafflesiaceae* gehörenden, auch im Mittelmeergebiet verbreiteten Zistrosenwürger *Cytinus ruber* (FOURR.) KOMAROV (P T) auf *Cistus symphytifolius* und *Cytinus hypocystis* (L.) L. (H P G T C) auf *Cistus monspeliensis* L.

1 Beinwellblättrige Zistrose *Cistus symphytifolius* LAM. — Amagante de pinar

0,6–2 m ♄ II–VII

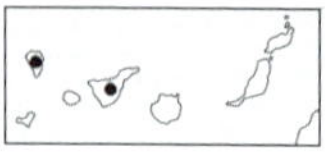

Merkmale Aromatisch duftender Strauch. Blattstiele am Grund häutig verbunden, Spreite 5–12 cm lang, breit eiförmig-lanzettlich, netznervig, dunkelgrün oder graugrün, unterseits nur auf den Nerven mit Drüsenhaaren, oberseits je nach Varietät mit einfachen, Stern- und Drüsenhaaren. Blüten bis 6 cm breit, Spitze der inneren Kelchblätter 5–6 mm lang. Kapseln nur auf den Nerven behaart.
Vorkommen Charakterart der Kanarenkiefernwälder, die typische Varietät im Norden beider Inseln, im Süden von P bzw. T zwei weitere Varietäten.
2 **Weitere Arten** Nahe verwandt die **Haarige Zistrose** *C. horrens* DEMOLY, Blattspreite nur 3,5–6 cm lang, ober- und unterseits flächig mit sehr langen, abstehenden einfachen und Drüsenhaaren (C, im Zentrum).

3 Osbeckienblättrige Zistrose *Cistus osbaeckiaefolius* WEBB ex CHRIST — Amagante de cumbre

0,5–1,5 m ♄ IV–VI

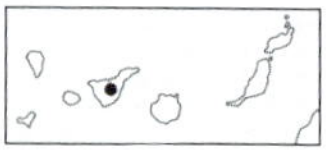

Merkmale Blattscheide und Außenseite des Blattstiels dicht mit einfachen Haaren bedeckt, Spreite eiförmig-lanzettlich bis elliptisch, 2,5–6 cm lang, beiderseits graugrün, etwas runzelig, mit 3 unterseits stark hervortretenden, parallelen Hauptnerven, filzig-seidig behaart. Blüten 4–6 cm breit. Innere Kelchblätter innen kahl, mit 1–3 mm langer Spitze. Kapseln flächig behaart. 2 Unterarten.
Vorkommen Cañadas-Randberge im Norden und Süden, Kiefernwälder, selten.
Weitere Arten Bei *C. palmensis* BAÑARES & DEMOLY Blätter grün, innere Kelchblätter innen behaart, mit 5–6 mm langer Spitze (P im Nordosten).

4 Chinamada-Zistrose *Cistus chinamadensis* BAÑARES & ROMERO — Amagante de Chinamada

0,25–0,45 m ♄ IV–V

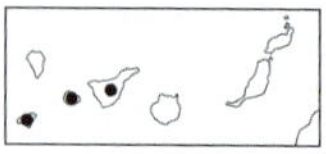

Merkmale Blattscheiden und Außenseiten der Blattstiele ± ohne einfache Haare, die elliptischen, graugrünen Spreiten sehr kurz filzig behaart, auch mit winzigen Sternhaaren, oberseits glatt und etwas dunkler, unterseits runzelig mit 3 hervortretenden Nerven, 4,5–7 cm lang. Blüten etwa 5 cm breit, innere Kelchblätter mit 3 mm langen Spitzen. Kapseln flächig behaart. 3 Unterarten, jeweils auf H, G und T.
Vorkommen Felsstandorte am Rand der Lorbeerwälder, selten.
5 **Weitere Arten** Ähnlich die **Tamadaba-Zistrose** *C. ocreatus* SM. in BUCH (*C. symphytifolius* ssp. *leucophyllus* (SPACH) KUNK.), Spreite eiförmig, weniger runzelig, beiderseits graufilzig, 3,5–8 cm lang, Spitzen der inneren Kelchblätter 5–6 mm lang (C, nur im Tamadaba-Gebiet). Ähnlich auch *C. asper* DEMOLY & R. MESA, Scheide und Blattstiel mit zahlreichen Drüsenhaaren (H, im Südosten).

6 Montpellier-Zistrose *Cistus monspeliensis* L. — Jaguarzo

0,3–1 m ♄ IV–VI

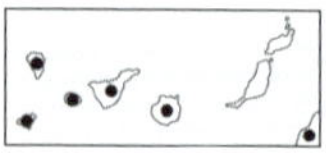

Merkmale Aromatischer, drüsig-klebriger Strauch. Die sitzenden, schmal lanzettlichen, 3-nervigen Blätter am Rand umgerollt, oberseits dunkelgrün und runzelig, verkahlend, unterseits sternhaarig-filzig. Blüten 2,5 cm breit, Kronblätter weiß, am Grund gelblich, verkehrt herzförmig, Griffel sitzend. 5 ± gleich große Kelchblätter.
Vorkommen In warmen Ausbildungen der Kiefernwälder und ihren Ersatzgesellschaften, wohl alteinheimisch. Kanaren, Madeira, Mittelmeergebiet.
7 **Weitere Arten** Ähnlich die **Gran Canaria-Zistrose** *C. grancanariae* ALMEIDA & RÍOS, aber Blätter oberseits graugrün, mit einfachen und Sternhaaren, nicht klebrig. Kronblätter breit eiförmig-rundlich (C, endemisch im Norden). Außerdem *C. ladanifer* L. mit lanzettlichen, oberseits glänzenden Blättern und 7–10 cm breiten, weißen, am Grund oft dunkelrot gefleckten Blüten, nur 3 Kelchblätter (C, im Tamadaba-Gebiet wohl eingeschleppt, westl. Mittelmeergebiet).

1
2
3
4
5
6
7

Zur Zeit sind 17 **Sonnenröschen**-Arten *Helianthemum* von den Kanaren bekannt, darunter 13 endemische Sippen, alle mit gelben Blüten. Viele von ihnen sind extrem selten und gefährdet, wie auch 2 noch nicht gültig beschriebene Arten von La Palma, *H. lidii* und *H. cirae*. Die krautigen, 1-jährigen Arten *H. ledifolium* (L.) Mill. (F L), *H. salicifolium* (L.) Mill. (C) und *H. villosum* Thib. ex Pers. (F) sowie das Gefleckte Sandröschen *Tuberaria guttata* (L.) Fourr. sind auch im Mittelmeergebiet verbreitet, Letzteres leicht kenntlich an den am Grund dunkelbraun gefleckten Kronblättern (alle Inseln).

1 Kanaren-Sonnenröschen *Helianthemum canariense* (Jacq.) Pers. — Jarilla turmera

0,05–0,25 m ♄ XII–IV

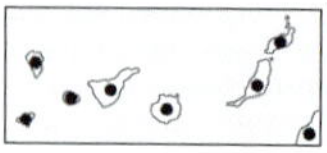

Merkmale Zwergstrauch mit niederliegenden bis aufsteigenden Zweigen. Blätter graugrün, kurz und dicht behaart, eiförmig, etwas gewellt, am Rand flach oder umgerollt, Nebenblätter ± so lang wie der Blattstiel. Blüten bis 1 cm breit, Kelchblätter mit 3–5 kräftigen Nerven, die 3 inneren wie bei allen *Helianthemum*-Arten viel größer als die beiden äußeren. Staubblätter 15–20. Der Pilz *Terfezia claveryi* Chatin, mit Trüffelgeschmack, wächst auf den Wurzeln dieser Art (F L).
Vorkommen Gebietsweise häufig in der unteren Stufe. Kanaren, Marokko.
2 **Weitere Arten** Ähnlich das **Thymianblättrige Sonnenröschen** *H. thymiphyllum* Svent., aber Blätter frisch grün, glänzend, ± kahl, länglich bis verkehrteiförmig, Nebenblätter kürzer als der Blattstiel. Staubblätter weniger als 15 (F L, endemisch).

3 Julia-Sonnenröschen *Helianthemum juliae* Wildpret — Jarilla de las Cañadas

0,3–0,6 m ♄ V–VI

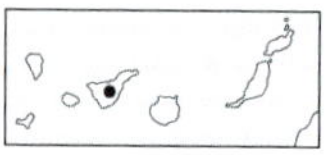

Merkmale Kleiner Strauch mit aufrechten, gabelig verzweigten, dünnen Ästen. Blätter sitzend, am Rand umgerollt, untere lineal bis fast spatelig, grau behaart, obere schmaler, verkahlend, an der Spitze meist mit 1–3 Wimpern, Nebenblätter bis halb so lang. Blütenstand einseitswendig, locker, Krone 25–30 mm breit.
Vorkommen Innenrand der Cañadas. Tenerife-Endemit, sehr selten.
Weitere Arten Ähnlich *H. inaguae* Marr. Rodr. & al., aber Blätter kurz gestielt, grün, am Rand und unterseits auf dem Hauptnerv abstehend gewimpert, Nebenblätter hinfällig, viel kürzer. Krone 2 cm breit (C, endemisch, selten im Westen).

4 Broussonet-Sonnenröschen *Helianthemum broussonetii* Dun. ex DC. — Jarilla de monte

0,2–0,5(–1) m ♄ V–VI

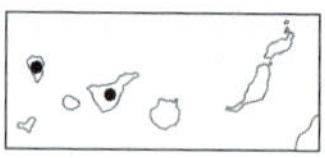

Merkmale Aufrechter kleiner Strauch mit blaugrünen, flachen, stumpf länglich-lanzettlichen, am Rand glatten, silbrig-flaumigen, mit Sternhaaren besetzten, auffällig genervten Blättern, Nebenblätter kürzer als der Blattstiel. Blüten etwa 1 cm breit, Kelchblätter 4(–5)-nervig, dicht weißfilzig.
Vorkommen Lorbeerwaldstufe, selten. Kanaren-Endemit.
Weitere Arten Noch nicht so lange bekannt sind 4 weitere, seltene Endemiten an meist schwer zugänglichen Felsstandorten: *H. bramwelliorum* Marr. Rodr. und *H. gonzalezferreri* Marr. Rodr. (beide L im Norden) sowie *H. aganae* Marr. Rodr. & R. Mesa und *H. aguloi* Marr. Rodr. & R. Mesa (beide G, im Westen).

5 Strauchminzenblättriges Sonnenröschen *Helianthemum bystropogophyllum* Svent. — Jarilla peluda

0,5–1 m ♄ IV–V

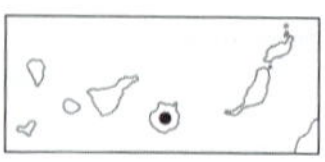

Merkmale Strauch, für eine Sonnenröschen-Art überraschend groß. Blätter bis 5 cm lang, eiförmig-lanzettlich, oberseits grün, unterseits weißlich, dicht behaart, am Rand gewellt-gekerbt, gewimpert, Nebenblätter weniger als halb so lang wie der Blattstiel. Blüten etwa 3 cm breit, Kronblätter am Grund goldgelb gefleckt, der behaarte Kelch mit purpurnen Nerven.
Vorkommen Schattige Felsspalten in der Kiefernwaldstufe, selten. Gran Canaria-Endemit.
Weitere Arten Endemisch sind auch *H. teneriffae* Coss., bis 0,4 m hoch, Blätter eiförmig-länglich, nur 10–15 mm lang, oberseits rau behaart, grün, unterseits graufilzig, Nebenblätter etwa so lang wie der Blattstiel, hinfällig. Blüten 2 cm breit, am Grund goldgelb (T, sehr selten im Südosten). Bei *H. tholiforme* Bramw. & al. Blätter lanzettlich, ganzrandig, mit weißen, abstehenden Haaren bedeckt, Nebenblätter nur 2–3 mm. Blüten 1 cm breit, am Grund orangebraun (C, selten).

1
2
3
4
5

Frankeniengewächse *Frankeniaceae*

1 Kopfige Frankenie *Frankenia capitata* W. & B. — Tomillo marino pardo

0,1–0,3 m ♄ (I–)III–XI

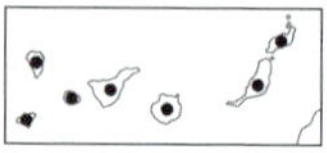

Merkmale Niederliegender bis aufrechter Zwergstrauch mit dunkel rotbraunen, kurz behaarten Ästen. Die quirlartig angeordneten Blätter scheinbar lineal durch stark umgerollte Ränder, am Grund gewimpert, sonst kahl, oft weiß verkrustet. Blüten an den Zweigenden knäuelig genähert, mit keilförmig verschmälerten, 4 mm langen, rosa Kronblättern. Kelch etwa 3 mm, abstehend behaart, Zähne viel kürzer als die schlanke Röhre. Die Art wurde früher zu *F. laevis* L. gestellt.
Vorkommen Salzhaltige Standorte in Meeresnähe. Kanaren-Endemit.
Weitere Arten Seltener ist *F. boissieri* Reut. ex Boiss., Blätter schmal eiförmig-dreieckig, die umgerollten Ränder sich fast berühend, oberseits kahl, unterseits papillös, ohne Kruste. Kronblätter den Kelch knapp überragend, dieser 5–6 mm lang, Zähne so lang wie die Röhre (C F L, Iberische Halbinsel, NW-Afrika).

2 Erikablättrige Frankenie *Frankenia ericifolia* Chr. Sm. ex DC. — Tomillo marino común

0,1–0,3 m ♄ (I–)III–XI

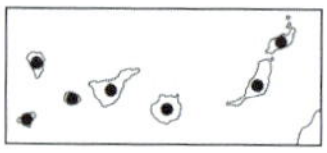

Merkmale Ähnlich *F. capitata*, aber Blätter dunkelgrün, kahl und ohne Wimpern am Grund, durch umgerollte Blattränder nadelförmig, wenigstens einige lineal bis schmal lanzettlich und flach. Blüten zerstreut im oberen Teil der Stängel, mit vorn breiteren, 3–4,5 mm langen, heller rosa Kronblättern. Kelch ± kahl, 2,5–3,5 mm lang. Auf La Palma und Tenerife auch in der endemischen ssp. *latifolia* (W. & B.) Brochm., Lobin & Sund. mit breiteren, wenig umgerollten Blättern.
Vorkommen Meist in Meeresnähe. Kanaren, Kapverden, Mauretanien.
3 **Weitere Arten** Die **Staubige Frankenie** *F. pulverulenta* L. ist 1-jährig, ausgebreitet niederliegend, mit länglich-spatelförmigen, oft ausgerandeten, unterseits wie bemehlten, fein behaarten, flachen, nicht umgerollten Blättern (H T C F L, Madeira, Azoren, Mittelmeergebiet).

Tamariskengewächse *Tamaricaceae*

4 Kanarische Tamariske *Tamarix canariensis* Willd. — Tarajal canario

2–6 m ♄ XII–VII

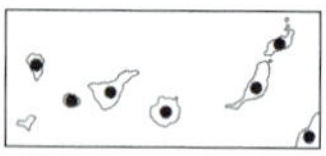

Merkmale Strauch oder Baumstrauch, junge Zweige rötlich braun und fein warzig. Graugrüne, schuppenförmige, eng anliegende Blättchen mit zahlreichen Salzdrüsen besetzt, bis 2,5 mm lang. Die 1,5–5 cm langen und 3–5 mm dicken, kätzchenartigen Blütenstände an diesjährigen Trieben. Blüten rosa, 5-zählig, auf kurzen Stielchen, Kronblätter bis 1,5 mm lang, hinfällig. Samen mit Haarschopf.
Vorkommen Flußläufe, in Küstennähe. Kanaren, Kapverden, westl. Mittelmeergebiet.
Weitere Arten Dagegen bei *T. africana* Poir. Blättchen durchscheinend berandet, Blütenstände an vorjährigen Trieben, 3–7 cm lang und 5–8 mm dick. Blüten meist rein weiß, nahezu sitzend, Kronblätter 2–3 mm lang, an der Frucht bleibend (T C F L, Azoren, westl. und zentrales Mittelmeergebiet, häufig gepflanzte Art).

Kürbisgewächse *Cucurbitaceae*

5 Warzige Zaunrübe *Bryonia verrucosa* Dryand. — Venenillo

0,3–2 m ♃ X–III

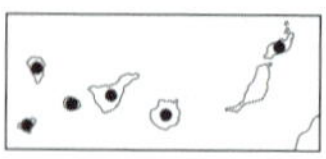

Merkmale Zweihäusige, niederliegende oder kletternde Pflanze mit achselständigen, einfachen Ranken. Die gestielten Blätter tief herzförmig, untere 5-eckig-buchtig bis 5-lappig, schwach gezähnt, rau durch am Grund warzige Haare. Blütenkrone 5-teilig, bis 2 cm breit, grünlich weiß bis gelblich. Früchte kugelig, bis 3 cm groß, grün mit hellen Streifen, später gelborange. Giftpflanze!
Vorkommen Mauern, Gebüsche der unteren Stufe. Kanaren-Endemit.
6 **Weitere Arten** Die **Koloquinte** *Citrullus colocynthis* (L.) Schrad. dagegen mit 2fach buchtig gelappten Blättern, die kugeligen Früchte 4–12 cm groß, stark giftig (P T C F L, Kapverden, südl. Mittelmeergebiet).

1

2

3

4

5

6

Einige überwiegend aus Mittelamerika stammende **Feigenkakteen** *Opuntia* fanden auf den Kanaren ideale Lebensbedingungen und vermehrten sich so gut, dass sie inzwischen gebietsweise die einheimische Vegetation bedrängen. Zu Beginn des 19. Jahrhunderts wurde die Zucht von Cochenille-Schildläusen, die man heute noch verbreitet auf den Stängelgliedern vor allem von *Opuntia ficus-indica* als weißlichen Belag sieht, in größerem Maße begonnen. Sie brachte den Einwohnern Arbeitsplätze und Auskommen, denn der Farbstoff Karmin, der aus den Läusen extrahiert wurde, galt als kostbar. Mit der Entdeckung der Anilinfarben ab 1870 verlor diese Erwerbsquelle schlagartig an Bedeutung. Einige Kulturen, zum Beispiel auf Lanzarote, werden heute wieder gepflegt (Farbstoff E 120 in Lebensmitteln und Kosmetika).

1 Echter Feigenkaktus *Opuntia ficus-indica* (L.) MILL. (*O. maxima* MILL.) — Tunera común

2–5 m ♄ IV–VII

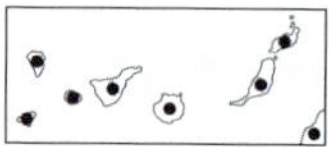

Merkmale Großer Strauch, bisweilen mit Stamm, mit fleischigen, zweiseitig abgeflachten, eiförmigen bis länglichen, 20–60 × 10–25 cm großen, stumpf graugrünen Stängelgliedern (**1a**). In den Achseln von hinfälligen, pfriemlichen Blättchen kleine Polster von gelben, widerhakigen spröden Borsten (Glochiden) und 0–2 oder auch mehr ± kräftigen, weißlichen, bis 2,5 cm langen Dornen. Blüten einzeln, gehäuft an den Rändern der Stängelglieder stehend, 5–10 cm breit, mit zahlreichen, nicht in Kelch und Krone getrennten, leuchtend gelben oder auch orange bis roten Blütenblättern (**1b**). Die essbaren, feigenähnlichen Früchte rot bis gelblich, ebenfalls mit Borstenpolstern besetzt (**1c**, Vorsicht beim Schälen vor Berührung der leicht brechenden
2 Borsten). Außer zur Zucht der **Cochenille-Schildläuse** *Dactylopius coccus* COSTA (**2**) wird die Art zur Fruchtgewinnung, als Viehfutter und Heckenpflanze genutzt.
Vorkommen Eingebürgert im Sukkulentenbusch der Kanaren, im Mittelmeergebiet, in S-Afrika, Australien und weiter, Heimat wohl Mexiko.
Weitere Arten Ähnlich *O. robusta* WENDL. mit ± deutlichem Stamm, Stängelglieder länglich, 20–25 × 10–12,5 cm, blaugrün. Dornen (0–)2–12, kräftig, weiß, bis 5 cm lang. Blüten gelb, 5–7 cm breit. Früchte dunkelrot (P T C, Heimat Mexiko).

3 Filziger Feigenkaktus *Opuntia tomentosa* SALM-DYCK — Tunera de terciopelo

1–5 m ♄ VI–VIII

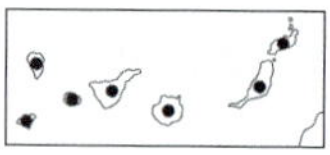

Merkmale Strauch bis Baum mit breiter Krone und bis 30 cm dickem Stamm. Stängelglieder verkehrteiförmig bis länglich, graugrün, deutlich samtig, 15–30 × 12–16 cm. Dornen 0–4, weiß, später grau, 0,5–1,5 cm lang. Zahlreiche, 4–5,5 cm lange, rote Blüten. Früchte verkehrteiförmig bis kugelig, meist rot.
Vorkommen Nicht so häufig wie die anderen Arten, kaum verwildernd, zum Teil schöne, alte Exemplare. Kanaren, Heimat Mexiko, Guatemala.

4 Dillenius-Feigenkaktus *Opuntia dillenii* (KER-GAWL.) HAW. — Tunera india

1–3 m ♄ IV–VII

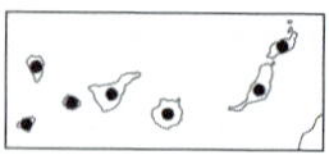

Merkmale Meist niedriger, ausgebreiteter, reich verzweigter Strauch, Stängelglieder verkehrteiförmig bis länglich, 7–40 × 6–9 cm, am Rand oft gewellt, anfangs glänzend blaugrün. An jungen Trieben bis zu 6 gelbe, auch ± braun gebänderte oder gefleckte, bis 5 cm lange, abgeflachte Dornen. Blüten zitronengelb bis gelblich orange, 7–8 cm breit. Früchte birnförmig bis kugelig, purpurn, essbar.
Vorkommen Zunehmend, besonders an den Südküsten im trockeneren Bereich des Sukkulentenbusches eingebürgert. Kanaren und weiter, Heimat Mittelamerika.
Weitere Arten Bei der niedrigen *O. tuna* (L.) MILL. Stängelglieder klein, 8–10 (–16) cm, sich leicht lösend. Dornen 2–6, gelb, bis 2 cm lang (P C, Heimat Karibik).

5 Pfriemlicher Zylinderfeigenkaktus *Austrocylindropuntia subulata* (MÜHLENPF.) BACKEB. (*A. exaltata* (BERG.) BACKEB.) — Cacto cilíndrico

1–4 m ♄ IV–VI

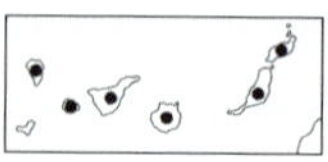

Merkmale Strauch mit langen, zylindrischen Stängelgliedern, 3,5–5 cm im Durchmesser, Blätter pfriemlich, bis 12 × 0,5 cm. Dornen grauweiß, zu 3–4, bis 7 cm lang. Blüten rot, sich nicht weit öffnend, bis 6 cm lang.
Vorkommen Im Kulturland verwildert. Kanaren und weiter, Heimat Peru.
Weitere Arten Ähnlich *A. cylindrica* (LAM.) BACKEB., Blätter nur bis 1 cm lang, Dornen 1(–3) cm, zu 2–6 (P C F L, Heimat Ecuador, Peru).

1a
1b
1c
2
3
4
5

Efeugewächse *Araliaceae*

1 Kanarischer Efeu *Hedera canariensis* WILLD. — Yedra canaria

Bis 6 m ♄ IX–XI

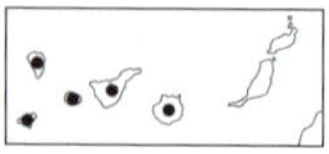

Merkmale Die ledrigen, anfangs glänzenden, später matt dunkelgrünen Blätter meist breiter als lang, nur an nicht blühenden Trieben schwach 3-lappig und am Grund ± herzförmig. Unscheinbare 5-zählige Blüten in Dolden, Blütenstiele mit orangebrauner, schuppenförmiger Behaarung.
Vorkommen Schattig-feuchte Waldgebiete. Kanaren-Endemit. Die Vorkommen auf Madeira, den Azoren und in Marokko wurden als eigene Sippen beschrieben.
Weitere Arten Häufig in Ortsnähe verwildert *H. helix* L., Blätter meist länger als breit, an nicht blühenden Trieben 5-lappig, Blütenstiele mit weißen Sternhaaren (P G T C F, Heimat Europa, Mittelmeergebiet).

Doldenblütler *Apiaceae* (*Umbelliferae*)

Neben 16 kanarisch-endemischen Doldenblütlern gibt es 2 bis Madeira reichende Arten. Aus dem Mittelmeerraum stammen etwa 30 überwiegend 1-jährige Sippen, darunter allein 5 *Torilis*-Arten. Verbreitet und stattlich sind *Foeniculum vulgare* MILL. (alle Inseln) und das giftige *Conium maculatum* L. (H P G T C).

2 Kanarenklebkraut *Drusa glandulosa* (POIR.) BORNM. — Pegajosa

0,05–0,3 m ⊙ XII–VII

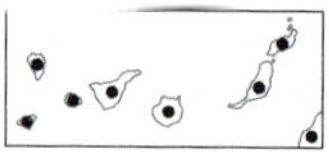

Merkmale Niederliegend bis aufsteigend, bisweilen klimmend. Blätter gegenständig und lang gestielt, dünn, 3-lappig, grob gesägt-gekerbt, mit Stern- und einfachen Haaren (auf G in einer stark behaarten graugrünen fo. *glaucescens* KUNK.). Unscheinbare weiße Blüten in einfacher Dolde zu 1–3 ohne Hüllblätter. Ankerförmige Haare auch an den geschweift-gezähnten Flügeln der flachen, rundlichen Früchte.
Vorkommen Lorbeerwaldstufe, auch tiefer an frischen Standorten, sich auch an feuchten Wegrändern ausbreitend. Kanaren, Madeira, Marokko, Somalia.

3 Kanarische Sandmöhre *Ammodaucus nanocarpus* (BELTRÁN) P. PÉREZ & VELASCO — Zanahoria canaria de arena

0,05–0,2 m ⊙ II–IV

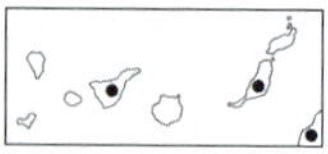

Merkmale Zarte Pflanze mit grünen bis graugrünen, fein 2–3fach fiederschnittigen Blättern. Doldenstrahlen 2–4, rau papillös. Blüten winzig, mit hellvioletten, ganzrandigen Kronblättern. Früchte verkehrteiförmig, 4–8 mm, mit anfangs violetten, später strohfarbenen, 5–11 mm langen, abstehenden, biegsamen Haaren.
Vorkommen Sandige, zeitweilig feuchte Standorte in Meeresnähe. Kanaren, SW-Marokko.

4 Anaga-Bibernelle *Pimpinella anagodendron* BOLLE — Perejil de Anaga

0,2–0,5 m ♃ IV–V

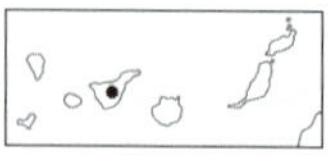

Merkmale Bibernelle mit kurzem, verholztem Stämmchen. Grundblätter 2fach gefiedert, mit eiförmigen, gesägten, ± kahlen Abschnitten. Dolden wie bei allen folgenden Arten mit weißen Blüten, 7–12-strahlig, meist ohne Hülle und Hüllchen. Eilängliche, kurz behaarte Früchte.
Vorkommen Felsen der Lorbeerwaldregion im Osten der Insel. Tenerife- bzw. Kanaren-Endemit wie auch die folgenden 4 Arten.
5 **Weitere Arten** Im Teno-Gebiet die **Fels-Bibernelle** *P. rupicola* SVENT., auch als Varietät zu *P. anagodendron* angesehen, aber Blätter feiner zerteilt (T). Ähnlich die Bibernelle der Insel La Gomera *P. junoniae* CEB. & ORT., aber ganze Pflanze fein behaart, Blattfiedern eiförmig, gekerbt-gesägt bis eingeschnitten (Felsspalten im oberen Sukkulentenbusch und in der Lorbeerwaldstufe).
6 Seltener ist die **Hohe Bibernelle** *P. dendrotragium* W. & B., Pflanze kahl, Grundblätter einfach gefiedert, untere Abschnitte deutlich gestielt, eiförmig, fein gekerbt-gesägt,
7 Stängelblätter einfacher (Waldgebiete, P T). Leicht kenntlich ist die **Teide-Bibernelle** *P. cumbrae* LINK, Blätter vor allem grundständig, grau samtig behaart, einfach gefiedert, mit nur 7 eingeschnitten gekerbt-gesägten, sitzenden Abschnitten, Endfieder dreilappig (Cañadas-Randberge, lokal häufig, auf P sehr selten).

1
2
3
4
5
6
7

1 Webb-Sesel *Seseli webbii* Coss. — Apio marino

0,1–0,5 m ♃ XII–IV

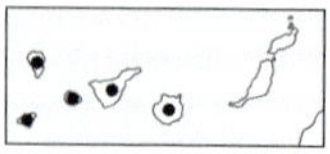

Merkmale Niederliegende bis aufsteigende kahle Pflanze, der Haupttrieb oft charakteristisch hin- und hergebogen. Erste Grundblätter 2fach gefiedert mit eiförmigen Abschnitten, die folgenden stärker zerteilt, starr, mit etwas fleischigen, schmalen, bespitzten Abschnitten. Dolden 10–25-strahlig, mit zahlreichen lanzettlichen Hüll- und Hüllchenblättern, Blüten gelb. Früchte etwa 4 mm, eilänglich, gerippt.
Vorkommen Küstenregion, meist noch im Einflußbereich des Sprühwassers. Kanaren-Endemit.

2 Hirschgeweihblättrige Tinguarra *Tinguarra cervariaefolia* (DC.) Parl. — Apio de risco

0,3–1,5 m ♃ II–V

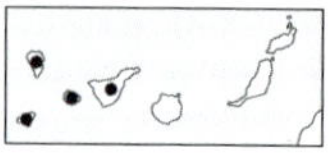

Merkmale Blätter (dem Kultur-Sellerie in der Form und auch im Geruch ähnlich) kahl, 2–3fach gefiedert, mit spitzen, breit eiförmigen, doppelt gesägt-gekerbten Abschnitten, Endfieder groß, 3-lappig. Dolden mit gelblich weißen Blüten, Hülle und Hüllchen vorhanden, Doldenstrahlen fein borstig wie auch die 9–11 mm langen, schmal eiförmigen, gerippten Früchte.
Vorkommen Felsspalten in den Waldregionen. Kanaren-Endemit.

3 Berg-Todaroa *Todaroa montana* Webb ex Christ (*Tinguarra montana* (Webb) Hans. & Kunk.) — Cañaheja blanca

0,7–1,5 m ♃ V–VI

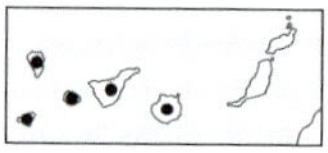

Merkmale Üppige, hohe, an *Ferula*-Arten erinnernde Staude, durch ihre dichte weiche Behaarung aber gut unterscheidbar. Große, bis 4(–5)fach gefiederte Blätter mit kleinen, lanzettlichen Abschnitten. Zahlreiche halbkugelige Dolden mit Hülle und Hüllchen und gelblichen Blüten. Früchte schmal eiförmig, gerippt, fast kahl, etwa 7 mm lang. Die Art wird derzeit wieder zur Gattung *Todaroa* gestellt.
Vorkommen Felshänge der Waldregionen. Kanaren-Endemit.
4 **Weitere Arten** Bei der vom Grund an verzweigten **Wohlriechenden Todaroa** *Todaroa aurea* Parl. ssp. *suaveolens* P. Pérez (**4a**) Blätter grün, 3fach gefiedert, Endabschnitte fiederschnittig-eiförmig, Stiel und Nerven oft fein behaart. Die halbkugeligen Dolden aus 20–40 Strahlen, mit Hülle und Hüllchen und weißlichen, angenehm duftenden Blüten. Früchte eiförmig-länglich, 6 × 3,5 mm, zuletzt goldgelb, kahl, schwach gerippt (H P G T C, blüht XII–II). Nur auf T außerdem die ssp. *aurea* (**4b**) mit graugrünen, ± kahlen Blättern, deren Endabschnitte schmaler. Blüten gelblich, unangenehm im Geruch. Früchte bis 2,5 mm breit.

5 Fuerteventura-Rutheopsis *Rutheopsis herbanica* (Bolle) Hans. & Kunk. — Tájame

0,5–1,5 m ♃ IV–V

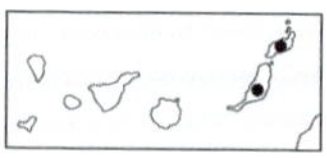

Merkmale Sparrig verzweigte, kahle Pflanze mit gestreiftem Stängel. Blätter am Grund stark scheidig erweitert, 1–2fach gefiedert, mit 9–11 eiförmig-lanzettlichen, zugespitzten, scharf gesägten Blättchen, die untersten kurz gestielt. Dolden vielstrahlig, mit gelben Blüten, Hülle und Hüllchen meist 8-blättrig, lineal, häutig berandet. Früchte länglich, gerippt, etwas zusammengedrückt.
Vorkommen An vor Weidetieren geschützten Felsstandorten. Kanaren-Endemit.

6 Nymphendolde *Astydamia latifolia* (L. f.) Baill. — Servilleta

0,1–0,4 m ♃ XII–IV

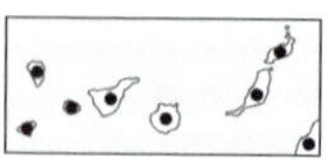

Merkmale Niedriger, aber kräftiger, oft gelbgrüner, kahler Doldenblütler mit fleischigen, am Grund verbreiterten, halb stängelumfassenden, gefiederten Blättern, Abschnitte breit, unregelmäßig eingeschnitten gezähnt und einwärts gedreht. Dolden bis 15-strahlig, mit zahlreichen lanzettlichen Hüll- und Hüllchenblättern. Blüten gelb. Früchte hellbraun, jeweils mit 3 Rippen, seitlich verbreitert, oft steril.
Vorkommen Küstenfelsen im Spritzwasserbereich. Kanaren, Madeira, Marokko.
Weitere Arten Hier auch bisweilen der an den Mittelmeerküsten verbreitete Meerfenchel *Crithmum maritimum* L., „perejil de mar". Die blaugrünen fleischigen Blätter 1–2fach gefiedert, mit linealen, zugespitzten Abschnitten. Blütendolden grünlich gelb (Blütezeit Sommer, alle Inseln außer L).

1

2

3

4a

4b

5

6

1 Weidenblättriges Hasenohr *Bupleurum salicifolium* R. Br. in BUCH

Anís salvaje (1a), anís de risco (1b)

0,5–2 m ♄ V–VIII

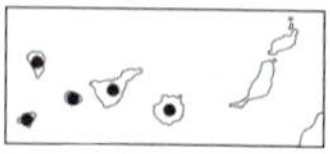

Merkmale Locker verzweigter, völlig kahler Strauch. Dolden 5–20-strahlig, mit Hülle und Hüllchen, Blüten grünlich gelb. Früchte ± eiförmig, etwa 7 mm, mit vorstehenden Rippen. Die ledrigen, lineal-lanzettlichen bis linealen und ausgesprochen spitzen Blätter graugrün, bei der häufigeren ssp. *aciphyllum* (WEBB ex PARL.) SUND. & KUNK. nur 3–5 mm breit, mit 5–6 deutlichen parallelen Nerven und sehr fein gekerbtem Rand (**1a**, nur Kanaren, H P G T C). Bei der ssp. *salicifolium* (**1b**, nur H G, Madeira) Blätter dagegen 8–15 mm breit, mit 7–9 parallelen Nerven und glattem Rand.
Vorkommen Trockene Felsstandorte der unteren und mittleren Stufe, zum Teil von Felsen herabhängend. Kanaren, Madeira, endemisch.

2 Jandía-Hasenohr *Bupleurum handiense* (BOLLE) KUNK.

Anís de Jandía

0,5–0,75 m ♄ V–VIII

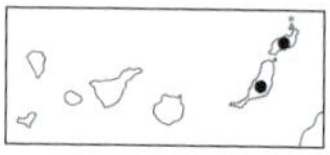

Merkmale Kleiner, aber kräftiger, kahler Felsenstrauch. Die ledrigen, graugrünen, ganzrandigen Blätter oval-länglich, stumpf oder mit aufgesetzter Spitze, nur 3–6 cm lang, 9–11-nervig. Dolden kompakt, 5–8-strahlig, mit Hülle und Hüllchen, Blüten grünlich gelb. Früchte ± eiförmig, deutlich gerippt.
Vorkommen Felswände in N- und NW-Exposition, selten. Kanaren-Endemit.
Weitere Arten Neben den strauchigen endemischen die 1-jährigen mediterranen Arten *B. semicompositum* L. (H G T C F I) und *B. lancifolium* HORNEM. (T C).

3 Zierliche Cryptotaenie *Cryptotaenia elegans* WEBB ex BOLLE

Perejíl de monteverde

0,2–0,5 m ⊙ IV–VIII

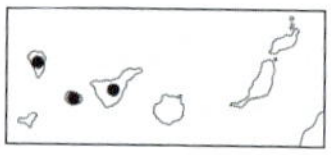

Merkmale Pflanze mit lang gestielten, dünnen, kahlen, 1–2fach gefiederten Blättern, Abschnitte eiförmig-lanzettlich, doppelt gesägt, mit sehr feinen, grannenartigen Zähnchen, Endlappen lang ausgezogen und zugespitzt. Obere Blätter 3-teilig oder einfach, schmal. Blütendolden seitlich abstehend in den oberen Blattachseln, lang gestielt, Doldenstrahlen bis zu 10, stark ungleich lang und sehr fein, wenige fädliche Hüll- und Hüllchenblätter. Die kugeligen, bald in ihre 2 Teile zerfallenden Früchte schwärzlich, etwa 2 mm, schwach gerippt und runzelig.
Vorkommen Schattig-feuchte Standorte, oft an Wegrändern im Lorbeerwald. Kanaren-Endemit.

4 Link-Rutenkraut *Ferula linkii* WEBB

Cañaheja

1–3 m ♃ I–V

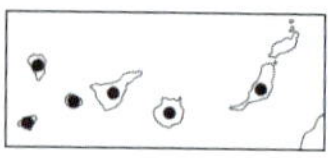

Merkmale Kräftige, hohe, kahle Pflanze mit vielfach gefiederten, bis 80 cm langen, am Grund zu großen Blattscheiden erweiterten Blättern, Abschnitte lineal bis fädlich, spitz, bis 1 cm lang und 0,5 mm breit, kaum fleischig. Die große Enddolde mit 16–24 etwa gleich langen Strahlen und 0–1-blättriger Hülle und Hüllchen, begleitet von zahlreichen kleineren Seitendolden, Blüten gelb. Zusammengedrückte, länglich-elliptische, 1–1,5 cm lange Früchte mit geflügeltem Rand, bei der Reife schwarz werdend. Molekulargenetische Untersuchungen ergaben eine große Übereinstimmung mit der mediterranen Art *F. communis* L.
Vorkommen Offene Standorte vom oberen Sukkulentenbusch bis in die subalpine Region, gebietsweise häufig. Kanaren-Endemit.

5 Lanzarote-Rutenkraut *Ferula lancerotensis* PARL.

Tajasnoyo

1–1,5 m ♃ XII–III

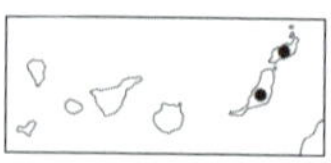

Merkmale Ähnlich *F. linkii*, aber Pflanze insgesamt kleiner, gedrungen, Blätter bis 60 cm lang, ihre Endabschnitte fleischig, flach, bis etwa 4 mm breit. Anzahl der reichblütigen Dolden geringer. Früchte eiförmig.
Vorkommen Felsen, Geröll, in nordexponierten Hängen. Kanaren-Endemit.
Weitere Arten Für Fuerteventura wurde *F. arnoldiana* SCHOLZ & REYES-BET. neu beschrieben. Die seltenere *F. latipinna* SANTOS hat graugrüne, 30–40 cm lange Blätter, ihre Endabschnitte 3–8 mm breit, mit kleiner aufgesetzter Spitze. Früchte verkehrteiförmig (Lorbeerwaldgebiete, Baumheide-Buschwald, P G, im Norden der Inseln, endemisch).

1a

1b

2

3

4

5

Heidekrautgewächse *Ericaceae*

1 Baum-Heide *Erica arborea* L. — Brezo

4–12(–20) m ♄ II–V

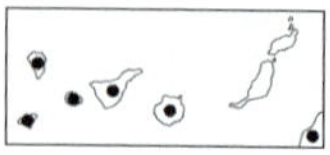

Merkmale Hoher Strauch oder Baum mit dicht abstehend weiß behaarten jungen Trieben (**1a**). Blätter nadelartig, 6–8 mm lang, in Quirlen zu 3–4, der umgerollte Rand die Unterseite vollständig bedeckend. Blüten in reichen Rispen, mit weißer, 2,5–4 mm langer, glockiger, 4-zipfeliger Krone (**1b**). Staubbeutel am Grund mit Anhängseln, Narbe rosa. Nutzung der Äste für Stützen oder Zäune in der Landwirtschaft, die Zweige zur Herstellung von Besen und das Wurzelholz für Pfeifenköpfe (bekannt als Bruyèrepfeifen).
Vorkommen Mit *Morella (=Myrica) faya* bestandsbildend und namengebend für den Baumheide-Buschwald (Fayal-Brezal, siehe S. 22 f.), auch in trockeneren Bereichen der Lorbeerwälder und im Unterwuchs feuchter, nordexponierter Kiefernwälder. Kanaren, Madeira. Im Mittelmeergebiet häufiger Bestandteil der Macchien und immergrünen Wälder auf sauren Böden, aber dort nur strauchförmig. Vorkommen bis zum Schwarzen Meer und in den Gebirgen O-Afrikas.
Weitere Arten Neu beschrieben wurde *E. canariensis* Rivas Mart. & al., eine Sippe, über die noch wenig bekannt ist.

2 Besen-Heide *Erica platycodon* (W. & B.) Rivas-Mart. & al. ssp. *platycodon* (*E. scoparia* L. ssp. *platycodon* (W. & B.) Hans. & Sund. — Tejo canario

1–6 m ♄ IV–VII

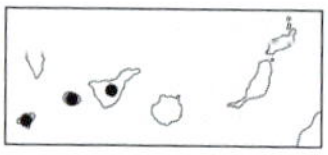

Merkmale Hoher schlanker Strauch, im Gegensatz zu *E. arborea* junge Zweige nahezu kahl. Die nadelartigen Blätter kräftiger, 6–11 mm lang, in regelmäßigen Reihen quirlständig zu 3–4, ihre Unterseite vom umgerollten Rand nur zu 2/3 verdeckt. Blüten grünlich, ± rot überlaufen, 2–3 mm lang. Staubbeutel am Grund ohne Anhängsel, Narbe dunkelrot.
Vorkommen Lorbeerwälder, viel seltener als *E. arborea*. Kanaren-Endemit, auf Madeira und den Azoren eigene endemische Arten und Unterarten, *E. scoparia* L. nur im westl. und zentralen Mittelmeergebiet.

3 Kanarischer Erdbeerbaum *Arbutus canariensis* Veill. — Madroñero canario

4–8(–15) m ♄ XII–V

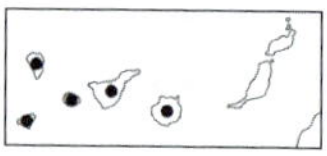

Merkmale Hoher Strauch oder Baum, auffällig durch glatte, rötlich braune Äste, von denen sich die Borke großflächig gelöst hat. Junge Triebe drüsig behaart. Blätter dunkelgrün und ledrig, gewöhnlich 12–16 cm lang, spitz länglich-lanzettlich, gekerbt-gesägt, mehr als 3-mal so lang wie breit, in einen etwa 2 cm langen, mit Drüsenhaaren besetzten Stiel verschmälert. Blüten in drüsig behaarten Rispen, Krone krugförmig mit 5 umgebogenen Zipfeln, rot überlaufen (**3a**). Früchte gelborange, fein warzig, 2–3 cm breit, essbar, aber kaum wohlschmeckend (**3b**).
Vorkommen Im unteren Bereich der Lorbeerwälder, lokal. Kanaren-Endemit.
Weitere Arten Gelegentlich gepflanzt und verwildert der in den Macchien des Mittelmeergebietes heimische *A. unedo* L.: Blätter lanzettlich, 2–3-mal so lang wie breit, weniger als 1 cm lang gestielt (T C).

Breiapfelgewächse *Sapotaceae*

4 Marmulan *Sideroxylon canariense* Leyens, Lobin & Santos — Marmolán canario

4–7(–12) m ♄ IX–III

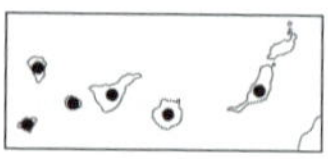

Merkmale Kleiner, immergrüner Baum mit weißem Milchsaft, junge Triebe fein graugrün behaart. Die ledrigen, kahlen Blätter mit unterseits hervortretender Mittelrippe, meist 7–12 × 2–3 cm groß, länglich, am Rand glatt, vorn stumpf, in einen 1,5–2,5 cm langen, behaarten Blattstiel verschmälert. Blüten kurz gestielt, büschelig zu 2–10 zwischen den Blättern, die 5-zipfelige weiße Krone etwa 5 mm lang, mit 5 kronblattartigen Staminodien und 5 herausragenden Staubblättern becherförmig verwachsen (**4a**). Zunächst rote, später schwarze, 10–17 mm lange, verkehrteiförmige Steinfrüchte mit ausdauerndem Griffel (**4b**).
Vorkommen Am Unterrand der Lorbeerwälder, heute noch an schwer zugänglichen Felsstandorten. Kanaren-Endemit. Die Vorkommen auf den Kapverden und Madeira werden heute als eigene Arten betrachtet.

1a

1b

2

3a

3b

4a

4b

Bleiwurzgewächse *Plumbaginaceae*

Von den Kanaren sind bisher 22 **Strandflieder**-Arten *Limonium* bekannt, nur 5 haben eine weitere Verbreitung. Dazu gehören auch *L. ovalifolium* (Poir.) Kuntze (mit der endemischen Unterart ssp. *canariense* Pign. auf Lobos) und das dekorative *L. sinuatum* (L.) Mill. mit buchtig fiederschnittigen Blättern und geflügelten Stängeln (T C F L, wohl Gartenflüchtling, auf L auch in der ssp. *beaumierianum* (Maire) Sauv. & Vindt). Von den endemischen, am Grund ± verholzten bis strauchigen Arten ist nur *L. pectinatum* (Ait.) Kuntze auf mehreren Inseln verbreitet und oft direkt am Meer zu finden, andere Arten gehen an den Nordküsten bis in den oberen Bereich des Sukkulentenbusches hinein. Fast alle sind selten und gefährdet, durch Vernichtung ihrer Standorte, aber auch durch Sammeln der ansprechenden, in Trockensträußen verwendeten Blütenstände mit den auffälligen, meist blauvioletten Kelchen und weißen Blüten. Einige Sippen werden inzwischen erfolgreich auch als Hybriden kultiviert.

1 Gelappter Strandflieder *Limonium thouinii* (Viv.) Kuntze (*L. lobatum* (L. f.) Chaz.)

Siempreviva celeste

0,1–0,3 m ⊙ III–IV

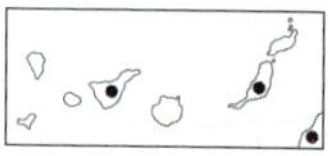

Merkmale Die graugrünen, buchtig-fiederschnittigen Rosettenblätter ausgebreitet niederliegend, an Nerven und Rändern steifhaarig. Stängel des Blütenstandes oberwärts 2-flügelig, an jedem Knoten mit 1 spitzen Anhängsel. Kelch weißlich, bis zur Hälfte mit 5 spitzen Lappen, die sich mit 5 Grannen abwechseln.
Vorkommen Trockene Unkrautfluren im Landesinneren. Kanaren, südl. Mittelmeergebiet, SW-Asien.

2 Strauchiger Strandflieder *Limonium frutescens* (Webb) Erben & al.

Siempreviva de El Fraile

0,2–0,5 m ♃ II–IV

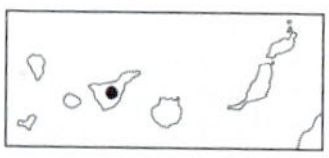

Merkmale Die eiförmigen Blätter in einen kurzen Stiel verschmälert, am Rand schwach gewellt, kahl. Stängel des Haupttriebes sehr schmal geflügelt, im Blütenstand mit stumpfen Anhängseln.
Vorkommen Küstennaher Sukkulentenbusch, im Nordwesten. Tenerife-Endemit.
Weitere Arten Ähnlich *L. arboreum* (Willd.) Erben & al. mit verholztem Stamm, bis 1,8 m hoch. Blätter schmal eiförmig, lang gestielt, Stängel des Haupttriebes breiter geflügelt, im Blütenstand mit spitzen Anhängseln (P T, im Norden).

3 Sventenius-Strandflieder *Limonium sventenii* Santos & Fern.

Siempreviva azul

0,5–0,7 m ♃ III–V

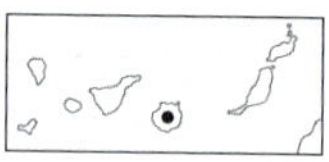

Merkmale Blattspreite oval, stumpf oder bespitzt, am Rand glatt, 8–14 cm lang, allmählich in einen höchstens ebenso langen Stiel verschmälert. Stängel des Blütenstandes kaum 1 mm breit geflügelt.
Vorkommen Felsen im Sukkulentenbusch, im Westen. Gran Canaria-Endemit.
Weitere Arten Ähnlich der **Despréaux-Strandflieder** *L. preauxii* (W. & B.) Kuntze,
4 aber Blattspreite plötzlich in den doppelt so langen Stiel verschmälert (C, im Süden). Im Westen der Insel 2 weitere, seltene Endemiten: *L. vigaroense* Marrero Rodr. & Almeida und *L. benmageci* Marrero Rodr.

5 Großblättriger Strandflieder *Limonium macrophyllum* (Brouss.) Kuntze

Siempreviva de Anaga

0,3–0,5 m ♃ II–V

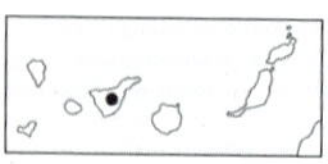

Merkmale Die sitzenden oder höchstens kurz gestielten Rosettenblätter unterseits mit auffällig kräftiger, teilweise roter Mittelrippe, verkehrtlanzettlich bis schmal eiförmig mit kleiner Spitze, zum Grund verschmälert und am Rand etwas gewellt, ± kahl, bis 30 cm lang. Stängel des Blütenstandes schmal geflügelt.
Vorkommen Felsen oberhalb der NO-Küste. Tenerife-Endemit.

6 Flaumhaariger Strandflieder *Limonium puberulum* (Webb) Kuntze

Siempreviva de Fariones

Bis 0,15(–0,35) m ♃ II–IV

Merkmale Blätter in einen Stiel verschmälert, länglich-eiförmig oder spatelig, mit feiner aufgesetzter Spitze, ± ganzrandig, sternhaarig weichfilzig. Stängel des Blütenstandes kaum geflügelt.
Vorkommen Meeresferne felsige Hänge der Nordküsten. Kanaren-Endemit.
Weitere Arten Ähnlich *L. bourgeaui* (Webb ex Boiss.) Kuntze, bis 0,5 m hoch, aber Blätter breit eiförmig-rhombisch, zum Grund hin schwach gelappt (L F).

1

2

3

4

5

6

1 Kohlblättriger Strandflieder *Limonium brassicifolium* (W. & B.) Kuntze Siempreviva hojac

0,2–0,3 m ♃ III–VI

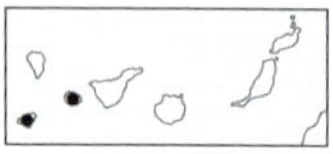

Merkmale Blätter ± kahl, buchtig gelappt, mit 10–15 cm großem Endlappen, zum ve schmälerten Grund hin mit 3–4 nur etwa 1 cm großen, gerundeten Abschnitten auf jeder Seite. Stängel des reich verzweigten Blütenstandes bis zu 20 mm breit geflügelt Fruchtstiele bei der ssp. *brassicifolium* bis 12 mm lang, bei der ssp. *macropterum* (W. & B.) Kunk. bis 25 mm lang.
Vorkommen Die ssp. *brassicifolium* an Felsstandorten der Nordküste von La Gomera, die ssp. *macropterum* „Siempreviva herreña" (Foto) vom Sukkulentenbusch bis in die Lorbeerwaldregionen im Westen von El Hierro. Kanaren-Endemit. In SW-Europa als Zierpflanze kultiviert und gelegentlich verwildert.
Weitere Arten Bis 5 mm breit geflügelter Stängel des Blütenstandes bei *L. redivivum* (Svent.) Kunk. & Sund., Blätter aber ungeteilt, verkehrteiförmig bis spatelig, lang gestielt (G). Sehr selten ist *L. relicticum* R. Mesa & al., Blätter ebenfalls ungeteilt, Stängel des Blütenstandes höchstens 1 mm breit geflügelt (G).

2 Dachiger Strandflieder *Limonium imbricatum* (Webb) Hubb. Siempreviva imbricad

0,1–0,3 m ♃ II–VI

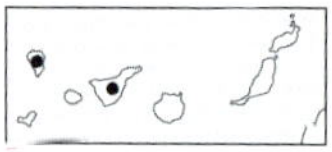

Merkmale Leicht kenntliche Art, Blätter länglich, tief fiederlappig mit größerem Endlappen. Abschnitte breit nierenförmig, schief und gewellt, zum Teil dachziegelartig übereinandergreifend, dicht weichhaarig. Stängel des reich verzweigten Blütenstandes breit wellig geflügelt
Vorkommen Küstenfelsen im Norden der Inseln. Kanaren-Endemit.
Weitere Arten *L. spectabile* (Svent.) Kunk. & Sund., Abschnitte lineal bis schmal eiförmig, graugrün bereift, verkahlend. Stängel des Blütenstandes nur undeutlich geflügelt. Sehr selten im Masca-Gebiet (T) wie auch *L. perezii* (Stapf) Hubb. mit ganzrandigen Blättern.

3 Warziger Strandflieder *Limonium papillatum* (W. & B.) Kuntze Siempreviva zigza

0,1–0,35 m ♃ XII–V

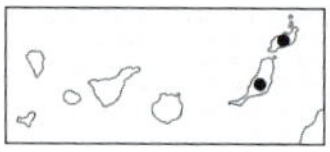

Merkmale Blätter klein, 2–5 cm lang, verkehrteiförmig, etwas ausgerandet mit feine Spitze, kahl, zur Blütezeit meist schon vertrocknet. Stängel des papillösen Blütenstandes nicht geflügelt, zickzackförmig, mit zahlreichen nicht blühenden Ästen. Blüten blauviolett mit weißlichen Kelchen.
Vorkommen Küstenfelsen im Norden. Kanaren, Selvagens, endemisch.
4 **Weitere Arten** Der **Knotige Strandflieder** *L. tuberculatum* (Boiss.) Kuntze ebenfalls mit warzigen, aber nicht zickzackförmigen Stängeln, graugrün, sehr stark vom Grund an verzweigt, meist ganz ohne Blätter, Blüten rosa (C, ausgestorben und wieder eingebürgert, F (Lobos), Marokko).

5 Kammförmiger Strandflieder *Limonium pectinatum* (Ait.) Kuntze Siempreviva de ma

0,05–0,3 m ♃ I–VI

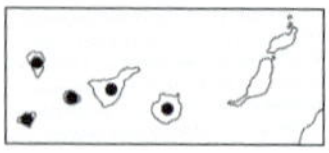

Merkmale Pflanze aufrecht wachsend oder mit niederliegenden Stängeln. Zahlreich Rosetten aus lang verschmälerten, nur 2–5 cm großen, schmal bis breit spateligen, stumpfen, zum Teil ausgerandeten und bespitzten, durch Salzausscheidungen grauen, kahlen Blättern an verzweigten Stämmchen. Auch an blühenden Stängeln bisweilen Gruppen von Blättern. Stängel der Blütenstände kantig, kaum geflügelt. Blüten klein. Formenreiche Art mit 4 Varietäten.
Vorkommen An Fels-und Sandküsten verbreitet, häufigste Art. Kanaren-Endemit.

6 Baumartiger Strandflieder *Limonium dendroides* Svent. Siempreviva gigant

0,5–3 m ♄ II–VI

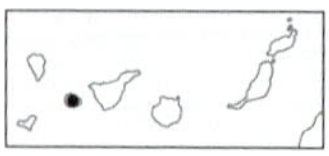

Merkmale Durch Größe und Wuchs ausgezeichneter, strauch- bis baumartiger Strandflieder, die Blätter rosettig an den Zweigenden, lanzettlich, spitz und kahl, in einen kurzen, stängelumfassenden Stiel verschmälert. Blütenstand mit gebogen-abstehenden, nicht geflügelten Ästen. 2 Unterarten wurden erkannt.
Vorkommen Offene, unzugängliche Felsstandorte im Süden, nur in kleinen Populationen, vom Aussterben bedroht. Gomera-Endemit.

1

2

3

4

5

6

Primelgewächse *Primulaceae* (incl. *Myrsinaceae*)

1 Heberdenie *Heberdenia excelsa* (AIT.) BANKS ex DC. — Adern

4–10(–20) m ♄ I–VI

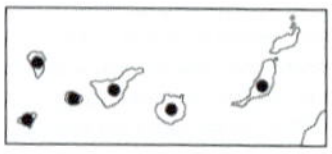

Merkmale Immergrüner Baum. Die kahlen, dunkelgrünen und ledrigen Blätter an den Zweigenden gehäuft stehend, eiförmig-rhombisch mit stumpflicher Spitze, in der deutlich abweichenden Form des Teno-Gebietes auch zugespitzt (**1a**), über der Mitte am breitesten und bisweilen schwach gezähnt, in einen kurzen Stiel verschmälert, 6–12 × 2,5–5 cm. Zwischen der charakteristischen, auffälligen Nervatur sehr feine, dunkelrote, nicht durchscheinende Drüsenpunkte (Lupe!). Blüten gestielt, in kleinen stammblütigen Trauben, mit 5 sternförmig ausgebreiteten, nicht verwachsenen, grünlich weißen, etwa 4 mm langen Kronblättern. Früchte beerenartig, 5–10 mm im Durchmesser, mit bleibendem Griffel, über weißlich, rosa, später violett bis dunkelblau, mit 3 Samen, essbar (**1b**).
Vorkommen Feuchtere Ausbildungen der Lorbeerwälder, im Thermophilen Buschwald, zerstreut. Kanaren, Madeira, endemisch.

2 Pleiomeris *Pleiomeris canariensis* (WILLD.) A. DC. — Delfin

Bis 10(–15) m ♄ XII–VIII

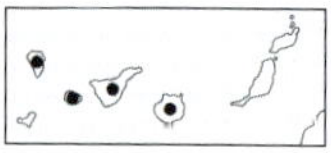

Merkmale Immergrüner Baum oder Strauch. Wechselständige, in einen sehr kurzen Blattstiel verschmälerte, hellgrüne, derb ledrige, eiförmig-längliche, stumpfe, am Rand etwas umgerollte, an den Zweigenden gehäuft stehende Blätter, an Magnolien erinnernd, mit bis zu 20 × 9 cm die größten im Lorbeerwald. Zwischen den ausgepräg ten Netznerven sind durchscheinende Drüsenpunkte deutlich erkennbar! Blüten auf kleinen Kurztrieben sitzend, mit weißer, sternförmig 5–7-zipfeliger, am Grund verwachsener Krone. Violettrote, beerenartige, 5–7 mm große Früchte mit bleibendem Griffel.
Vorkommen In N-Exposition im unteren Bereich der Lorbeerwälder und in Resten vom Thermophilen Buschwald, ziemlich selten, meistens nur in einzelnen Exemplaren. Kanaren-Endemit.

Ölbaumgewächse *Oleaceae*

3 Hohe Picconie *Picconia excelsa* (Ait.) DC. — Paloblanc

10–18 m ♄ I–VI

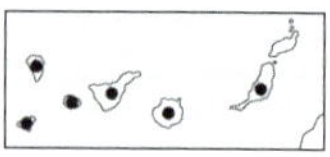

Merkmale Hoher immergrüner Baum, Borke weißlich grau mit großen Lentizellen. Blätter gestielt und gegenständig wie für Ölbaumgewächse typisch, dadurch von den übrigen lorbeerblättrigen Arten leicht zu unterscheiden. Die kahle, ledrige Spreite oberseits glänzend, kurz zugespitzt breit lanzettlich, ganzrandig, insgesamt etwas gewölbt und am Rand schwach umgerollt, 4,5–13 × 1,5–5 cm. Blüten (**3a**) mit tief 4-teiliger, 6 mm breiter, weißer Krone zu 6–12 in achselständigen, lockeren Trauben. 1–2 cm große, olivenförmige, zuletzt blauschwarze Früchte (**3b**).
Vorkommen Im unteren Bereich der Lorbeerwälder, zerstreut. Kanaren, Madeira, endemisch.

4 Kanaren-Ölbaum *Olea europaea* L. ssp. *guanchica* VARGAS & al. — Acebuch

3–6 m ♄ IV–VI

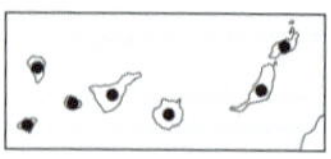

Merkmale Immergrüner, locker verzweigter Strauch oder Baumstrauch mit biegsamen Zweigen. Die gegenständigen, kurz gestielten Blätter lineal-lanzettlich, bespitzt, oberseits dunkel graugrün, unterseits weißlich schuppig. Blüten (**4a**) traubig in den Blattachseln, weißlich, 4-zipfelig mit kurzer Röhre. Früchte (**4b**) nur wenig fleischig, 0,7–1,5 cm lang, braunrot, später schwarz.
Vorkommen Thermophile Buschwälder oberhalb vom Sukkulentenbusch, zerstreut. Kanaren-Endemit. Die Vorkommen auf Madeira werden als ssp. *cerasiformis* KUNK. & SUND. und in SW-Marokko als ssp. *maroccana* (GREUT. & BURD.) VARGAS betrachtet.
Weitere Arten Kulturbaum und gelegentlich verwildert der Ölbaum des Mittelmeergebietes *O. europaea* L. ssp. *europaea*, mit breiteren, aber kürzeren Blättern und größeren, fleischigen Früchten.

1a
1b
2
3a
3b
4a
4b

Ölbaumgewächse *Oleaceae*

1 Wohlriechender Jasmin *Jasminum odoratissimum* L. — Jasmín silvestr

1,5–4(–6) m ♄ XII–IV

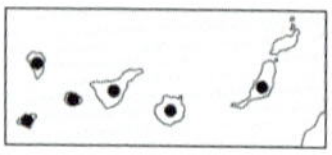

Merkmale Strauch mit wechselständigen (Ausnahme bei den Ölbaumgewächsen!), 3- oder seltener 5-zählig gefiederten, immergrünen, kahlen Blättern. Blättchen eiförmig-länglich, das endständige gewöhnlich größer, 1–5 × 1–2,5 cm. Blüten in Doldentrauben an den Zweigenden, gelb, mit langer Kronröhre und kürzerem, 5–8-zipfeligem, 10–15 mm breitem Saum. Olivenförmige, etwas fleischige, anfangs durchscheinende, zuletzt schwarze, 2-samige Früchte.
Vorkommen Thermophile Buschwälder am Oberrand des Sukkulentenbusches. Kanaren, Madeira, endemisch.

2 Schmalblättrige Steinlinde *Phillyrea angustifolia* L. — Olivill

1–2,5 m ♄ III–V

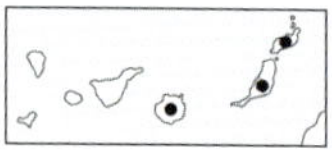

Merkmale Strauch mit gegenständigen, dunkel immergrünen, linealen bis schmal lanzettlichen, meist ganzrandigen Blättern. Duftende Blüten in kleinen Trauben, die 4-zipfelige Krone grünlich weiß, 2 mm lang. Zuletzt blauschwarze, fleischige Steinfrüchte mit ± bleibendem Griffel.
Vorkommen Kiefernwälder im Nordwesten von Gran Canaria (auf F und L selten), wohl einheimisch. Verbreitet in Macchien des westl. Mittelmeergebietes.

Enziangewächse *Gentianaceae*

3 Kanarenenzian *Ixanthus viscosus* (Sm.) Griseb. — Reina del mont

0,5–2 m ♃ III–VI

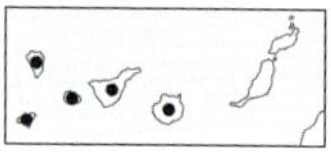

Merkmale Kräftige, am Grund verholzte, klebrige Pflanze. Die gegenständigen, ganzrandigen Blätter sitzend, spitz eiförmig-lanzettlich, bis 10 cm lang, mit 3 oder 5 parallelen Hauptnerven. Von jeweils 2 auffälligen, verwachsenen Hochblättern gestützte, 5-zipfelige, gelbe Blüten in großen rispigen Blütenständen. Kelch glockenförmig, 5-zähnig. Kapsen etwas fleischig, mit zahlreichen schwarzen Samen.
Vorkommen Lorbeerwälder, zerstreut. Kanaren-Endemit.

4 Zartblütiges Tausendgüldenkraut *Centaurium tenuiflorum* (Hoffm. & Link) Fritsch ssp. *tenuiflorum* — Centaura fin

0,15–0,25(–0,4) m ⊙ IV–VI

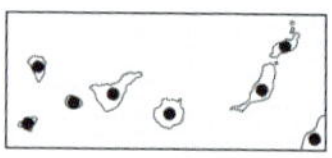

Merkmale Zur Blütezeit meist mit einer Rosette aus eiförmigen bis elliptischen, am Grund 3-nervigen Blättern und 5–9 Paaren von gegenständigen Stängelblättern. Blüten in ± reichen Trugdolden (2–90-blütig), die 7–10 mm lange Kronröhre den Kelch meist etwas überragend, mit 5 spreizenden, 2–4 mm langen rosa Zipfeln.
Vorkommen Feuchte offene Standorte, oft in Meeresnähe. Kanaren, Madeira, Azoren, Mittelmeergebiet.
Weitere Arten Eingeschleppt auch die weit verbreitete Art *C. erythraea* Rafn (H P T C) und die beiden mediterranen Arten *C. spicatum* (L.) Fritsch (G) und *C. maritimum* (L.) Fritsch (C, gelbblütig).

Hundsgiftgewächse *Apocynaceae* (incl. *Asclepiadaceae*)

5 Glatte Baumschlinge *Periploca laevigata* Ait. — Cornica

1–2 m ♄ IX–III

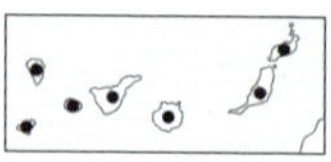

Merkmale Milchsaft führender Strauch mit windenden, kastanienbraunen Trieben. Blätter gegenständig, kahl und etwas ledrig, verkehrteiförmig-lanzettlich, am Grund in einen kurzen Stiel verschmälert, 2–6 cm lang. Blüten in kleinen Rispen in den oberen Blattachseln. Krone 1–2 cm breit, mit 5 ausgebreiteten, länglichen, außen gelblich grünen, innen braunpurpurnen und bisweilen weißen Abschnitten, die Nebenkrone mit 5 pfriemlichen Anhängseln. Bis 15 cm lange, gegenüberstehende, am Grund verwachsene, spitze Balgfrüchte. Samen flach, mit seidigem Haarschopf. Giftpflanze.
Vorkommen Sukkulentenbusch, Kanaren, Selvagens, endemisch.

1

2

3

4

5

1 Burchard-Fliegenblume *Caralluma burchardii* N. E. Br. — Cuernú

0,1–0,2 (–5 m) ♃
XII–IV

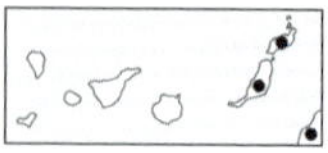

Merkmale Sukkulente, olivgrüne bis graue Pflanze mit unterirdischen Ausläufern un aufrechten, fleischigen, gegliederten, 4-kantigen Stämmchen. An nach unten gerichteten Höckern junger Triebe winzige, löffelartige, bald abfallende Blättchen. Blüten mit Aasgeruch, etwa 13 mm breit, mit kurzer Röhre und 5 dreieckigen, purpurbraunen, weiß behaarten Zipfeln (**1a**). Gegenüberstehende, bis 10 cm lange, violett gesprenkelte, glatte hornförmige Balgfrüchte (**1b**). Von Lanzarote wurde die var. *sventenii* Lamb. beschrieben. Giftpflanze.
Vorkommen Felsspalten im Sukkulentenbusch, selten. Die ssp. *burchardii* auf den Kanaren endemisch (fragliches Vorkommen auf Gran Canaria), in SW-Marokko die ssp. *maura* (Maire) Meve & Albers.

2 Rotbraune Leuchterblume *Ceropegia fusca* Bolle — Cardoncillo gri

0,3–1 m ♃ XII–V

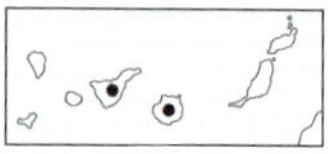

Merkmale Die fleischigen, zylindrischen, gegliederten Stämmchen zunächst einfach und aufrecht, später unregelmäßig verzweigt, auch niederliegend und wurzelnd, braungrün bis grauweiß und weiß, mit wachsartigem Überzug, 8–15 mm dick. Blätter hinfällig, bis 5 cm lang und sehr schmal, gegenständig (**2a**). Rotbraune, als „Gleitfallenblumen" ausgebildete Blüten zu 2–8 (auf C auch zu über 20!) an den Einschnürungen, mit 2–3 cm langer, „leuchterähnlicher" Krone: die Röhre im unteren Drittel etwas aufgeblasen, oben trichterförmig erweitert und mit 5 an der Spitze verbundenen, Fenster freilassenden Zipfeln, die den durch Aasgeruch angelockten Fliegen Zutritt gewähren (**2b**). Balgfrüchte 10–15 cm. Giftpflanze.
Vorkommen Sukkulentenbusch, auf junger Lava. Kanaren-Endemit, La Palma?

3 Gabelige Leuchterblume *Ceropegia dichotoma* Haw. — Cardoncillo verd

0,4–1,5 m ♃ II–V

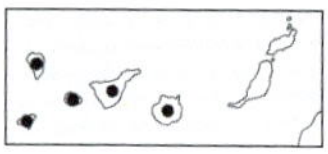

Merkmale Ziemlich regelmäßig verzweigte Art aus grünvioletten oder grünen, späte graugrünen, 5–20 mm dicken, fleischigen, zylindrischen, gegliederten Stämmchen. Nur an frischen Trieben gegenständige, länglich-lanzettliche, 2–12 cm lange Blätter. Wie bei obiger Art an den Einschnürungen „leuchterähnliche" gelbe Blüten zu (1–)2–10(–15), mit 3–4 cm langer Krone, Röhre außen blassgelb bis gelb, im unteren Drittel kaum aufgeblasen und oben nicht erweitert, Zipfel an den Rändern nach außen umgebogen, an der Spitze meist bleibend verbunden (ssp. *dichotoma*, **3a**, Foto von T). Balgfrüchte 10–12 cm lang. Die von P und H beschriebene *C. hians* Svent. (**3b**) mit außen weißlicher Kronröhre und zuletzt an der Spitze spreizenden Kronlappen wird in diese Art einbezogen.
Als *C. dichotoma* ssp. *krainzii* (Svent.) Bruyns (incl. *C. chrysantha* Svent., sehr selten auf T, und *C. ceratophora* Svent. von G) wurden die Vorkommen auf La Gomera mit 5–30 mm dicken Trieben, kleineren und schmaleren Blättern und Blüten zu (5–)10–50(–70) abgetrennt. Giftpflanzen.
Vorkommen Sukkulentenbusch, in einigen Küstenbereichen zum Teil in größeren Beständen, auch zusammen mit *Euphorbia aphylla*. Kanaren-Endemit.

4 Seidenpflanzenbaum, Oscher *Calotropis procera* (Ait.) Ait. f. — Árbol de la seda

1–3(–6) m ♄ I–V

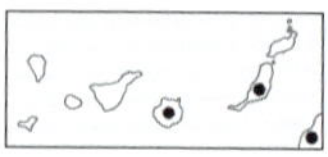

Merkmale Wie die übrigen Arten der Familie Milchsaft führend. Strauch oder kleiner Baum mit gegenständigen, ± sitzenden, etwas fleischigen, anfangs dicht behaarten, graugrünen, breit eiförmigen Blättern mit kleiner Spitze und abgerundetem Grund, bis 25 × 22 cm groß. Blüten doldenartig an den Zweigenden, etwa 20 mm breit, mit 5 spreizenden, weißen, innen am Ende purpurnen Zipfeln. Rundliche bis schief eiförmige, 8–12 cm lange, schwammige Balgfrüchte. Giftpflanze.
Vorkommen Kanaren, eingebürgert am Rand zeitweiliger Wasserläufe, Barrancos, Heimat N-Afrika, SW-Asien, in subtropischen Trockengebieten fast weltweit.
Weitere Arten Verwildert auf allen Inseln und Madeira *Asclepias fruticosa* L. (*Gomphocarpus fruticosus* (L.) Ait. f.), mit 1 cm breiten weißen Blüten und weich bestachelten Balgkapseln (auch Mittelmeergebiet, Heimat S-Afrika).

1a

1b

2a

2b

3a

3b

4

1 Plocama *Plocama pendula* AIT. Bal

1–4 m ♄ III–VII

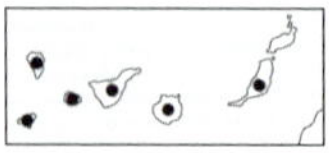

Merkmale Strauch oder kleiner Baum mit schlanken, überhängenden Ästen, auffällig durch intensives Grün selbst während der Trockenperiode. Blätter zerrieben von unangenehmem Geruch, gegenständig, herabhängend, fadenförmig schmal, etwa 5 cm lang. Blüten unscheinbar, mit 5–7-zipfeliger weißlicher Krone (**1a**). Zunächst fleischige weißliche, später trockene schwarze, kleine kugelige Früchte (**1b**).
Vorkommen Häufig in der unteren Stufe, Felshänge, Barrancos, auf den östl. Inseln seltener. Kanaren-Endemit.

2 Edle Phyllis *Phyllis nobla* L. Capitan

0,5–1 m ♄ III–VIII

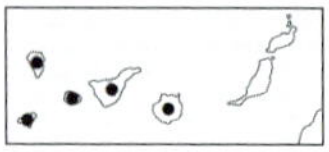

Merkmale Aufrecht verzweigter Halbstrauch. Die lanzettlichen, 0–2 cm lang gestielten Blätter gegenständig oder in Wirteln zu 3–4, hellgrün und schwach klebrig, bisweilen besonders an den Rändern behaart, 3–14 cm lang. Blüten unscheinbar, meist zwittrig, 2–8 mm lang gestielt, in lockeren, durchblätterten, 8–30 cm hohen Rispen. Krone 4–5-blättrig, blassgrün oder weiß, 2–5 mm breit, ohne Kelch. Dunkelbraune, 2,5–4 mm lange, kahle Früchte, in 2 Teilfrüchte zerfallend.
Vorkommen Lichtungen im Lorbeerwald, häufig. Kanaren, Madeira, endemisch.
3 **Weitere Arten** Kleiner und stärker verzweigt ist die **Klebrige Phyllis** *Phyllis viscosa* CHRIST, Blätter immer gestielt und klebrig, 3–8 cm lang. Blütenstand dichter, bis 14 cm lang, nur mit häutigen kleinen Blättchen. Die Blüten selbst 2-häusig, nur 1–2 mm lang gestielt, mit 5-blättriger, gelblicher Krone und winzigen, ausdauernden Kelchblättern. Früchte bis 2,5 mm, kurz behaart (Felsspalten im Sukkulentenbusch, H G T, Kanaren-Endemit).

4 Strauchiger Krapp *Rubia fruticosa* AIT. Tasaig

1–2 m ♄ I–IV

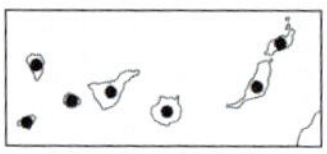

Merkmale Ältere Triebe verholzt, junge krautig und zerbrechlich, gerillt, wie Blattränder und Mittelnerven der Blattunterseiten von kleinen rückwärts gerichteten Zähnen rau und mit diesen klimmend. Blätter elliptisch, spitz, ledrig, glänzend dunkelgrün, in einen kurzen Stiel verschmälert, in Wirteln zu 2–6, gewöhnlich 2–3 cm lang. Blüten unscheinbar, 3–5 mm breit, grünlich gelblich, mit 5 länglich-lanzettlichen, stumpfen oder spitzen Zipfeln. Kugelige, beerenartige, 4–6 mm große Früchte, durchscheinend weißlich bei der ssp. *fruticosa* (**4a**) in vom Passat beeinflussten Gebieten (alle Inseln, Madeira) oder fast schwarz bei der ssp. *melanocarpa* (BORNM.) BRAMW. (G T C, häufiger im Süden). Nur in Lorbeerwäldern die ssp. *periclymenum* (SCHENCK) SUND. (**4b**) mit besonders großen, bis zu 8 cm langen, dünnen, länger gestielten Blättern (G T C).
Vorkommen Sukkulentenbusch, Lorbeerwälder. Kanaren, Madeira, endemisch.
Weitere Arten Wie vorige Art klimmend, mit krautigen, schwach 4-kantig geflügelten
5 Stängeln der **Agostinho-Krapp** *R. peregrina* L. ssp. *agostinhoi* (DANS. & SILVA) VALDÉS & LOPEZ: Blätter sitzend, sehr schmal elliptisch bis lineal, ledrig und dunkelgrün, 1–8 cm lang, in Quirlen meist zu 8. Blüten unscheinbar, gelb, 4–7 mm breit, mit 5–6 zugespitzten Zipfeln. Zuletzt glänzend schwarze Früchte (alle Inseln, Madeira, Azoren westl. Mittelmeergebiet, blüht IV–VII). Die ssp. *longifolia* (POIR.) O. BOLÓS bisher nur selten auf F, westl. Mittelmeergebiet.

6 Raues Labkraut *Galium scabrum* L. Raspilla de sombr

0,3–0,8 m ♃ IV–VII

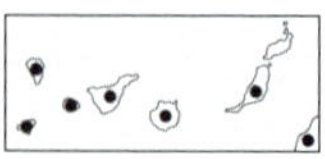

Merkmale Pflanze weich und dicht abstehend behaart. Blätter immer in Quirlen zu viert, 1–4 cm lang, eiförmig-elliptisch, vom Grund an 3-nervig, angedrückt behaart. Blütenkrone 2,5–4 mm breit, weiß, 4-zipfelig. Die 2 fast kugeligen Teilfrüchtchen 2 mm, mit abstehenden, hakenförmigen Haaren.
Vorkommen Vor allem im Unterwuchs von Lorbeerwäldern. Kanaren, Madeira, Kapverden, westl. Mittelmeergebiet.
Weitere Arten 9 weitere, überwiegend einjährige, mediterrane *Galium*-Arten vor allem im Kulturland. Auf allen Inseln ebenfalls einjährig *Valantia hispida* L. und die auch in Mitteleuropa verbreitete *Sherardia arvensis* L.

1a
1b
2
3
4a
4b
5
6

Von den 15 angegebenen **Winden** *Convolvulus* sind 10 Arten kanarisch-endemisch. Die ausdauernd-krautige Eibischblättrige Winde *C. althaeoides* L. aus dem Mittelmeergebiet ist mit ihren lebhaft rosa gefärbten, 2,5–4 cm langen Trichterblüten auf allen Inseln auffällig, ebenso die zierliche 1-jährige Art *C. siculus* L. mit blauen, im Schlund gelben, deutlich 5-lappigen, 7–12 mm langen Blüten, die dreifarbige *C. tricolor* L. wächst nur auf T und C. Fast weltweit verbreitet ist *C. arvensis* L. (alle Inseln). In Zierrasen und Trittgesellschaften verwildert und leicht zu übersehen ist die kleine, in warmen Gegenden weit verbreitete, kriechende, unscheinbare *Dichondra micrantha* URB. mit nierenförmigen Blättern (T C F). Zahlreiche windende *Ipomoea*-Arten mit attraktiven, großen, blauvioletten Blüten trifft man aus Gärten verwildert häufig (siehe S. 298). Auch die bisweilen kultivierte Süßkartoffel *Ipomoea batatas* (L.) LAM. mit hellvioletten, am Grund dunkleren, 3–5 cm breiten Blüten gehört zu dieser Familie.

1 Blütenreiche Winde *Convolvulus floridus* L. f. — **Guaidi**

2–4 m ♄ II–VI

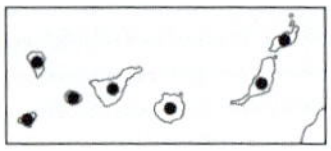

Merkmale Hoher Strauch mit aufrechten bis überhängenden Ästen (**1a**). Die dunkel- oder graugrünen Blätter lang verschmälert lineal-lanzettlich, weidenartig, mit unterseits hervortretender Mittelrippe, am Rand oft etwas gewellt, in Länge und Breite sehr unterschiedlich, 2,5–14 × (0,15–)0,4–2,2 cm, fein anliegend kurzhaarig. 6 bis zu 50 und mehr Blüten in großen, reich verzweigten, endständigen Blütenständen, Krone außen weiß oder blassrosa gestreift, etwa 15 mm lang (**1b**). Kelchblätter 4 mm, hautrandig, die äußeren länglich-spatelig, bespitzt, dicht behaart. Formenreiche Art mit 4 Varietäten.
Vorkommen Sukkulentenbusch, oft in *Euphorbia canariensis* vor Ziegenverbiss geschützt wachsend, inzwischen auch häufige Zierpflanze. Kanaren-Endemit.

2 Besen-Winde *Convolvulus scoparius* L. f. — **Leñanoe**

1–2 m ♄ II–VIII

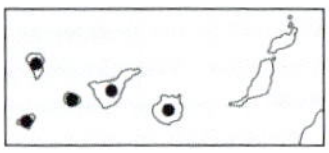

Merkmale Als Rutenstrauch leicht kenntlich, mit grünen oder graugrünen, aufrechten, biegsamen Ästen. Die hinfälligen Blätter fädlich, 1-nervig, etwas fleischig und fein behaart, bis 4,5 cm lang. Blüten meist zu 3–7 in den Blattachseln, Krone 10–12 mm lang, außen weiß oder blassrosa. Äußere Kelchblätter verkehrtlanzettlich, bespitzt, angedrückt behaart, 5 mm lang.
Vorkommen Sukkulentenbusch, lokal häufig. Kanaren-Endemit.

3 Medusenhaupt-Winde *Convolvulus caput-medusae* LOWE — **Chaparro canari**

0,1–0,3 m ♄ I–V

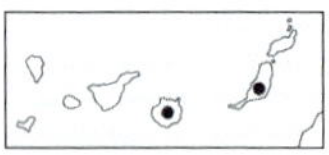

Merkmale Sparriger, niedriger, dicht angedrückt behaarter Strauch mit stechenden Ästen. Kleine graugrüne, sitzende, spatelförmige bis lineale Blätter, 3–15 × 2–3 mm. Blüten fast sitzend, einzeln in den Blattachseln, weiß, außen rosa, 10 mm lang. Kelchblätter länglich, mit oder ohne Spitzchen, 3–5 mm.
Vorkommen Nur noch an wenigen, windgefegten, bedrohten Küstenstandorten. Kanaren-Endemit.

4 Kanaren-Winde *Convolvulus canariensis* L. — **Corregüelón de mont**

Bis 10 m ♄ III–VII

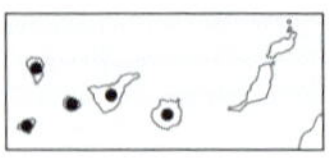

Merkmale Kräftige, wenigstens im unteren Teil verholzte, locker zottig behaarte Liane, Bäume oder Sträucher manchmal völlig überwuchernd. Blätter deutlich gestielt spitz eiförmig-länglich, 4–10(–15) × 1,5–6 cm, ohne durchscheinende Drüsenpunkte. Blütenstände gestielt, mit 3–11 attraktiven, bläulichen, im Schlund gelben, bis 18 mm langen Blüten. Kelchblätter elliptisch-lanzettlich, zottig, 8–10 mm.
Vorkommen Lorbeerwälder, Baumheide-Buschwälder. Kanaren-Endemit.
5 **Weitere Arten** In die Verwandtschaft gehören 2 weitere, am Grund verholzte, nicht ganz so kräftige und nicht so hoch windende, seltene Endemiten: Die **Famara-Winde** *C. lopezsocasi* SVENT., Blätter elliptisch-lanzettlich, ± kahl, mit durchscheinenden Drü-
6 senpunkten, Blüten bis zu 6, Krone rosa, am Grund gelblich (L). Bei der **Verschiedenblättrigen Winde** *C. volubilis* LINK Blätter lineal-lanzettlich, ± kahl, mit durchscheinenden Drüsenpunkten und deutlicher Netznervatur, die großen Tragblätter dagegen eiförmig-länglich. Blüten einzeln oder bis zu 3, Krone außen rosaviolett, innen nur streifig rosaviolett genervt (T G).

1a

1b

2

3

4

5

6

Windengewächse *Convolvulaceae*

1 Kleinstrauchige Winde *Convolvulus fruticulosus* Desr. — Corregüelón cenizo

1–2 m ♄ XII–VI

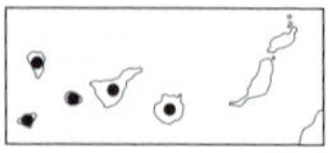

Merkmale Formenreiche, auf den einzelnen Inseln stark variierende, strauchige Art, in sich kletternd und etwas windend. Die sehr kurz gestielten Blätter ohne Drüsenpunkte, bis 4,5 cm lang, länglich-lanzettlich, bespitzt, ganzrandig, am Grund herzförmig, graugrün, fein filzig mit charakteristischen Ringelhaaren. Blüten meist zu 1–3 in den Blattachseln, Krone blassblau, etwa 15 mm lang, schwach gelappt, mit schmalen dunkleren, behaarten Bändern. Kelchblätter elliptisch-spatelig, behaart, 7–10 mm. Früchte kugelige, bespitzte Kapseln.
Die bisher als 4 Arten *Convolvulus perraudieri* Coss., *C. fruticulosus* Desr., *C. subauriculatus* (Burch.) Lind. und *C. glandulosus* (Webb) Hall. beschriebenen Sippen werden heute zu einer Art *C. fruticulosus* Desr. mit zwei Unterarten zusammengefasst. Bei der ssp. *fruticulosus* (*C. perraudieri* Coss., *C. subauriculatus* (Burch) Lind.) sind die Kelchblätter stumpf, kaum spitz und die Blätter am Grund fast herzförmig, Pflanzen insgesamt kurzfilzig (G, T, **1a**). Bei der ssp. *glandulosus* (Webb) Wood & Scotland (*C. glandulosus* (Webb) Hall.) sind die Kelchblätter dagegen schmal-eiförmig und zugespitzt, die Blätter am Grund abgerundet oder gestutzt, kahl oder dünn behaart (P, C, **1b**).
Vorkommen Felsstandorte, selten. Kanaren-Endemit.

Raublattgewächse *Boraginaceae*

Neben den zahlreichen Endemiten treten einige mediterrane Raublattgewächse häufiger auf, wie *Anchusa azurea* Mill. und *Borago officinalis* L. auf allen Inseln oder *Cynoglossum creticum* Mill. (P G T C), *Neatostema apulum* (L.) Johnst. (T C F L) und auch *Buglossoides arvensis* (L.) Johnst. (T C F L).

2 Ästige Sonnenwende *Heliotropium ramosissimum* (Lehm.) DC. (*H. erosum* Lehm.) — Camellera

0,2–0,4 ♃ XII–VI

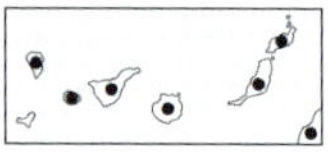

Merkmale Am Grund verholzte graugrüne Pflanze mit niederliegenden bis aufsteigenden Stängeln, fein behaart und mit weißen Borstenhaaren. Blätter fast sitzend, eiförmig-rhombisch, am Rand gewellt-gekerbt und umgebogen. Saum der 5-lappigen Blütenkrone 3–4 mm breit. 2 oder 4 braune Nüsschen.
Vorkommen Küstennahe Standorte. Kanaren, Madeira, Kapverden, NW-Afrika.
Weitere Arten *H. europaeum* L., 1-jährig, die gestielten Blätter flach und ganzrandig, grün bis graugrün, weich behaart (P T C F L, Mittelmeergebiet).

3 Strauchige Ceballosie *Ceballosia fruticosa* (L. f.) Kunk. (*Messerschmidia fruticosa* L. f.) — Duraznillo

1–3 m ♄ I–XII

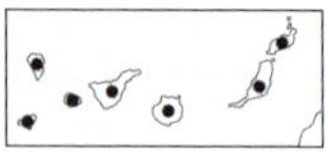

Merkmale Lockerer Strauch, bisweilen Bäumchen bildend, mit einfachen, warzig-rauen, verschiedenartigen Blättern: gestielt und eiförmig-lanzettlich bei der var. *fruticosa* (Foto, alle Inseln) oder nahezu sitzend und lineal, fast sichelförmig bei der var. *angustifolia* (Lam.) Kunk. (G T C). Blütenkrone grünlich weiß, zum Teil wohlriechend, etwa 5 mm lang, mit enger, außen borstig behaarter Röhre und 5 spitzen abstehenden Zipfeln. 2 etwas fleischige, schwarze Teilfrüchte.
Vorkommen Sukkulentenbusch. Kanaren-Endemit.

4 Breitblättriges Vergissmeinnicht *Myosotis latifolia* Poir. — Nomeolvides de monte

0,1–0,6 m ♃ II–V

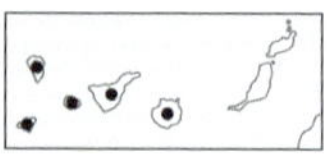

Merkmale Grundblätter groß, eiförmig, lang verschmälert. Blütenkrone mit blauem, flachem, etwa 1 cm breitem Saum, Kronröhre 2-mal so lang wie der Kelch. Dieser mit abstehenden, hakig gekrümmten Haaren, zur Fruchtzeit offen.
Vorkommen Lorbeerwälder, feuchte Mulden. Kanaren, Algerien?
Weitere Arten Einjährig, Blüten kaum 3 mm breit bei *M. discolor* Pers. in der endemischen ssp. *canariensis* (Pit.) Grau (H? P G T C) und *M. ramosissima* Rochel (H P T C), beide Arten auch in Mitteleuropa.

1a

1b

2

3

4

1 Kleinsamige Mairetis *Mairetis microsperma* (Boiss.) Johnst. — Alacranillo azul

0,1–0,25 m ⊙ II–IV

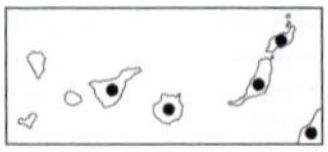

Merkmale Kleines, aufrechtes Raublattgewächs, an Natternkopf-Arten erinnernd, mit länglich-spateligen, in einen Stiel verschmälerten Blättern. Blütenstände einseitswendig, Blüten ± sitzend, dicht stehend, mit etwa 5 mm langer, gleichmäßig 5-zipfeliger blauer, weiß aufblühender Krone. Kelch auf den Nerven mit steifen abstehenden, dazwischen mit kurzen, angedrückten Haaren, etwa bis zur Hälfte verwachsen, mit schmalen, aufrechten Zähnen, sich zur Fruchtzeit vergrößernd.
Vorkommen Dünen, beweidete sandige Flächen. Kanaren, SW-Marokko.

Aus der Gattung **Natternkopf** *Echium* hat sich neben den 23 Kanaren-Endemiten bisher nur 1 mediterrane Art behaupten können: *E. plantagineum* L., an Wegrändern und im Kulturland, 1–2-jährig, mit wegerichblättriger Grundrosette aus angedrückt weichborstigen Blättern und sitzenden, am Grund herzförmigen Stängelblättern. Blütenkrone blau, später rot, 18–30 mm lang (H P G T C). Ein noch seltener Neubürger ist *E. horridum* Batt. (C, im Südosten, N-Afrika).

2 Bonnet-Natternkopf *Echium bonnetii* Coincy — Viborina canaria

0,1–0,25 m ⊙ XII–V

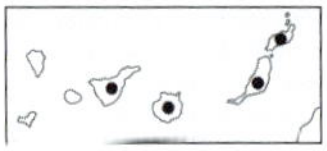

Merkmale Pflanze meist mit bis zu 5-blättriger Grundrosette aus borstig rau behaarten, gestielten, verkehrtlanzettlichen, spitzen, 4–9 cm lang Blättern. Stängelblätter ebenfalls gestielt, die oberen lineal. Blütenkrone schmal trichterförmig, blau, 8–15 mm lang, der obere Zipfel länger als die unteren, Staubblätter herausragend. Gewöhnlich keine Grundrosette hat die var. *fuerteventurae* (Lems & Holzapfel) Bramw. (nur auf F).
Vorkommen Trockene Standorte in der unteren Stufe. Kanaren-Endemit.
3 **Weitere Arten** Ähnlich der **Lanzarote-Natternkopf** *E. lancerottense* Lems & Holz., aber Blätter eiförmig, weich behaart, weniger borstig. Zipfel der Blütenkrone fast gleich lang, Staubblätter eingeschlossen (L, im Norden). Krautig ist auch *E. triste* Svent. mit linealen Blättern und blassrosa Blüten in 2 Unterarten (G T C).

4 Stacheliger Natternkopf *Echium aculeatum* Poir. — Ajinajo

0,5–1(–2) m ♄ II–V

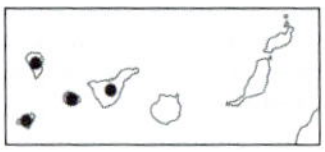

Merkmale Kompakter kleiner Strauch, Blätter kurz gestielt, bis 15 cm lang und 3–5 mm breit, lineal, spitz, beiderseits rauhaarig, am Rand und auf dem Mittelnerv stachelig borstig. Blütenstand dicht, abgerundet breit kegelförmig, die fast sitzenden, seitlich zusammengedrückten Blüten weiß, 10–15 mm lang, Kelchzähne schmal lineal, fast so lang wie die Krone.
Vorkommen Sukkulentenbusch, lokal bis in Kiefernwälder. Kanaren-Endemit.
5 **Weitere Arten** Ähnlich der **Kurzästige Natternkopf** *E. brevirame* Sprague & Hutch., aber Blätter 5–8 mm breit, schmal verkehrtlanzettlich bis lineal, stumpf bis fein bespitzt. Die seitlich zusammengedrückten, weißen Blüten deutlich gestielt (bis 3,5 mm), 10–12 mm lang, Kelch nur 3–6 mm, mit breiteren, lanzettlichen Zähnen, zur Fruchtzeit aber vergrößert (La Palma-Endemit).

6 Riesengroßer Natternkopf *Echium giganteum* L. f. — Taginaste gigante

Bis 2,5 m ♄ II–IV

Merkmale Hoher Strauch, die deutlich gestielten Blätter lanzettlich, ± weich behaart, nur bisweilen mit kleinen, stacheligen Borsten, 1,5–3,5 cm breit. Blütenstand breit kegelförmig, ohne Seitenäste am Grund, die seitlich zusammengedrückte weißliche Krone 1–2 cm, der Kelch nur 5–7 mm, mit lanzettlichen Zähnen.
Vorkommen Sukkulentenbusch, Baumheide-Buschwald, im Norden. Tenerife-Endemit, auch als Zierpflanze kultiviert.
7 **Weitere Arten** Ähnlich der **Weißblättrige Natternkopf** *E. leucophaeum* Webb ex Sprague & Hutch., Blätter fast sitzend, lineal lanzettlich, ± stumpf, mit steifen, angedrückten Haaren, meist ohne stachelige Borsten, unter 1,5 cm breit. Blütenstand dicht, flach kopfig, in der Regel mit Seitenästen am Grund (Tenerife, Anaga-Gebiet).
E. bethencourtii Santos, Blätter 2(–4,5) cm breit, Blüten weiß bis bläulich, ihre Zipfel fast gleich (P, an der N-Küste).

1
2
3
4
5
6
7

1 Wildpret-Natternkopf *Echium wildpretii* Pears. ex Hook. f. — Taginaste rojo

1,5–3 m ♄ V–VIII

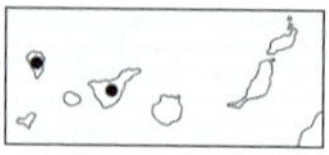

Merkmale Auf kurzem, bis 25 cm hohem Stamm oder dem Boden fast aufsitzend eine Blattrosette aus spitzen bis zugespitzten, lineal-lanzettlichen, beiderseits dicht mit ziemlich weichen, angedrückten Borsten besetzten, bis 50 cm langen Blättern. Diese treibt nach wenigen Jahren einen einzigen, sehr dichten, kegelförmigen Blütenstand mit ± sitzenden, bei der auf Tenerife endemischen ssp. *wildpretii* (**1a**) roten, zuletzt blauvioletten, 10–14 mm langen, breit trichterförmigen, regelmäßig 5-lappigen Blüten. Nach der Fruchtreife stirbt die Pflanze ab. Außer Insekten konnten zwei einheimische Vogelarten, der Kanaren-Zilpzalp *Phylloscopus canariensis canariensis* (Hartung) und der Kanarienvogel *Serinus canarius* (L.) bei der Nektarsuche beobachtet werden.
Auf La Palma die endemische ssp. *trichosiphon* (Svent.) Bramw. (**1b**) „tajinaste rosado“: Blütenstand in der Regel schlanker, Krone hell rosaviolett, mit breiteren Kronlappen als bei der ssp. *wildpretii*, Kelch und Krone dichter behaart.
Vorkommen Geröllfluren in der subalpinen Stufe Tenerifes, insbesondere am inneren Cañadas-Rand, im Süden bis in die obersten Kiefernwälder, gelegentlich auch gepflanzt (ssp. *wildpretii*). Die Unterart ssp. *trichosiphon* von La Palma vor allem an den Rändern der Caldera de Taburiente, im Nordwesten bis in die Kiefernwälder herabsteigend. Kanaren-Endemit.

2 Einfacher Natternkopf *Echium simplex* DC. — Taginaste simple

1–2 m ♄ IV–V

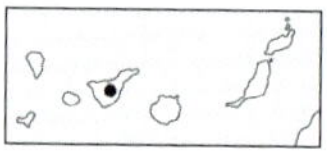

Merkmale Wie *E. wildpretii* einstämmiger Strauch mit einer Blattrosette, die einen hohen, zylindrischen Blütenstand treibt und danach abstirbt. Blätter elliptisch-lanzettlich, dicht silbrig rauhaarig, 10–40 × 4–9 cm. Blüten sitzend, sehr dicht stehend, mit weißer, blassblau genervter, 9–12 mm langer, schmal glockenförmiger, regelmäßig 5-lappiger Krone.
Vorkommen Felsfluren im oberen Bereich des Sukkulentenbusches der N-Küste (Anaga-Gebiet), auch als Zierpflanze. Tenerife-Endemit.
Weitere Arten Auf La Palma an offenen, feuchten Standorten der Lorbeerwälder im
3 Nordosten der Insel endemisch die größte, bis über 4 m hohe Art, der **Pininana-Natternkopf** *E. pininana* W. & B., Blattrosette auf meterhohem, unverzweigtem Stamm, ihre Blätter eiförmig-lanzettlich, bis 50 × 6–10 cm, angedrückt borstig, der bis 3,5 m hohe Blütenstand durchblättert, die ± sitzenden Blüten blau, selten weiß mit blauen Adern, bis 13 mm lang.

4 Auber-Natternkopf *Echium auberianum* W. & B. — Taginaste picante

0,4–1,5 m ♃ VI–VIII

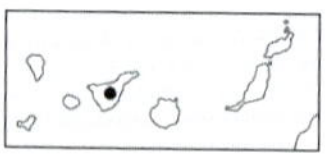

Merkmale Ganze Pflanze sehr rau, fast stechend behaart, die gelblichen, bis 3 mm langen Borsten am Grund zwiebelartig verdickt. Die Blattrosette auf sehr kurzem, kaum holzigem Stamm, ihre Blätter gestielt, lineal bis schmal lanzettlich, spitz, 16–20 × 0,7–1,5 cm. Stängel oft mehrere, aufrecht oder aufsteigend. Blütenstand lang kegelförmig, nicht so dicht wie bei den vorigen Arten, mit hellblauen, kurz gestielten, 10–15 mm langen, trichterförmigen Blüten, die Kronlappen etwas ungleich lang.
Vorkommen Auf Bimsgrus in der subalpinen Stufe. Tenerife-Endemit. Gelegentlich kommen auch Hybriden mit *E. wildpretii* vor.

5 Enzian-Natternkopf *Echium gentianoides* Webb ex Coincy — Taginaste palmero de cumbre

Bis 0,7(–1,5) m ♄ V–VI

Merkmale Von allen übrigen kanarischen *Echium*-Arten deutlich zu unterscheiden: Verzweigter Strauch mit kahlen Ästen und kurz gestielten, 5–10 × 0,7–1 cm großen, unterseits ± kahlen Blättern, auf der Blattoberseite mit kleinen Borsten auf breiter Basis. Blütenstände ziemlich locker, mit stechenden Borsten, Krone bis 25 mm lang, enzianblau, trichterförmig mit schiefem Saum, die Lappen abgerundet.
Vorkommen Felspflanze in der subalpinen Stufe, vor allem an den nördlichen Rändern der Caldera de Taburiente. La Palma-Endemit. Die Vorkommen werden heute durch den Naturschutz gefördert.

1a

1b

2

3

4

5

1 Grünlicher Natternkopf *Echium virescens* DC. Taginaste azul de Tenerife

1–2 m ♄ II–IV

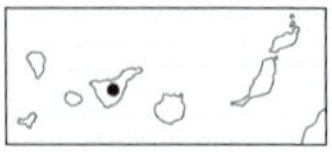

Merkmale Regelmäßig verzweigter Strauch, Blätter lanzettlich, spitz, 8–12(–20) × 0,3–1,5 cm, sitzend bis kurz gestielt, dicht grauweiß borstig. Blütenstände zylindrisch, 10–30 cm lang, Blüten mit 6–10 mm langer, schmal trichterförmiger, regelmäßig 5-zipfeliger rosa oder blassblauer Krone, die wie auch bei den folgenden Arten nicht seitlich zusammengedrückt ist.
Vorkommen Felsstandorte vorwiegend in Kiefernwäldern. Tenerife-Endemit.
Weitere Arten Ähnlich *E. sventenii* Bramw., Blätter deutlich (bis 1 cm lang) gestielt, am Rand umgerollt, die blassrosa Blütenkronen durch 2 bis fast zur Spitze verwachsene Zipfel scheinbar 4-lappig (T, lokal im Südwesten).

2 Stachelfrüchtiger Natternkopf *Echium acanthocarpum* Svent. Taginaste gomero

1–2 m ♄ I–III

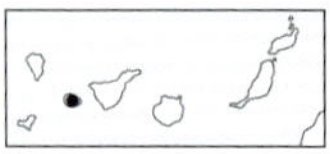

Merkmale Strauch mit nahezu sitzenden, eiförmig-lanzettlichen, spitzen, beiderseits dicht rauhaarigen Blättern, bis 30 × 5–10 cm. Der eiförmig-zylindrische Blütenstand bis 40 cm lang, Krone etwa 15 mm, schmal trichterförmig bis glockig, leuchtend blau. Nüsschen auffällig durch 2–3 mm lange, dornige Auswüchse.
Vorkommen Auf Felsen in den Waldgebieten im Zentrum der Insel, nach dem großen Waldbrand von 1984 wieder häufiger, auch Zierpflanze. Gomera-Endemit.

3 Webb-Natternkopf *Echium webbii* Coincy Arrebol azul

1–1,5 m ♄ III–V

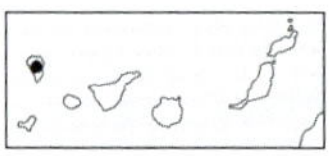

Merkmale Ähnlich *E. virescens* mit aufrechten, schlanken, 10–20 cm langen Blütenständen, Krone intensiv blau, 9–10 mm lang. Blätter lanzettlich, 8–10(–12) cm lang, sehr unterschiedlich breit, stumpf oder spitz, sitzend, mit seidig glänzenden, dichten, anliegenden Haaren. Hybriden mit *E. brevirame* wurden beschrieben.
Vorkommen Felspflanze im Bereich der Wälder. La Palma-Endemit.
4 **Weitere Arten** Blütenstände beim **Hierro-Natternkopf** *E. hierrense* Webb ex Bolle meist nur 10 cm lang, die weißen bis blassrosa oder blassblauen, 10–12 mm langen, breit trichterförmigen Blüten mit weit herausragenden Staubblättern. Blätter kurz gestielt bis sitzend, lanzettlich bis eiförmig-lanzettlich, spitz, 5–8 cm lang und 1–1,5 cm breit, beiderseits fein anliegend behaart (Felsstandorte im Bereich der Lorbeer- und Kiefernwälder, H, endemisch).

5 Schönblütiger Natternkopf *Echium callithyrsum* Webb ex Bolle Taginaste azul de Gran Canaria

1–3 m ♄ I–IV

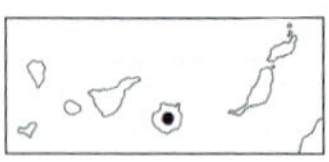

Merkmale Blätter des Strauches kurz gestielt, lanzettlich bis eiförmig-lanzettlich, spitz, 10–15(–20) × 2–3 cm, oberseits mit am Grund warzigen Borsten, unterseits mit einfachen Haaren. Blütenstand eiförmig, locker bis dicht, 10–14 cm lang. Die trichterförmigen Kronen tiefblau, seltener rötlich oder weiß, 10–15 mm lang.
Vorkommen Felsstandorte in Lorbeerwaldresten im Norden und Nordosten der Insel, selten. Gran Canaria-Endemit.
Weitere Arten Auf Fuerteventura entsprechend die seltene endemische Art *E. handiense* Svent., Blätter kurz gestielt, elliptisch bis breit lanzettlich, spitz, 10–17 × 3–5 cm, dicht borstig. Der 10–25 cm lange Blütenstand zylindrisch, die tiefblauen Blütenkronen etwa 15 mm lang.

6 Lotwurzblättriger Natternkopf *Echium onosmifolium* Webb Taginaste negro

0,5–1,5 m ♄ XII–IV

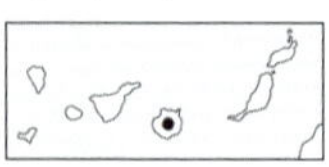

Merkmale Kleiner Strauch mit grünen, kurz gestielten, linealen, spitzen, am Rand umgerollten Blättern, 4,5–10(–13) cm lang und bis 1 cm breit, oberseits mit am Grund zwiebelig verdickten Borsten, unterseits daneben auch mit einfachen Haaren. Blütenstand zylindrisch, dicht, 15–25 cm, Kronröhre sehr eng, weißlich, gelegentlich blassrosa oder blassblau, 10 mm lang. Hybriden mit *E. decaisnei* sind nicht selten. Eine Form mit breiteren Blättern und längeren Blütenständen wurde als ssp. *spectabile* Kunk. abgetrennt.
Vorkommen Sukkulentenbusch und Kiefernwälder. Gran Canaria-Endemit.

1

2

3

4

5

6

1 Decaisne-Natternkopf *Echium decaisnei* Webb — Taginaste blanco

0,5–2,5 m ♄ II–VI

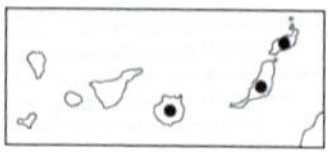

Merkmale Oft hoher und breit verzweigter Strauch. Bei der ssp. *decaisnei* (**1a**, nur auf C, dort aber häufig) die kurz gestielten, lanzettlichen Blätter oberseits, unterseits am Rand und auf den Hauptnerven mit kurzen, am Grund scheibenförmig verbreiterten Borsten, sonst kahl, spitz, 8–15 × 1,5–2,5 cm. Blütenstand bis 20 cm lang, locker, breit kegelförmig. Blüten breit trichterförmig, 10–14 mm, weiß bis bläulich, mit 2–3 mm langen Kronlappen. Bei der ssp. *purpuriense* Bramw. (**1b**) Blätter weniger spitz, verkehrt-lanzettlich-spatelig, mit borstenlosen, scheibenförmigen Höckern, die Kronlappen 3–4 mm lang (F L).
Vorkommen Sukkulentenbusch, Kiefernwälder. Kanaren-Endemit.

2 Steifer Natternkopf *Echium strictum* L. f. — Taginaste chico

0,5–1 m ♄ II–V

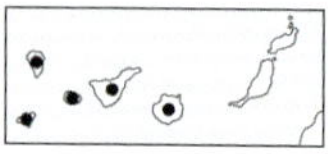

Merkmale Formenreiche Art mit ± kurz gestielten, breit lanzettlichen oder eiförmigen, spitzen, beiderseits kurz rauhaarigen Blättern, 7–18 × 2–7 cm. Blütenstand locker, bis 30 cm lang, die trichterförmige Krone klein, 5–8 mm, rosa oder blassblau, auch dunkelblau und mit gewellten Rändern (ssp. *exasperatum* (Webb ex Coincy) Bramw. nur auf T, die ssp. *gomerae* (Pit.) Bramw. dicht weiß borstig und mit sehr enger Kronröhre nur auf G, die ssp. *strictum* auf allen Inseln (Foto).
Vorkommen Schattige Felsen, Sukkulentenbusch, Waldgebiete. Kanaren-Endemit.

Lippenblütler *Lamiaceae* (*Labiatae*)

Über die Hälfte der 95 vorkommenden Lippenblütler ist kanarisch-endemisch und gehört zu wenigen Gattungen, wobei *Sideritis* und *Micromeria* mit 24 bzw. 22 Arten am vielfältigsten sind. Von den mediterranen Sippen kommen außer den nachfolgend beschriebenen *Ajuga iva* (L.) Schreb., *Lamium amplexicaule* L., *Marrubium vulgare* L. und *Stachys arvensis* (L.) L. auf allen Inseln vor, weitere Arten sind seltener.

3 Verschiedenblättriger Gamander *Teucrium heterophyllum* L'Hér. — Jocama

1–2(–4) m ♄ II–V

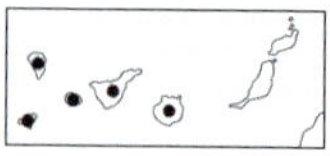

Merkmale Graufilziger Strauch mit kurz gestielten Blättern, die im Frühjahr gebildeten an trockene Sommer angepasst, lanzettlich bis schmal eiförmig, oberseits graugrün, unterseits silbrig-filzig, gekerbt bis fast ganzrandig, im Herbst gebildete Blätter dagegen breiter, fast grün und nur wenig behaart. Blüten zu (1–)2–3(–4) in den Achseln von Tragblättern, 12–15 mm lang, mit auffälliger, wahrscheinlich an eine Bestäubung durch Vögel angepasster, orangeroter bis braunroter, derber, außen behaarter Krone, bei der ssp. *brevipilosum* v. Gaisberg Kelch 4–7,1 mm lang, sehr kurz behaart (P G T C), bei der ssp. *hierrense* v. Gaisberg Kelch 6,2–8,8 mm lang, mit starker, bis 1,4 mm langer Behaarung (nur auf H). Oberlippe wie bei allen *Teucrium*-Arten scheinbar fehlend, Staubblätter weit herausragend.
Vorkommen Trockene felsige Hänge in den höheren Lagen des Sukkulentenbusches, zerstreut. Kanaren, Madeira (in der ssp. *heterophyllum*), endemisch.

4 Kanaren-Ziest *Stachys germanica* L. ssp. *cordigera* Briq. var. *canariensis* Font Quer & Svent. — Matagallos

0,3–1 m ♃ III–V

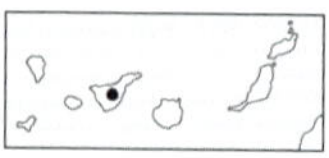

Merkmale Lang grauweiß wollige Staude mit aufrechten, kaum verzweigten Trieben. Blätter besonders unterseits dicht behaart, eilanzettlich, gekerbt, untere lang gestielt, 10–30 × 4–6 mm, obere sitzend. Blüten in entfernten, kugeligen Quirlen. Krone 10–14 mm lang, rosa, die Oberlippe auf dem Rücken im Gegensatz zu der var. *cordigera* lang und dicht bärtig, Kelchzähne ± abstehend.
Vorkommen Felsfluren, Weiderasen, im Bereich des Baumheide-Buschwaldes. Teneriffa-Endemit, die var. *cordigera* auf der Iberischen Halbinsel und in Marokko.

5 **Weitere Arten** Häufiger ist der 1-jährige, abstehend behaarte **Basilikum-Ziest** *S. ocymastrum* (L.) Briq. mit stumpfen, eiherzförmigen, gekerbt-gesägten Blättern und gelben, 12–20 mm langen Blüten aus dem Mittelmeergebiet (alle Inseln).

1a

1b

2

3

4

5

Makaronesische **Gliedkraut**-Arten *Sideritis* (24 auf den Kanaren, 1 auf Madeira) unterscheiden sich durch ihre verholzte bis holzige Lebensform, das Vorhandensein von Vorblättern und verzweigten Haaren im dichten Haarfilz von ihren etwa 125 mediterranen Verwandten, die es nicht geschafft haben, auf den Inseln Fuß zu fassen. Die über alle Höhenstufen angesiedelten Endemiten kommen meistens nur auf einer Insel vor (4 auf mehreren) und auch dort in einem begrenzten Areal, sodass der Fundort (besonders für Tenerife mit 13 Arten) die oft nicht ganz einfache Bestimmung unterstützt.

1 Kanaren-Gliedkraut *Sideritis canariensis* L. — Chajorra de monte

Bis 2 m ♄ IV–VI

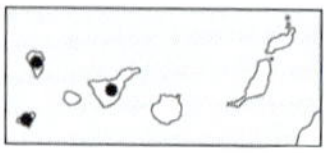

Merkmale Gelbfilziger, kräftiger Strauch mit spitzen, eilanzettlichen, am Grund ± herzförmigen, gekerbten, oberseits olivgrünen, unterseits gelbgrün filzigen Blättern. Blütenstand mit deutlich abgesetzten, reichblütigen (bis zu 60 Blüten), fast kugeligen, 2,5–3 cm breiten Scheinquirlen, Krone 8–13 mm, weiß, später mit braunem Saum. Kelch außen kaum filzig, innen kahl, mit dreieckigen, spitzen Zähnen.
Vorkommen Lorbeerwaldstufe, zerstreut. Kanaren-Endemit.
Weitere Arten Ähnlich *S. ferrensis* P. Pérez & Negrín, aber Scheinquirle kleiner, Kelch weißfilzig (H, Felsen im Osten). Auf El Hierro nur diese beiden Endemiten.

2 Buntes Gliedkraut *Sideritis discolor* Bolle — Salviablanca de Doramas

Bis 1 m ♄ IV–V

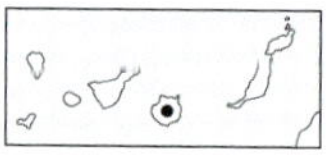

Merkmale Nahe verwandt mit *S. canariensis*, die eiförmig-länglichen, gekerbten Blätter aber stumpflich, oberseits grün, unterseits weißwollig. Blütenstand dichter und Scheinquirle weniger reichblütig, Krone zitronengelb, 7–10 mm lang. Kelch außen weißfilzig, innen kahl, mit begrannten Zähnen.
Vorkommen Lorbeerwaldstufe, eine gefährdete Art, um die Vermehrung und Wiederansiedlung ist man bemüht. Gran Canaria-Endemit.
3 **Weitere Arten** Vor allem im Norden von Tenerife wächst das **Kügler-Gliedkraut** *S. kuegleriana* (Bornm.) Kunk., Pflanze weniger verzweigt, Blätter größer, dünn, oberseits grün, verkahlend.

4 Anaga-Gliedkraut *Sideritis dendro-chahorra* Bolle — Chajorra de Anaga

0,4–0,8(–2) m ♄ III–V

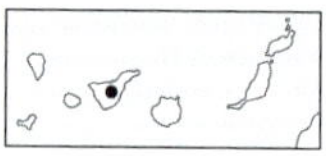

Merkmale Gelbfilziger Strauch mit spitzen bis zugespitzten, eilanzettlichen, am Grund ± herzförmigen, oberseits gelbgrünen, unterseits dicht gelbfilzigen Blättern. Blütenstand locker, mit mehreren Seitenzweigen, Scheinquirle nur 10–15(–20)-blütig, Krone zitronengelb, später rotbraun gerandet, 7–10 mm lang. Kelch außen filzig, innen an den spitzen Zähnen behaart.
Vorkommen Im unteren Lorbeerwaldbereich, bis in den Sukkulentenbusch herabsteigend, Anaga-Gebiet. Tenerife-Endemit.

5 Bärtchen-Gliedkraut *Sideritis barbellata* Mend.-Heuer — Salviablanca palmera

Bis 1 m ♄ IV–V

Merkmale Filzig behaarter Strauch, die spitzen, gekerbten Blätter eilänglich, am Grund herzförmig, oberseits grün, unterseits gelblich filzig. Der mehrfach verzweigte Blütenstand aus unten unterbrochenen Scheinquirlen mit 8–24 Blüten, Krone 6,5–9 mm lang, vorne erweitert, weißlich mit gut entwickelten, braunen Lippen. Kelch innen im oberen Drittel behaart, Zähne dreieckig.
Vorkommen Sukkulentenbusch und Wälder. La Palma-Endemit, dort einzige *Sideritis*-Art neben *S. canariensis*.

6 Zwerg-Gliedkraut *Sideritis pumila* (Christ) Mend.-Heuer — Salviarrisco

Bis 0,5 m ♄ II–IV

Merkmale Niedriger filziger Strauch, Blätter stumpf, herzeiförmig, oberseits grün bis graugrün, unterseits gelblich weißfilzig. Blütenstand oft kurz und der unterste Scheinquirl abgesetzt. Krone gelb, 8–12 mm lang, vorne erweitert. Kelch mit spitzen Zähnen, außen filzig, innen nur im oberen Teil behaart.
Vorkommen Steile Nord- und Nordost-Hänge im oberen Bereich des Sukkulentenbusches. Kanaren-Endemit, einzige *Sideritis*-Art der beiden Ostinseln.

1

2

3

4

5

6

1 Wolliges Gliedkraut *Sideritis dasygnaphala* (W. & B.) Clos em. Svent. — Salviablanca de cumbre

Bis 1 m ♄ V–VI

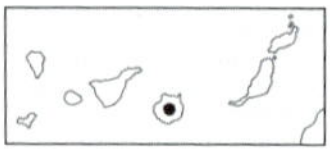

Merkmale Strauch mit gelblich weißem Filz, Blätter eiförmig bis eilanzettlich, gekerbt, meist stumpf, am Grund abgerundet bis keilförmig, oberseits graugrün, unterseits weißgrau. Die schmalen Blütenstände mit 3–9-blütigen Scheinquirlen, Krone 7–11 mm lang, gelb. Kelch außen filzig, innen im vorderen Teil behaart, die deutlich dornigen Zähne unter dem Filz verborgen.
Vorkommen Verbreitet im Zentrum, Kiefernwälder. Gran Canaria-Endemit.
Weitere Arten *S. sventenii* (Kunk.) Mend.-Heuer mit lanzettlichen Blättern, 10–17-blütigen Scheinquirlen und purpurvioletten (!) Kronlippen (Sukkulentenbusch, lokal im Süden von C). 2 neu beschriebene, seltene Arten im Nordwesten von C: *S. amagroi* Marrero Rodr. & Navarro und *S. guayedrae* Marrero Rodr.

2 Tenerife-Gliedkraut *Sideritis oroteneriffae* Negrín & P. Pérez — Chajorra de cumbre

Bis 1 m ♄ VI–VIII

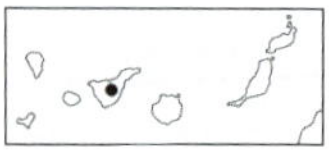

Merkmale Insgesamt grau- oder gelblich weißfilzig behaarter Strauch mit stumpfen, manchmal gekerbten, eiförmigen oder eilänglichen, am Grund gestutzten, abgerundeten oder herzförmigen Blättern. Blütenstand kaum verzweigt, schlank und ziemlich locker. Krone gelb mit braunem Saum, im oberen Drittel stark erweitert, 7–9 mm lang. Kelch außen dicht filzig, innen kahl, die Zähne mit kleiner Stachelspitze.
Vorkommen Sonnige Felsstandorte, Kiefernwälder. Tenerife-Endemit.

3 Gelöstes Gliedkraut *Sideritis soluta* Clos — Chajorra sureña

Bis 1,5 m ♄ IV–VIII

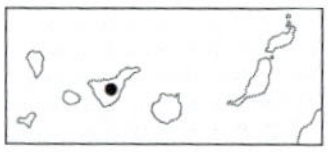

Merkmale Ähnlich *S. oroteneriffae*, aber Blätter größer, lanzettlich, oberseits gelblich grün oder graugrün. Blütenstand stärker verzweigt, Krone 7–9,5 mm lang, im oberen Drittel aufgeblasen, mit braunem Saum. Die Vorkommen im Barranco de Güímar mit olivgrünen, verkahlenden Blättern und etwas größeren Blüten werden als ssp. *gueimaris* Negrín & P. Pérez abgetrennt.
Vorkommen Kiefernwälder, südl. an vorige Art angrenzend. Tenerife-Endemit.
4 **Weitere Arten** Ähnlich das **Kurzstängelige Gliedkraut** *S. brevicaulis* Mend.-Heuer, aber nur bis 0,8 m hoch, insgesamt mit silbrig samtiger Behaarung. Blätter herzeiförmig bis eilanzettlich mit fein gekerbtem Rand. Krone 8–12 mm lang, gelblich, ebenfalls mit braunem Saum (vom Sukkulentenbusch bis in offene Baumheide-Buschwälder, T, im südl. Teno-Gebiet verbreitet, blüht V–VI). Aus diesem Formenkreis wurden im Gebiet 3 Sippen neu beschrieben: *S. mascaensis* (Svent.) Marr., *S. soluta* ssp. *hildae* Marr. und *S. santosii* Marr.

5 Cañadas-Gliedkraut *Sideritis eriocephala* Marrero Rodr. ex Negrín & P. Pérez — Chajorra del Teide

Bis 0,8 m ♄ VI–VII

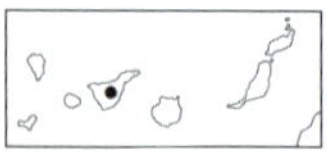

Merkmale Polsterartig wachsender Strauch mit sehr kurzen Ästen, der grauweiße bis gelbliche Filz noch dichter und länger als bei den übrigen Arten. Blätter stumpf, schmal eiförmig-lanzettlich, am Grund abgerundet oder keilförmig. Blütenstände mit 9–23-blütigen Scheinquirlen, lang und immer unverzweigt, im oberen Teil sehr kompakt. Krone 6–7,5 mm lang, weißlich gelb mit purpurvioletten Lippen, kaum aus dem Kelch hervorragend und im Haarfilz versteckt. Der außen drüsig-filzige Kelch auch innen behaart, mit bisweilen 6 begrannten Zähnen.
Vorkommen Felsen an den Südhängen der Cañadas. Tenerife-Endemit.

6 Infierno-Gliedkraut *Sideritis infernalis* Bolle — Chajorra de Adeje

0,3–0,7 m ♄ IV–V

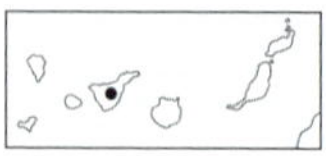

Merkmale Blätter in der Jugend drüsig, herzeiförmig, spitz, am Rand gekerbt, oberseits behaart, aber grün, unterseits weißwollig. Blütenstand einfach, locker, aus 3–11 armblütigen Quirlen, die von den Tragblättern überragt werden. Krone 8–12 mm lang, der Saum mit braunpurpurnem Rand.
Vorkommen Seltene Felspflanze in 2 Barrancos im Südwesten. Tenerife-Endemit.
Weitere Arten *S. cystosiphon* Svent. mit kleineren, schmal eiförmig-lanzettlichen, oberseits grünen Blättern, Krone deutlich erweitert und aufgeblasen (T, Felspflanze im Bereich des oberen Sukkulentenbusches, selten im Westen).

1 2
3 4
5 6

1 Lotsy-Gliedkraut *Sideritis lotsyi* (PIT.) BORNM. — Chajorra de El Cedro

Bis 0,8 m ♄ IV–VI

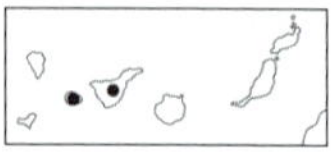

Merkmale Locker verzweigter, filziger Strauch mit eiförmig-lanzettlichen, gekerbten, stumpfen oder spitzen, am Grund abgerundeten oder gestutzten Blättern, auf der Oberseite dunkel graugrün, etwas rau, unterseits weißlich bis schwach gelblich wie auch die Außenseite der Kelche. Blütenstand verzweigt, aufrecht oder gebogen, mit zurückgekrümmten Quirlen, Krone 7,5–10 mm lang, gelblich weiß mit dunkelbraunem Saum. Kelch mit dreieckigen Zähnen, nur diese innen behaart.
Vorkommen Verbreitet an Felsen, offenen Standorten im Zentrum von La Gomera und selten im Nordwesten von Tenerife. Kanaren-Endemit.

2 Gomera-Gliedkraut *Sideritis gomerae* BOLLE — Tajora gomera

0,25–0,5 m ♄ IV–VI

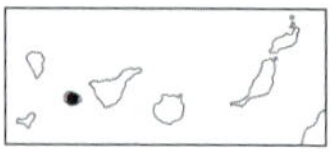

Merkmale Felspflanze mit fleischigen, eilanzettlichen, gekerbten, meist stumpfen, am Grund gestutzten, abgerundeten, auch asymmetrischen Blättern mit filziger, graugrüner Ober- und weißlich filziger Unterseite. Obere Stängelblätter wie die Tragblätter rundlich mit kleiner Spitze, stängelumfassend sitzend, drüsig, Letztere aus dem unverzweigten, hängenden Blütenstand herausragend. Quirle 5–18-blütig, Krone 8,5–12 mm lang, weiß, im vorderen Teil purpurn, später braun. Kelch mit begrannten Zipfeln (**2a**, ssp. *gomerae*). Bei der ssp. *perezii* NEGRÍN (**2b**) auch die unteren Blätter drüsig behaart, Tragblätter kürzer als die etwas entfernt stehenden, 6–29-blütigen Quirle der aufrechten Blütenstände, Krone 11–13,5 mm lang.
Vorkommen Ssp. *gomerae* Felsstandorte im Zentrum, ssp. *perezii* im Süden anschließend. Gomera-Endemit.

3 **Weitere Arten** Das **Nickende Gliedkraut** *S. nutans* SVENT. dagegen mit kaum filzigen, drüsig behaarten, oberseits grünen, unterseits gelbgrünen Blättern. Scheinähre ab dem ersten Wirtel nach unten gebogen, am Ende eines aufrechten, blattlosen Blütenstandsstieles. Krone 11,5–14,5 mm lang, der drüsig behaarte Kelch bisweilen 6-zähnig (G, nur im Westen). Ein weiterer seltener Endemit ist *S. marmorea* BOLLE, Blätter eiförmig-rundlich, ohne Sternhaare, Blattstiel immer länger als die Spreite (G, nur im Osten).

4 Kretisches Gliedkraut *Sideritis cretica* L. — Chajorra de Daute

Bis 0,7 m ♄ II–IV

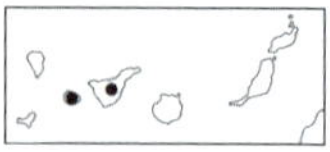

Merkmale Niedriger Strauch, Blätter breit eiförmig, stumpf, am Grund herzförmig bis abgerundet, gekerbt, anfangs beiderseits weißfilzig, später oberseits graugrün, mit Sternhaaren, Stiel gewöhnlich kürzer als die Spreite. Bei der ssp. *cretica* (**4a**) junge Blütenstände konisch, später zylindrisch, zuletzt oft nickend, aus 5–10-blütigen Scheinquirlen, Tragblätter kürzer als die Blüten. Krone 7,5–9,5 mm lang, gelblich mit hellbraunem Saum. Kelch mit stumpfen Zähnen, außen dicht filzig, innen behaart. Die Sippe Gomeras, ssp. *spicata* (PIT.) NEGRÍN & P. PÉREZ (**4b**), unterscheidet sich durch nur selten über 6-blütige Scheinquirle mit etwas kleineren Blüten.
Vorkommen Felsstandorte im Sukkulentenbusch (ssp. *cretica* nur auf Tenerife im Nordwesten, ssp. *spicata* nur auf La Gomera im Norden und Nordosten). Kanaren-Endemit. Der Artname „*cretica*" beruht auf einer Verwechslung.
Weitere Arten Ähnlich *S. nervosa* (CHRIST) LIND., selten im Nordwesten von T, zum Teil in der Nähe von *S. cretica* wachsend: Blätter mit ausgeprägter Nervatur, am Rand oft unregelmäßig gewellt und gefältelt, Blütenstand oft verzweigt, Blüten zu 7–18 mit zitronengelber Krone, Kelchzähne stumpflich.

5 Großähriges Gliedkraut *Sideritis macrostachys* POIR. — Chajorra reina

Bis 0,6(–1,2) m ♄ XII–V(–XI)

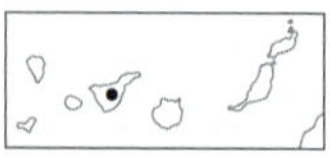

Merkmale Nicht zu verwechselnde Art, Blätter breit herzeiförmig, ± stumpf, gekerbt, oberseits graugrün, unterseits weißfilzig. Blütenstand sehr dicht, zunächst 4-kantig, später zylindrisch, die Tragblätter in 4 Reihen weit herausragend. Krone 7,5–10 mm lang, vorne erweitert, weiß mit braunen Lippen. Kelch mit spitzen, zuletzt sternförmig ausgebreiteten Zähnen, innen völlig kahl, außen weißwollig.
Vorkommen Lichtungen in Lorbeerwäldern, fast nur im Anaga. Tenerife-Endemit.

1

2a

2b

3

4a

4b

5

1 Oregano-Thymian *Thymus origanoides* W. & B. — Tomillo tahoce

0,05–0,1 m ♄ IV

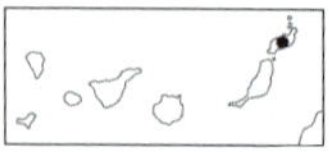

Merkmale Kriechender Zwergstrauch mit abstehend fein behaarten Ästen. Die kahlen, ledrigen, dunkelgrünen und glänzenden Blätter deutlich gestielt, eiförmig, drüsig punktiert, bis 1 cm lang, Tragblätter gewimpert. Blüten kopfig genähert, mit 7 mm langer, rosavioletter Krone, Kelchzähne lang gewimpert.
Vorkommen Felsstandorte steiler NO-Hänge. Lanzarote-Endemit.
Weitere Arten Auf T aus Kulturen verwildert der Echte Thymian *Th. vulgaris* L., Blätter graugrün mit umgerolltem Rand, unterseits filzig (westl. Mittelmeergebiet).

2 Kanaren-Zitronenstrauch *Cedronella canariensis* (L.) W. & B. — Algaritope

0,8–2 m ♃ IV–VII

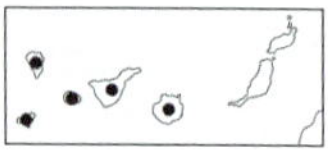

Merkmale Stark aromatischer, hoher Halbstrauch mit gestielten, 3-teilig gefiederten Blättern, Blättchen zugespitzt lanzettlich, gekerbt-gesägt, nur unterseits behaart, das mittlere am längsten und deutlich gestielt. Blüten endständig kopfig gehäuft, untere Scheinquirle oft entfernt, mit meist rosaroter, 19–24 mm langer Krone und kürzerem, begranntem und behaartem, 13–15-nervigem Kelch.
Vorkommen Lichtungen, Wegränder in Lorbeerwäldern. Kanaren, Madeira, Azoren (eingeschleppt), endemisch.

3 Teide-Katzenminze *Nepeta teydea* W. & B. — Tonática

0,4–1 m ♃ V–VIII

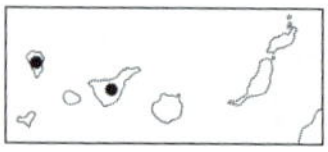

Merkmale Aromatischer Halbstrauch mit beiderseits weich behaarten, länglich-lanzettlichen, gesägt-gekerbten, am Grund herzförmigen, kurz gestielten Blättern. Scheinquirle in ährenartigen, ziemlich lockeren, unten verzweigten Blütenständen. Krone leuchtend blau, selten weiß, 10–12 mm lang, mit gekrümmter Röhre. Der drüsig behaarte, 15-nervige Kelch wie die Tragblätter oft purpurn überlaufen.
Vorkommen Cañadas, in Barrancos herabsteigend (Tenerife), im Gipfelbereich der Caldera de Taburiente, oberhalb der Kiefernwälder (La Palma). Kanaren-Endemit.

4 Grünender Dost *Origanum vulgare* L. ssp. *virens* (Hoffm. & Link) Ietsw. — Oregano verde

Bis 1 m ♃ V–VIII

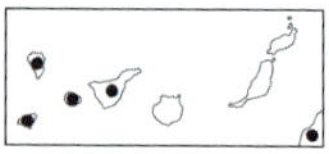

Merkmale Staude mit länglich-eiförmigen oder ovalen, ganzrandigen bis schwach entfernt gezähnelten, undeutlich drüsig punktierten Blättern, besonders die Unterseite auf den Nerven behaart. Scheinquirle mit fast kahlen, gelbgrünen Tragblättern und weißen bis blassrosa, 7–11 mm langen Blüten.
Vorkommen Wegränder in den Waldregionen. Kanaren, Madeira, Azoren, westl. Mittelmeergebiet. Bei der ebenfalls vorkommenden ssp. *vulgare* purpurne Tragblätter und rosa Blüten (P G T C, Europa, Asien).

5 Ross-Minze *Mentha longifolia* (L.) Huds. — Mastranto

0,15–1,5 m ♃ VII–IX

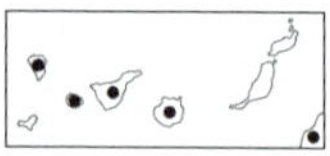

Merkmale Schwach aromatisch duftende Minze mit unterirdischen Ausläufern. Blätter sehr kurz gestielt bis sitzend, länglich-lanzettlich, etwas zugespitzt, knorpelig gesägt-gezähnt, samtig, oberseits dunkel graugrün, unterseits weißgrau. Blüten in genäherten Scheinquirlen, Blütenstiele lang behaart. Krone violett, seltener weiß, mit 4-spaltigem Saum wie für Minzen typisch, 3–4,5 mm lang, Kelch glockig, regelmäßig 5-zähnig, außen dicht behaart, innen ohne Haarkranz.
Vorkommen Cañadas, in kleinen Schwemmebenen oft als einzige Art, nur bis 0,3 m hoch (var. *teydea* Bolle, endemisch, Foto), an den Innen- und Außenhängen an Quellen oder künstlichen Wasseraustrittsstellen nicht selten 1,5 m hoch (Kanaren, Madeira, nördl. Hemisphäre).
Weitere Arten An Forststraßen im Saum der Lorbeerwälder charakteristisch die
6 **Polei-Minze** *M. pulegium* L. mit durchdringendem Geruch, Stängel in einem Blattschopf endend. Blüten in entfernt stehenden kugeligen Scheinquirlen. Kelch schwach 2-lippig, zur Fruchtzeit durch einen Haarkranz verschlossen (P G T C, Mittelmeergebiet, bis Mitteleuropa). Im Kulturland auch die weiter verbreiteten Arten *M. arvensis* L. (P T), *M. spicata* L. (P G T C), *M. suaveolens* Ehrh. (G T C F).

1

2

3

4

5

6

Die Gattung **Bergminze** *Micromeria* hat auf den Kanaren 22 endemische Arten, auf Madeira und den Kapverden jeweils 1. Sie wurden zeitweilig zur Gattung *Satureja* gestellt. Alle sind Zwergsträucher, kommen hier von der Küste bis in die hohen Gebirge vor und bilden auch zahlreiche Hybriden. Einige aromatische Arten werden als „tomillo", Thymian, in der kanarischen Küche verwendet. An den Forststraßen der Lorbeerwälder auffällig ist *Calamintha sylvatica* Bromf. ssp. *ascendens* (Jord.) Ball (*Clinopodium menthifolium* (Host) Stace ssp. *ascendens* (Jord.) Govaerts), eine auch in Europa verbreitete, ausdauernd-krautige, aromatische Art mit gestielten, rundlich-eiförmigen, gekerbt-gesägten, behaarten Blättern und rosa, 10–16 mm langen Blüten (H P G T C).

1 Tenerife-Bergminze *Micromeria teneriffae* (Poir.) Benth. — Tomillo de costa

0,1–0,25(–0,4) m ♄ II–V

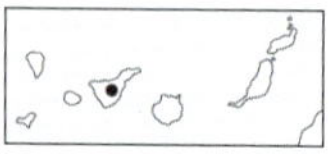

Merkmale Aufrechter oder gebogen niederliegender Strauch. Blätter glänzend grün, meist ganz kahl und ziemlich flach, spitz, oft mit Drüsen (Terpentingeruch), die unteren schmal eilanzettlich und ± entfernt stehend (var. *teneriffae*, Foto) oder herzförmig und dachziegelartig genähert (var. *cordifolia* (P. Pérez) Will.). Blüten mit rosaroter, 3–5 mm langer Krone und schwach 2-lippigem, behaartem, meist purpurn überlaufenem Kelch.
Vorkommen Felsfluren im Sukkulentenbusch. Endemit im Südosten von Tenerife.

2 Sonnenröschenblättrige Bergminze *Micromeria helianthemifolia* W. & B. — Tomillo florido

0,1–0,4 m ♄ IV–VIII

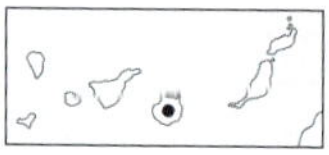

Merkmale Blätter länglich-lanzettlich, flach oder ± umgerollt, etwas rau und drüsig, mit stark hervortretenden Nerven auf der Unterseite. Blüten groß und auffällig, bis 2 cm lang, rosa oder weißlich. Kelch deutlich 2-lippig, Zähne der Unterlippe bis 3-mal so lang wie die der Oberlippe.
Vorkommen Felsspalten, im Zentrum und Süden. Gran Canaria-Endemit.
Weitere Arten Ebenfalls großblütig 2 seltene Arten mit nur schwach 2-lippigem Kelch
3 und oberseits glänzenden Blättern: die **Anaga-Bergminze** *M. glomerata* P. Pérez (*Satureja anagae* Will.) mit eiförmig-rundlichen, oft rot überlaufenen Blättern und an
4 den Zweigenden gehäuften Blüten, die **Rivas-Martinez-Bergminze** *M. rivas-martinezii* Wildpr. mit länglich-lanzettlichen Blättern und locker angeordneten Blüten (beide Arten auf T, Anaga-Gebiet).

5 Wollige Bergminze *Micromeria lanata* (Chr. Sm. ex Link) Benth. — Tomillo blanco

0,1–0,2(–0,35) m ♄ IV–VI

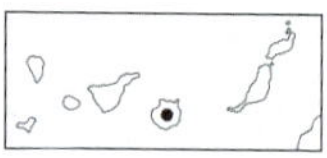

Merkmale Weißwollige, nach Kampfer duftende Art, Blätter abstehend, nadelförmig mit umgerollten Rändern, weißlich spinnwebig behaart. Teilblütenstände bis 1 cm lang gestielt, der außen wollige, 2-lippige Kelch nur 2–3 mm lang, die Krone wenig herausragend, weißlich.
Vorkommen Felsstandorte in der Kiefernwaldstufe, häufig, im Westen herabsteigend. Gran Canaria-Endemit.

6 Bentham-Bergminze *Micromeria benthami* W. & B. — Tomillo de Bentham

0,15–0,4 m ♄ V–IX

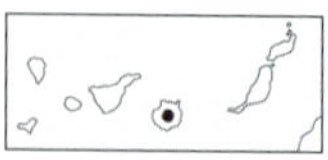

Merkmale Grauweiß behaarte Art, junge Äste auffällig steif aufrecht, Blätter lineal-lanzettlich, am Rand umgerollt, untere oft abstehend, obere wie auch die sitzenden oder bis 3 mm lang gestielten Teilblütenstände anliegend. Krone rosa oder weiß mit purpurnen Streifen, 7–10 mm lang, Kelch 4–5 mm, kaum 2-lippig.
Vorkommen Felsstandorte in der Kiefernwaldstufe, häufig. Gran Canaria-Endemit.

7 Zarte Bergminze *Micromeria tenuis* (Link) W. & B. — Tomillo pallido

Bis 0,6 m ♄ IV–VI

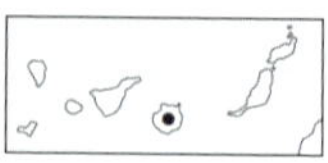

Merkmale Ebenfalls grauweiß behaarte, aufrechte Art. Blätter aufrecht-abstehend, nadelförmig mit umgerollten Rändern, gerade oder etwas zurückgebogen. Teilblütenstände bei der ssp. *tenuis* (Foto) 5–10 mm lang gestielt, der Achse nicht angedrückt, Krone 5–6 mm, überwiegend weißlich, kaum länger als der deutlich 2-lippige Kelch. Bei der ssp. *linkii* (W. & B.) P. Pérez Pflanze niederliegend-aufsteigend, Stiele der Teilblütenstände kürzer.
Vorkommen Felsstandorte im Südwesten (ssp. *tenuis*) und an der N- und NW-Küste (ssp. *linkii*). Gran Canaria-Endemit.

1

2

3

4

5

6

7

1 Veränderliche Bergminze *Micromeria varia* Benth. — Tomillo salvaje

0,1–0,3(–0,6) m ♄
I–VI

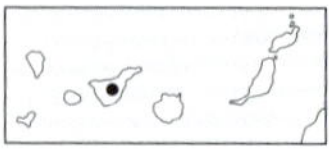

Merkmale Insgesamt frisch grün erscheinende Art, Blätter lineal bis lanzettlich, am Rand höchstens schwach umgerollt, oberseits verkahlend, unterseits ± behaart und oft mit Drüsen. Krone 3–6 mm lang, gewöhnlich rosa oder purpurn, seltener weiß, 1–1,5-mal so lang wie der Kelch. Dieser grünlich, wie auch die Blätter oft purpurn überlaufen, 2-lippig. Von dem vielgestaltigen Endemiten wurden früher 6 Unterarten beschrieben, die heute zu Arten geworden sind. *M. varia* ist jetzt endemisch auf Teneriffe (**1a**), auf Fuerteventura und Lanzarote *M. mahanensis* Puppo (**1b**), außerdem 1 Art auf El Hierro, 2 auf La Gomera und 2 auf Gran Canaria.
Vorkommen Sukkulentenbusch bis in die Waldgebiete. Kanaren-Endemit.
Weitere Arten *M. lepida* W. & B., zu unterscheiden durch lang und fein gestielte Blüten in oft mehrfach verzweigten Blütenständen (G, 2 Unterarten, verbreitet im Lorbeerwaldgebiet und im Süden der Insel). Ähnlich die kürzlich wiederentdeckte *M. densiflora* Benth. im Nordwesten von T.

2 El Hierro-Bergminze *Micromeria hierrensis* (Pérez) Puppo — Tomillo de El Hierro

0,1–0,4(–0,8) m ♄
I–VI

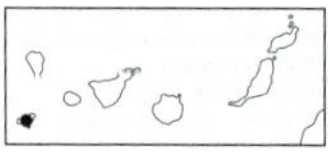

Merkmale Ähnlich *M. varia*, aber Pflanze überwiegend graugrün behaart. Blätter lineal mit umgerollten Rändern bis lanzettlich und flach, oberseits verkahlend oder beiderseits behaart. Blüten meist weiß, selten blassrosa, am Saum 2–4,5 mm breit, Kronröhre im 2–4 mm langen, 2-lippigen bis regelmäßig 5-zähnigen, außen meist graufilzigen Kelch eingeschlossen oder wenig herausragend. 2 Unterarten.
Vorkommen Sukkulentenbusch bis in die Kiefernwaldregion. Auf El Hierro weitverbreitet. El Hierro-Endemit.

3 La Palma-Bergminze *Micromeria herpyllomorpha* W. & B. — Tomillo palmero

0,1–0,4(–0,7) m ♄
III–VI

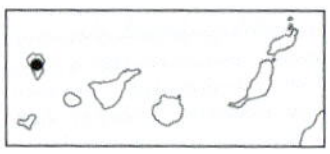

Merkmale Sehr formenreiche Art. Blätter mit Zitronenduft, oft drüsig, kahl und glänzend oder dicht behaart, lineal bis lanzettlich, am Rand umgerollt oder flach. Teilblütenstände sitzend oder gestielt, dicht, Krone weißlich bis purpurn, 3–5 mm, 1,5–2-mal so lang wie der 2-lippige oder fast regelmäßig 5-zähnige Kelch. 2 Unterarten: die ssp. *herpyllomorpha* bis 1500 m, die ssp. *palmensis* (Bolle) Puppo von 2000 bis 2400 m.
Vorkommen Sukkulentenbusch und Waldgebiete bis in die subalpine Stufe, häufig. La Palma-Endemit.

4 Cañadas-Bergminze *Micromeria lachnophylla* W. & B. — Tomillo del Teide

0,1–0,3(–0,4) m ♄
VI–IX

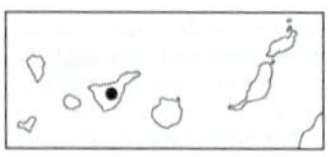

Merkmale Graugrüne, fein und kurz behaarte Art. Blätter lineal mit umgerollten Rändern. Blütenstände steif aufrecht, Krone weiß bis blassrosa, am Saum 2,5–3,5 mm breit. Kelch 15-rippig (überwiegend 13-rippig bei den anderen Arten), in der oberen Hälfte purpurn überlaufen, 3–4 mm lang.
Vorkommen Cañadas und Randberge bis in die Kiefernwälder. Tenerife-Endemit.
Weitere Arten Eine zweite Art besiedelt Standorte über 2000 m Höhe: *M. lasiophylla* W. & B., insgesamt dicht und lang behaart. Krone am Saum 3,5–4 mm breit (T, am Cañadasrand im Südosten).

5 Kiefern-Bergminze *Micromeria pineolens* Svent. — Tomillón de Tamadaba

Bis 0,8 m ♄ IV–VI

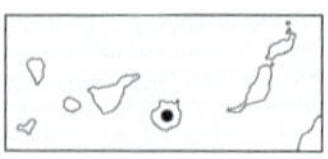

Merkmale Eine attraktive Bergminze mit großen, sitzenden, 12–15 mm langen, weit herausragenden, rosa Blüten. Kelch 4–6 mm, hellgrün, außen zerstreut langhaarig, 2-lippig, die oberen Zähne sehr kurz. Die Blätter schmal eiförmig, fast flach und lang behaart.
Vorkommen Höher gelegene Kiefernwälder im Nordwesten. Gran Canaria-Endemit.
Weitere Arten *M. leucantha* Svent. ex P. Pérez, kleiner Felsenstrauch mit gestielten, meist weißen, 15–20 mm langen, weißen Blüten, der Kelch 9–11 mm lang (C, sehr selten im Westen).

1a
1b
2
3
4
5

Neben den 4 endemischen, unten beschriebenen **Lavendel**-Arten *Lavandula* kommen 3 mediterrane, gebietsweise eingebürgerte, wohl aus Gärten verwilderte Arten vor: *Lavandula stoechas* L., Blätter länglich-lanzettlich mit glatten umgerollten Rändern, die schwarzvioletten Blüten in dichter, 4-kantiger Scheinähre, die länger ist als ihr Stiel, die obersten Tragblätter ohne Blüten, hellviolett und vergrößert, einen Schopf bildend (T C). Ähnliche *L. pedunculata* (Mill.) Cav., aber Scheinähre auf mehr als 2-mal so langem Stiel (C). *L. dentata* L. mit linealen bis lanzettlichen, regelmäßig tief gekerbten Blättern, Blütenstand viel länger gestielt und schmaler (P G T C L).

1 Kanaren-Lavendel *Lavandula canariensis* Mill. — Matorrisco común

0,2–1,5 m ♄ XII–VI

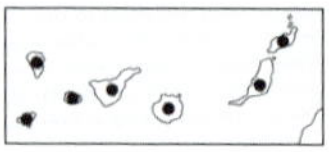

Merkmale Blätter des Strauches ± behaart, grün, überwiegend 2fach fiederschnittig, Abschnitte lineal und flach, abgerundet. Die lang gestielten, schlanken Blütenstände aus 2-blütigen Scheinquirlen. Tragblätter schmal eiförmig, lang zugespitzt, ± drüsig, häutig und blau überlaufen, etwas länger als der Kelch zur Blütezeit oder ebenso lang. Dieser wie auch bei den folgenden Arten ± 2-lippig, 15-nervig und ohne Anhängsel. Krone bis 12 mm lang, blauviolett. Für die 7 Inseln wurden inzwischen eigene Unterarten beschrieben, abgebildet ist die ssp. *canariensis* (Tenerife).
Vorkommen Sukkulentenbusch. Kanaren-Endemit. Die Art wurde früher als Unterart zu der ähnlichen, westmediterranen *L. multifida* L. gestellt.

2 Minutol-Lavendel *Lavandula minutolii* Bolle — Matorrisco de Gran Canaria

0,4–0,8(–1,2) m ♄ XII–IV

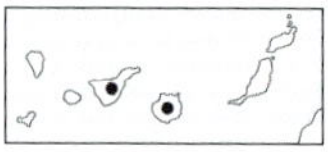

Merkmale Graugruner niedriger Strauch. Blätter sehr regelmäßig einfach kammförmig gefiedert, mit genäherten, linealen, am Rand leicht umgerollten Abschnitten, der endständige etwas breiter, oft 3-lappig (**2b**, var. *minutolii*). Die lang gestielten, einfachen oder verzweigten Blütenstände ziemlich dicht, Tragblätter breit eiförmig, zugespitzt, zur Blütezeit so lang wie die Kelche mit 5–6 mm oder etwas länger, Krone etwa 9 mm, blauviolett (**2a**). Bei der var. *tenuipinna* Svent. Blätter breiter, die unteren Abschnitte häufig nochmals gelappt, Kelch 4 mm lang.
Vorkommen Sukkulentenbusch, auf C die var. *minutolii* verbreitet im Zentrum und Süden, auf T nur in der var. *tenuipinna* Svent., sehr selten im Nordwesten. Kanaren-Endemit.
Weitere Arten Erst kürzlich beschrieben wurde die ähnliche *L. bramwellii* Upson & S. Andrews, aber Blätter frisch grün, Fiedern etwas kürzer und weniger eng stehend. Tragblätter so lang wie die Kelche oder etwas kürzer, auffällig dunkel blauviolett (C, endemisch im Südwesten, selten).

3 Buch-Lavendel *Lavandula buchii* W. & B. — Matorrisco tinerfeño

0,5–1 m ♄ III–V

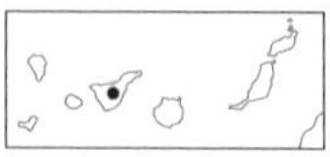

Merkmale Silbergrauer kräftiger Strauch mit fiederschnittigen Blättern, Abschnitte nicht so regelmäßig und entfernter stehend als bei *L. minutolii*. Bei der var. *buchii* (Foto, Anaga-Gebiet) Abschnitte verkehrteiförmig mit schwach umgerollten Rändern, in Meeresnähe auch fleischig, besonders die unteren oft nochmals gelappt, Endfieder ± rhombisch. Ähren reich verzweigt, nur 4–6 cm lang, Tragbätter mit 2–4 mm halb bis etwa so lang wie die Kelche. Nur im Teno-Gebiet die var. *gracile* León, alle Blattlappen lineal, spitz, Ähren über 10 cm lang, Blütenquirle entfernt stehend. Außerdem dort die var. *tolpidifolia* (Svent.) León, Blätter schmaler, unregelmäßig gelappt.
Vorkommen Sukkulentenbusch. Tenerife-Endemit. Früher häufig mit der folgenden Art verwechselt.

4 Gefiederter Lavendel *Lavandula pinnata* L. f. — Matorrisco de Lanzarote

0,4–0,4 m ♄ XII–VI

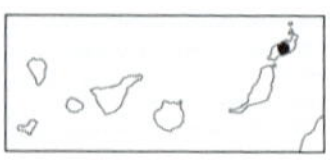

Merkmale Silbergrauer Strauch, ähnlich *L. buchii*, aber niedriger. Blätter oft etwas fleischig, Fiedern ± lineal bis verkehrteiförmig, mit abgerundeten Abschnitten, Endlappen breit eiförmig bis 3-teilig, die unteren gelegentlich nochmals gelappt. Ähren 3–6(–7) cm lang. Tragblätter purpurn, lanzettlich, bis 1,5-mal so lang wie der Kelch mit 4–5 mm, diesen ganz verdeckend. Krone 8 mm lang, blauviolett.
Vorkommen Felsfluren, Sukkulentenbusch. Lanzarote, Fuerteventura?, Madeira, endemisch.

1

2a

2b

3

4

1 Oreganoblättrige Strauchminze *Bystropogon origanifolius* L'HÉR. Poleo de pinar

0,5–1,7 m ♄ VI–VIII

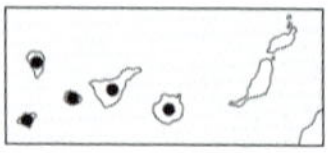

Merkmale Blätter des Strauches mit Mentholgeruch, lanzettlich bis elliptisch, ganzrandig oder schwach gekerbt-gesägt, sehr kurz behaart, unterseits grauweiß. Reiche, gabelig verzweigte Blütenstände, Krone weiß bis rosa, 4,5–6 mm lang, rein weibliche Blüten kleiner, der Kelch 3–4 mm, mit 5 regelmäßigen, begrannten, lang gewimperten Zähnen. 4 Varietäten, abgebildet ist die var. *palmensis* BORNM. von La Palma.
Vorkommen Kiefernwaldstufe, auch im Sukkulentenbusch. Kanaren-Endemit.
Weitere Arten Ähnlich *B. odoratissimus* BOLLE, Blätter ohne Mentholgeruch (!), Blütenstände armblütig, Kelch 5 mm oder länger (T, endemisch). Ebenfalls ± ganzrandige Blätter, aber lang behaarte Blatt- und Blütenstandsstiele haben die Endemiten *B. plumosus* (L. f.) L'HÉR. (T) und *B. wildpretii* LA SERNA (P).

2 Kanaren-Strauchminze *Bystropogon canariensis* (L.) L'HÉR. Poleo de monte

0,5–2,5 m ♄ III–VI

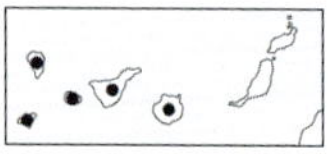

Merkmale Hoher Strauch, die elliptischen oder eiförmig-lanzettlichen, ± umgerollten, deutlich gesägt-gekerbten Blätter bei der var. *canariensis* (P T C) oberseits grün, unterseits graugrün behaart (Foto), bei der var. *smithianus* CHRIST (H P G T) unterseits ± kahl. Blüten in Köpfchen, diese wie die Blätter an abstehend behaarten Stielen, Krone 4–4,5 mm lang, weiß. Der Kelch mit 5 regelmäßigen, kurzen, zugespitzt dreieckigen, behaarten Zähnen ohne Wimpern am Rand.
Vorkommen Baumheide-Buschwald, Kiefernwaldregion. Kanaren-Endemit.

Neben 3 endemischen, verholzten **Salbei**-Arten die krautige, mediterrane *Salvia verbenaca* L. mit violetten, 6–15 mm langen Blüten (Wegränder, alle Inseln) und, verwildert, *S. coccinea* JUSS. ex MURR. mit scharlachroten Blüten (P G T C L, Heimat S-Amerika). Aus Mexiko stammt die strauchige Zierpflanze *S. leucantha* CAV., Blüten weiß, mit violetten, wolligen Kelchen in einseitswendigen Blütenständen (H P G T C).

3 Kanaren-Salbei *Salvia canariensis* L. Salvia canaria

1–2 m ♄ II–VIII

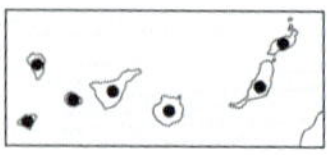

Merkmale Hoher Strauch, Blätter beiderseits dicht weißfilzig (**3a**) bis oberseits grün (**3b**), unterseits drüsig, lanzettlich dreieckig, am Grund spieß- bis pfeilförmig, ganzrandig bis fein gekerbt. Blütenstände verzweigt, die auffälligen, häutigen, violetten bis grünen Tragblätter eiförmig, etwas länger als der stumpfzipfelige, weite Kelch. Krone rosa bis dunkelviolett, auch weiß, etwa 20 mm lang, mit schwach sichelförmiger, seitlich zusammengedrückter Oberlippe.
Vorkommen Trockenes Brachland, Sukkulentenbusch, in Barrancos gelegentlich in größeren Beständen, Kiefernwaldregion. Kanaren-Endemit.

4 Broussonet-Salbei *Salvia broussonetii* BENTH. Salvia orejaburro

0,3–1 m ♄ XII–V

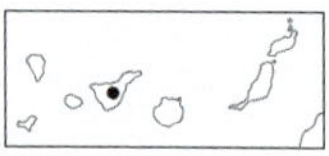

Merkmale Niedrige verholzte Art mit großen, drüsig klebrigen, etwas fleischigen, breit herzeiförmigen, unregelmäßig gekerbten, oberseits grünen, unterseits weißfilzigen Blättern. Tragblätter eiförmig, zugespitzt, etwa so lang wie der dicht abstehend drüsig behaarte Kelch mit spitzen Zähnen. Die etwa 15 mm lange weiße Krone mit sichelförmiger, zusammengedrückter Oberlippe.
Vorkommen Felsen im Sukkulentenbusch, selten. Tenerife-Endemit.

5 Fuerteventura-Salbei *Salvia herbanica* SANTOS & FERN. Conservilla majorera

0,1–0,15 m ♄ II–IV

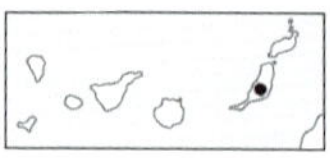

Merkmale Kleiner, dicht verzweigter Strauch. Blätter dunkelgrün, lineal-lanzettlich, ältere am Rand umgeschlagen, leicht gewellt-gekerbt, oberseits ± kahl, unterseits behaart. Krone 14–16 mm lang, violett, die Unterlippe heller, gefleckt.
Vorkommen Felsspalten und Felshänge, selten. Fuerteventura-Endemit.
Weitere Arten Verwandtschaft zeigt der wohl einheimische **Ägyptische Salbei**
6 *S. aegyptiaca* L., ein unauffälliger, graugrün behaarter, etwa 0,2 m hoher, sparriger Halbstrauch mit 6–8 mm langen, blassblauen Blüten (an den Rändern kleiner temporärer Wasserläufe der trockensten Gebiete, G T C F L, N-Afrika, SW-Asien).

1

2

3a

3b

4

5

6

1 Sparriger Bocksdorn *Lycium intricatum* Boiss. — Espino de mar

0,3–2 m ♄ I–VII

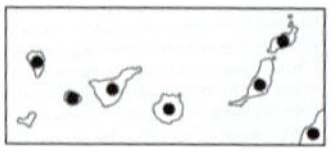

Merkmale Sparrig verzweigter Dornstrauch. Blätter eiförmig, deutlich fleischig, häufig zu mehreren stehend, im Sommer hinfällig. Blüten kurz gestielt zu 1–3, die violette, schmal trichterförmige, 13–18 mm lange Krone mit 5–6 abgerundeten Zipfeln aus dem Kelch weit herausragend. Orangerote, elliptische Beeren.
Vorkommen Sandküsten, Felshänge, vor allem in Meeresnähe. Kanaren, westl. Mittelmeergebiet, Sizilien, Griechenland.
Weitere Arten Bei *L. europaeum* L. Blätter dünn, Krone blassviolett oder weiß, 11–13 mm lang, Beeren kugelig, leuchtend rot (P G T, Mittelmeergebiet).

2 Oreganoblättrige Salpichroa *Salpichroa origanifolia* (Lam.) Baill. — Huevito de gallo

0,3–0,8 m ♃ VII–IX

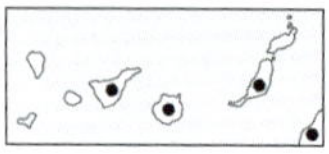

Merkmale Verholzte, bisweilen kletternde, behaarte Art mit gestielten, breit eiförmig-rhombischen, ganzrandigen Blättern. Blüten hängend, 6–10 mm lang, Krone weißlich, krugförmig mit 5 kurzen, umgeschlagenen Zipfeln. Auffällige, 10–15 mm lange, eiförmig-längliche, cremefarbene Beeren.
Vorkommen Mauern, Unkrautflächen, lokal. Kanaren, Madeira, Azoren, westl. Mittelmeergebiet, Heimat S-Amerika.

3 Grannen-Withanie *Withania aristata* (Ait.) Pauq. — Orobal del país

2–4 m ♄ XI–IV

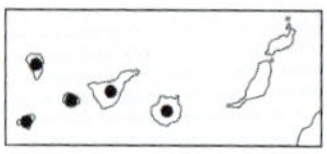

Merkmale Zweihäusiger Strauch oder Baumstrauch, die kahlen Blätter eiförmig, am Grund häufig ungleich keilförmig, im Sommer hinfällig. Hängende, gelbgrüne, glockenförmige Blüten (**3a**). Der zur Fruchtzeit aufgeblasene Kelch mit 5 grannenartigen Zähnen umschließt die etwa 1 cm große, reif orangefarbene Beere (**3b**).
Vorkommen Barrancos der unteren Stufe. Kanaren-Endemit.
Weitere Arten *W. somnifera* (L.) Dun. mit filzigen, am Grund keilförmigen Blättern (P G T C) und *W. frutescens* (L.) Pauq. mit ± kahlen, am Grund herzförmigen Blättern (C F), beide Arten aus dem südl. Mittelmeergebiet.

Von den **Nachtschatten**-Arten *Solanum* aus aller Welt haben sich 16 auf den Inseln ansiedeln können. Häufig sind *S. luteum* Mill. und *S. nigrum* L. (Europa und weiter verbreitet), seltener einige aus Gärten verwilderte, tropische Zierpflanzen, auffällig durch ihre Größe (1–2 m und höher), weißblütig z. B. *S. marginatum* L. f. mit buchtig lappigen, unterseits weißfilzigen Blättern und gelben Stacheln (T C), oder *S. robustum* Wendl., Äste geflügelt, rostfarben behaart, braunstachelig (T C). Violettblütig ist *S. giganteum* Jacqu. (T). Zu *S. jasminoides* siehe S. 300. Endemisch sind die folgenden 3 *Solanum*-Arten.

4 Fledermaus-Nachtschatten *Solanum vespertilio* Ait. — Rejalgadera

0,5–1,5 m ♄ XII–V

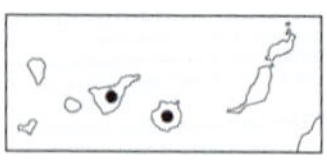

Merkmale Äste des Strauches dicht stachelig, auch die Blattstiele und die herzeiförmigen, oberseits dunkelgrünen, unterseits helleren, fein filzigen Blätter bis zum Mittelnerv bisweilen mit Stacheln. Blüten zu 5–10, die blauviolette Krone sehr elegant 4(–5)-zipfelig mit 2 verlängerten Abschnitten, am Rand gewellt. Etwa 2 cm große, orangerote Beeren. Auf Gran Canaria sehr selten die ssp. *doramae* Marr. Rodr. & al.
Vorkommen Gebüsche, Straßenränder, im Übergang vom Sukkulentenbusch zu den Lorbeerwäldern. Kanaren-Endemit.

5 Lid-Nachtschatten *Solanum lidii* Sund. — Pimentero de Temisas

0,5–1,5 m ♄ III–VII

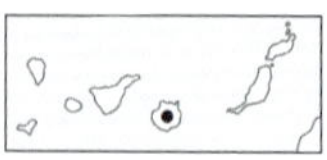

Merkmale Im Gegensatz zu voriger Art nur junge Triebe des Strauches entfernt unregelmäßig stachelig. Blätter stachellos, länglich-lanzettlich, filzig, oberseits graugrün, unterseits weißlich. Blauviolette, ganzrandige, meist 5-zipfelige Blüten. Beeren orangerot, 8 mm.
Vorkommen Felshänge, Sukkulentenbusch, selten. Gran Canaria-Endemit.
Weitere Arten *S. nava* W. & B. (*Normania nava* (W. & B.) Franc.-Ort. & Lester), eine sehr seltene 1-jährige, kletternde, drüsig-klebrige Art ohne Stacheln. Der über 100 Jahre verschollene Endemit wurde auf T und C wiederentdeckt.

1

2

3a

3b

4

5

Nachtschattengewächse *Solanaceae*

1 Blaugrüner Tabak *Nicotiana glauca* Grah. — Tabaco moro

2–6 m ♄ I–XII

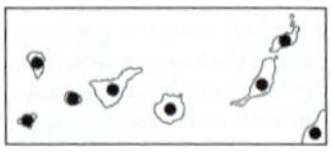

Merkmale Spärlich verzweigter, kurzlebiger Baumstrauch mit kahlen, blaugrünen, gestielten, spitz eilanzettlichen, ganzrandigen Blättern. Blüten in lockeren endständigen Rispen, Krone gelb, 2,5–4,5 cm lang, röhrig mit sehr kurzem, stumpf 5-zipfeligem Saum. Giftpflanze.
Vorkommen Gestörte Flächen der unteren Stufe. Makaronesien, südl. Mittelmeergebiet und weitere warme Länder, Heimat S-Amerika.
2 **Weitere Arten** Der **Rispige Tabak** *N. paniculata* L. mit behaarten, dunkelgrünen Blättern und sehr schmalen, grünlichen Blüten (H T, eingebürgert in Puerto de la Cruz, Heimat Peru). 4 weitere, verwilderte *Nicotiana*-Arten kommen vor, häufiger z. B. *N. tabacum* L. (alle Inseln).

3 Nickendfrüchtiger Stechapfel *Datura innoxia* Mill. (*D. metel* auct. non L.) — Burladora

0,6–1,5 m ⊙ I–XII

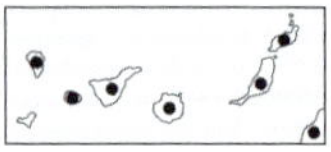

Merkmale Weich graugrün behaarte Art, Blätter oft drüsig, spitz eiförmig, ganzrandig bis geschweift, am Grund asymmetrisch. Blüten aufrecht, mit weißer, 12–19 cm langer, trichterförmiger Krone. Kapsel nickend, kugelig, mit 6–13 mm langen Stacheln, unregelmäßig aufreißend. Giftpflanze.
Vorkommen Straßenränder, Brachflächen. Kanaren, Madeira, Kapverden, Mittelmeergebiet, in warmen Ländern eingebürgert, Heimat tropisches Amerika.
Weitere Arten Bei *D. stramonium* L. Blätter ± kahl und oberseits dunkelgrün, buchtig gezähnt. Blüten 5–10 cm lang, Kapsel aufrecht, bei der Reife gleichmäßig 4-klappig aufspringend (alle Inseln, Heimat tropisches Amerika).

4 Falscher Spinat *Sclerophylax spinescens* Miers — Falsa espinaca

Bis 1,5 m lang ⊙ II–V

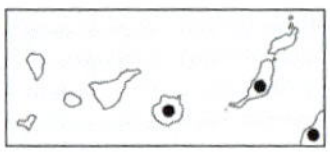

Merkmale Niederliegende, ± kahle, etwas fleischige Art mit rhombischen, kurz gestielten Blättern. Blüten einzeln und sitzend, mit 7–9 mm langer weißer Krone, am Saum etwa 5 mm breit. Kelch drüsig behaart, mit stark ungleich ausgebildeten Abschnitten, die 2 größten 3-kantig, zur Fruchtzeit lang dornig. Frucht 4–5 mm.
Vorkommen Feuchte Ruderalstellen. Kanaren, Kapverden, SW-Marokko, Heimat Argentinien.

Rachenblütler *Scrophulariaceae*

Von den aus dem Mittelmeergebiet stammenden Arten fallen zwei 1-jährige, drüsig-klebrige Halbschmarotzer auf: *Bartsia (Bellardia) trixago* L. (H P T C) und *Parentucellia viscosa* (L.) Caruel (H P G T C). Nicht selten auf allen Inseln sind *Cymbalaria muralis* Gaertn. & al. und *Veronica arvensis* L. *Verbascum virgatum* Stokes (P G T C) ist die häufigste von 4 Arten dieser Gattung.

5 Kanaren-Krummblüte *Campylanthus salsoloides* (L. f.) Roth — Romero marino

1–2 m ♄ I–VII

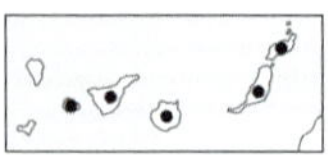

Merkmale Spärlich verzweigter Strauch mit aufstrebenden, oft überhängenden Ästen. Blätter grün, sitzend, aufrecht-abstehend, fast nadelartig und fleischig, 2–5 cm lang. Der endständige Blütenstand locker traubig, Krone rosaviolett oder weiß (var. *leucantha* Svent.), etwa 13 mm lang, mit enger, fast rechtwinklig gekrümmter Röhre und 5 ausgebreiteten Zipfeln. Glänzende, schwärzliche Kapseln.
Vorkommen Sukkulentenbusch, überwiegend küstennah. Kanaren-Endemit, La Palma?

6 Kanaren-Sutera *Camptoloma canariense* (W. & B.) Hilliard (*Sutera canariensis* (W. & B.) Sund. & Kunk.) — Saladillo de risco

0,1–0,25 m ♃ IV–X

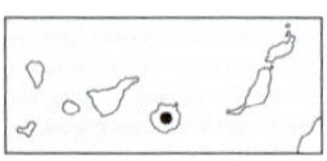

Merkmale Am Grund verholzte, zerbrechliche Pflanze. Die graugrünen, etwas fleischigen, drüsig-weichhaarigen Blätter gestielt, rundlich, am Rand gekerbt. Kurzlebige Blüten in Trauben, die blassrosa, violett geaderte Krone mit langer, etwas krummer Röhre und fast regelmäßigem, 5-lappigem Saum, 15–20 mm lang.
Vorkommen Schattig-feuchte Felsstandorte. Gran Canaria-Endemit.

1
2
3
4
5
6

1 Verkahlte Braunwurz *Scrophularia glabrata* Ait. — Fistulera de cumbre

0,35–1 m ♃ I–XII

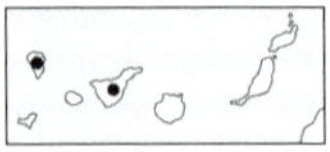

Merkmale Reich verzweigter Halbstrauch, Äste und Blätter drüsig, nur selten mit drüsenlosen Haaren. Blätter gegenständig, gestielt, oft ledrig, glänzend, schmal eiförmig, am Grund herzförmig bis abgerundet und nicht selten schief, doppelt gesägt-gekerbt, meist spitz. Unterste Hochblätter manchmal laubblattähnlich. Krone 5–8 mm, dunkelrot bis braunviolett mit grün gestreifter, krugförmiger Röhre, Oberlippe aufrecht-abstehend, Staubbeutel herausragend. Kapseln eiförmig.
Vorkommen Cañadas, in die Kiefernwälder herabsteigend, die Vorkommen auf La Palma in Kiefernwäldern und Baumheide-Gebüschen. Kanaren-Endemit.

2 Smith-Braunwurz *Scrophularia smithii* Hornem. — Fistulera tinerfeña (2a), Fistulera de monte (2b)

0,2–1,5 m ♃ I–X

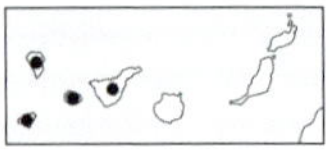

Merkmale Aufrechter oder von Felsen herabhängender Halbstrauch oder Staude. Blätter groß, breit eiförmig, am Grund herzförmig, doppelt gekerbt-gesägt. Krone 9–13 mm lang, mit krugförmiger Röhre und aufrechter, leicht kapuzenförmiger Oberlippe, Staubblätter meist eingeschlossen. Kapseln ± kugelig. Bei der ssp. *smithii* (**2a**) Blätter nur unterseits ± behaart und drüsig, Hochblätter klein, Blütenkrone grünlich (T, Anaga-Gebiet). Nur auf H die ssp. *hierrensis* Dalg., Blätter oberseits spärlich behaart, Hochblätter ± laubblattähnlich, Krone gelb mit bräunlich rot genervter Oberlippe. Bei der ssp. *langeana* (Bolle) Dalg. (**2b**) Blätter beiderseits behaart, nur die unteren Hochblätter laubblattähnlich, Krone dunkelrot bis violettbraun (P G, T im Norden, die Vorkommen auf C sind fraglich).
Vorkommen Lorbeerwälder. Kanaren-Endemit.

3 Schönblütige Braunwurz *Scrophularia calliantha* W. & B. — Fistulera de Gran Canaria

0,5– 2 m ♃ III–VIII

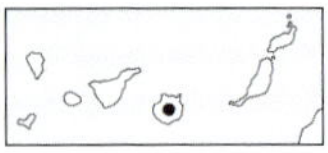

Merkmale Am Grund verholzte Pflanze, aufrecht oder von Felsen herabhängend. Blätter 3-zählig oder (unterbrochen) gefiedert mit bis zu 7(–13) ± gestielten, eiförmigen, doppelt gesägt-gekerbten, spitzen oder stumpfen, dicht drüsigen und bisweilen auch behaarten Blättchen. Unterste Hochblätter manchmal laubblattähnlich. Blütenkrone dicht mit Drüsen besetzt, für diese Gattung außergewöhnlich groß, fast radiär, Ober- und Unterlippe ± gleich lang und abstehend, der Saum orange bis rot, 15–23 mm breit, Schlund gelb, Staubblätter herausragend.
Vorkommen Lorbeerwaldreste, feuchte Felsstandorte im Zentrum und Westen der Insel, selten. Gran Canaria-Endemit.
Weitere Arten Krautig ist *S. auriculata* L., bis 2 m hoch, Stängel 4-kantig geflügelt, Blattspreiten mit Öhrchen (C, lokal im Norden, Azoren, W-Europa, N-Afrika).

4 Spitze Braunwurz *Scrophularia arguta* Sol. ex Ait. — Fistulera común

0,05–0,7 m ⊙ II–V

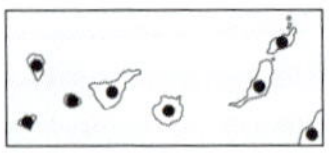

Merkmale Drüsige Pflanze mit gegen- oder wechselständigen, gestielten, breit herzförmigen, spitzen, einfach oder doppelt scharf gesägten Blättern. Hochblätter nach oben zu kleiner, am Grund keilförmig. Krone 3,5–5 mm, kaum länger als der Kelch, rotbraun, mit aufrecht-abstehender Oberlippe, Staubblätter eingeschlossen. Kelchzipfel stumpf, schmal hautrandig. Kapsel kegelförmig mit langer Spitze.
Vorkommen Trockene Standorte vor allem der unteren Stufe. Kanaren, Madeira, Kapverden, S-Spanien, N-Afrika.

5 Selvagens-Ackerlöwenmaul *Misopates salvagense* Sutton — Conejito de Selvagens

0,1–0,4 m ⊙ II–V

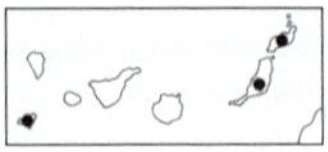

Merkmale Pflanze aufrecht, ± kahl, der Blütenstand aber drüsig behaart. Blätter lineal-lanzettlich. Blüten in den Achseln von langen Tragblättern, weiß, 2-lippig. Kelch mit ungleichen Zipfeln. Die zahlreichen schwärzlichen Samen auf der Oberseite mit mehreren Graten, dagegen bei *M. orontium* nur ein Grat.
Vorkommen Offene, trockene Standorte. Kanaren, Selvagens, endemisch.
Weitere Arten Häufiger das formenreiche mediterrane *M. orontium* (L.) Raf., Krone rosa oder weiß (alle Inseln) und *M. calycinum* Rothm. (nur L, SW-Europa).

1

2a

2b

3

4

5

Von den 3 vorkommenden mediterran und weiter verbreiteten **Tännelkraut**-Arten *Kickxia* fällt die niederliegende, reich verzweigte und drüsig behaarte *K. commutata* (Bernh. ex Rchb.) Fritsch auf: Blätter mit spieß- oder pfeilförmigem Grund, Blüten lang gestielt, Unterlippe gelblich weiß, Oberlippe samt stark gebogenem, langem Sporn blauviolett, die Schlundhöcker purpurn gefleckt (T C, Unkrautfluren im Lorbeerwaldbereich). *K. spuria* (L.) Dumort. (auf P) und *K. elatine* (L.) Dumort. (P T C) sind gelbblütig mit violetter Oberlippe, die endemischen Arten sind dagegen rein gelbblütig.

1 Besen-Tännelkraut *Kickxia scoparia* (Brouss. ex Spreng.) Kunk. & Sund. Picopajarito de escoba

0,3–0,75 m ♄ I–V

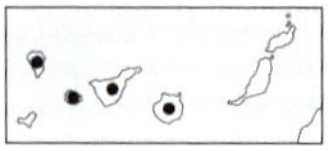

Merkmale Aufrechter, kahler, spärlich verzweigter Rutenstrauch. Die aufrecht-abstehenden Blätter alle gleich, 6–26 mm lang und 1 mm breit, lineal, etwas fleischig und sitzend, im Sommer hinfällig. Blüten mit 19–26 mm langer gelber Krone, der Sporn 13–20 mm, gerade oder gebogen.
Vorkommen Trockener Sukkulentenbusch. Kanaren-Endemit.
Weitere Arten Dagegen *K. pendula* (Kunk.) Kunk., Felspflanze mit hängenden Ästen, am Grund reich verzweigt. Blätter lineal-lanzettlich, bis 2,5 mm breit, ± abstehend, die Blüten mit 19–22 mm langer Krone in größerer Zahl als bei *K. scoparia* (Gran Canaria-Endemit, lokal).

2 Verschiedenblättriges Tännelkraut *Kickxia sagittata* (Poir.) Rothm. Picopajarito costero

0,2–0,9 m ♃ I–V

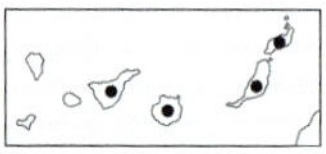

Merkmale Vielgestaltige, am Grund verholzte, kahle Art. Die gelbe, behaarte Krone 17–23 mm, in den 12–17 mm langen Sporn verschmälert. 3 Varietäten werden unterschieden: die var. *sagittata* (**2a**) meist kletternd, Blätter lineal bis länglich, 5–30 mm, untere am Grund abgerundet, obere spieß- oder pfeilförmig, ihre feinen Stiele meist zurückgekrümmt (C F L), die var. *subsucculenta* (Kunk.) Hans. & Sund. (**2b**) kriechend, oft kleine Polster bildend, mit fleischigen Blättern (L), die var. *urbanii* (Pit.) Sund., niederliegend oder kletternd, alle Blätter am Grund verschmälert, ohne deutliche Spießecken (T C F L). Die früher als Synonym angesehene *K. heterophylla* (Schousb.) Dandy kommt in Ägypten vor.
Vorkommen Sand- und Felsstandorte, oft küstennah. Kanaren-Endemit.

3 Tenerife-Kanarenfingerhut *Isoplexis canariensis* (L.) Loud. Crestagallo

Bis 1,5 m ♄ IV–VIII

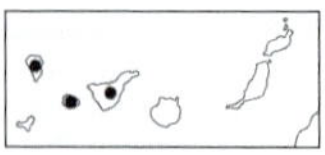

Merkmale Attraktiver Verwandter unseres heimischen Fingerhutes (*Digitalis purpurea* L., auf T verwildert), aber strauchig, verzweigt und immergrün. Blätter im oberen Teil der Äste fast rosettig angeordnet, dunkelgrün und etwas glänzend, eiförmig-lanzettlich, am Rand gesägt, unterseits spärlich behaart, etwa 12 × 2 cm. Die nektarreichen Blüten abstehend in dichten endständigen Trauben, die Kronen ca. 3 cm lang, orangerot, mit kurzer Röhre, längerer vorgestreckter und ausgerandeter Oberlippe und kürzerer, 3-zipfeliger Unterlippe. Für die Art wurde Vogelbestäubung u. a. durch den endemischen Kanaren-Zilpzalp *Phylloscopus canariensis canariensis* (Hartwig) beobachtet. Giftigkeit und Heilwirkung sind mit der von *Digitalis*-Arten durchaus vergleichbar.
Vorkommen Lichtungen der Lorbeerwälder und Baumheide-Buschwälder. Kanaren-Endemit, auf La Palma und La Gomera selten.

4 Kupferfarbener Kanarenfingerhut *Isoplexis chalcantha* Svent. & O'Shan. Crestagallo de Doramas

0,5–1,2 m ♄ III–VII(–IX)

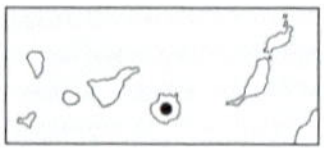

Merkmale Blätter schmal lanzettlich, gesägt, unterseits dicht behaart. Blütenstand relativ locker, die kupferfarbenen Kronen weniger als 2 cm lang, Fruchtstiele etwa so lang wie die Kelche.
Vorkommen Lorbeerwaldreste im Norden der Insel, im Gegensatz zu *I. canariensis* selten, zur Erhaltung der Art auch gepflanzt. Gran Canaria-Endemit.
Weitere Arten Ebenfalls endemisch auf Gran Canaria *I. isabelliana* (W. & B.) Masf.: Blätter unterseits ± kahl, Blütenstand dicht und reichblütig, die Kronen kleiner, mehr dunkelrot, Fruchtstiele viel kürzer als die Kelche (feuchtere Kiefernwälder und Ersatzgesellschaften im Nordwesten, selten).

1

2a

2b

3

4

Von den 16 **Wegerich**-Arten *Plantago* sind 4 endemisch, die übrigen vorwiegend mediterran verbreitet. Darunter gut kenntlich, 1-jährig, auf allen Inseln: *P. amplexicaulis* Cav. mit locker rosettig angeordneten, am Grund deutlich stängelumfassenden Blättern und lang gestielten, eiförmigen Ähren, *P. lagopus* L. mit seidig behaarten, eiförmig-länglichen Ähren und der Flohsamen-Wegerich *P. afra* L. mit gegenständigen Ästchen und Blättern, die Ähren köpfchenartig. Auch die weltweit vorkommenden Arten *P. lanceolata* L. (H T C) und *P. major* L. (alle Inseln) sind nicht selten

1 Ascherson-Wegerich *Plantago aschersonii* Bolle — Estrellamar

0,05–0,1 m ⊙ I–V

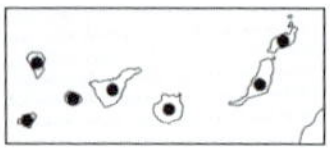

Merkmale Grundrosette aus 10–20 ausgebreiteten, bis 10 cm langen, anliegend weich behaarten, schmal lanzettlichen, etwas fleischigen, entfernt gezähnten Blättern. Die zylindrischen Blütenähren 1–6 cm lang, am ± niederliegenden Schaft oft abgewinkelt und kaum länger als die Blätter. Typisch für die Kanaren, aber doch nahe verwandt mit dem an den Küsten Europas und des Mittelmeeres weit verbreiteten, sehr formenreichen Krähenfuß-Wegerich *P. coronopus* L.
Vorkommen Küstennahe Fels- und Sandstandorte. Kanaren-Endemit.

2 Indischer Flohsamen-Wegerich *Plantago ovata* Forssk. — Llantén lanudo

0,05–0,2 m ⊙⊙ XII–IV

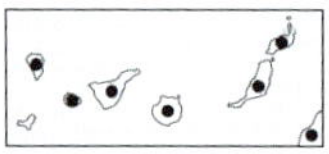

Merkmale Grundrosette aus spärlich bis dicht silbrig behaarten, fädlichen bis linealen, ganzrandigen oder entfernt gezähnelten, bis 10 cm langen Blättern. Blütenschäfte nur wenig länger, mit eiförmigen, dichten Ähren. Tragblätter länger als breit, Kelchblätter bis in die Spitze gekielt.
Vorkommen Trockene, sandige Standorte der Küstenzone. Kanaren, Madeira, südl. Mittelmeergebiet bis Pakistan und Indien, Südwesten von N-Amerika.
Weitere Arten Ähnlich *P. loeflingii* L., aber Tragblätter breiter als lang, Kelchblätter nur bis zur Mitte gekielt (H G T C, südl. Mittelmeergebiet).

3 Bäumchen-Wegerich *Plantago arborescens* Poir. — Pinillo común

0,1–0,6 m ♄ III–VIII

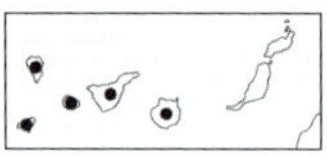

Merkmale Niedriger, sparrig verzweigter, etwas klebriger Strauch (**3a**). Blätter pfriemlich, in Meeresnähe auch fleischig, 2–6 cm × 0,5–1,5 mm, gegenständig und an den Zweigenden gehäuft, abstehend, im unteren Teil mit langen Haaren, meist frisch grün (**3b**), bisweilen grau behaart (var. *canescens* Svent. **3c**, T im Westen). Die köpfchenartigen, armblütigen Ähren mit 5–7 mm langen Tragblättern, Kronröhren 4–5 mm lang. Formenreich, neben der kanarisch-endemischen ssp. *arborescens* auch die ssp. *maderensis* (Decne) Hans. & Kunk. (C, Madeira).
Vorkommen Felsen der Küstenzone bis zu offenen Waldstandorten. Kanaren, Madeira, endemisch.
Weitere Arten Ähnlich *P. famarae* Svent. mit 1,5–2,5 mm breiten, etwas fleischigen, graugrünen Blättern (nur auf L).

4 Webb-Wegerich *Plantago webbii* Barnéoud — Pinillo blanco

0,1–0,3 m ♄ VII–VIII

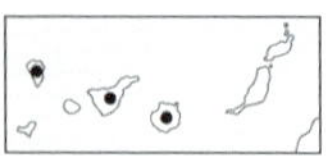

Merkmale Niedrige Kugelbüsche bildend, mit graugrünen, schmal linealen, aufrechten bis anliegenden, fein und dicht behaarten, gegenständigen bis gebüschelten Blättern, 1,5–4 × 1 mm groß. Die kurz zylindrischen Ähren locker und armblütig, Tragblätter 4,5–5 mm lang, Kronröhren nur 2,5 mm.
Vorkommen In der subalpinen Stufe bisweilen bestandsbildend, die Vorkommen auf Gran Canaria bis 1400 m herabsteigend. Kanaren-Endemit.

5 Affodillähnlicher Wegerich *Plantago asphodeloides* Svent. — Llantén fino

Bis 0,2 m ⊙⊙ II–IV

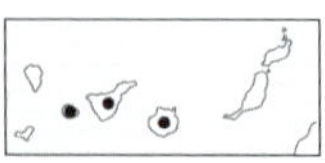

Merkmale Dichte Grundrosette aus 20–40 behaarten, linealen, 10–15 cm langen und 1–2 mm breiten Blättern. Schlanke, 10–15 cm lange Ähren zu 10–15 auf etwas bogig aufsteigenden Schäften, die Blätter überragend. Die var. *oligostachya* Svent. kleiner, Blätter nur zu 8–20, Blütenstände 2–7, die Blätter kaum überragend.
Vorkommen Sukkulentenbusch im Süden der Inseln. Kanaren-Endemit.

1

2

3a

3b

3c

4

5

Wegerichgewächse *Plantaginaceae* (incl. *Globulariaceae*)

1 Weidenblättrige Kugelblume *Globularia salicina* Lam.

Mosquera común

0,5–2 m ♄ III–VIII

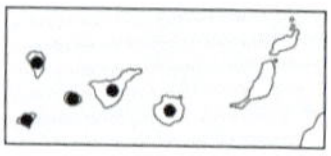

Merkmale Immergrüner Strauch mit kurz gestielten, lineal-lanzettlichen, etwas fleischigen, kahlen, 3,5–8 cm langen Blättern. Blüten in 1–3 cm lang gestielten, dichten, kugeligen, etwa 1 cm breiten Köpfchen mit einer gemeinsamen Hülle aus zugespitzt eiförmigen, bewimperten Blättern achselständig an den Zweigenden. Blüten 2-lippig, 4 mm lang, blassblau oder weißlich.
Vorkommen Schattige Felsen im oberen Bereich des Sukkulentenbusches. Kanaren, Madeira, endemisch.
2 **Weitere Arten** Auf Gran Canaria endemisch außerdem 2 seltene, niedrige Felsensträucher: die **Dickblättrige Kugelblume** *G. sarcophylla* Svent. mit 2 cm breiten, bläulichen, 2–7 cm lang gestielten Köpfchen und kürzeren graugrünen Blättern und *G. ascanii* Bramw. & Kunk. mit 1,5–2 cm breiten, weißlichen, nur 2–3 cm lang gestielten Köpfchen.

Akanthusgewächse *Acanthaceae*

3 Ysopblättrige Justicie *Justicia hyssopifolia* L.

Mataprieta

0,5–1 m ♄ I–VII

Merkmale Strauch mit hellen, 4-kantigen Ästen. Blätter gegenständig oder in Quirlen zu 4, sitzend, ledrig, eiförmig-länglich, im Sommer größtenteils abgefallen. Blüten einzeln, die gelblich weiße Krone immer etwas verwelkt aussehend, behaart, mit weiter Röhre, die den Kelch kaum überragt, 2-lippig, die aufrechte Oberlippe vorne eingeschnitten, die Unterlippe abstehend 3-lappig. 2 Staubblätter. Kelch fast bis zum Grund 5-zipfelig. Frucht eine 1,5–2 cm große, zur Reifezeit hellbraune, 2-klappige, keulenförmige Kapsel mit kleinem Fortsatz an der Spitze. Einige Merkmale der Blüten weisen auf Vogelbestäubung hin.
Vorkommen Sukkulentenbusch. Kanaren-Endemit.
Weitere Arten Als weiteres Akanthusgewächs aus Gärten verwildert *Acanthus mollis* L., im Mittelmeergebiet heimische hohe Staude mit weißen Blüten, die fehlende Oberlippe durch einen vergrößerten, violetten Kelchlappen ersetzt (G T C).

Sommerwurzgewächse *Orobanchaceae*

4 Gelbe Cistanche *Cistanche phelypaea* (L.) Cout.

Jopo amarillo

0,2–1 m ♃ II–V

Merkmale Kahle, blattgrünlose Art mit kräftigem, gelblichem Stängel. Blätter bräunlich mit häutigem, ± gezähntem Rand. Blüten in dichter Ähre, je mit einem kahlen Tragblatt und 2 Vorblättern, die dem regelmäßig 5-lappigen, glockenförmigen Kelch anliegen. Die 3–6 cm lange, gelbe Krone mit gebogener, plötzlich erweiterter Röhre und 5 abstehenden, rundlichen, fast gleich langen Lappen.
Vorkommen Sandige Küstenstandorte. Kanaren, südliches Mittelmeergebiet, vorwiegend auf den Wurzeln von strauchigen Gänsefußgewächsen schmarotzend.

5 Berthelot-Sommerwurz *Orobanche berthelotii* W. & B.

Jopo de Berthelot

0,1–0,2 m ♃ II–IV

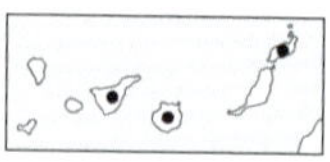

Merkmale Spärlich drüsig behaarte, battgrünlose Art mit gelblich braunem Stängel. Blütenähre schlank, etwa 8 cm lang, locker. Tragblätter breit dreieckig, zugespitzt, etwa so lang wie die 4 Kelchabschnitte, an der Spitze violett, keine Vorblätter. Krone 12–17 mm lang, deutlich gekniet und 2-lippig, am Grund gelblich weiß, der violette Saum mit kleinen runden Lappen, zurückgerollt.
Vorkommen Auf strauchigen Korbblütlern schmarotzend, zeitweise verschollene Art, sehr selten. Kanaren-Endemit. Die Art wird auch der weiter verbreiteten *O. cernua* Loefl. var. *desertorum* Beck zugeordnet (angegeben auch für H C F L).
Weitere Arten Von den überwiegend mediterranen Sommerwurz-Arten wurden 8 auf den Kanaren gefunden. 6 weitere Arten werden heute zur Gattung *Phelipanche* gestellt, deren Blüten durch 2 Vorblätter ausgezeichnet sind. Als endemisch gilt *Ph. gratiosa* (W. & B.) Carlón & al. (auf L).

1

2

3

4

5

Geißblattgewächse *Caprifoliaceae* (incl. *Sambucaceae*)

1 **Kanaren-Schneeball** *Viburnum rigidum* VENT. — **Follado canario**

4–7 m ♄ II–V

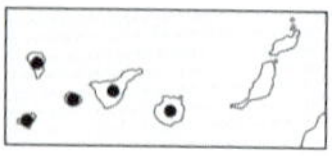

Merkmale Hoher, nicht selten baumartiger, immergrüner Strauch, junge Zweige und Blattstiele dicht behaart. Die gegenständigen Blätter spitz eiförmig, ganzrandig, mattgrün, beiderseits rau und besonders unterseits auf den stark hervortretenden Nerven braunfilzig. Blüten (**1a**) mit weißer, ca. 7 mm breiter, 5-lappiger Krone in reichen Trugdolden. Früchte (**1b**) metallisch schwarzblau, 6–7 mm.
Vorkommen Lorbeerwälder und ihre Degradationsstadien, häufig. Kanaren-Endemit. Nahe verwandt mit *V. tinus* L., der Art der feuchten, immergrünen Wälder und Macchien des Mittelmeergebietes.

---

2 **Kanaren-Holunder** *Sambucus nigra* L. ssp. *palmensis* (LINK) R. BOLLI — **Saúco canario**

4–6 m ♄ IV–VII

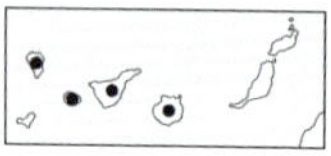

Merkmale Hoher, oft baumartiger, laubwerfender Strauch, dem europäischen Schwarzen Holunder ähnlich, der Kanaren-Holunder wird aber auch als eigene Art betrachtet. Er unterscheidet sich durch stark behaarte junge Zweige und Blütenstände. Die gegenständigen Blätter mit (7–)9 eiförmig-länglichen, kurz zugespitzten, am Rand gesägten, besonders unterseits auf den Nerven lang behaarten Fiedern. Blüten in Trugdolden, mit weißer, 4–5-lappiger, 5 mm breiter Krone. Saftige, schwärzliche Steinfrüchte.
Vorkommen Feuchte Standorte in Lorbeerwäldern, dort selten und gefährdet, zur Erhaltung der Art auch kultiviert. Kanaren-Endemit.
Weitere Arten In Gärten und an Straßenrändern gepflanzt, auf Gran Canaria verwildert *S. canadensis* L., Blätter mit 5–9(–11) Fiedern (Heimat N-Amerika).

Geißblattgewächse *Caprifoliaceae* (incl. *Dipsacaceae*)

Aus dem Mittelmeergebiet stammt *Scabiosa atropurpurea* L. (*Sixalix atropurpurea* (L.) GREUT. & BURD.), 2-jährig, Blätter leierförmig fiederteilig, Blütenköpfe 1,5–3 cm breit, rosa, Kelche mit einfachen, 5 mm langen Borsten (H P G T C). Die 4 endemischen *Pterocephalus*-Arten haben dagegen Kelche mit fedrigen Borsten.

---

3 **Behaarter Federkopf** *Pterocephalus lasiospermus* LINK ex BUCH — **Rosalito de cumbre**

0,3–1 m ♄ VI–IX

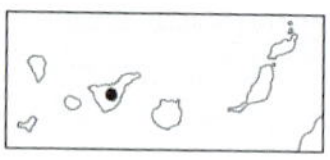

Merkmale Meist niedriger Kugelbusch, die gegenständigen Blätter graugrün, lang und fein anliegend behaart, länglich-lanzettlich und spitz, ganzrandig, an der Basis verbreitert. Blütenköpfe am Grund mit 8–12 schmal eilanzettlichen, zugespitzten Hüllblättern in ± 1 Reihe. Blüten rosa, 5-zipfelig, die äußeren strahlend, Kelch mit über 20 fedrigen Borsten.
Vorkommen Subalpine Zone der Cañadas, oft bestandsbildend. Tenerife-Endemit.
4 **Weitere Arten** Auf La Palma endemisch, ebenfalls in der oberen Stufe, selten, der **Purpurblütige Federkopf** *P. porphyranthus* SVENT., Blätter breiter, mit kleiner aufgesetzter Spitze, Blüten dunkelpurpurn.

---

5 **Hoher Federkopf** *Pterocephalus dumetorus* (BROUSS. ex WILLD.) COULT. — **Rosalito salvaje**

0,7–1,5 m ♄ V–VIII

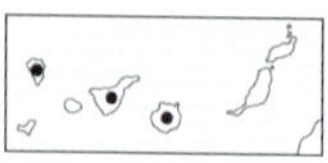

Merkmale Ähnlich *P. lasiospermus*, aber größer, Blätter breit lanzettlich, spitz, mattgrün, beiderseits fein, aber weniger dicht behaart, an den Zweigenden gehäuft stehend. Blütenköpfe breiter, am Grund 12–18 lanzettliche, spitze Hüllblätter.
Vorkommen Auf Gran Canaria in den Hochlagen, auf Tenerife nur in der Umgebung von Güímar. Kanaren-Endemit.

---

6 **Grüner Federkopf** *Pterocephalus virens* W. & B. — **Rosalito de Anaga**

0,1–0,3 m ♄ IV–VII

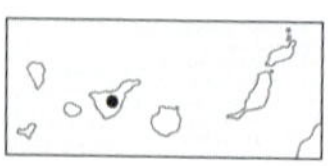

Merkmale Am Grund verholzte Felspflanze. Die an den Zweigenden gehäuft stehenden Blätter locker behaart, grün, länglich und vorne abgerundet. Hülle der rosa Blütenköpfe aus 8–13 spateligen, deutlich unterschiedlich langen Hüllblättern.
Vorkommen Auf Felsen in Küstennähe im Norden des Anaga-Gebirges, selten. Tenerife-Endemit.

1a

1b

2

3

4

5

6

Auf den Kanaren kommen nur wenige Glockenblumengewächse vor, mit *Canarina canariensis* aber wohl eine der prächtigsten Arten. Außer den nachfolgend beschriebenen auch die drei 1-jährigen, mediterranen Frauenspiegel-Arten *Legousia falcata* (Ten.) Fritsch (H P G T C), *L. hybrida* (L.) Delarb. (T C L) und *L. castellana* (Lange) Samp. (auf T), die sich u. a. durch radförmig ausgebreitete Kronzipfel und mehr als 6-mal so lang wie breite, zylindrische Fruchtkapseln auszeichnen. An feuchten Barranco-Standorten, ebenfalls 1-jährig, *Solenopsis laurentia* (L.) C. Presl. (auch zu der Familie *Lobeliaceae* gestellt), ein zartes, kaum 10 cm hohes Pflänzchen mit 2-lippigen, 2,5–4,5 mm großen blauen Blüten (T C, Mittelmeergebiet). Von den zahlreichen mediterranen Glockenblumen-Arten haben nur zwei die Kanaren erreicht.

1 Westliche Glockenblume *Campanula occidentalis* Nym. — Campanita canaria

0,05–0,35 m ⊙ II–IV

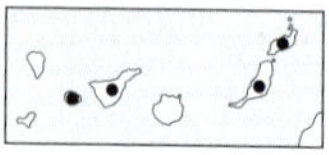

Merkmale Blätter der abstehend behaarten Art sitzend, länglich-eiförmig, am Rand geschweift-gezähnt. Blütenstand scheinbar gabelig verzweigt, die gestielten Blüten einzeln, mit blauvioletter, 9–16 mm langer, 5-zipfeliger Krone, die den Kelch kaum überragt. Dieser mit schmalen, spitzen Zähnen und ± stumpfen, zurückgeschlagenen Anhängseln. Kapseln sich mit seitlichen Poren öffnend. Die Abtrennung der kanarisch-endemischen Art von der nahe verwandten *C. dichotoma* L. wurde neuerdings bestätigt.

Vorkommen Ruderalflächen im Sukkulentenbusch. Kanaren, westl. und zentrales Mittelmeergebiet.

2 Alpenbalsam-Glockenblume *Campanula erinus* L. — Campanita común

0,03–0,25 m ⊙ II–V

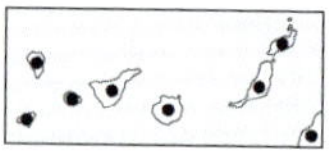

Merkmale Unscheinbare, leicht zu übersehende Art, borstig behaart und reich verzweigt, mit sitzenden, eiförmigen, gekerbt-gezähnten, manchmal gelappten Blättern. Blassblaue oder weißliche, 2–5 mm lange Blüten zu 1–3. Kelch ohne Anhängsel, die spitzen Zipfel zur Fruchtzeit vergrößert und sternförmig abstehend. Kapseln sich mit 3 basalen Poren öffnend.

Vorkommen Von der unteren bis in die Waldstufe auf Schutt, Geröll und anderen offenen Standorten. Kanaren, Madeira, Azoren, Mittelmeergebiet.

3 Lobelienähnliche Wahlenbergie *Wahlenbergia lobelioides* (L. f.) Link — Almirón

0,1–0,5 m ⊙ III–IV

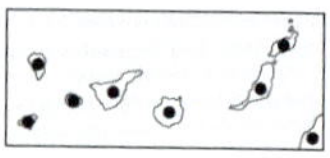

Merkmale Zarte, fast kahle, oft rot überlaufene Pflanze. Blätter am Grund lang verschmälert, lanzettlich bis spatelig, ± gezähnt, im unteren Teil des Stängels gehäuft, nach oben zu kleiner werdend, lineal. Blüten locker rispig an langen Stielen, zunächst nickend. Krone 6–10 mm lang, blassblau oder rotviolett, selten weiß, glockig-trichterförmig, ihre 5 Zipfel kaum ausgebreitet. Aufrechte, 5–10 mm lange, eiförmige Kapsel gekrönt von den kurzen Zähnen des Kelches, sich an der Spitze mit 3 Klappen öffnend.

Vorkommen Trockene offene Standorte in allen Höhenstufen, häufig. Auf den Kanaren, Madeira und Kapverden in der endemischen ssp. *lobelioides* (Foto), im Mittelmeergebiet die ssp. *nutabunda* (Guss.) Murb.

4 Kanarenglockenblume *Canarina canariensis* (L.) Vatke — Bicacarera

Bis 3 m ♃ X–VI

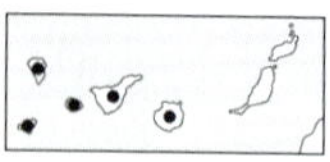

Merkmale Milchsaftführende kahle Staude mit oft meterlang kriechenden oder klimmenden Trieben. Blätter gegenständig, gestielt, die 5–10 cm lange Spreite schmal dreieckig-eiförmig bis spießförmig, gewöhnlich mit herzförmigem Grund, unregelmäßig gekerbt-gezähnt, oberseits dunkelgrün, unterseits graugrün mit bläulichem Schimmer und oft rötlichen Nerven. Die 3–6 cm großen, orangefarbenen bis dunkel braunroten, dunkler geaderten, im Gegensatz zu *Campanula*-Arten in der Regel 6-zipfeligen Blütenglocken lang gestielt und hängend, einzeln in den oberen Blattachseln (**4a**). Essbare, 3–4 cm breite, fleischige, zur Reifezeit gelborange Früchte mit ausdauerndem, 6-zipfeligem Kelch (**4b**). Als Bestäuber der derben, auffälligen Blüten wurde wie beim Kanarenfingerhut u. a. der endemische Kanaren-Zilpzalp *Phylloscopus canariensis canariensis* (Hartwig) beobachtet.

Vorkommen Feuchte schattige Standorte der Lorbeerwälder. Kanaren-Endemit.

1

2

3

4a

4b

Röhrenblütige Korbblütler *Asteraceae* (*Compositae*), *Asteroideae*

Die Korbblütler *Asteraceae* bilden mit nahezu 300 Arten oder 1/7 der Kanarenflora die artenreichste Familie. Fast die Hälfte davon sind Endemiten und werden im Folgenden dargestellt, während von den zahlreichen im Mittelmeergebiet heimischen Sippen nur eine kleinere Auswahl erwähnt werden kann.

1 Drüsiger Wasserdost *Ageratina adenophora* (SPRENG.) KING & ROB. — Matoespuma

0,3–1,5(–2) m ♃ II–V

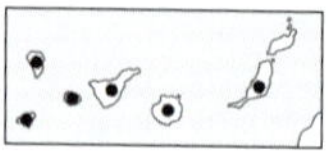

Merkmale Am Grund verholzendes Kraut mit drüsig behaarten, rötlichen Stängeln. Blätter gegenständig, gestielt, rhombisch-eiförmig, bis auf die Basis am Rand gekerbt-gesägt, unterstes Blattnervenpaar am Spreitengrund ansetzend. Köpfchen in Doldentrauben, 6 mm breit, aus weißen Röhrenblüten und drüsigen Hüllblättern. Früchtchen schwarz, kahl, mit 5–10 weißen Pappusborsten.

Vorkommen Mitte des 19. Jahrhunderts eingeschleppt, Feuchtigkeit und Schatten liebend. An Wegrändern und auf gestörten Flächen aggressiv bis in die Lorbeerwälder vordringend. Makaronesien, Mittelmeergebiet, Heimat Mittelamerika.

2 **Weitere Arten** Ähnlich der **Ufer-Wasserdost** *A. riparia* (REG.) KING & ROB. mit einfachen Haaren, ohne Drüsen. Blätter lanzettlich, unterstes Blattnervenpaar oberhalb des Spreitengrundes ansetzend. Köpfchen 4–5 mm breit, die fein behaarten Früchtchen mit blassrosa Pappusborsten. Ebenfalls Neophyt, bis in die Lorbeerwälder (G T, noch selten, P häufig, Madeira, Heimat Mittelamerika).

3 Cañadas-Berufkraut *Erigeron calderae* HANS. (*E. cabrerae* DITTR.) — Pompón de las Cañadas

0,1–0,25 m ♃ VII–VIII

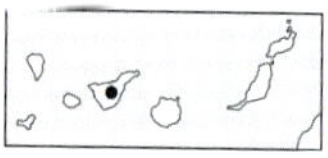

Merkmale Fast kahles bis zerstreut drüsiges Kraut. Blätter länglich-spatelig, ganzrandig, gewimpert, bis 10 × 1,2 cm. Blütenköpfchen 10–15 mm breit, mit blassvioletten Zungenblüten und gelblichen Scheibenblüten. Zahlreiche Hüllblätter, dachziegelig in 3–4 Reihen, olivgrün mit rotbraunem Mittelnerv, an der Spitze häufig mit weißen Haaren, sonst kahl. Früchtchen mit weißen, rauen Pappusborsten.

Vorkommen Auf Bimsgrus in den Cañadas. Tenerife-Endemit.

4 Karwinski-Berufkraut *Erigeron karvinskianus* DC. — Teresita

0,2–0,4 m ♃ IV–IX

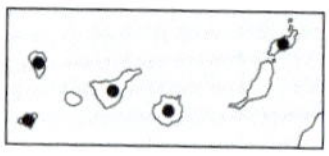

Merkmale Verzweigte Pflanze, oft von Mauern herabhängend. Blätter anliegend behaart, untere eiförmig-spatelig, durch einen bespitzten Zahn auf jeder Seite fast 3-lappig, obere ganzrandig, mit weicher Stachelspitze. Blütenköpfe an Gänseblümchen erinnernd, mit 5–6 mm langen, weißen bis weinroten Zungenblüten.

Vorkommen Zierpflanze, häufig verwildert und eingebürgert an feuchten Mauern und Felsen. Kanaren, Madeira, Azoren, W-Europa, Algerien, Heimat Mexiko.

5 Ährige Ifloga *Ifloga spicata* (FORSSK.) SCH. BIP. — Yesquerilla

0,03–0,12 m ⊙ III–V

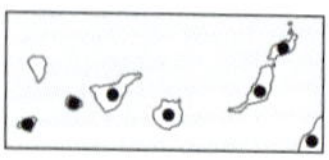

Merkmale Pflänzchen bei der ssp. *spicata* (**5a**) mit abstehenden, pfriemlichen Blättern, ihre Oberseite weiß seidig-filzig, kahnförmig eingesenkt, die Unterseite grün. In den Achseln 2–3 sitzende, 3–4 mm breite Köpfchen mit goldgelben, häutigen Hüllblättern, einen ährenartigen, durchblätterten Blütenstand bildend. Winzige gelb-orange Röhrenblüten. Die ssp. *obovata* (BOLLE) KUNK. (**5b**) mit stärker fleischigen, breiteren Blättern, endemisch auf T F L.

Vorkommen Sandige Standorte, Küsten. Kanaren, südl. Mittelmeergebiet.

6 Behaarter Zweizahn *Bidens pilosus* L. — Amorseco

0,2–0,7(–1,2) m ⊙ X–V

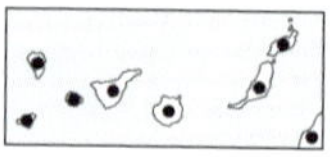

Merkmale Aufrechte Pflanze, mit weißlich behaartem, 4-kantigem Stängel und 3–5-teiligen, gezähnt-gekerbten Blättern. Blütenköpfchen lang gestielt, 5–15 mm breit, mit gelben Scheiben- und 5 weißen Zungenblüten. Hüllblätter grünlich, äußere etwas länger als die inneren. Früchtchen 4-kantig, schwarz, winzig borstig, 7–15 mm, mit 2–3 langen Grannen, günstig, sich an Fellen und Kleidung anzuheften.

Vorkommen Wegränder, aufgelassenes Kulturland. Makaronesien, Mittelmeergebiet, heute fast weltweit, Heimat Mittelamerika.

Weitere Arten *B. aureus* (AIT.) SHERFF mit gelblichen Zungenblüten (H P G T C F, westl. Mittelmeergebiet, Heimat Mittelamerika).

1

2

3

4

5a

5b

6

1 Baumwoll-Strohblume *Helichrysum gossypinum* WEBB — Yesquera amarilla

0,1–0,3 m ♃ III–V

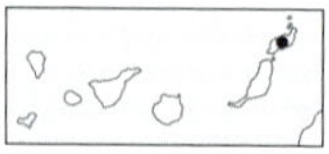

Merkmale Graufilziger Halbstrauch, ± aufrecht oder hängend, mit flachen, dicklichen, lanzettlichen bis spateligen, stumpflichen, bis 6 cm langen Blättern. Der dichte doldentraubige Blütenstand etwa 8 cm breit, die Köpfchen etwa 6 mm, mit 60–80 gelben bis bräunlichen Röhrenblüten und halbkugeliger Hülle. Hüllblätter locker dachziegelig stehend, häutig, kahl und weißlich.
Vorkommen Felsstandorte, selten im Norden. Lanzarote-Endemit.

2 Eingriffelige Strohblume *Helichrysum monogynum* BURTT & SUND. — Yesquera roja

Bis 0,1–0,2 m ♃ XII–IV

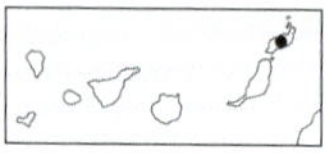

Merkmale Niederliegende, am Grund verholzte Felspflanze. Die spateligen Blätter 1–1,7 cm lang, bis 3 mm breit, an der Spitze zurückgebogen, dünn grauwollig behaart. Dichte Blütenstände aus zahlreichen 3 mm breiten Köpfchen, diese mit 10–12 rötlichen Blüten, die zylindrische, 5 mm lange Hülle aus mehreren Reihen dachziegelartig stehender, häutiger, rötlicher Hüllblätter.
Vorkommen Felsstandorte, im Norden. Lanzarote-Endemit.
Weitere Arten Ähnlich *H. alucense* GARCÍA-CASANOVA, SCHOLZ & HERNÁNDEZ, vom Grund an verzweigt und ± aufrecht. Blätter dicht silbergrau filzig, ± breit spatelförmig, spitz. Köpfchen 2,5 mm breit, am Grund auffällig lang wollig behaart, mit nur 10–11 gelblich weißen Blüten und meist gelblich grünen, seltener rötlichen Hüllblättern (Gomera-Endemit, selten im Nordosten).

3 Gelbweißes Scheinruhrkraut *Laphangium luteoalbum* (L.) TZVELEV (*Gnaphalium luteoalbum* L.) — Borriza común

0,15–0,4 m ⊙ IV–VI

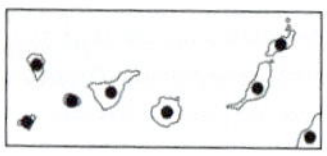

Merkmale Silbergrau behaarte Pflanze, Stängel einzeln aufrecht oder mit aufsteigenden Seitensprossen. Blätter länglich-spatelig, die oberen halb stängelumfassend. Köpfchen mit gelblich weißen Hüllblättern und gelblichen Blüten, 4–5 mm lang, zu 4–12 in hochblattlosen Knäueln, diese oft einzeln endständig.
Vorkommen Feuchte, meist sandige Standorte, Waldränder, vor allem im Lorbeerwaldbereich. Kanaren, Madeira, Azoren, weltweit verbreitet.
Weitere Arten Nahe verwandt, aber äußerst selten *L. teydeum* WILDPRET & GREUT. (*Gnaphalium teydeum* KNAPP nom. illeg.), in allen Teilen kleiner, oft ausdauernd, nur im Gipfelbereich des Pico del Teide (T).

4 Purpurrote Steinimmortelle *Phagnalon purpurascens* SCH. BIP. — Mecha rojiza

0,1–0,4 m ♄ I–V

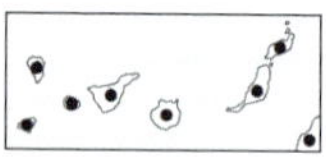

Merkmale Kleiner Halbstrauch mit weißfilzigen Ästen. Blätter lineal, deutlich umgerollt, unterseits weißwollig, oberseits nur spärlich behaart und grün. Blütenköpfchen einzeln, lang gestielt, schmal, aus gelblichen Röhrenblüten und mehreren Reihen dachziegelartig angeordneter, dem Köpfchen anliegender, purpurn überlaufener Hüllblätter, äußere eiförmig-länglich, bespitzt, innere lang zugespitzt.
Vorkommen Sukkulentenbusch. Kanaren, Marokko, Algerien.
Weitere Arten Die im Mittelmeergebiet verbreiteten Steinimmortellen *P. saxatile* (L.) CASS. mit ausgebreiteten bis zurückgeschlagenen Hüllblättern und *P. rupestre* (L.) DC. mit dicht anliegenden Hüllblättern der Blütenköpfchen (beide Arten auf allen Inseln), auf L auch *P. metlesicsii* PIGN. (Heimat Sizilien).

5 Dolden-Steinimmortelle *Phagnalon umbelliforme* DC. — Mecha romero

0,2–0,7 m ♄ IV–V

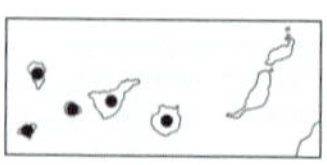

Merkmale Kleiner Strauch mit gelbfilzigen Stängeln, die zahlreichen spiralig angeordneten, schlaffen Blätter bis 5 cm lang, lineal bis schmal lanzettlich, spitz, am Rand wenig umgerollt, unterseits filzig, oberseits dunkelgrün und verkahlend. Die im Verhältnis zu den anderen *Phagnalon*-Arten ziemlich kleinen Köpfchen (bis zu 40 und mehr) mit gelblichen Röhrenblüten stehen in Trugdolden. Dachziegelig in mehreren Reihen die grünen, schwarzbraun berandeten Hüllblätter.
Vorkommen Sukkulentenbusch, lokal. Kanaren-Endemit.

1

2

3

4

5

1 Seidenhaarige Schizogyne *Schizogyne sericea* (L. f.) DC. Salado blanco

0,3–1 m ♄ II–VI

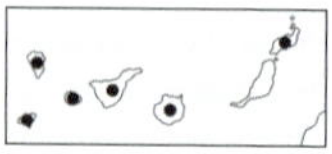

Merkmale Dicht und fein weiß behaarter Strauch, die linealen, stumpfen, fleischigen, graugrünen Blätter 3–5 cm lang. Blütenköpfchen 5–6 mm breit, in dichten Trugdolden, die gelben Röhrenblüten kaum länger als die gelblichen, häutigen, mehrreihigen Hüllblätter, keine Zungenblüten. Behaarte Früchtchen mit 1 Reihe rauer Borsten. Der Gattungsname bezieht sich auf die tief geteilte Narbe.
Vorkommen Sukkulentenbusch in Küstennähe, auf Gran Canaria nur im Norden und Osten, auf Fuerteventura fraglich. Kanaren, Selvagens, endemisch.

2 **Weitere Arten** Ähnlich die **Kahle Schizogyne** *Sch. glaberrima* DC. „Salado verde". Ganze Pflanze ± kahl, Blätter grün und etwas fleischig, in der Regel kürzer, 2,5–4 cm lang. Blütenköpfchen zahlreicher und dichter stehend. (Küstennaher Sukkulentenbusch, im Süden und Südwesten von Gran Canaria endemisch. Auf Tenerife wohl nur eine verkahlende Form von *Sch. sericea*.)

3 Gabelästiger Allagopappus *Allagopappus canariensis* (Willd.) Greut. (*A. dichotomus* (L. f.) Cass.) Madama de risco

0,3–1,2 m ♄ III–VII

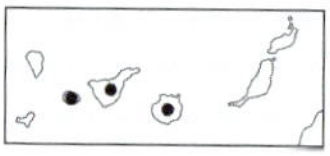

Merkmale Gabelig verzweigter Strauch mit rostbraunen Ästen. Die dunkelgrünen und ledrigen, wenig drüsig-klebrigen Blätter kurz gestielt, lineal-lanzettlich, am Rand schwach gezähnelt, 2–3,5 cm lang. Endständige, flache Doldentrauben aus 15–30, bis 5 mm breiten Blütenköpfchen mit gelben Röhrenblüten und vielreihigen linealen Hüllblättern, meist überragt von seitlichen Blütenstanden. Früchtchen mit kleiner Krone und 5 langen Borsten.
Vorkommen Felsstandorte im Sukkulentenbusch. Kanaren-Endemit, El Hierro?

4 **Weitere Arten** Ähnlich der **Drüsige Allagopappus** *A. viscosissimus* Bolle „Madama pegajosa", aber Pflanze insgesamt stärker drüsig-klebrig, Blätter schmal lineal und ganzrandig. Blütenstand kleiner und fast immer endständig, Blüten heller gelb. Gran Canaria-Endemit.

5 Vieria *Vieria laevigata* (Brouss. ex Willd.) Webb Amargosa

0,3–1 m ♄ IV–VII

Merkmale An Felsen oft hängender Strauch mit grauen Ästen. Die etwas fleischigen, kahlen, bereiften Blätter zahlreich und abstehend, elliptisch, in der vorderen Hälfte gezähnelt, etwa 5 cm lang. Blütenstand aus über 2 cm breiten Köpfen und vielen kleinen Hochblättern. Zungen- und Scheibenblüten gelb, Erstere etwa 7 mm lang. Hüllblätter in mehreren Reihen, nach außen gekrümmt. Früchtchen gerippt, mit einem Pappus aus zerschlitzten Schuppen und längeren Borsten. Einzige Art der Gattung, die nach dem Universalgelehrten José Viera y Clavijo, geboren auf Tenerife, benannt wurde.
Vorkommen Felsspalten im Bereich des Sukkulentenbusches, im Teno-Gebiet. Tenerife-Endemit.

6 Kanaren-Flohkraut *Pulicaria canariensis* Bolle Pulicaria purpurarea

0,1–0,2 m ♃ (XII–)II–IV

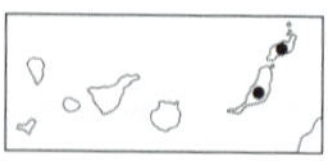

Merkmale Aromatische, am Grund verholzte, ± dicht weißwollig behaarte Pflanze mit stumpfen, spatelförmigen, ganzrandigen oder entfernt geschweift-gezähnten, lang verschmälerten Blättern. Blütenköpfe einzeln, 3–5 cm breit, mit goldgelben Zungenblüten und gelben Scheibenblüten. Hüllblätter in mehreren Reihen, lang behaart. Die steifen, weißen Pappusborsten von einem kurzen, zerschlitzten Krönchen umgeben. Die ssp. *canariensis* (**6a**) auf F und L, die ssp. *lanata* (Font Quer & Svent.) Bramw. & Kunk. (**6b**) mit stärker flockig spinnwebiger Behaarung nur auf L.
Vorkommen Kiesstrände, Felsschutt am Meer, auch Zierpflanze. Kanaren-Endemit.

7 **Weitere Arten** Kurz silbrig weiß behaart das **Burchard-Flohkraut** *P. burchardii* Hutch. ssp. *burchardii*, mit seitlichen (blühenden) Trieben, die nach Übersandung wurzeln können. Blätter lineal-lanzettlich, Blütenköpfe 1,5–2 cm breit, mit kurzen, blassgelben Zungenblüten (F, küstennah auf Sand, SW-Marokko, die ssp. *longifolia* Gamal-Eldin auf den Kapverden).

1

2

3

4

5

6a

6b

7

Asteriscus-Arten wurden im Laufe der Zeit auch zu den Gattungen *Bubonium, Odontospermum* und zuletzt zu *Nauplius* gestellt. Die 3 *Pallenis*-Arten wurden früher auch der Gattung *Asteriscus* zugeordnet.

1 Einjähriger Strandstern *Asteriscus aquaticus* (L.) Less. — Joriada menuda

0,1–0,5 m ⊙ III–VIII

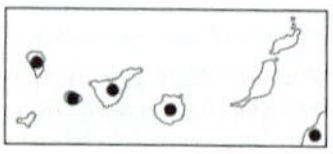

Merkmale Stängel einfach oder gabelig verzweigt. Die länglich spatelförmigen, stumpfen Blätter dicht drüsig, kurz und locker behaart, die oberen halb stängelumfassend. Blütenköpfe fast sitzend, 1,5–3 cm breit, mit gelben Scheibenblüten und nur 3–7 mm langen, gelben, außen deutlich behaarten und drüsigen Zungenblüten, 2–3fach überragt von den äußeren, blattähnlichen Hüllblättern.
Vorkommen Sandige, feuchte Standorte in Küstennähe. Kanaren (auf Fuerteventura und Lanzarote fraglich), Madeira, Mittelmeergebiet.

2 Schmalblättriger Goldstern *Asteriscus graveolens* (Forssk.) Less. — Botonera

0,1–0,3(–0,5) m ♄ III–VI

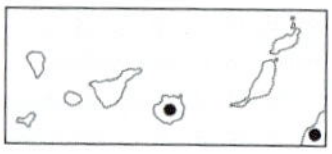

Merkmale Aromatisches Sträuchlein, formenreich. Im Südwesten Gran Canarias die endemische ssp. *stenophyllus* (Link) Greut. (Foto), dicht verzweigt, die Blätter gehäuft, lineal und ganzrandig, seidig behaart. Blütenköpfe 1,5–3,5 cm breit, mit 3–12 mm langen, gelben Zungen- und gelben Scheibenblüten, von den äußeren Hüllblättern gewöhnlich überragt. Im Norden und Osten der Insel sowie in NW-Afrika die ssp. *odorus* (Schousb.) Greut., nur mäßig verzweigt, Blätter verkehrteiförmig-länglich, untere bisweilen gelappt, dicht und kurz behaart. Die ssp. *graveolens* nur in N-Afrika.
Vorkommen Trockene Felshänge. Kanaren, südl. Mittelmeergebiet.

3 Seidenhaariger Goldstern *Asteriscus sericeus* (L. f.) DC. — Jorado

0,3–1 m ♄ II–VI

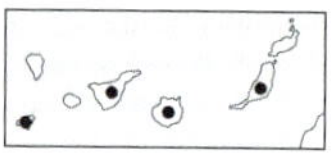

Merkmale Dicht und regelmäßig verzweigter Strauch mit starkem Geruch. Blätter an den Zweigenden gehäuft, flach spatelig, bespitzt, drüsig und lang seidenhaarig. Die 3,5–5,5 cm breiten Blütenköpfe an abstehend behaarten Stielen, mit 14–23 mm langen, gelben Zungen- und gelben Scheibenblüten. Äußere Hüllblätter die Zungenblüten nicht überragend, sehr schmal spatelig.
Vorkommen Felspflanze, zum Teil bestandsbildend, auch auf den anderen Inseln häufige Zierpflanze. Ursprünglich Fuerteventura-Endemit.
4 **Weitere Arten** Sehr ähnlich der **Mittlere Goldstern** *A. intermedius* (DC.) Pit. & Proust, Blätter kleiner und schmaler, Blütenköpfe 2,5–3,5 cm breit, auf angedrückt behaarten Stielen, die Zungenblüten nur 8–13 mm lang (F L).

5 Schultze-Goldstern *Asteriscus schultzii* (Bolle) Pit. & Proust — Tojia blanca

0,1–0,6 m ♃ XII–IV

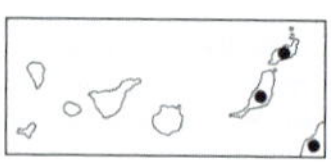

Merkmale Niedriger Strauch, Blätter schmal spatelförmig, lang verschmälert, halb stängelumfassend sitzend, entfernt grob gesägt bis ganzrandig, rau und leicht drüsig, bisweilen fleischig. Die 3–4,5 cm breiten Blütenköpfe mit gelben Scheiben- und 11–21 mm langen, weißlichen, unterseits anfangs purpurnen Zungenblüten, überragt von den äußeren, blattähnlichen Hüllblättern.
Vorkommen Küstennahe, felsige Standorte. Kanaren (fraglich auf Gran Canaria), Marokko, wegen seiner Seltenheit und Attraktivität stark gefährdet.

6 Stechendes Sternauge *Pallenis spinosa* (L.) Cass. ssp. *spinosa* — Estrellada espinosa

0,2–1 m ⊙♃ III–VII

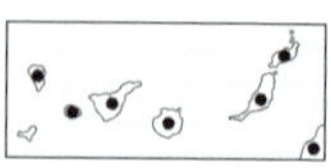

Merkmale Pflanze stark behaart, oberwärts aufrecht-abstehend verzweigt, der Haupttrieb dabei von den Seitenästen übergipfelt. Blätter ganzrandig, bespitzt, die oberen halb stängelumfassend. Gestielte, 2,5 cm breite Blütenköpfe, die äußeren Hüllblätter mit stechender Spitze, abstehend, die gold- oder oft auch hellgelben, 5–11 mm langen Zungenblüten 2–3fach überragend. Scheibenblüten gelb.
Vorkommen Wegränder, Ruderalflächen. Kanaren, Mittelmeergebiet.
Weitere Arten Sehr selten auch der niedrige Halbstrauch *P. maritima* (L.) Greut. (C L, westl. Mittelmeergebiet) und der 1-jährige, fast stängellose *P. hierochuntica* (Michon) Greut. (F, N-Afrika).

1

2

3

4

5

6

Zur endemischen Gattung ***Gonospermum*** werden aufgrund molekularer Untersuchungen heute auch einige Arten gestellt, die bisher den Gattungen *Lugoa* und *Tanacetum* (beide mit Zungenblüten) angehörten.

1 Strauchiger Kantensame *Gonospermum fruticosum* (Buch) Less.

Corona de la reina

0,3–1,5 m ♄ IV–VII

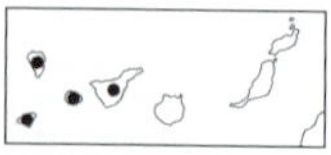

Merkmale Strauchige Pflanze, Blätter gestielt, häufig rotbraun überlaufen, locker wollig behaart, 2–3fach fiederschnittig, die länglich-eiförmigen Endabschnitte ± abgerundet. Zahlreiche, 4,5–5,5 mm breite Blütenköpfchen mit Spreublättern und 55–70 gelben Röhrenblüten, ohne Zungenblüten, in dichter flacher Trugdolde.
Vorkommen Felshänge vom Sukkulentenbusch bis in den Lorbeerwaldbereich, vor allem im Norden. Kanaren-Endemit, häufigste *Gonospermum*-Art.

2 Gomera-Kantensame *Gonospermum gomerae* Bolle

Corona gomera

0,3–1,2 m ♄ IV–VI

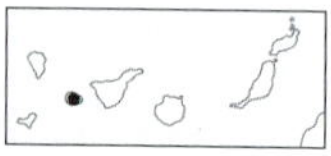

Merkmale Ähnlich *G. fruticosum*, aber Blätter verkahlend, glänzend, einfach fiederschnittig mit länglichen, stumpfen, am Rand umgerollten, ganzen Lappen, nur die untersten bisweilen mit wenigen Zähnen. Die 4–5 mm breiten Köpfchen mit Spreublättern und 40–50 Röhrenblüten, ohne Zungenblüten.
Vorkommen Frische Felsstandorte vor allem im Norden. Gomera-Endemit.

3 Kanaren-Kantensame *Gonospermum canariense* Less.

Faro palmero

1,5–2,5 m ♄ IV–VII

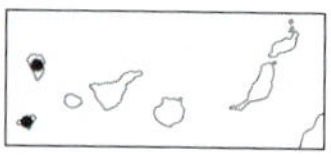

Merkmale Oft hoher Strauch, die kurz behaarten Blätter in der Jugend weißlich grün, einfach fiederschnittig, ihre länglichen Abschnitte stumpflich gezähnt. Blütenköpfchen viel kleiner als bei den anderen Arten, nur 2–3 mm breit, mit 10–20 gelben Röhrenblüten, mit Spreublättern, ohne Zungenblüten. Die Sippe von El Hierro mit stärker geteilten Blättern wurde auch als ssp. *elegans* (Cass.) Febles abgetrennt.
Vorkommen Sonnige Standorte in den Waldgebieten. Kanaren-Endemit.

4 Umgerollte Lugoa *Gonospermum revolutum* (C. Sm. in Buch) Sch. Bip. (*Lugoa revoluta* (C. Sm. in Buch)

Margarita de Lugo

0,3–0,5 m ♃ IV–VI

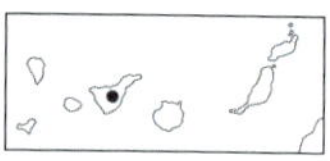

Merkmale Pflanze an der Basis verholzt, mit behaarten, bis zum Blattgrund fiederschnittigen Rosetten- und Stängelblättern, die Abschnitte ziemlich regelmäßig stumpf buchtig gelappt und am Rand umgerollt. Trugdolden aus nur wenigen, über 2 cm breiten Köpfchen mit gelben Scheiben- und etwa 20 weißen, stumpf 3-lappigen Zungenblüten, mit Spreublättern.
Vorkommen Felsstandorte im Sukkulentenbusch, Anaga-Gebiet. Tenerife-Endemit.

5 Rutenkraut-Kantensame *Gonospermum ferulaceum* (Webb) Febles (*Tanacetum ferulaceum* (Webb) Sch. Bip.)

Magarza pegajosa

Bis 0,6 m ♃ III–VI

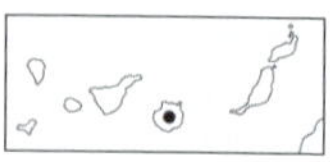

Merkmale Am Grund verholzte, reich verzweigte Staude. Blätter 2fach fiederschnittig mit linealen, stumpflichen Abschnitten bei der var. *ferulaceum* (**5a**), anfangs weißlich grau, später frisch grün, fleischig und dicht drüsig, mit Terpentingeruch. Kleine Köpfchen in sehr reichen Trugdolden, mit 70–90 gelben Scheibenblüten und 7–8 weißen, 8–11 mm langen Zungenblüten, keine Spreublätter. Deutlich breitere Blattabschnitte bei der var. *latipinnum* (Svent.) Febles (**5b**).
Vorkommen Felsstandorte im Sukkulentenbusch. Selten, nur im Westen, die var. *latipinnum*. Gran Canaria-Endemit.

6 **Weitere Arten** Selten auch der **Ptarmicablütige Kantensame** *G. ptarmiciflorum* (Webb) Febles, Blätter 2–3fach fiederschnittig, mit verkehrteiförmigen Abschnitten, bleibend silbergrau behaart, Köpfchen mit 40–50 Scheiben- und 8 Zungenblüten. Außerdem *G. oshanahanii* (Marrero Rodr., Febles & Suárez) Febles, Blätter verkahlend, die Abschnitte mit bespitzten Zähnen, Köpfchen mit 25–40 gelben Scheiben- und 5–8 Zungenblüten (beide Arten C, endemisch).
Das als Heilpflanze bekannte Mutterkraut *Tanacetum parthenium* (L.) Sch. Bip. tritt gelegentlich verwildert auf (P T C).

1
2
3
4
5a
5b
6

Kanarenmargeriten *Argyranthemum* sind nah verwandt mit den im Mittelmeergebiet weitverbreiteten, krautigen *Chrysanthemum*-Arten, von denen man die 1-jährige Kronen-Wucherblume *Ch. coronarium* L. auch auf den Kanaren im aufgelassenen Kulturland häufig antrifft (alle Inseln), seltener ist *Ch. segetum* L. (G T C), beide Arten mit gelben Zungenblüten (heute zur Gattung *Glebionis* gestellt). Die makaronesisch-endemische Gattung *Argyranthemum* mit derzeit 24 Arten (davon 20 auf den Kanaren) unterscheidet sich vor allem durch ihren meist strauchigen, oft kugelbuschartigen Wuchs. Die Früchte der überwiegend weißen Zungenblüten sind deutlich verschieden von denen der gelben Scheibenblüten, der Pappus besteht aus einem ± entwickelten Krönchen oder fehlt. **„Margaritas"** oder **„magarzas"**, wie sie auf den Kanaren genannt werden, findet man in allen Höhenstufen unter verschiedensten ökologischen Bedingungen, auf Tenerife sind es 10 Arten! Einige Sorten sind in Mitteleuropa zu beliebten Topfpflanzen geworden, wohl nicht zuletzt wegen ihrer langen Blühperioden.

1 Strauchige Kanarenmargerite *Argyranthemum frutescens* (L.) Sch. Bip.

0,2–0,8 m ♄ I–XII

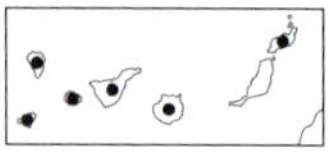

Merkmale Sehr variable Art mit ± fleischigen, blaugrünen oder grünen, kahlen oder unterseits rau behaarten, 1–2fach, selten 3fach fiederschnittigen Blättern. 3–11 Fiederlappen, schmal lineal bis lanzettlich, stumpf oder spitz, bei den einzelnen Sippen unterschiedlich lang. Blütenköpfchen auf langen kahlen Stielen zu 4–30 in Doldentrauben, Hülle 6–22 mm breit, Zungenblüten 4–15 mm lang. Äußere Früchte 3-flügelig, innere mit 1 Flügel. 7 Unterarten, abgebildet sind die ssp. *frutescens* (**1a**, H P T C L) und die ssp. *pumilum* Humphr. (**1b**, C).
Vorkommen Häufig vor allem in der Küstenzone, in den Sukkulentenbusch vordringend. Kanaren-Endemit, auf den Azoren unbeständig.
Weitere Arten Hybridogen entstanden sind *A. sundingii* Borgen und *A. lemsii* Humphr., mit jeweils verschiedenen Merkmalen von *A. frutescens* und der Lorbeerwaldart *A. broussonetii* (Pers.) Humphr. (beide T, selten im Anaga-Gebiet).

2 Haouarythen-Kanarenmargerite *Argyranthemum haouarytheum* Humphr. & Bramw.

0,6–1 m ♄ III–X

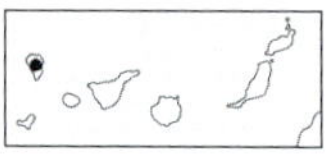

Merkmale Insgesamt kahle Art mit 2fach fiederschnittigen Blättern. Fiederlappen 5–13, lineal-lanzettlich, mit kurzen, spitzen Abschnitten. Blütenstand locker 2–30-köpfig, Hülle 11–15 mm breit, Zungenblüten 15–21 mm lang. Randfrüchte 3-kantig geflügelt, davon 1 Flügel kleiner, innere mit 1 Flügel.
Vorkommen Kiefernwälder, auch im Küstenbereich, häufig. La Palma-Endemit.

3 Fenchelartige Kanarenmargerite *Argyranthemum foeniculaceum* (Willd.) Webb ex Sch. Bip.

0,6–1 m ♄ II–IX

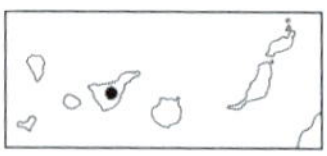

Merkmale Kahle Pflanze mit gabeliger Verzweigung. Blätter gehäuft am Grund der Köpfchenstiele stehend, graugrün, 2fach, seltener 3fach fiederschnittig mit 3–9 Fiederlappen, pfriemlich, spitz, bis 2 mm breit. Blütenköpfchen oft einzeln oder auch bis zu 5, Hülle 10–18 mm breit, Zungenblüten 16–22 mm lang. Randfrüchte 2–3-flügelig, innere mit 1 Flügel.
Vorkommen Barrancos im Südwesten der Insel. Tenerife-Endemit.
4 **Weitere Arten** Kräftiger, höher (bis 1,2–2,0 m) und stärker verzweigt die früher zu *A. foeniculaceum* gestellte **Vincent-Kanarenmargerite** *A. vincentii* Santos & Feria ined. mit grünen, nicht graugrünen, sehr zahlreichen, gehäuft stehenden, 2–3fach fiederschnittigen Blättern. Abschnitte der 9–13 Fiederlappen länger. Köpfchen zu 4–7 mit 13–17 mm breiter Hülle (lichte Kiefernwälder, in den nach Süden gerichteten großen Barrancos. Tenerife-Endemit).

5 Zierliche Kanarenmargerite *Argyranthemum gracile* Sch. Bip.

0,4–1,2 m ♄ I–XII

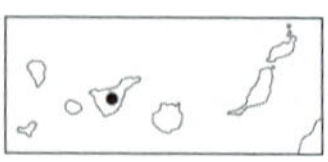

Merkmale Ähnlich *A. foeniculaceum*, aber zierlicher. Blätter grün und kahl, meist nur 3-lappig, mit pfriemlichen, etwa 1 mm breiten, zugespitzten Abschnitten. Bis 50 Blütenköpfchen mit nur 6–12 mm breiter Hülle, Zungenblüten 10–14 mm lang. Äußere Früchte 3-flügelig, innere mit 1 Flügel.
Vorkommen Sukkulentenbusch, bis in die Kiefernwälder aufsteigend, häufig im Südwesten der Insel. Tenerife-Endemit.

1a
1b
2
3
4
5

1 Cañadas-Kanarenmargerite *Argyranthemum tenerifae* Humphr.

0,3–0,5 m ♃ III–X

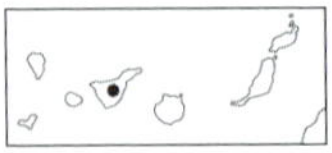

Merkmale Pflanze nur wenig verholzt, große Kugelbüsche bildend (**1a**). Blätter kahl bis rauhaarig, 1–2fach fiederschnittig, mit auffällig breiten Stielen, die 5–11 Fiederlappen 1–8 mm breit, mit zugespitzten Abschnitten. 2–12 Blütenköpfchen mit 7–15 mm breiter Hülle, bis 30 cm lang gestielt (**1b**). Innere Hüllblätter nur bei dieser Art lineal lanzettlich, spitz. Randfrüchte 3-flügelig, innere mit 1 Flügel.
Vorkommen Cañadas. Tenerife-Endemit.

2 Madeira-Kanarenmargerite *Argyranthemum maderense* (D. Don) Humphr.

0,4–0,7 m ♄ I–V

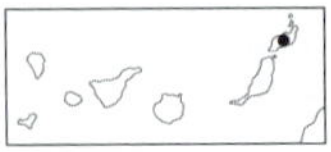

Merkmale Die kahlen, grünen, bisweilen blaugrünen Blätter sitzend bis kurz gestielt, am Grund keilförmig, fiederlappig, Abschnitte bis 8 mm breit, gesägt und stumpf. Köpfchen nur kurz gestielt, mit 11–15 mm breiter Hülle und 18–25 mm langen, gelben Zungenblüten. Randfrüchte 3-flügelig, innere mit 1 Flügel. Der Artname *maderense* beruht auf einem Irrtum in der Originalbeschreibung.
Vorkommen Felspflanze, vor allem im Nordwesten der Insel. Lanzarote-Endemit.

3 Schöngoldene Kanarenmargerite *Argyranthemum callichrysum* (Svent.) Humphr.

0,6–1 m ♄ II–V

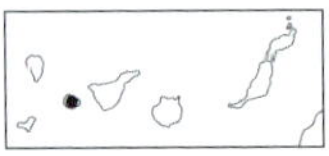

Merkmale Die kahlen gestielten Blätter doppelt fiederschnittig, oberseits dunkelgrün, unterseits blassgrün. Die 7–11 Fiederlappen 2–6 mm breit, ihre Abschnitte zugespitzt. Köpfchen lang gestielt, mit 9–14 mm breiter Hülle und 15–20 mm langen, blassgelben Zungenblüten. Randfrüchte einzeln oder zu 2–6 verbunden, mit 2–3 sehr schmalen, gewellten Flügeln.
Vorkommen Sukkulentenbusch, Wacholder- und Baumheidegebüsche. Gomera-Endemit.

4 Krähenfußblättrige Kanarenmargerite *Argyranthemum coronopifolium* (Willd.) Humphr.

0,4–1,2 m ♄ III–XI

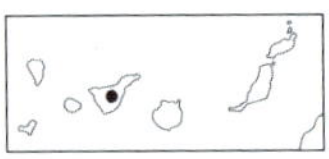

Merkmale Die kahlen, gestielten Blätter etwas fleischig, am Grund keilförmig verschmälert, 1–2fach fiederlappig, die 3–9 Fiederlappen 3–15 mm breit, mit gezähnten, stumpfen bis spitzen Endabschnitten. Köpfchen zu 1–8, mit 12–22 mm breiter Hülle und 11–24 mm langen Zungenblüten. Randfrüchte 1–2(–4)-flügelig, innere gewöhnlich mit 2 Flügeln.
Vorkommen Schattige Felshänge im Nordwesten und Nordosten, selten. Die Art bildet einen Komplex von Hybriden mit *A. frutescens* ssp. *frutescens*, der das Überleben von *A. coronopifolium* gefährdet. Tenerife-Endemit.

5 Escarré-Kanarenmargerite *Argyranthemum escarrei* (Svent.) Humphr.

0,3–0,5 m ♄ II–V

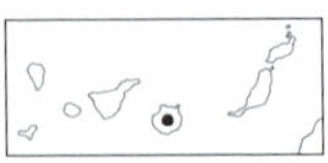

Merkmale Kahle Pflanze mit locker 2fach fiederschnittigen, gestielten Blättern. Die 5–11 Fiederlappen lineal bis lineal-lanzettlich, zugespitzt, 2–6 mm breit. 2–8 Blütenköpfchen an jeweils 2–16 cm langen Stielen, mit 8–14 mm breiter Hülle. Zungenblüten 10–14 mm lang, ihre Früchte 3-kantig, nur bisweilen mit 1–2 schmalen Flügeln, in Gruppen zu 2–5, außerdem mit den flügellosen inneren Früchten zusammenhängend.
Vorkommen Sukkulentenbusch, in 200–700 m Höhe, im Westen und Südwesten. Gran Canaria-Endemit.

6 Fadenblättrige Kanarenmargerite *Argyranthemum filifolium* (Sch. Bip.) Humphr.

0,3–0,8 m ♄ II–V

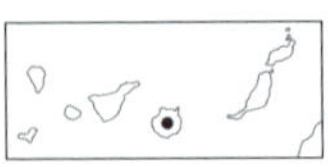

Merkmale Blätter kahl, 1–2fach fiederschnittig, mit wenigen fadendünnen Abschnitten, in den Achseln außerdem jeweils 2–4 kleinere Blätter. Köpfchen auffällig lang gestielt (bis 25 cm), mit nur 6–12 mm breiter Hülle. Zungenblüten 6–12 mm lang, schmal. Ihre Früchte mit 2–4 Flügeln, zu 2 oder manchmal in Gruppen zu 3–8, mit den Früchten der Scheibenblüten zusammenhängend.
Vorkommen Sukkulentenbusch, in 50–300 m Höhe, im Süden bis Südwesten. Gran Canaria-Endemit.

1a
1b
2
3
4
5
6

1 Broussonet-Kanarenmargerite *Argyranthemum broussonetii* (PERS.) HUMPHR.

0,5–1,2 m ♄ II–X

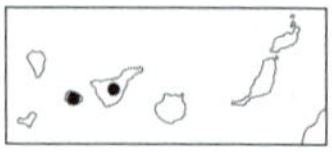

Merkmale Kräftige Pflanze, Blätter kahl oder auf der Mittelrippe zerstreut behaart, kurz gestielt oder fast sitzend, 2–3fach fiederschnittig. Fiederlappen 3–19, bis 2 cm breit, ± tief gezähnt. An kräftigen Stielen bis zu 30 große Blütenköpfchen mit 12–22 mm breiter Hülle und 20–38 mm langen Zungenblüten. Randfrüchte meist ohne, innere mit 2 Flügeln. Auf Tenerife die ssp. *broussonetii* (**1a**, vor allem im Anaga-Gebiet). Auf La Gomera zerstreut die insgesamt schwächere, nur bis 0,8 m hohe ssp. *gomerensis* HUMPHR. (**1b**) mit etwas kleineren Blütenköpfchen und Früchten.
Vorkommen Lorbeerwaldlichtungen. Heute als Zierpflanze weiter verbreitet. Kanaren-Endemit.
Weitere Arten Ähnlich *A. winteri* (SVENT.) HUMPHR. mit nur 10–15 mm langen Zungenblüten (einzige Art Fuerteventuras, auf den Höhen im Süden).

2 Webb-Kanarenmargerite *Argyranthemum webbii* SCH. BIP.

0,4–0,85 m ♄ II–VI

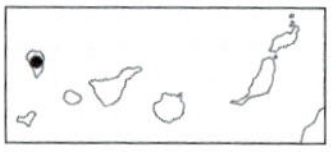

Merkmale Ähnlich *A. broussonetii*, aber Blätter völlig kahl, 2fach fiederschnittig, die 5–9 Fiederlappen 0,2–1,5 cm breit, ihre Abschnitte zugespitzt. 2–8 Köpfchen an 3–12 cm langen Stielen, Hülle 8–14 mm breit, die Zungenblüten 12–22 mm lang, ihre Früchte einzeln oder zu 2–3 vereint, 2–3-flügelig, innere Früchte gewöhnlich mit 1 Flügel.
Vorkommen Lorbeerwaldgebiete im Nordosten, selten. La Palma-Endemit.

3 Hierro-Kanarenmargerite *Argyranthemum hierrense* HUMPHR.

0,5–0,8 m ♄ III–IX

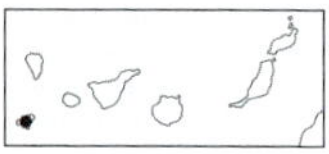

Merkmale Pflanze kahl, mit deutlich gestielten, bisweilen fleischigen Blättern, an *A. coronopifolium* erinnernd, 2fach, selten 3fach fiederschnittig. Nur wenige, 4–13 mm breite Fiederlappen, ihre Abschnitte spitz. 6–50 Blütenköpfchen, 8–10 cm lang gestielt, mit nur 5–11(–16) mm breiter Hülle. Zungenblüten 8–17 mm lang, ihre Früchte 2–4-flügelig, oft zu 2–5 zusammenhängend.
Vorkommen Sukkulentenbusch und Lorbeerwaldregion. El Hierro-Endemit.
4 **Weitere Arten** Auf H im Südosten endemisch die **Sventenius-Kanarenmargerite** *A. sventenii* HUMPHR. & ALDR. mit schmalen Blattlappen.

5 Kiefernwald-Kanarenmargerite *Argyranthemum adauctum* (LINK) HUMPHR.

0,7–0,9 m ♃♄ II–IX

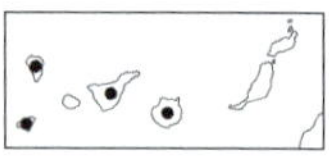

Merkmale Formenreiche Art mit 7 Unterarten, Pflanzen zum Teil nur am Grund verholzt, die deutlich sitzenden, 2–3fach fiederschnittigen Blätter fast kahl, rauhaarig oder filzig, graugrün, die Abschnitte flach, sehr unterschiedlich breit. Blütenköpfchen zu 5–20, mit 4–12 mm breiter Hülle. Früchte der Zungenblüten ohne Flügel, zu 2–5 zusammenhängend, auch die inneren ohne Flügel.
Auf Tenerife wächst die abgebildete ssp. *adauctum* (**5a**) mit ± kahlen Blättern, Blattlappen meist viel breiter als 2 mm, die untersten in der Regel ungeteilt (im Osten und Westen). Ferner mit rau bis filzig behaarten Blättern, die Blattlappen nur bis 2 mm breit, die ssp. *dugourii* (BOLLE) HUMPHR., die vom Süden bis an den nordöstl. Cañadasrand reicht und dort auf *A. tenerifae* (siehe S. 228) trifft (Unterscheidung u. a. durch die inneren Hüllblätter). Auf Gran Canaria im gebirgigen Zentrum der Insel kommt die ssp. *canariense* (SCH. BIP.) HUMPHR. (**5b**) vor, mit überwiegend rau borstigen, im Umriss verkehrteiförmigen Blättern, Blattlappen 2–12 mm breit, die untersten nochmals geteilt. Im Norden anschließend die ssp. *jacobaeifolium* (SCH. BIP.) HUMPHR., Blätter ebenfalls mit breiten Abschnitten, im Umriss eher rhombisch. Vom Zentrum bis in den Süden die ssp. *gracile* (SCH. BIP.) HUMPHR. mit gewöhnlich kahlen Blättern, Blattlappen nur bis 2 mm breit.
Aus dem Osten von La Palma wurde die ssp. *palmensis* SANTOS beschrieben, aus dem Norden von El Hierro die ssp. *erythrocarpon* (SCH. BIP.) HUMPHR. (selten).
Vorkommen Weite Verbreitung vor allem in den Kiefernwäldern, seltener bis in die Lorbeerwälder. Kanaren-Endemit.
Weitere Arten Im Nordwesten von C als seltene Felspflanze ähnlich *A. lidii* HUMPHR.

1a
1b
2
3
4
5a
5b

1 Kanaren-Beifuß *Artemisia thuscula* Cav. (*A. canariensis* Less.) Incienso canario

0,4–1 m ♄ V–VIII

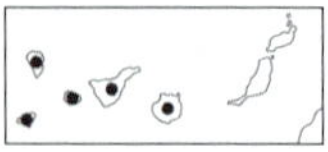

Merkmale Stark aromatisch duftender, silbergrau behaarter, reich verzweigter, aufrechter Strauch. Blätter 3–7 cm lang, die unteren 2fach fiederschnittig mit flachen, eiförmig-länglichen, stumpfen, 1,5–3 mm breiten Abschnitten. Blütenköpfchen in reichblütigen Rispen, kugelig, 3–4 mm im Durchmesser, mit filzigen, am Rand häutigen und ausgebissen gezähnten Hüllblättern und zahlreichen goldgelben bis bräunlichen Röhrenblüten. Köpfchenboden behaart, Früchtchen ohne Pappus.
Vorkommen Sukkulentenbusch, strauchige Ruderalfluren, oft bestandsbildend im aufgelassenen Kulturland. Kanaren-Endemit.

2 Verzweigter Beifuß *Artemisia ramosa* C. Sm. in Buch Incienso morisco

0,2–0,8 m ♄ III–IV

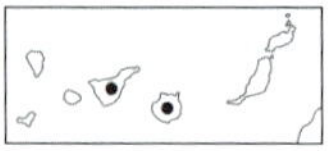

Merkmale Kleiner, aufrechter, behaarter, graugrüner Strauch. Untere Blätter meist über 1,5 cm lang, 1–2fach fiederschnittig mit pfriemlichen Zipfeln, obere einfach. Blütenköpfchen länglich (!), 1 mm im Durchmesser, mit nur 3–4 blassgelben Röhrenblüten, Hüllblätter dicht filzig, mit breitem Hautrand. Köpfchenboden kahl, Früchtchen ohne Pappus.
Vorkommen Sukkulentenbusch im Süden, selten. Kanaren, Marokko?
3 **Weitere Arten** Der **Kriechende Beifuß** *A. reptans* C. Sm. in Buch, niederliegend und wurzelnd, nur bis 0,3 m hoch, mit büschelig stehenden, grauen, fein behaarten Blättern. Diese oft unter 1,5 cm lang, 1–2fach fiederschnittig mit pfriemlichen Zipfeln. Blütenköpfchen kugelig (!), 1–3 mm im Durchmesser, mit behaarten, grünlichen hautrandigen Hüllblättern und zahlreichen außen dunkelvioletten Röhrenblüten (T C F, Marokko, SO-Spanien).

4 Oleanderblättrige Kleinie *Kleinia neriifolia* Haw. (*Senecio kleinia* (L.) Less.) Verode

0,5–3 m ♄
(IV–)VIII–XI

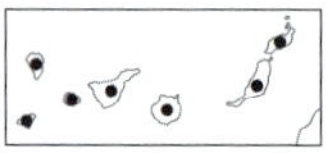

Merkmale Strauch, ältere Pflanzen auch bäumchenartig mit armdickem Stamm, regelmäßig „kandelaberartig" verzweigt, mit fleischigen, zylindrischen, graugrünen Gliedern, bedeckt mit den Narben der während der trockenen Monate abgefallenen Blätter (**4a**). Diese etwas fleischig, lanzettlich, mit unterseits hervortretendem Mittelnerv, sehr unterschiedlich, oleanderähnlich 1–1,5 cm breit oder auch viel schmaler, bis 12 cm lang (**4b**). Sie erscheinen mit oder nach den Blüten im Spätsommer zum Ende der Trockenperiode schopfartig an den Triebenden. Diese charakteristische Wuchsform, die sich auf den Kanaren in verschiedenen Familien wiederfindet, wird auch als „Federbuschstrauch" bezeichnet. Ebenfalls endständig die Trugdolden mit den schlanken Blütenköpfchen aus 7–9 weißlichen Röhrenblüten und gelben Staubblättern. Hüllblätter 1-reihig, am Grund mit kleiner Außenhülle. Pappus der Früchte aus mehreren Reihen schwach gezähnter Haare.
Vorkommen Im Sukkulentenbusch häufig zusammen mit strauchigen Wolfsmilch-Arten. Namengebend für die Vegetationsklasse Kleinio-Euphorbietea, in der die Pflanzengesellschaften des makaronesischen Sukkulentenbusches zusammengefasst werden. Kanaren-Endemit.
Weitere Arten Mehrere in Gärten gepflanzte *Kleinia*-Arten aus S-Afrika.

5 Kantiges Greiskraut *Senecio angulatus* L. f. Senecio trepador

Bis 6 m kletternd ♃
I–XII

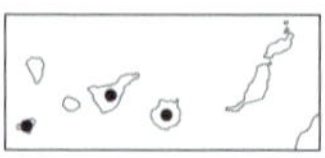

Merkmale Kletternde, kahle, ± verholzte Staude. Blätter gestielt, eiförmig bis lanzettlich, am Grund keilförmig, schwach gelappt, mit handförmiger Nervatur. Blütenköpfchen zahlreich, 12–25 mm im Durchmesser, mit 4–6 gelben Zungenblüten. Hüllblätter 1-reihig, mit 3–7-blättriger Außenhülle.
Vorkommen Zierpflanze, in Ruderalflächen oft verwildert. Kanaren, SW-Europa, Heimat S-Afrika.
6 **Weitere Arten** Ähnlich der **Kapefeu** *Delairea odorata* Lem. (*S. mikanioides* Otto ex Walp.), aber Blätter rundlich, geschweift spitz 3–11-eckig, Köpfchen 5–7 mm im Durchmesser, mit 2–4-blättriger Außenhülle, ohne Zungenblüten (Kanaren, Madeira, Azoren, W-Europa, Heimat S-Afrika).

1

2

3

4a

4b

5

6

1 Bolle-Greiskraut *Senecio bollei* SUND. & KUNK. Moqueguirre de Bolle

0,1–0,5 m ⊙♃ I–IV

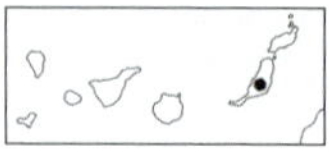

Merkmale Pflanze verzweigt, mit krautigen oder etwas fleischigen, gestielten Blättern, nur die obersten stängelumfassend sitzend. Spreite rhombisch, handnervig, unregelmäßig gezähnt. Köpfchen mit meist 8 gelben Zungenblüten, Hüllblätter teilweise mit dunkler Spitze, zahlreiche kleine Außenhüllblätter.
Vorkommen Felshänge. Fuerteventura-Endemit.
2 **Weitere Arten** Das vielgestaltige **Margeritenblättrige Greiskraut** *S. leucanthemifolius* POIR. 1-jährig, mit bisweilen stark fleischigen, glänzend grünen, unterseits auch violetten Blättern, spatelig und ganzrandig oder viel breiter, tief buchtig gelappt, ab der Mitte stängelumfassend sitzend (G T C F L, Mittelmeergebiet).

3 Tenerife-Greiskraut *Senecio teneriffae* SCH. BIP. Casamelos canario

0,1–0,45 m ⊙ XII–IV(–VI)

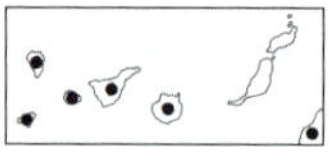

Merkmale Pflanze nur oberhalb der Mitte verzweigt. Untere Blätter gestielt, eiförmig, ± tief eingeschnitten mit genäherten, nach vorn gerichteten, spitzen, grob gesägt-gezähnten Lappen, kahl oder spärlich spinnwebig behaart, nach oben zu kleiner und stängelumfassend sitzend. Zungenblüten fehlend oder sehr kurz. Hüllblätter sowie Außenhüllblätter mit schwarzer Spitze. Früchte 3–3,5 mm lang.
Vorkommen Ruderal, vorwiegend im Lorbeerwaldbereich. Kanaren, Marokko.
Weitere Arten Nahe verwandt ist *S. vulgaris* L., aber Pflanze am Grund verzweigt, Blattlappen voneinander entfernt ± waagerecht abstehend, am Ende abgerundet. Früchte 2–3 mm lang (alle Inseln, fast weltweit verbreitet).

4 Krähenfußblättriges Greiskraut *Senecio glaucus* L. ssp. *coronopifolius* (MAIRE) ALEX. Sanguinaria

0,08–0,5 m ⊙ XII–V

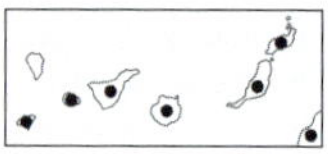

Merkmale Kleine, ± fleischige und kahle oder spärlich behaarte Pflanze. Blätter lineal bis schmal lanzettlich, fiederschnittig mit linealen Lappen, entfernt gezähnt oder auch einfach. Köpfchen mit 10–17 gelben Zungenblüten und an der Spitze oft schwarzen Hüllblättern, ohne Außenhülle.
Vorkommen Sandige Unkrautfluren. Kanaren, südl. Mittelmeergebiet, SW-Asien.
Weitere Arten Der neu beschriebene Gomera-Endemit *S. ilsae* SANTOS & REYES-BET.
5 steht zwischen dieser Art und *S. leucanthemifolius*. Das **Massa-Greiskraut** *S. massaicus* (MAIRE) MAIRE hat Köpfchen mit Außenhüllblättern, aber meist keine Zungenblüten (T C F L, NW-Afrika).

6 Gelbes Greiskraut *Senecio flavus* (DECNE.) SCH. BIP. Sanguinaria cenicienta

0,1–0,3 m ⊙ II–IV

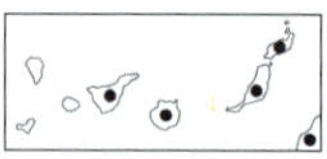

Merkmale Pflanze kahl und graugrün, schwach fleischig, vom Grund an reich verzweigt. Blätter unterseits oft violett, ungeteilt, buchtig gezähnt, untere rundlich, gestielt, obere herzförmig, stängelumfassend sitzend. Köpfchen ohne Zungenblüten, Hüllblätter schmal hautrandig und mit kurzem Haarbüschel an der dunklen Spitze, Außenhüllblätter winzig oder fehlend.
Vorkommen Trockene Felsstandorte der unteren Stufe. Kanaren, SW-Spanien, N-Afrika, Arabien, Israel.

7 La Palma-Greiskraut *Bethencourtia palmensis* (NEES) CHOISY Turgaite

0,2–0,4 m ♄ VI–X

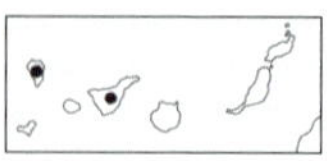

Merkmale Kleiner Felsenstrauch mit fleischigen, blaugrünen, schmal keilförmig-länglichen, in der vorderen Hälfte grob gesägten Blättern. Blütenköpfchen zahlreich und klein, aus nur 2–3 gelben Zungen- und 4–6 Röhrenblüten. Die 6 Hüllblätter ohne Außenhülle. *Bethencourtia* wird auch zur Gattung *Senecio* gestellt.
Vorkommen Felsspalten der subalpinen Stufe, gelegentlich bis in die Kiefernwälder herabsteigend. Kanaren-Endemit.
8 **Weitere Arten** Ähnlich das **Schöne Greiskraut** *B. hermosae* (PIT.) KUNK., die fleischigen, 3–7 cm langen Blätter 1–3-lappig, mit linealen, 10–25 mm langen Abschnitten. Seltener Gomera-Endemit wie auch *B. rupicola* (B. NORD.) B. NORD., Blätter 2–3 cm lang, 3–5-lappig mit 5–10 mm langen Abschnitten.

1
2
3
4
5
6
7
8

Die **Cinerarien** *Pericallis* werden als einheitliche Gruppe von der in der Regel gelb blühenden Gattung *Senecio* abgetrennt. Außer durch violette oder weiße Zungenblüten unterscheiden sie sich auch durch gestielte, handnervige Blätter, durch einreihige Hüllblätter ohne Außenhülle und fehlende oder hinfällige Pappushaare. Von den insgesamt 14 makaronesisch-endemischen Arten kommen jeweils 1 auf den Azoren bzw. Madeira vor, 12 auf den Kanaren, davon 6 auf Tenerife, nur 3 Arten auf mehr als 1 Insel, während sich auf dem trockenen Fuerteventura und Lanzarote keine der gewisse Feuchtigkeitsansprüche stellenden Sippen ansiedeln konnte. Die meisten *Pericallis*-Arten kommen in Lorbeerwäldern bzw. ihren Ersatzgesellschaften vor, nur 3 auch in den Kiefernwaldgebieten. 5 Arten sind verholzt, 7 krautig. Kreuzungen zwischen *Pericallis lanata*, *P. cruenta* und vielleicht weiteren Arten sind als *P. hybrida* B. Nord. als Topfpflanzen im Handel.

1 Pappelblättrige Cinerarie *Pericallis appendiculata* (L. f.) B. Nord. — Alamillo de monteverde

0,4–1 m ♄ V–IX

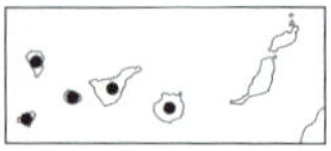

Merkmale Kleiner schattenliebender Strauch mit spitzen, herzeiförmigen, am Rand geschweift-gezähnten Blättern, ähnlich denen der Silber-Pappel, oberseits dunkelgrün, unterseits weißfilzig wie auch der gelegentlich mit kleinen Fiedern versehene Blattstiel und der Stängel. 5–30 etwa 15 mm breite Blütenköpfchen mit 9–12 weißen Zungenblüten, Scheibenblüten gelb. Hüllblätter gewöhnlich kahl.
Vorkommen Lorbeerwälder. Kanaren-Endemit.
2 **Weitere Arten** Nur auf La Gomera sehr selten die **Hansen-Cinerarie** *P. hansenii* (Kunk.) Sund., bis 2(–3) m hoher Strauch mit Ausläufern und wurzelnden Ästen, Stängel braun. Blätter oft etwas fleischig, grün und kahl, am Rand regelmäßig fein gezähnt. Köpfchen nur bis 1 cm breit, mit weißen oder blassrosa Zungen- und violetten Scheibenblüten, Hüllblätter kahl (offene Standorte im Lorbeerwald).

3 Vielblütige Cinerarie *Pericallis multiflora* (L'Hér.) B. Nord. — Alamillo de Acentejo

0,5–2 m ♄ VI–VII

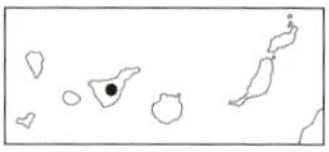

Merkmale Hoher Strauch mit kahlen rotbraunen Ästen. Blätter herzeiförmig-lanzettlich, oberseits kahl, unterseits weißfilzig, fein gesägt, die älteren auch ganzrandig, am filzigen Stiel mit einigen Fiederchen. Trugdolden reich, die einzelnen Köpfchen 8–10 mm breit, mit 8–10 weißpurpurnen Zungen- und purpurnen Scheibenblüten. Hüllblätter an der Spitze behaart.
Vorkommen Gebüsche der Lorbeerwaldstufe, sehr selten. Tenerife-Endemit.
Weitere Arten Nur auf Gran Canaria die entsprechende, ähnliche Art *P. hadrosoma* (Svent.) B. Nord., reich verzweigter Strauch mit weißfilzigen Ästen, bis 1,5 m hoch. Blätter oberseits kahl, etwas runzelig. Trugdolden außerordentlich reich, Blütenköpfchen nur bis 8 mm breit, Zungen- und Scheibenblüten violett (sehr selten, Felsspalten im Gebirge).

4 Wollige Cinerarie *Pericallis lanata* (L'Hér.) B. Nord. — Palomera

0,15–0,3 m ♄ III–VI

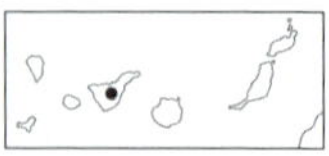

Merkmale Zwergstrauch mit niederliegenden bis aufsteigenden Ästen und dicklichen, fast rundlichen, 5–7-lappigen, nur etwa 3 cm breiten Blättern. Stiel und Blattunterseite weißwollig, Oberseite spinnwebig behaart bis kahl. 3–5 cm breite Blütenköpfchen meist einzeln auf kahlen Stielen, mit 10–16 lebhaft purpurnen, am Grund weißlichen Zungen- und dunkel purpurnen Scheibenblüten. Hüllblätter kahl. Außerdem eine Varietät mit weißen Zungen- und blauen Scheibenblüten, die var. *cyanophthalma* (Hook.) Hans. & Sund.
Vorkommen Schattige Felsstandorte im Sukkulentenbusch. Tenerife-Endemit.

5 Igelhüllkelch-Cinerarie *Pericallis echinata* (L. f.) B. Nord. — Tusilago de costa

0,3–0,5 m ♃ I–IV

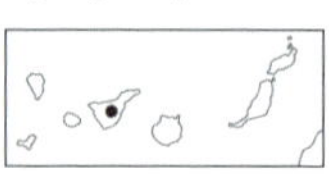

Merkmale Pflanze aufrecht, untere Blätter geschweift dreieckig-herzförmig und doppelt gesägt-gezähnt, oberseits kahl oder behaart, unterseits weißwollig. Stängelblätter gestielt, ohne Öhrchen am Grund. Blütenköpfchen zu 5–15, bis 2,5 cm breit, mit 11–14 purpurnen Zungen- und meist cremefarbenen Scheibenblüten (**5a**). Hüllblätter mit zahlreichen, charakteristischen, dunklen Borsten (**5b**).
Vorkommen Frische Standorte vom Sukkulentenbusch bis in die Lorbeerwaldstufe, im Nordwesten der Insel. Tenerife-Endemit.

1

2

3

4

5a

5b

1 Papierartige Cinerarie *Pericallis papyracea* (DC.) B. NORD. — Encimba

0,4–1,5 m ♃ II–V

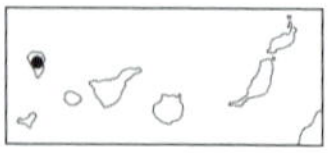

Merkmale Pflanze krautig, aufrecht, die Grundblätter nieren- bis herzförmig mit geschweift-gezähntem Rand, ziemlich dünn, unterseits schwach spinnwebig. Stiel der Stängelblätter am Grund schwach verbreitert. Etwa 1 cm breite Blütenköpfchen zu 5–15 mit 8 oder mehr blassvioletten Zungen- und dunkelvioletten Scheibenblüten, Hüllblätter gewöhnlich kahl.
Vorkommen Lorbeerwälder und Ersatzgesellschaften. La Palma-Endemit.

2 Murray-Cinerarie *Pericallis murrayi* (BORNM.) B. NORD. — Horjal

0,3–1 m ♃ III–V

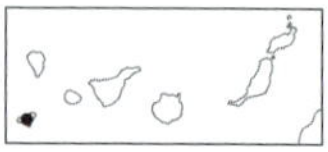

Merkmale Pflanze krautig, aufrecht, die Blätter rundlich-herzförmig, buchtig, schwach doppelt gezähnelt, ziemlich dünn, nur unterseits schwach filzig. Stiel der Stängelblätter am Grund verbreitert und stängelumfassend. Blütenköpfchen nur etwa 7 mm breit, zu 30–45, mit (8–)11–13 weißen oder rosa Zungen- und cremefarbenen Scheibenblüten. Hüllblätter kahl.
Vorkommen Lorbeerwaldlichtungen, Sukkulentenbusch. El Hierro-Endemit.

3 Steetz-Cinerarie *Pericallis steetzii* (BOLLE) B. NORD. — Arcila

0,3–1 m ♃ II–V

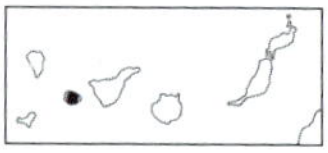

Merkmale Ähnlich *P. murrayi*, aber die Grundblätter stärker gelappt, nicht papierartig dünn, ebenfalls oberseits grün, unterseits weißfilzig. Stiele der Stängelblätter am Grund geöhrt stängelumfassend. 1,5 cm breite Blütenköpfchen nur zu 7–25, mit etwa 12 weißen (**3a**) oder violetten (**3b**) Zungen- und cremefarbenen Scheibenblüten. Hüllblätter mit einigen dunklen Höckern.
Vorkommen Lichte Lorbeerwälder und Ersatzgesellschaften. Gomera-Endemit.

4 Webb-Cinerarie *Pericallis webbii* (SCH. BIP.) BOLLE — Flor de mayo

0,4–1,2 m ♃ V–VI

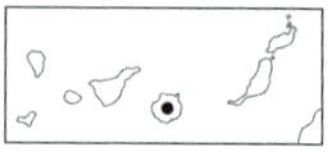

Merkmale Pflanze krautig, aufrecht, die Grundblätter rundlich, kaum gelappt, mit welligem, doppelt gezähneltem Rand, unterseits weißfilzig, am Stiel mit einigen Anhängseln. Obere Blätter am Grund verbreitert und stängelumfassend. 1–2,5 cm breite Blütenköpfchen zu 10–20, mit 8–14 weißrosa bis purpurroten Zungen- und purpurnen Scheibenblüten. Hüllblätter ± kahl, bisweilen mit einigen Höckern.
Vorkommen Schattige Barrancos, vor allem im Norden, von der Küste bis in die Gebirge. Gran Canaria-Endemit.

5 Huflattichartige Cinerarie *Pericallis tussilaginis* (L'HÉR.) D. DON — Tusilago canario

Bis 0,5 m ♃ I–IV

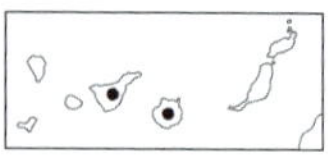

Merkmale Pflanze krautig, aufrecht, mit knolligen Wurzeln. Die Grundblätter herz-nierenförmig, buchtig doppelt gezähnt, oberseits grün und behaart, unterseits weißfilzig mit stark hervortretenden Nerven. Stängelblätter sitzend, eiförmig zugespitzt, mit herzförmigem Grund stängelumfassend. Meist nur 2–5 große, 3–5 cm breite Blüten mit 10–14 violetten Zungen- und cremefarbenen Scheibenblüten. Hüllblätter gewöhnlich kahl.
Vorkommen Schattig-feuchte Felsen und Mauern, von der Küste bis in die Lorbeerwälder im Norden, auf Gran Canaria selten. Kanaren-Endemit.

6 Blutrote Cinerarie *Pericallis cruenta* (L'HÉR.) BOLLE — Tusilago morado

0,3–1 m ♃ IV–V

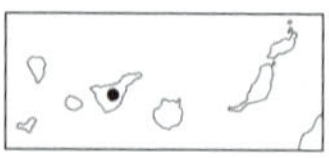

Merkmale Pflanze krautig, aufrecht, die Grundblätter herzeiförmig-rundlich, eingeschnitten und doppelt gezähnt, oberseits dunkelgrün und behaart, unterseits meist karminrot spinnwebig-filzig, Stängelblätter mit geöhrtem Grund, zum Teil mit Anhängseln an den Stielen. Etwa 2 cm breite Blütenköpfchen zu 7–20 mit hell oder lebhaft purpurnen Zungen- und Scheibenblüten. Hüllblätter kahl oder flaumig, gelegentlich mit wenigen Höckern.
Vorkommen Lorbeerwaldstufe, im Norden von Tenerife endemisch. Die Vorkommen auf El Hierro, La Gomera und Gran Canaria sind fraglich.

1
2
3a
3b
4
5
6

Die kanarischen Arten der Gattung **Eberwurz** *Carlina* werden als eigene endemische Untergattung *Carlowizia* abgetrennt. Sie bilden im Gegensatz zu ihren mediterranen Verwandten „Zwergbäumchen" mit verholzten Zweigen und immergrünen Blättern, im ausgewachsenen Zustand mit kahler oder nur locker behaarter Oberseite. Die Blütenköpfe, zu mehreren in Schirmrispen angeordnet, enthalten wie alle *Carlina*-Arten nur Röhrenblüten, während die innersten Blätter der dreigliedrigen Hülle mit ihren verlängerten, trockenhäutigen, gefärbten Endabschnitten Zungenblüten vortäuschen, die ausgebreitet oder nur aufgerichtet sein können. Die mittleren Hüllblätter, kurz und schmal mit langer Dornspitze, sind behaart, die äußeren hochblattartig, verschieden gestaltet, lineal bis eiförmig, kaum bedornt.

1 Weidenblättrige Eberwurz *Carlina salicifolia* (L. f.) Cav. — Malpica cabezote

0,8–1,8(–2) m ♄ IV–VIII

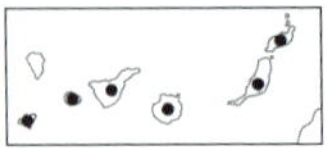

Merkmale Teilweise Bäumchen mit kurzem Stamm und dichter Krone bildend. Ausgewachsene Blätter 7–17 cm lang, oberseits glänzend dunkelgrün, unterseits dicht weißfilzig, am Rand entfernt fein dornig gezähnt bis weitgehend ganzrandig. Blütenköpfe auf langen Stielen, meist zu 2–4, mit breitem, schüsselförmigem Grund und mit 12–15 mm langen, rotbraun überlaufenen, aufrechten und daher wenig auffallenden, inneren Hüllblättern. Am weitesten verbreitet ist die var. *salicifolia* (**1a**) mit lanzettlichen, flachen, zerstreut dornzähnigen, 10–20 mm breiten Blättern und lanzettlichen bis eilanzettlichen, dornig begrannten, äußeren Hüllblättern, Köpfe 18–22 mm breit (alle Inseln außer P). Die var. *lancerottensis* (Kunk.) Meusel & Kästner (**1b**) dagegen mit eher eilanzettlichen, am Rand glatten und etwas umgerollten, dornenlosen, 18–30 mm breiten Blättern, eilanzettlichen bis eiförmigen äußeren Hüllblättern und größeren, 20–25(–30) mm breiten Köpfen (L, ob auch weiter verbreitet?).
Vorkommen Felsenstrauch der unteren und der Waldstufen. Kanaren, Madeira, endemisch.

2 **Weitere Arten** Nahe verwandt ist die **Sichelblättrige Eberwurz** *C. falcata* Svent., 0,5–1 m hoch, Stängel einfach oder oben verzweigt, mit schmaleren, lineal-lanzettlichen, oft etwas sichelförmig gebogenen, am Rand glatten und schwach umgerollten, 5–10(–16) mm breiten Blättern und ebenso schmalen äußeren Hüllblättern. Köpfe 15–18 mm breit (P T, endemisch).

3 Strohblumen-Eberwurz *Carlina xeranthemoides* L. f. — Malpica de cumbre

0,3–0,6 m ♄ VII–IX

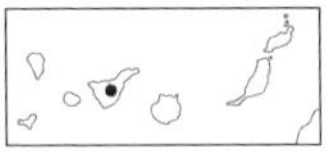

Merkmale Vom Grund an dicht verzweigte Art. Blätter lineal, oberseits spinnwebig-filzig, graugrün, unterseits dicht filzig behaart, am Rand dornig und umgerollt, 3–6 cm lang und 2–3 mm breit. Blütenköpfchen zu 3–6(–12), etwa 2 cm breit, verkehrtkegelförmig auf langem Stiel, mit goldgelben, strahlenden, etwa 15 mm langen, an der Spitze behaarten, inneren Hüllblättern.
Vorkommen Felsenstrauch der subalpinen Stufe, besonders in den Randbergen der Cañadas. Tenerife-Endemit.

4 Kanaren-Eberwurz *Carlina canariensis* Pit. — Cardoyesca amarilla

0,5–1 m ♄ VI–VIII

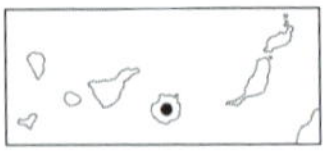

Merkmale Zwischen den beiden obigen Arten vermittelnde Sippe, kurzstämmig, buschig verzweigt, mit ± linealen, 5–8 cm langen, ganzrandigen bis entfernt gezähnten, olivgrünen, meist flachen Blättern. 2,5–3 cm breite Köpfchen zu 6–15, wie bei voriger Art verkehrtkegelförmig oder etwas gestutzt, an bis 2 cm langen, ± abstehenden Stielen. Innere Hüllblätter strahlend, gelb, 1,5–2 cm lang, mit kahler Spitze.
Vorkommen Felsige Standorte von der unteren Stufe bis in höhere Lagen. Gran Canaria-Endemit.
Weitere Arten Bei der auch als eigene Art angesehenen *C. texedae* Marrero (*C. canariensis* var. *xeranthemiformis* Meusel & Kästner) Blätter dunkelgrün, locker spinnwebig, lanzettlich, 2,5–6 cm lang, am Rand ± gleichmäßig mit Dornen besetzt und schwach umgerollt. Köpfchen zu 2–6 an 1,5–5 cm langen, aufrechten Stielen. Innere Hüllblätter cremefarben, an der Spitze behaart, mittlere purpurn (C in den Hochlagen, endemisch).
Im Übergangsbereich zwischen *C. canariensis* und *C. texedae* wurden Hybriden beschrieben, so dass diese Arten schwierig zu unterscheiden sind.

1a

1b

2

3

4

1 Bäumchen-Spindelkraut *Atractylis arbuscula* Svent. & Mich. — Piñamar major

0,2–0,5 m ♄ II–VI

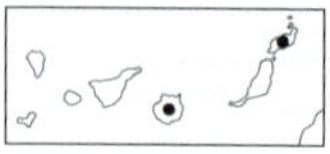

Merkmale Kleine Kugelbüsche bildender Strauch mit dunkelgrünen, silbergrau behaarten, schmal linealen bis sichelförmigen, dornig bespitzten Blättern. Etwa 15 mm breite Blütenköpfchen mit 5 anfangs rosa, dann weißen 5-zähnigen Zungenblüten. Die eiförmig-zylindrische Hülle aus dachziegelig angeordneten, dunkelbraun berandeten, nur zur kurz bedornten Spitze hin schwach filzigen Blättern.
Vorkommen Felsküsten, meeresnahe, steinige Hänge, selten und gefährdet. Die ssp. *arbuscula* im Norden von L, die kleinere ssp. *schizogynophylla* (Svent. & Kahne) Marrero-Rodr. & Caujapé-Castells im Norden von C. Kanaren-Endemit.
2 **Weitere Arten** Ähnlich das **Despréaux-Spindelkraut** *A. preauxiana* Sch. Bip., Pflanze kompakter, bis 0,3 m hoch, mit länglich-lanzettlichen, bisweilen entfernt gezähnten, in eine Spitze auslaufenden, meist silbergrauen Blättern. Blütenköpfchen eiförmig, Hüllblätter filzig, mit rötlich braunem Rand und feinem, dunklem Dorn (T C, endemisch, ebenfalls selten und gefährdet).
Aus dem Mittelmeergebiet stammt *A. cancellata* L., 1-jährig, mit regelmäßig kammartig dornigen Hochblättern, die das Köpfchen aus purpurnen Röhrenblüten locker umgeben. Blätter länglich, fein dornig gezähnt (alle Inseln außer H).

3 Kleinköpfige Distel *Carduus baeocephalus* Webb — Cardo de costa

0,1–1,3 m ⊙ II–VI

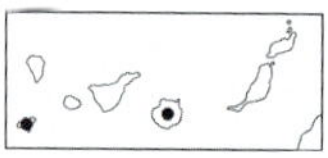

Merkmale Stängel durchgehend meist bis 0,5 cm breit dornig geflügelt. Untere Blätter eiförmig-lanzettlich, obere linealisch, ziemlich regelmäßig doppelt buchtig gezähnt, ledrig, glänzend dunkelgrün und ± kahl. Blüten anfangs rosa, später weiß, in eiförmig-glockigen Köpfchen. Diese meist zu mehreren sitzend oder kurz gestielt, mit ± spinnwebiger Hülle. Mittlere Hüllblätter ± aufrecht, am Ende rotviolett, strohgelb berandet, ± plötzlich in die 1–2 mm lange Spitze übergehend. Bei der ssp. *baeocephalus* (**3a**) Blüten die etwa 1 cm breite Hülle deutlich überragend (C, im Norden), bei der viel kleineren ssp. *microstigma* v. Gaisberg & Wagenitz (**3b**) Blüten kaum länger als die nur 0,6 cm breite Hülle oder ebenso lang (H C, im Nordwesten).
Vorkommen Feuchte Standorte der Küstenzone. Kanaren-Endemit.
4 **Weitere Arten** Nahe verwandt die **Volutarien-Distel** *C. volutarioides* Reyes-Bet.: Köpfchen 0,6 cm breit, länglich zylindrisch, mit weißen Blüten, mittlere Hüllblätter zurückgebogen, mit 0,5 mm langer Spitze, dunkelgrün, orange berandet (Teneriffe-Endemit, selten im Norden).

5 Klauen-Distel *Carduus clavulatus* Link — Cardo de monteverde

0,3–0,5(–1) m ⊙
IV–VI

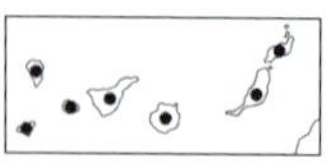

Merkmale Stängel durchgehend meist bis 1 cm breit geflügelt. Blätter krautig, eiförmig-lanzettlich, ± ungeteilt bis buchtig-fiederschnittig dornig, oberseits dunkelgrün, unterseits schwach spinnwebig grau. Blütenköpfchen kugelig, bis 2 cm breit, einzeln oder zu mehreren sitzend, mit purpurnen Röhrenblüten. Hüllblätter schwach spinnwebig behaart, die mittleren ± aufrecht, allmählich in den unter 2 mm langen Enddorn übergehend.
Vorkommen Feuchte Wegränder, bis in die Lorbeerwaldstufe, häufig. Kanaren-Endemit.
Weitere Arten Bei *C. bourgaei* Kazmi Flügel des Stängels und Blätter kaum gelappt, nur mit kurzen Dornen. Blüten weiß mit dunkelvioletten Spitzen, mittlere Hüllblätter zurückgekrümmt, ihr Dorn über 2 mm lang (Sukkulentenbusch, beweidete Flächen im Süden von F, endemisch).
Neben den beschriebenen endemischen 2 mediterrane, vorwiegend an Wegrändern auftretende *Carduus*-Arten, beide mit zylindrischer Hülle und purpurnen Blüten: Ver-
6 breitet ist die **Zartblütige Distel** *C. tenuiflorus* Curt., eine spinnwebig behaarte Art mit durchgehend bis 1 cm breit dornig geflügeltem Stängel, die breit dreieckig gelappten Blätter mit bis 5 mm langem Enddorn (alle Inseln). Seltener ist *C. pycnocephalus* L. mit viel schmaler geflügeltem, oberwärts aber, vor allem unterhalb der Köpfchen, teilweise flügellosem Stängel (P G T C F). Kratzdisteln *Cirsium*-Arten fehlen fast vollständig auf den Kanaren, nur *C. vulgare* (Savi) Ten. wurde bisher auf Tenerife gefunden.

1
2
3a
3b
4
5
6

1 Nogáles-Eselsdistel *Onopordon nogalesii* Svent. — Cardo de Jandía

0,3–0,5(–1) m ♃ XI–V

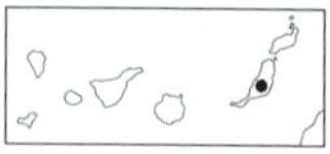

Merkmale Distelartige Pflanze mit Grundrosette und dornig geflügeltem Stängel. Blätter länglich-lanzettlich, dornig buchtig fiederschnittig und gezähnt, fein spinnwebig grau behaart, mit kleinen braunen Dornen am Rand. Blütenköpfe einzeln, kugelig, bis 8 cm breit, mit purpurnen Röhrenblüten, die purpurn überlaufenen schmalen Hüllblätter in einen stechenden Dorn verlängert, die äußeren zurückgebogen. Helle quergestreifte Früchte mit fedrigem Pappus.

Vorkommen Trockene Felshänge im Süden der Insel. Fuerteventura-Endemit.

2 **Weitere Arten** Die **Gran Canaria-Eselsdistel** *O. carduelinum* Bolle, 0,5–1,8 m hoch, grauweiß spinnwebig-filzig, Blätter mit gelben Dornen am Rand. Blütenköpfe 3–5 cm breit, Hüllblätter kahl, unterseits zu 2/3 purpurn, abstehend und zurückgebogen, mit steifem Dorn (C, endemisch, selten im Zentrum).

3 Wilde Artischocke, Kardone *Cynara cardunculus* L. — Alcachofa silvestre

0,2–1,2(–1,8) m ⊙ V–VIII

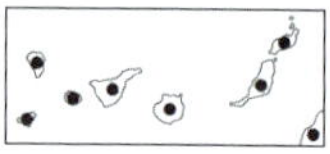

Merkmale Pflanze mit Grundrosette und dicht stehenden, 1–2fach fiederschnittigen Stängelblättern.Diese oberseits grün, unterseits ± weißfilzig und drüsig, am Grund jedes Abschnittes mit gebüschelten, 7–30 mm langen Dornen. Blütenköpfe 4–6 cm breit, aus blauen, lila oder weißen Röhrenblüten. Bei der auf den Kanaren und im westl. Mittelmeergebiet vorkommenden ssp. *flavescens* Wikl. die aufrecht-abstehenden, mittleren Hüllblätter mit deutlichem, 0,5–1 mm breitem, gelblichem Rand und 2–5 mm langem Dorn. Früchte mit fedrigem Pappus.

Vorkommen Wegränder, Weideland, gelegentlich als Gemüsepflanze angebaut. Gegessen werden die fleischigen Blütenböden mit dem unteren Teil der Hüllblätter von weniger dornigen Kulturformen vor dem Aufblühen, die auch als eigene Art *C. scolymus* L. betrachtet werden. Kanaren, Mittelmeergebiet.

Strauchflockenblumen *Cheirolophus* haben mit derzeit 15 von den Kanaren beschriebenen endemischen Arten dort ihren Schwerpunkt, nur wenige weitere finden sich auf Madeira und im westl. Mittelmeergebiet. Fast alle sind inselspezifisch und (sehr) selten, wenn auch auffällig mit ihren gelblich weißen oder purpurroten Blütenköpfen. Oft wachsen sie an steilen, schwer zugänglichen Felshängen. Auf T und P kommen jeweils 5 Arten vor (davon 1 Art auf beiden Inseln), 3 auf G und 2 auf C und nur 1 Art auf H. Sie unterscheiden sich von den nahe verwandten *Centaurea*-Arten vor allem durch ihren strauchigen Wuchs, die am Ende etwas aufgeblasenen Köpfchenstiele und die dornenlosen, meist mit Anhängseln versehenen, sehr dicht anliegenden, ledrigen Hüllblätter.

4 Erdbeerbaumblättrige Strauchflockenblume *Cheirolophus arbutifolius* (Svent.) Kunk. — Cabezón de Gran Canaria

1,5–3 m ♄ IV–VII

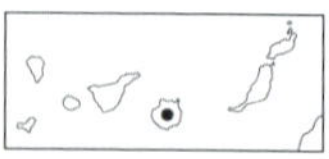

Merkmale Locker verzweigter, hoher Strauch. Blätter lanzettlich, fein gesägt, ledrig, dunkelgrün und oft klebrig glänzend. Blütenköpfchen mit 1–2 cm breiter, eiförmiger kugeliger Hülle, Anhängsel der Hüllblätter klein, kaum zerschlitzt, etwas seitlich herablaufend. Purpurrote Röhrenblüten.

Vorkommen Frische, felsige Standorte im Westen. Gran Canaria-Endemit.

5 Sichelschnittige Strauchflockenblume *Cheirolophus falcisectus* Mont. & Mor. — Cabezón de Güi-Güi

Bis 1,5 m ♄ III–VI

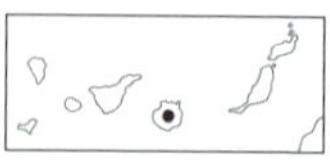

Merkmale Vom Grund an verzweigter Halbstrauch, nahe verwandt mit *Ch. canariensis* (siehe folgende Seite), aber Blätter ganz kahl und drüsig punktiert, vielgestaltig, elliptisch-lanzettlich, ungeteilt bis tief fiederschnittig mit sichelförmigen, bespitzten Lappen. Blütenköpfchen eiförmig, 13–18 mm breit, Hüllblätter mit größerem, braunrotem, stärker zerschlitztem Anhängsel. Purpurrote Röhrenblüten.

Vorkommen Steile Felshänge im Westen, selten. Gran Canaria-Endemit.

6 **Weitere Arten** Ebenfalls ungeteilte, leicht gesägte oder fiederschnittige, aber beiderseits behaarte Blätter hat die **Gomera-Strauchflockenblume** *Ch. ghomerythus* (Svent.) Holub, Anhängsel der Hüllblätter klein, kammförmig (G, selten im Norden, endemisch, einzige rotblütige Art der Insel).

1

2

3

4

5

6

1 Burchard-Strauchflockenblume *Cheirolophus burchardii* Susanna
(Ch. canariensis ssp. *subexpinnatus* (Burch.) Kunk.) Cabezón de Teno

0,3–1,5 m ♄ IV–VIII

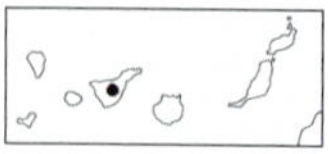

Merkmale Blätter des Felsenstrauches ungeteilt, höchstens am Grund mit wenigen kleinen Fiederlappen, am Rand schwach unregelmäßig gesägt-gezähnt, fein behaart. Blütenköpfchen mit kugeliger, bis 2 cm breiter Hülle, die halbmondförmigen Anhängsel regelmäßig kammartig zerteilt, aufrecht, an den Rändern breit herablaufend. Purpurrote Röhrenblüten.
Vorkommen Küstenfelsen im Nordwesten. Tenerife-Endemit.
Weitere Arten Ähnlich *Ch. canariensis* (Willd.) Holub, Blätter mit 4–5 Paaren lineal-lanzettlicher Lappen (höher gelegene Felsstandorte bei Masca). Rotblütig auf Tenerife ist auch *Ch. metlesicsii* Mont., hoher Strauch mit ungeteilten, regelmäßig gezähnten Blättern (Arafo-Gebiet, selten).

2 La Palma-Strauchflockenblume *Cheirolophus junonianus* (Svent.) Holub Cabezón de Teneguía

0,3–0,7 m ♄ VI–X

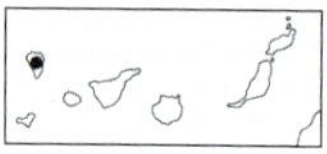

Merkmale Halbstrauch mit fiederteiligen, kahlen, drüsig-klebrigen Blättern, deren Abschnitte lanzettlich, gezähnt (var. *junonianus*, **2a**), außerdem Populationen mit ungeteilten, gesägt-gezähnten Blättern und kleineren Köpfchen (var. *isoplexiphyllus* (Svent.) Kunk., **2b**). Die eikugelige Hülle 10–18 mm breit, Hüllblattanhängsel dicht anliegend, groß und zerschlitzt. Purpurrote Röhrenblüten.
Vorkommen Felsspalten, lokal im Süden der Insel. La Palma-Endemit.
Weitere Arten Ebenfalls rotblütig *Ch. santos-abreui* Santos, mit glänzenden, ungeteilten, schwach gesägten Blättern (P, selten im Osten).

3 Teide-Strauchflockenblume *Cheirolophus teydis* (Chr. Sm.) López Cabezón de la cumbre

0,8–1,5 m ♄ VII–IX

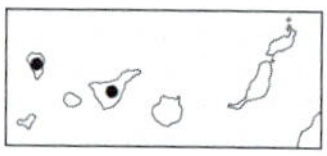

Merkmale Halbstrauch mit aufstrebenden Ästen. Blätter etwas klebrig, lineal-lanzettlich, untere fein gesägt-gezähnt, obere ± ganzrandig. Blütenköpfchen mit spindelförmiger, 1–1,5 cm breiter Hülle, ihre Blätter mit breitem, häutigem, zerschlitztem Rand, fast ohne Anhängsel. Gelblich weiße Röhrenblüten.
Vorkommen Felsen der subalpinen Stufe, häufig, kommt als einzige Art auf zwei Inseln vor. Kanaren-Endemit.
4 **Weitere Arten** Zwei weitere seltene Arten, mit gelblich weißen bzw. blassrosa überlaufenen Blüten auf Tenerife. Im Nordwesten die **Webb-Strauchflockenblume** *Ch. webbianus* (Sch. Bip.) Holub, mit kurzen, einfachen, zurückgeschlagenen Hüllblattanhängseln, oberste Laubblätter an das Köpfchen herangerückt, im Osten *Ch. tagananensis* (Svent.) Holub, mit lang gefransten Anhängseln.

5 Sventenius-Strauchflockenblume *Cheirolophus sventenii* (Santos) Kunk. Cabezón de Tijarafe

0,8–1,2 m ♄ IV–VI

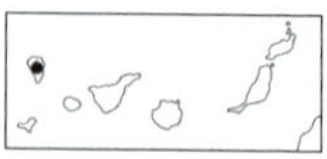

Merkmale Blätter des Halbstrauches kahl, ± glänzend, oval-lanzettlich (ssp. *sventenii*) oder lanzettlich, schmaler (ssp. *gracilis* Santos, Foto), fein gesägt-gezähnt, die oberen ganzrandig. Blütenköpfe mit leicht spindelförmiger, 2–3 cm breiter Hülle, Anhängsel höchstens 5-zählig zerschlitzt, ± herablaufend, abstehend bis zurückgebogen, oft hinfällig. Gelblich weiße Röhrenblüten.
Vorkommen Felsspalten der unteren Stufe, lokal im nördlichen Teil der Insel. La Palma-Endemit.
Weitere Arten Auf La Palma ebenfalls mit gelblich weißen Blüten *Ch. arboreus* (W. & B.) Holub, hoher Strauch, Blätter weißfilzig behaart, die Blütenköpfchen von blattähnlichen Hochblättern umgeben, Anhängsel der Hüllblätter kammförmig zerschlitzt,
6 ± herablaufend (lokal im Norden). Auf La Gomera die **Sataratá-Strauchflockenblume** *Ch. satarataënsis* (Svent.) Holub, die ungeteilten, gezähnelten Blätter lanzettlich, kurz zugespitzt, kahl und klebrig. Hülle eiförmig, etwa 15 mm breit, Anhängsel mit 5–9 Wimpern, Blüten mit einem Hauch von Rosa (lokal im Süden). Abgetrennt wurde *Ch. dariasi* (Svent.) Bramw., Blätter lang zugespitzt, Anhängsel kleiner, mit 10–12 Wimpern (selten im Südosten). Auf El Hierro kommt als einzige Art die ockergelb blühende *Ch. duranii* (Burch.) Holub vor.

1

2a

2b

3

4

5

6

1 Malta-Flockenblume *Centaurea melitensis* L.

Abrepuños

0,2–0,8 m ⊙ ⊙
IV–VIII

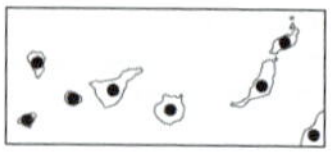

Merkmale Stängel der rauen, zerstreut abstehend behaarten Pflanze aufrecht, in der oberen Hälfte verzweigt. Untere Blätter gestielt, buchtig gelappt bis leierförmig-fiederspaltig, obere ungeteilt und am Stängel herablaufend. Köpfchen meist einzeln, mit gelben, drüsigen Röhrenblüten und 8–12 mm breiter, schwach spinnwebiger, eiförmiger Hülle. Hüllblätter mit abstehendem, 5–10 mm langem Dorn, der bis zur Mitte beiderseits 1–4 kurze Seitendornen trägt.
Vorkommen Wegränder, trockene, gestörte Flächen, häufig. Makaronesien, Mittelmeergebiet.
Weitere Arten *Centaurea*-Arten (mehrere Hundert) haben ihren Schwerpunkt in den Mittelmeerländern, auf den Kanaren kommen bisher nur 5 eingeschleppt vor. Außer der abgebildeten Art sind 2 weitere mit purpurnen Blüten häufiger anzutreffen: *C. calcitrapa* L., Köpfchen sitzend, mit 7–9 mm breiter Hülle, ihre Blätter mit abstehendem, 10–18 mm langem Dorn, dieser beiderseits mit 1–3 kurzen Seitendornen (alle Inseln außer P), und *C. diluta* Ait., Köpfchen gestielt, mit 10–15 mm breiter Hülle, ihre Blätter mit halbmondförmigem, fein gezähntem Anhängsel und höchstens 2 mm langem Dorn, Randblüten strahlend (G T). Ferner kommen selten *C. aspera* L. mit purpurnen (C) und *C. eriophora* L. mit gelben Blüten (F) vor.

2 Artischocken-Akanthuskrone *Stemmacantha cynaroides* (Buch) Dittr. (*Rhaponticum canariense* DC.)

Cardo de plata

0,2–0,8 m ♃ VI–VII

Merkmale Silbrige blaugraue Pflanze, die gestielten, besonders unterseits filzigen, etwas fleischigen Blätter länglich-eiförmig, tief fiederteilig mit unregelmäßig gesägt-gezähnten und gewellten Abschnitten. Blütenköpfe einzeln und sehr groß, kugelig, 6–8 cm breit, mit gelblichen Röhrenblüten. Hüllblätter mit breiten, gewölbten, locker anliegenden, silbrig-häutigen Anhängseln.
Vorkommen Seltener und gefährdeter Endemit der subalpinen Stufe Tenerifes, Erhaltungsmaßnahmen durch den Naturschutz.

3 Kanaren-Volutarie *Volutaria canariensis* Wagenitz

Cardomanso canario

0,1–0,6 m ⊙ II–VI

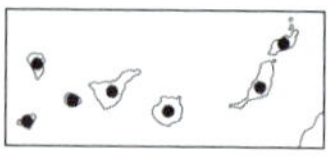

Merkmale Spärlich behaarte, raue, meist reich verzweigte Pflanze. Untere Blätter doppelt, mittlere einfach fiederteilig, mit linealen, gezähnten Abschnitten, obere undeutlich gezähnelt oder ganzrandig. Köpfchen einzeln oder zu mehreren mit spindelförmiger, 10–12 mm langer Hülle, mittlere Hüllblätter strohfarben berandet und dornig zugespitzt, die innersten an der Spitze goldbraun. Randliche Blüten blassrosa, wenig länger als die Hülle, innere bläulich bis weiß, außen spärlich lang behaart. Früchtchen kürzer als 3 mm, Pappus aus etwa gleich langen Borsten und Schuppen.
Vorkommen Aufgelassenes Kulturland, Sukkulentenbusch. Kanaren-Endemit. Die Vorkommen wurden früher zu der im südl. Mittelmeergebiet heimischen *V. lippii* (L.) Maire gestellt.
4 **Weitere Arten** Ähnlich die **Röhrenblütige Volutarie** *V. tubuliflora* (Murb.) Sennen, oft höher und kräftiger (bis 1,5 m), die 13–16 mm langen Köpfchen einzeln am Ende blattloser Äste, mittlere Hüllblätter mit 2–4 mm langem Anhängsel und herablaufendem, dunkelbraunem Rand. Randblüten rötlich bis violett, 2–7 mm herausragend. Früchtchen meist über 3 mm lang (H T L, südl. Mittelmeergebiet).

5 Bolle-Volutarie *Volutaria bollei* (Bolle) Hans. & Kunk.

Cardomanso de Bolle

0,1–0,5 m ⊙ II–V

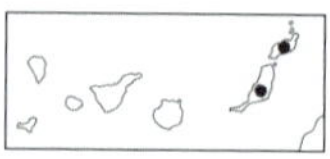

Merkmale Schwach kraus behaarte Pflanze. Untere Blätter breit lanzettlich, fast ganzrandig, obere stängelumfassend sitzend und herablaufend, eiförmig-lanzettlich, buchtig dornig gezähnt. Köpfchen oft mehrere, mit 13–15 mm langer, schüsselförmiger Hülle, deren mittlere Hüllblätter grün, dunkelbraun berandet und mit gelblichem Anhängsel, innere am Ende rötlich überlaufen. Randblüten kaum strahlend, Röhrenblüten gelblich.
Vorkommen Felshänge. Kanaren-Endemit.

1

2

3

4

5

Bartpippau-Arten *Tolpis* sind mit 10, davon 8 endemischen, am Grund verholzenden Sippen in allen Höhenstufen verbreitet. Die Köpfchenhülle aus langen, schmalen, inneren Hüllblättern und meist viel kürzeren äußeren, die sich am Stängel in einigen Hochblättern fortsetzen, kennzeichnen die Gattung. Auch die 6–8(–10)-rippigen, oben gestutzten Früchte mit wenigen langen, steifen Pappusborsten sind charakteristisch.

1 Dicklicher Bartpippau *Tolpis crassiuscula* Svent. — Lechuguilla de Teno

0,15–0,35 m ♃ V–VII

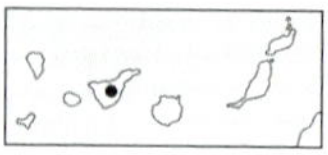

Merkmale Felspflanze mit flacher Rosette aus länglichen, stumpf geschweift-gekerbten, kahlen und glänzenden, ± fleischigen, in einen kurzen, weißfilzigen Stiel verschmälerten Blättern. Etwa 2 cm breite Köpfchen mit gelben Zungenblüten, Hüllblätter verkahlend. 5 Pappusborsten.
Vorkommen Küstenfelsen im Nordwesten, selten. Tenerife-Endemit.
Weitere Arten *T. glabrescens* Kämmer, Rosettenblätter verkahlend, am Rand entfernt gezähnt, bespitzt. Endemisch, an Felsstandorten im Anaga-Gebiet.

2 Zerschlitzter Bartpippau *Tolpis laciniata* (Sch. Bip.) Webb — Lechuguilla canaria

0,1–0,3 m ♃ III–V

Merkmale Formenreich, Rosettenblätter eiförmig-lanzettlich, doppelt fiederspaltig mit schmalen, unregelmäßig langen, stumpflichen Abschnitten, kahl oder spärlich behaart, in einen kurzen, weißfilzigen Stiel verschmälert. Köpfchen 1,5 cm breit mit gelben Zungenblüten und graufilziger Hülle. Meist 5–6 Pappusborsten.
Vorkommen Waldgebiete, oberer Sukkulentenbusch. Kanaren-Endemit.
Weitere Arten Ähnlich *T. coronopifolia* (Desf.) Biv. (*Crepis coronopifolia* Desf.), Blätter einfach bis doppelt fiederspaltig, Abschnitte regelmäßiger und spitzer (P T C, endemisch). *T. proustii* Pit. mit dicht weißflockiger Köpfchenhülle (G H) und *T. calderae* Bolle (P, Cumbre) gehören zum formenreichen, noch nicht ausreichend geklärten Komplex der abgebildeten Art. Neu beschrieben wurde auch *T. santosii* Crawford & al. (P).

3 Hasenpfoten-Bartpippau *Tolpis lagopoda* Chr. Sm. in Buch — Lechuguilla montana

0,2–0,5 m ♃ III–VI

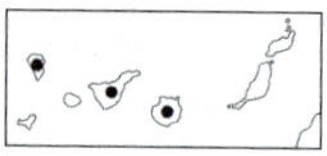

Merkmale Blätter behaart, später verkahlend, schmal bis breit lanzettlich, lang in einen Stiel verschmälert, die unteren unregelmäßig gezähnt. Blütenköpfchen bis etwa 2,5 cm breit, mit gelben Zungenblüten und schwach graufilzigen Hüllblättern. Pappusborsten 10–12.
Vorkommen Felsstandorte in den Waldgebieten. Kanaren-Endemit.

4 Webb-Bartpippau *Tolpis webbii* Sch. Bip. — Lechuguilla de cumbre

0,3–0,6 m ♃ VI–VIII

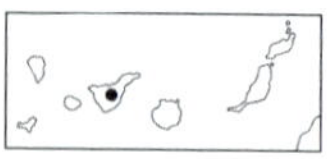

Merkmale Pflanze am Grund reich verzweigt. Rosettenblätter zum Teil aufgerichtet, lineal-lanzettlich, fast ganzrandig oder unregelmäßig gezähnt bis fiederschnittig, verkahlend, in einen Stiel verschmälert. Blütenköpfchen oft zahlreich und nur 1 cm breit, mit gelben Zungenblüten und schwach graufilzigen Hüllblättern. Pappus aus etwa 20 längeren und kürzeren Borsten.
Vorkommen Cañadas, aber auch tiefer herabsteigend. Tenerife-Endemit.

5 Doldiger Bartpippau *Tolpis umbellata* Bertol. — Lechuguilla salvaje

0,1–0,3 m ⊙ IV–VI

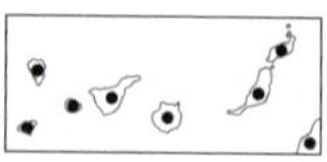

Merkmale Einfache oder locker gabelig verzweigte Art. Blätter länglich-spatelig, in einen Stiel verschmälert, ganzrandig oder gezähnt. Blütenköpfchen 11–16 mm breit, mit hellgelben Zungenblüten. Äußere Hüllblätter borstlich, aufrecht-abstehend, etwa so lang wie die inneren. Innere Früchte mit 4(–5) Borsten.
Vorkommen Trockene, felsige Standorte, Wegränder, vom Sukkulentenbusch bis in die Wälder, häufig. Kanaren, Mittelmeergebiet.
6 **Weitere Arten** Der **Echte Bartpippau** *T. barbata* (L.) Gaertn., viel kräftiger, mit ungeteilten bis fiederschnittigen Blättern und 17–30 mm breiten Köpfchen, Zungenblüten goldgelb, innere Blüten purpurn. Äußere Hüllblätter die inneren weit überragend, innere Früchte mit 2(–3) Borsten (wohl nur auf Tenerife, lokal, verbreitet im westl. Mittelmeergebiet).

1

2

3

4

5

6

1 Tenerife-Ferkelkraut *Hypochaeris oligocephala* (Svent. & Bramw.) Lack — Lechuguilla de El Fraile

0,1–0,2 m ♃ VI–VII

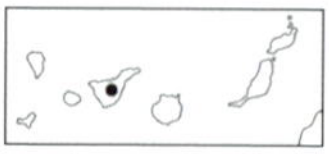

Merkmale Am Grund verholzte Rosettenpflanze mit sitzenden, schmal verkehrteiförmigen, gezähnten, glänzenden Blättern. Blütenköpfchen zu 1–2(–3), mit den gelben Zungenblüten bis 4,5 cm breit, auf oben verdicktem, mit einigen Schuppenblättchen und grünen Haaren besetztem Stiel. Mehrere Reihen von schmalen Hüllblättern mit abstehenden schwarzen Haaren und nach außen gebogenen Spitzen. Pappusborsten unterschiedlich lang.
Vorkommen Felswände in Küstennähe, selten im Nordwesten. Tenerife-Endemit.
Weitere Arten Außerdem 3 auch in Europa weitverbreitete, krautige *Hypochaeris*-Arten, darunter auf allen Inseln *H. glabra* L.

Charakteristisch für ***Reichardia***-Arten sind die dachziegelig stehenden, oft hautrandigen Hüllblätter mit zähnchenartigem Anhängsel an der Spitze, die in die Hochblätter des Köpfchenstiels übergehen. Die 4-kantigen, gerieften und querrunzeligen Früchte haben einen Pappus aus weichen, weißen, einfachen Haaren. 4 Arten kommen auf den Kanaren vor, 3 davon sind endemisch.

2 Tanger-Reichardie *Reichardia tingitana* (L.) Roth — Cerraja de viña

0,05–0,4 m ⊙⊙ III–V

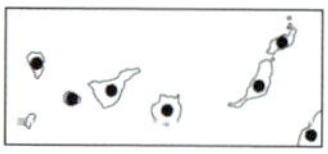

Merkmale Pflanze krautig, Rosettenblätter verkehrtlanzettlich, in einen kurzen, breiten Stiel verschmälert, kahl und glatt, grün oder dicht weiß papillös, ungeteilt oder fiederschnittig, fein dornig gezähnt. Blütenköpfe auf nur schwach verdickten Stielen, mit gelben, am Grund purpurnen Zungenblüten, die randlichen außen purpurn überlaufen. Hulle 9–15 mm breit, ihre mittleren Blätter mit 0,5–2 mm breitem Hautrand und 0,5–2,8 mm langem Anhängsel.
Vorkommen Auf Fels und Sand, oft küstennah, auf L teilweise bestandsbildend. Kanaren, südl. Mittelmeergebiet.
Weitere Arten Hybriden mit *R. famarae* und *R. ligulata*.

3 Kristall-Reichardie *Reichardia crystallina* (Sch. Bip.) Bramw. — Cerraja de mar

0,05–0,2 m ♃ I–IV

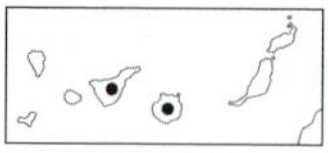

Merkmale Am Grund verholzte und verzweigte Rosettenpflanze. Blätter länglich-lanzettlich, lang verschmälert, meist doppelt fiederschnittig und wellig, fein dornig gezähnt, fleischig und dicht weiß papillös behaart. Stiele unter den Blütenköpfen kaum verdickt, Letztere mit gelben Zungenblüten, die randlichen außen purpurn überlaufen. Hülle 5–10 mm breit, schwach purpurn, ihre mittleren Blätter mit 0,4–1 mm breitem Hautrand und 0,3–1,2 mm langem, kräftigem Anhängsel.
Vorkommen Küstennahe Felsen. Kanaren-Endemit.

4 Famara-Reichardie *Reichardia famarae* Gallego & Talav. — Cerraja de Famara

0,05–0,1 m ♃ II–IV

Merkmale Am Grund verholzte, stängellose Art, die Rosette aus spateligen, in einen kurzen und breiten Stiel verschmälerten, geschweift dornig gezähnten bis gelappten, etwas fleischigen und kaum papillösen Blättern. Blütenköpfe auf ± verdickten Stielen, mit gelben Zungenblüten. Hülle 9–12 mm breit, bisweilen schwach purpurn, ihre Blätter ohne Hautrand und fast ohne Anhängsel.
Vorkommen Küstenfelsen. Kanaren-Endemit.

5 Zungen-Reichardie *Reichardia ligulata* (Vent.) Kunk. & Sund. — Cerraja de costa

0,1–0,5 m ♃ IV–X

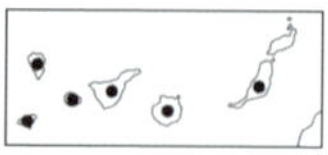

Merkmale Formenreiche, am Grund verholzte und verzweigte Art mit sitzenden oder gestielten Blattrosetten. Blätter länglich-lanzettlich, in einen kurzen, breiten Stiel verschmälert, fein dornig gezähnt, ungeteilt bis gelappt, ledrig und zerstreut papillös. Stiele unter den Blütenköpfchen mit gelben Zungenblüten verdickt. Hülle 18–20 mm breit, ihre Blätter in der oberen Hälfte oft zurückgebogen, unter 0,5 mm breit häutig berandet, die mittleren mit 0,5–1 mm langem Anhängsel.
Vorkommen Felshänge, von der oberen Küstenzone bis 1700 m ansteigend. Kanaren-Endemit.

1

2

3

4

5

1 Strauch-Dornlattich *Launaea arborescens* (BATT.) MURB. Aulaga

0,3–1,5 m ♄ XII–VI

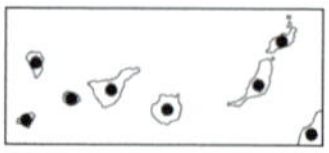

Merkmale Dornig-sparriger Kugelbusch, zickzackförmig verzweigt, graugrün und ± kahl, nur junge Pflanzen oder ältere im Winter mit fleischigen, schmal fiederlappigen bis ganzrandigen Blättern. Blütenköpfchen mit gelben Zungenblüten und 8 mm breiter, schmal zylindrischer Hülle aus wenigen, breit hautrandigen Blättern. Trockene Pflanzen können vom Wind rollend verbreitet werden.
Vorkommen Gebietsweise bestandsbildend auf sandigem oder steinigem Untergrund, besonders in Küstennähe, aber auch höher in der Stufe des Sukkulentenbusches aufsteigend. Kanaren, Madeira, Kapverden, NW-Afrika, SO-Spanien.

2 Nacktstängeliger Dornlattich *Launaea nudicaulis* (L.) HOOK. f. Aulagilla

0,2–0,5 m ⊙♃ III–V

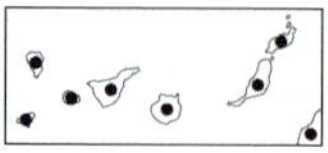

Merkmale Krautige Pflanze mit einer dem Boden ± anliegenden Rosette aus länglichen, schrotsägeförmigen Blättern, deren Abschnitte breit dreieckig, am Rand auffällig weißdornig gewimpert. Nur wenige kleine Stängelblätter. Blütenköpfchen zur Fruchtzeit nickend, mit gelben Zungenblüten und schmal zylindrischer, 4–6 mm breiter Hülle aus wenigen hautrandigen Blättern.
Vorkommen Sandige Flächen im Küstenbereich, Wegränder im Sukkulentenbusch. Kanaren, südl. Mittelmeergebiet bis Afghanistan.
3 **Weitere Arten** Meist 1-jährig und graugrün der **Bespitzte Dornlattich** *L. mucronata* (FORSSK.) MUSCHL. mit am Grund geöhrten, unregelmäßig tief 1–2fach fiederteiligen Blättern, die Abschnitte ± gewellt, weiß bespitzt (F, in Ausbreitung begriffen) und *L. capitata* (SPRENG.) DANDY mit an den Stängelenden gehäuften Köpfchen (F L), beide Arten mit saharo-arabischer Verbreitung.

4 La Palma-Lattich *Lactuca palmensis* BOLLE Lechuga palmera

0,2–0,4 m ⊙ VI–X

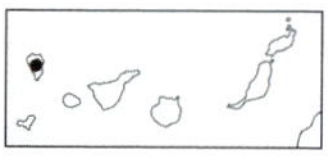

Merkmale Blätter der Grundrosette blaugrün, 1–2fach fiederschnittig mit schmalen, rückwärts gerichteten Lappen, diese besonders unterseits auf den Nerven (wie auch die Stängel) kurz und steif behaart. Die zylindrischen Köpfchen nur 2–3 mm breit, mit blassblauen Zungenblüten, Hüllblätter stumpf, an der Spitze rötlich.
Vorkommen Kiefernwälder, vor allem im oberen Bereich. La Palma-Endemit.
Weitere Arten Gelbblütig dagegen die auch in Europa verbreitete, bis 1,5 m hohe *L. serriola* L. mit ± senkrecht gestellten, blaugrünen, dornig gewimperten Blättern (alle Inseln) und die rutenförmige *L. viminea* (L.) J. & C. PRESL aus dem Mittelmeergebiet, deren obere Blätter ungeteilt, mit 2 charakteristischen, linealen Öhrchen, die am Stängel herablaufen und mit diesem verwachsen sind (P C).

5 Hängender Hasenlattich *Chrysoprenanthes pendula* (WEBB) BRAMW.
(*Prenanthes pendula* WEBB, *Sonchus pendulus* (WEBB) SENNIKOV) Cerraja colgante

0,2–0,8 m ♄ VII–IX

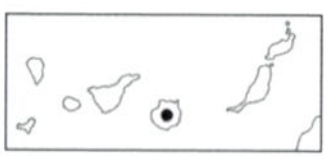

Merkmale Kleiner, häufig herabhängender Felsenstrauch. Blätter lang gestielt, blaugrün, teilweise bis zur Mittelrippe buchtig gelappt, mit wenigen, eleganten, dreieckigen spitzen Abschnitten auf jeder Seite. Köpfchen der reichen Blütenstände nur 2 mm breit, mit 3–13 gelben Zungenblüten und schmaler, zylindrischer Hülle. Neben der ssp. *pendula* wurde die ssp. *flaccida* (SVENT.) BRAMW. beschrieben.
Vorkommen Felsspalten, vom Sukkulentenbusch bis in die Waldgebiete, vor allem im Zentrum der Insel. Gran Canaria-Endemit.
Weitere Arten Ebenfalls in Felsspalten wächst die ausdauernde, nur bis 0,3 m große und schon IV–VI blühende *Sventenia bupleuroides* FONT QUER (*Sonchus bupleuroides* (FONT QUER) KILIAN & GREUT.) „Lechugón de Sventenius" mit Rosetten aus ganzrandigen, kahlen, graugrünen, etwas ledrigen, bespitzt eilanzettlichen Blättern. Blütenköpfchen auf drüsig behaarten, verzweigten Stielen, die gelben Zungenblüten wenig länger als die 1 cm breite Hülle. Diese mit feinen weißen Haaren und steifen Drüsenhaaren, ihre äußeren Blätter gezähnelt, innere verlängert, spitz und ganzrandig (C, endemisch, selten im Nordwesten). Zwischen diesen beiden, scheinbar ungleichen Arten wurde eine Hybride beschrieben.

1

2

3

4

5

1 Breitschuppige Gänsedistel *Babcockia platylepis* (Webb) Boulos

(*Sonchus platylepis* Webb) **Cerrajón plateado**

0,3–0,8 m ♃ IV–VI

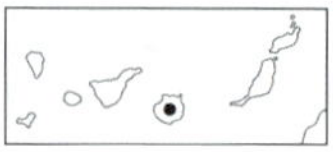

Merkmale Am Grund verholzte, kaum verzweigte Art. Rosettenblätter blaugrün, in der Mitte am breitesten, fiederschnittig mit fast sichelförmigen, zugespitzten Seitenlappen und deutlich längerem Endlappen. Junge Blätter mit leicht abwischbarem, weißem Flaum. Blütenköpfe geöffnet 3–6 cm breit, mit etwa 500 Zungenblüten und breit eiförmigen, etwas gewellten und gezähnelten, kahlen Hüllblättern, auf langen, mit Hochblättern besetzten Stielen. Früchte bei dieser Art nicht zusammengedrückt, sondern ± zylindrisch.
Vorkommen Felspflanze, vorwiegend im Zentrum der Insel oberhalb 800 m. Gran Canaria-Endemit.

Die Gattung **Gänsedistel** *Sonchus* ist mit derzeit 31 beschriebenen Arten auf den Kanaren außerordentlich vielfältig. Von den 26 Endemiten sind die meisten verholzt bis strauchig. Die Abgrenzung der Gattung wird verschieden gehandhabt, so werden von einigen Autoren *Chrysoprenanthes*, *Sventenia* und *Babcockia* ebenfalls zu *Sonchus* gestellt, hier werden nur die zu *Atalanthus* (*Taeckholmia*) und *Lactucosonchus* gestellten Arten eingeschlossen.

2 Bourgeau-Gänsedistel *Sonchus bourgeaui* Sch. Bip. **Cerrajilla moruna**

0,2–07 m ⊙ I–IV

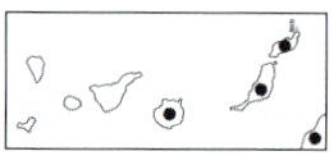

Merkmale Aufrechte, 1-jährige Pflanzen mit oberwärts kantigem Stängel. Blätter glatt, schrotsägeförmig fiederschnittig und stängelumfassend sitzend. Blütenköpfe 3–4 cm breit, Hüllblätter länglich-lanzettlich, in 3 Reihen, am Grund mit auffälliger, weißer Behaarung. 2 Varietäten.
Vorkommen Offene, auch ruderale Flächen. Kanaren, SW-Marokko.
Weitere Arten Ebenfalls krautig der mit einer knolligen Wurzel ausdauernde endemische *S. tuberifer* Svent. (T). 1-jährig bis ausdauernd sind *S. tenerrimus* L. aus dem Mittelmeergebiet sowie die beiden Kosmopoliten *S. asper* (L.) Hill und *S. oleraceus* L. (alle Inseln).

3 Kurzlappige Gänsedistel *Sonchus brachylobus* W. & B. **Cerraja brillante**

0,2–0,7 m ♃ II–IV

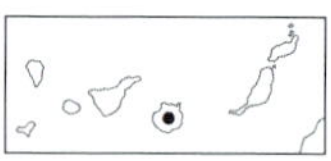

Merkmale Stämmchen verzweigt, zum Teil über 15 cm lang. Blätter der endständigen Rosetten völlig kahl, ledrig, leierförmig fiederschnittig, der Endlappen fast dreieckig bis rundlich, ebenso die schwach gezähnten, ± gut entwickelten Seitenlappen (2 Varietäten). Wenige, bis 4 cm breite Blütenköpfe auf kurzen Stielen.
Vorkommen Küstennahe Felsen im Nordwesten. Gran Canaria-Endemit.

4 Fiederspaltige Gänsedistel *Sonchus pinnatifidus* Cav. **Cerrajón de risco**

0,5–1,5 m ♄ II–V

Merkmale Besonders am Grund reich verzweigte, strauchige Art. Blätter kahl, gestielt, rosettig gehäuft an den Astenden, buchtig fiederschnittig, mit dreieckigen, zugespitzten, meist ganzrandigen Lappen. Blütenköpfe kahl, geöffnet 3 cm breit, auf oben etwas aufgeblasenen Stielen mit 2–8 Hochblättern.
Vorkommen Felshänge, zwischen 200 und 600 m. Kanaren, Marokko.
5 **Weitere Arten** Ähnlich die **Höllenschlund-Gänsedistel** *S. fauces-orci* Knoche, aber Blattlappen kantig-eiförmig, bis zu 12 Hochblätter am Grund der Blütenköpfe (T, selten im Südwesten oberhalb 600 m, endemisch).

6 Baum-Gänsedistel *Sonchus congestus* Willd. **Pipe**

0,4–2 m ♄ XII–VII

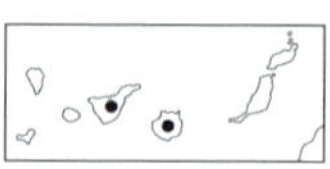

Merkmale Mit wenigen dicken Ästen verzweigte Art. An den Astenden rosettig gehäufte, kahle, lanzettliche, ± tief buchtig fiederschnittige Blätter mit dreieckigen spitzen Abschnitten und fein gezähneltem Rand. Blütenköpfe geöffnet 3,5–6 cm breit, auf weißfilzigen Stielen. Hülle schwach filzig bis kahl.
Vorkommen Feuchte schattige Felsen der Lorbeerwaldgebiete, Terrassenränder, Brachäcker. Kanaren-Endemit.

1

2

3

4

5

6

1 Hierro-Gänsedistel *Sonchus hierrensis* (PIT.) BOULOS — Cerrajón hereño

0,6–2,2 m ♄ III–VIII

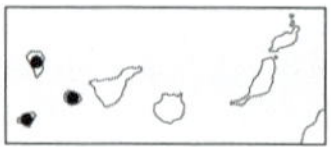

Merkmale Große, kräftige Art, Stamm oft hoch und verzweigt oder auch sehr kurz. Junge Blätter weißfilzig behaart, nur die älteren kahl, tief fiederteilig, mit 10–15 dreieckigen, bis 2 cm breiten, spitzen, ganzrandigen oder unregelmäßig gezähnelten Lappenpaaren. Blütenköpfe geöffnet 4–5 cm breit, Hülle nur am Grund weiß flockig-filzig. Auf La Palma in der var. *benehoavensis* SVENT.
Vorkommen Feuchte schattige Felsen der Lorbeerwaldgebiete, Terrassenränder, Brachäcker. Kanaren-Endemit.

2 **Weitere Arten** Kleiner (bis 0,8 m) sind die Gomera-Endemiten **Ortuño-Gänsedistel** *S. ortunoi* SVENT., Blätter fast kahl, mit abgerundet dreieckigen, fein dornig gezähnten Abschnitten, Köpfe 4–5 cm breit, und *S. gomerensis* BOULOS, Blätter tief schrotsägeförmig fiederschnittig, unregelmäßig gezähnt, junge Blätter unterseits weißlich, Blütenstand reich verzweigt.

3 Stängellose Gänsedistel *Sonchus acaulis* (DUM.) COURS. — Cerrajón de monte

0,5–1,5(–2,2) m ♃ I–V

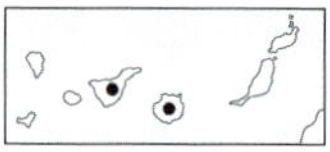

Merkmale Die oft große Rosette nahezu sitzend, bisweilen auf kurzem, unverzweigtem Stamm, ihre Blätter bis 60 cm lang, behaart, fiederschnittig mit dreieckigen, spitzen, am Rand fein gezähnelten Abschnitten. Blütenköpfe einzeln oder vielzählig doldenartig, geöffnet mindestens 2,5–4,5 cm breit, Hüllblätter insgesamt dicht weiß flockig-filzig, sehr breit.
Vorkommen Sukkulentenbusch und Waldgebiete, Felshänge, Terrassenränder. Kanaren-Endemit.

4 Bornmüller-Gänsedistel *Sonchus bornmuelleri* PIT. — Cerrajón brillante

0,5–0,8 m ♃ III–V

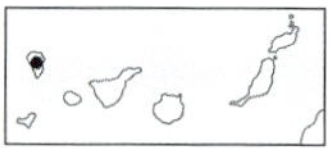

Merkmale Grundrosette fast sitzend, ihre Blätter zum Grund hin schwach behaart, tief und gleichmäßig fiederschnittig mit länglichen, abgerundeten, am Rand unregelmäßig dornigen Blättern. Blütenköpfe bis zu 20, geöffnet 2,5–3 cm breit, Hüllblätter am Grund dicht weiß flockig-filzig.
Vorkommen Felsen in Küstennähe, sehr selten im Norden und Nordosten. La Palma-Endemit.

5 Bewurzelte Gänsedistel *Sonchus radicatus* AIT. — Angoja de risco

0,2–0,8 m ♃ III–IX

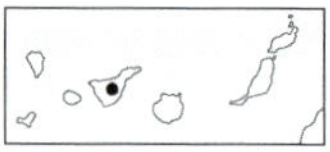

Merkmale Das verholzte, nur 1–5 cm lange Stämmchen manchmal verzweigt. Rosetten ± sitzend, ihre Blätter leierförmig fiederspaltig mit abgerundeten Buchten, kahl, blaugrün bereift und unterseits weißlich, die 3–7 Abschnitte auf jeder Seite rundlich, ganzrandig oder schwach gezähnelt, der Endlappen herzförmig. Die Blätter im Blütenstand mit ± 3 Paaren ungleicher, stumpfer Lappen. Bis zu 10 Blütenköpfe mit kahler Hülle, geöffnet 3 cm breit.
Vorkommen Felspflanze, Sukkulentenbusch und Lorbeerwaldgebiete im Norden. Tenerife-Endemit.

6 Dachziegelblättrige Gänsedistel *Sonchus tectifolius* SVENT. — Angoja de Anaga

0,2–0,4 m ♃ VI–VII

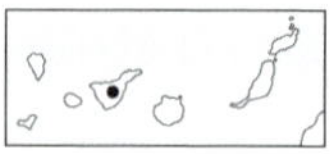

Merkmale Ähnlich *S. radicatus*, aber Rosettenblätter oberseits grün, bisweilen rot überlaufen, unterseits weißlich graugrün, bis zum Grund mit über 12 elliptisch-verkehrteiförmigen Abschnitten auf jeder Seite, die sich gegenseitig und die weißflockige Mittelrippe überlappen, Endabschnitt fast dreieckig-pfeilförmig. Blütenköpfe mit kahler Hülle, geöffnet etwa 3 cm breit.
Vorkommen Felspflanze an oft senkrechten Wänden im südl. Anaga-Gebiet. Tenerife-Endemit.
Weitere Arten *S. gummifer* LINK ähnlich, aber Blattabschnitte die Mittelrippe nicht überlappend, Buchten zwischen den Abschnitten gerundet. Blütenäste mit kleinen, gleichmäßig gefiederten Blättchen. Blütenköpfe kleiner, kahl oder schwach filzig (T, im Südosten, endemisch).

1
2
3
4
5
6

1 Kanaren-Gänsedistel *Sonchus canariensis* (Sch. Bip.) Boulos — Cerrajón arbórea

1,5–3 m ♄ II–V

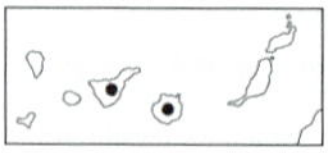

Merkmale Oft baumhoher Strauch, Blätter rosettig an den Astenden, kahl, fiederspaltig mit spitzen, lanzettlichen oder lineal-lanzettlichen, ganzrandigen oder schwach gezähnelten, 2–12 mm breiten Abschnitten. Blütenköpfchen geöffnet bis 2,5–3 cm breit, auf 1–7 cm langen Stielen. Viel weniger Zungenblüten (90–165) als bei den vorigen Arten. Äußere Hüllblätter oft drüsig behaart. 2 Unterarten.
Vorkommen Geschützte Standorte im höheren Sukkulentenbusch. Kanaren-Endemit.

2 La Palma-Gänsedistel *Sonchus palmensis* (Sch. Bip.) Boulos — Cerrajón palmero

1–2,5 m ♄ III–VII

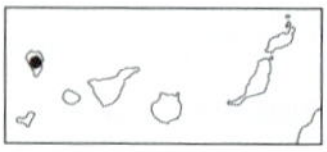

Merkmale Ähnlich *S. canariensis*, aber Blätter jung etwas filzig behaart, ältere kahl, Abschnitte 3–20 mm breit, lineal-lanzettlich, spitz, schwach gezähnt. Blütenköpfchen geöffnet nur 2 cm breit, auf etwa 2 cm langen Stielen mit jeweils 1–3 Hochblättern. 36–48 Zungenblüten.
Vorkommen Felshänge, Terrassenränder. La Palma-Endemit.
3 **Weitere Arten** Verwandt ist ein Komplex von 3 auf El Hierro endemischen Sippen, am häufigsten die **Gandoger-Gänsedistel** *S. gandogeri* Pit., Blätter graugrün, mit 3–8 mm breiten, zugespitzten Abschnitten. Blütenköpfchen geöffnet 6–7 mm breit, mit etwa 60 Zungenblüten. Außerdem *S. lidii* Boulos und *S. pitardii* Boulos.

4 Wildpret-Gänsedistel *Sonchus wildpretii* U. & A. Reifenberger — Balillo de Agando

1,1–1,5 m ♄ I–II

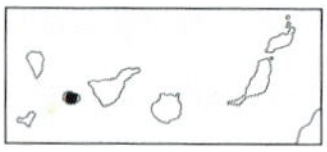

Merkmale Mit wenigen Ästen verzweigter Strauch. Blätter sehr regelmäßig gefiedert, mit 11–18 linealen, 1–2 mm breiten Lappenpaaren. Köpfchen zahlreich, geöffnet 2–3 cm breit, mit jeweils 48–62 Zungenblüten und drüsig-klebrigen Hüllblättern, die sich wie bei den folgenden, auch als *Atalanthus* (*Taeckholmia*) abgetrennten Arten nicht dachziegelig überlappen.
Vorkommen Sukkulentenbusch, selten im Norden. Gomera-Endemit.
Weitere Arten Auf La Palma 2 seltene Arten mit langer rübenförmiger Wurzel, die auch zu *Lactucosonchus* bzw. *Wildpretia* gestellt wurden: *S. esperanzae* Kilian & Greut. (*L. beltraniae* (U. & A. Reifenberger) Bramw.) mit schmalen linealen Blättern und *S. webbii* Sch. Bip. mit breiteren, meist leierförmig fiederschnittigen Blättern.

5 Dünnköpfige Gänsedistel *Sonchus leptocephalus* Cass. (*Atalanthus pinnatus* (L. f.) D. Don) — Balillo alspispillo

0,5–1,5 m ♄ I–XII

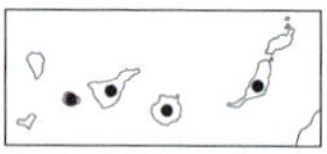

Merkmale Schlanker Strauch, die Blätter schopfig an den Astenden, kahl, fiederteilig, mit 6–12 Paaren linealer, flacher, 0,5–1 mm breiter Abschnitte. Blütenköpfchen geöffnet 12 mm breit, mit nur 13–19 Zungenblüten.
Vorkommen Felsen, Mauern, Terrassenränder. Kanaren-Endemit, Lanzarote?
Weitere Arten Weitere auch zu *Atalanthus* gestellte Endemiten: Die **Bäumchen-**
6 **Gänsedistel** *S. arboreus* DC., bis 2,5 m hoch, hat breitere (bis 4 mm), nach vorn gerichtete Blattlappen, Köpfchen mit 22–29 Zungenblüten (P T). Bei *S. regis-jubae* Pit. Blätter in der Jugend filzig, mit 1,5–2,5 mm breiten Lappen (P G T C). Nur 0,5 mm breite Blattabschnitte hat *S. sventenii* U. & A. Reifenberger (*A. canariensis* (Boulos) Hans. & Sund.), Blütenköpfchen mit 8–10 Zungenblüten (G).

7 Haarfeine Gänsedistel *Sonchus capillaris* Svent. (*Atalanthus capillaris* (Svent.) Hans. & Sund.) — Balillo fino

1–2 m ♄ IX–XI

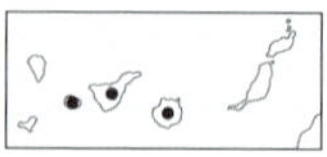

Merkmale Pflanze verzweigt, nur kurze Zeit im Jahr an den Astenden mit schopfig angeordneten Blättern, diese gefiedert, mit 5–9 wechselständigen, haarfeinen, 0,2 mm breiten Lappenpaaren. Köpfchen geöffnet 7–9 mm breit, mit 8–15 Zungenblüten.
Vorkommen Sukkulentenbusch. Kanaren-Endemit.
Weitere Arten *S. microcarpus* (Boulos) U. & A. Reifenberger, Blätter mit 3–6 unregelmäßig und entfernt stehenden, 0,2–0,4 mm breiten Fiederpaaren und langem Endlappen. Blütenköpfchen geöffnet bis 4 mm breit, mit 12–14 Blüten (T).

1

2

3

4

5

6

7

1 Kanaren-Pippau *Crepis canariensis* (Sch. Bip.) Babc. — Lechuguilla de risco

0,2–0,5 m ♃ III–IV

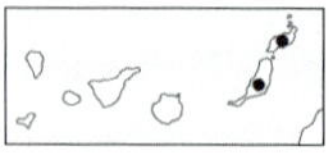

Merkmale Grundrosette der verzweigten Pflanze mit kahlen, verkehrteiförmig-lanzettlichen, unregelmäßig gezähnten bis eingeschnittenen Blättern, die oberen zugespitzt, mit breiten Öhrchen stängelumfassend sitzend. Köpfchen mit den gelben, jung an der Spitze oft grünlichen Zungenblüten 1–3 cm breit, auf fein drüsig behaarten Stielen. Hüllblätter verschieden lang, die 10-rippigen Früchte verschmälert, mit einfachen, weichen, weißen Pappushaaren, keine Spreuschuppen.
Vorkommen Feuchtere Felshänge, Wegränder, bis in die höhere Stufe der östlichen Inseln. Kanaren-Endemit.
Weitere Arten Fünf eingeschleppte *Crepis*-Arten, darunter häufiger die 1-jährigen, europäischen *C. capillaris* (L.) Wallr. (P T C) und *C. foetida* L. (H P G T C).

Von den sehr formenreichen **Andryala**-Arten wurden einige endemische Unterarten und Varietäten beschrieben, deren Unterscheidung nicht immer befriedigt. Die Sippen variieren besonders in der Blattform und der Behaarung vom Standort abhängig beträchtlich. Die Hüllblätter der Köpfchen sind alle ± gleich lang, zwischen den schwarzen, 10-rippigen, zylindrischen und unten verschmälerten Früchtchen mit leicht abfallendem Pappus stehen bei den endemischen Arten weiße seidige Haare auf dem Blütenboden.

2 Ungeteiltblättrige Andryala *Andryala integrifolia* L. — Tosienta lanuda

0,1–1 m ♃ IV–VI

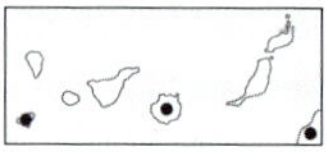

Merkmale Pflanze gelblich sternhaarig-filzig und mit langen, zum Teil schwärzlichen Drüsenhaaren. Blätter schmal eilanzettlich, grob geschweift-gezähnt, bespitzt, die oberen mit eiförmigem Grund sitzend. Etwa 1 cm breite Blütenköpfchen mit blassgelben Zungenblüten, Hüllblätter mit breitem, häutigem Rand. Auf C die var. *floccosa* Svent. (Foto), mit flockig-filziger Behaarung.
Vorkommen Kulturland und Grasfluren in der Lorbeerwaldstufe. Kanaren, Mittelmeergebiet.
Weitere Arten Auf Tenerife ähnlich die westmediterrane *A. laxiflora* DC.

3 Fiederspaltige Andryala *Andryala pinnatifida* Ait. — Estornudera

0,2–0,6 m ♃ ♄ I–XII

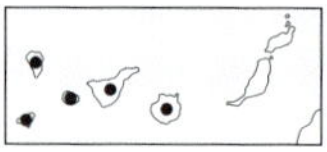

Merkmale Vielgestaltige Art mit gelben Zungenblüten, 4 Unterarten: die ssp. *pinnatifida* (**3a**) am Grund verholzt, bisweilen Stämmchen bildend, mit eiförmigen, ± tief buchtig gelappten, oberseits dunkelgrünen, unterseits schwach grau- bis gelbfilzigen Blättern oder auch komplett grau behaart mit schmaleren Blättern (Lorbeerwaldgebiete, Weiden, H P? G T C). Dagegen in den Cañadas eine vom Grund an verzweigte, silbrig schimmernde Sippe, ssp. *teydensis* (Sch. Bip.) Rivas-Mart. & al. (**3b**), mit schmalen, lanzettlichen, tief buchtig fiederteiligen Blättern, die Hüllblätter der zahlreichen Blütenköpfchen graufilzig und mit ± zahlreichen, schwarzen Drüsenhaaren (T). Die Vorkommen im Norden von C, ssp. *preauxiana* (Sch. Bip.) Kunk. (**3c**), unterscheiden sich u. a. durch tief 1–2fach fiederlappige, silbrig behaarte Blätter. Neu beschrieben für H wurde ssp. *cuneifolia* Ferreira & al. Nur auf F und L die deutlich unterschiedliche *A. perezii* Ferreira & al. (= *A. pinnatifida* ssp. *buchiana* (Sch. Bip.) Reyes-Bet. & Santos) (**3d**) bis 0,3 m hoch, oft buschig verzweigt, grau bis gelblich samtig-filzig, Blätter ± tief buchtig gelappt und am Rand gewellt, die stumpflichen Abschnitte unterschiedlich lang. Hüllblätter grau- bis gelbfilzig, mit zahlreichen schwarzen Drüsenhaaren.
Vorkommen Felshänge, Weiden, Wegränder, Waldgebiete bis in die subalpine Stufe. Kanaren-Endemit.

4 Webb-Andryala *Andryala webbii* (Christ) Santos — Espirradera

0,2–0,6 m ♃ V–VII

Merkmale Aufrechte, am Grund verholzte Pflanze mit breit eiförmigen, ungeteilten, entfernt gezähnten, unterseits fein sternhaarig-filzigen Blättern. Blütenköpfchen mit hellgelben Zungenblüten und dicht sternhaarig-filziger Hülle. Die Sippe wird auch als weitere Unterart zu *A. pinnatifida* gestellt.
Vorkommen In höher gelegenen, feuchteren Lorbeer- und Kiefernwäldern. La Palma-Endemit, La Gomera?

1

2

3a

3b

3c

3d

4

1 Essbare Schmerwurz *Tamus edulis* LOWE — Norsa

1–2 m ♃ XI–IV

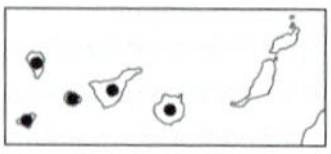

Merkmale Kahle, 2-häusige Pflanze mit großer unterirdischer Knolle und 1-jährigen, windenden Trieben. Die gestielten, dünnen Blätter mit winzigen Nebenblättern und herz- oder pfeilförmiger, am Rand glatter bis gewellter und unregelmäßig fein gekerbt-gezähnter Spreite mit meist 7 gebogenen Nerven und aufgesetzter Spitze. Blüten in Trauben oder Rispen, mit 6-teiliger, violetter, unscheinbarer Hülle. Rote, eiförmige, 12–15 mm große Beeren.
Vorkommen Im höheren Sukkulentenbusch bis in die Lorbeerwaldgebiete. Kanaren, Madeira, endemisch.

Stechwindengewächse *Smilacaceae*

2 Kanaren-Stechwinde *Smilax canariensis* WILLD. — Zarzaparrilla canaria

Bis 5 m ♄ X–XII

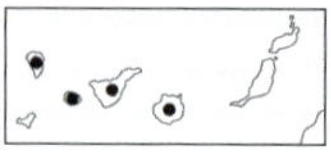

Merkmale Nur an den unteren Sprossachsen mit hakigen Stacheln besetzte Kletterpflanze, oberwärts stachellos. Blätter ledrig, elliptisch-lanzettlich oder eiförmig, zugespitzt, am Grund gerundet, kaum herzförmig, 3–5-nervig. Blattstiel im oberen Drittel deutlich verdickt, unten mit 2 Ranken. Blüten (selten) zu 4–12 in achselständigen, gestielten Scheindolden, 4–6 mm lang. Beeren wohl zuletzt schwarz.
Vorkommen Lorbeerwälder, Baumheide-Buschwälder, selten. Kanaren (die Angabe für Fuerteventura ist fraglich), Madeira, endemisch.

3 **Weitere Arten** Häufiger ist die **Raue Stechwinde** *S. aspera* L. in der am Rand und auf den Hauptnerven der Unterseite stachellosen ssp. *mauritanica* (DESF.) MALAG. Die breit herzförmigen Blätter ledrig und glänzend, 5–9-nervig. Weißliche Blüten in verlängerten Blütenständen mit mehreren kleinen Scheindolden. Beeren rot, zuletzt schwärzlich, etwa 6 mm (H P G T C F, Madeira, Azoren, westl. Mittelmeergebiet).

Spargelgewächse *Asparagaceae* (incl. *Ruscaceae*)

Die Abgrenzung und Benennung der folgenden Familien wird noch unterschiedlich gehandhabt. Zu den *Asparagaceae* werden heute auch Gattungen gestellt, die zeitweise als *Ruscaceae*, *Dracaenaceae*, *Hyacinthaceae* und *Liliaceae* betrachtet wurden.

4 Klettermäusedorn *Semele androgyna* (L.) KUNTH — Gibalbera

Bis 10 m ♄ XI–IV

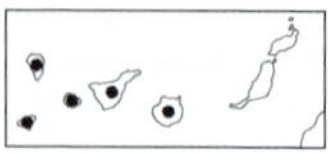

Merkmale Bis in die Wipfel der Bäume kletternder, immergrüner 2-häusiger Strauch. Junge Zweige mit häutigen, 3–8 mm langen Blättern am Grund und 2-zeilig angeordneten, blattartig verbreiterten Kurztrieben (Phyllokladien). Diese sehr kurz gestielt, ledrig und glänzend, eiförmig oder länglich-lanzettlich, zugespitzt, zum Teil gelappt, 10–12 × 4–5 cm. An ihrem Rand cremefarbene Blüten in kleinen Knäueln zu 2–6, mit 3 mm langen Abschnitten. Rote, kugelige Beeren.
Vorkommen Lorbeerwälder, gefährdet durch Aufsammlung für Blumenschmuck. Kanaren, Madeira, endemisch.

5 **Weitere Arten** Auf Gran Canaria endemisch die **Gay-Semele** *S. gayae* (W. & B.) SVENT. & KUNK., Blüten bzw. Früchte auf der Fläche der Phyllokladien auf dem Hauptnerv sitzend, seltener am Rand.

6 Afrikanischer Spargel *Asparagus asparagoides* (L.) W. WIGHT — Alicacán

1,5–4 m ♃ II–VI

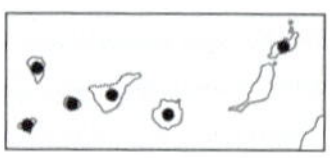

Merkmale Ausdauernde Pflanze mit 1-jährigen, windenden, verzweigten Trieben. Blattartige, kurz gestielte, eilanzettliche, zugespitzte, 8–15 mm breite Phyllokladien mit rauem Rand. An deren Ansatzstellen 1–3 gestielte, hängende Blüten mit 6 weißlichen, zurückgeschlagenen, stumpfen, etwa 5 mm langen Hüllblättern. Beeren 6–8 mm, rot, später schwärzlich.
Vorkommen Feuchte Gebüsche, verwildert und eingebürgert. Kanaren, Madeira, Azoren, Heimat S-Afrika.

1
2
3
4
5
6

1 Schrecklicher Spargel *Asparagus horridus* L. (*A. stipularis* Forssk.) — Espárrago borriquero

0,5–1 m ♄ III–V

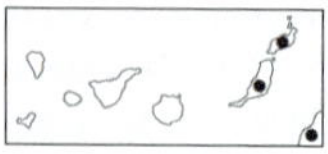

Merkmale Sparriger kleiner Strauch, grün oder graugrün, scheinbar blattlos, mit einzelnen, seltener zu 2–3 allseitig abstehenden, geraden, 1–5 cm langen, steifen, stechenden Phyllokladien. An ihrem Grund 2–8 gelbgrüne, außen violette Blüten mit 3–4 mm langer, ausgebreiteter Hülle. Bläulich schwarze Beeren.
Vorkommen Sukkulentenbusch. Kanaren, südl. Mittelmeergebiet.

2 Pastor-Spargel *Asparagus pastorianus* W. & B. — Esparraguera espinablanca

0,5–1 m ♄ VII–X

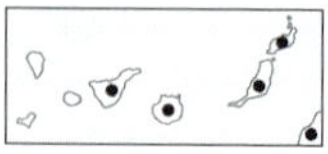

Merkmale Niederliegender bis klimmender, sparriger Strauch mit 5–15(–20) mm langen, kräftigen, abstehenden bis zurückgekrümmten Dornen und fein papillösen Zweigen. Die 8–30 Phyllokladien 12–40(–70) × 0,5–1 mm, gebogen, nicht stechend, vor der Blütezeit meist abgefallen. Blüten zu 6–20, mit 2,5–3,5 mm langen, weißen Hüllblättern. Beeren orangerot.
Vorkommen Sukkulentenbusch. Kanaren, La Gomera?, Marokko.

3 Baum-Spargel *Asparagus arborescens* Willd. ex Schult. — Esparragón

2–3 m ♄ IX–I

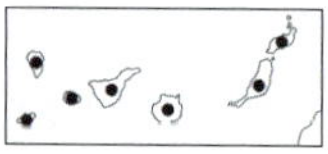

Merkmale Baumartiger Strauch mit wenigen, glatten, aufrecht-sparrigen Ästen. Phyllokladien (3–)4–9(–12) cm lang, mit 0,6–1,2 mm ziemlich dick, steif abstehend, einzeln oder zu 2–4(–8) vor allem an den Astenden. Blüten zu 1–4(–8), mit weißlicher, glockiger bis ausgebreiteter, etwa 4 mm langer Hülle. Beeren orange.
Vorkommen Sukkulentenbusch. Kanaren-Endemit.

4 Dolden-Spargel *Asparagus umbellatus* Link — Esparraguera común

1–5 m ♄ III–V

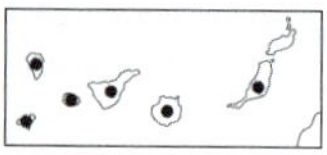

Merkmale Äste des kletternden Strauches mit warzig-rauen Längsleisten. Phyllokladien büschelig zu 16–30, abstehend, steif und rinnig, an den Kanten rau, 6–20 mm lang. Blüten doldig zu 4–15, verhältnismäßig groß, 5–7 mm lang, glockig, weißlich oder gelblich. Beeren gelblich bis orangerot.
Vorkommen Sukkulentenbusch. Kanaren-Endemit in der ssp. *umbellatus*, auf Madeira die ssp. *lowei* (Kunth) Valdés.
5 **Weitere Arten** Beim **Besen-Spargel** *A. scoparius* Lowe Haupttriebe aufrecht, überhängend, nicht kletternd, wie die Phyllokladien glatt, Letztere zu 4–20 aufrecht-abstehend, 6–12(–17) mm lang. Blüten zu 3–15, mit 3–4 mm langer, gelblicher, glockiger Hülle (H P G T C F, Madeira, Kapverden).

6 Verwechselbarer Spargel *Asparagus fallax* Svent. — Esparraguera de monteverde

0,4–1(–2) m ♄ VI–IX

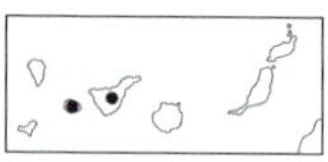

Merkmale Äste des sparrigen Strauches überhängend, nicht kletternd, wie die Phyllokladien warzig rau, Letztere meist zu 18–20, aufrecht-abstehend, steif und rinnig, (10–)15–25 mm lang. Blüten zu 2–15, mit 3–4 mm langer, innen weißer, außen gelbgrüner, zuletzt sternförmig abstehender Hülle. Beeren orangerot.
Vorkommen Lorbeerwälder, selten. Kanaren-Endemit.
Weitere Arten Ebenso mit ausgebreiteten weißen Blütenhüllblättern, äußere schmaler als die inneren, der **Purpurarien-Spargel** *A. nesiotes* Svent. ssp. *purpuriensis* Marrero Rodr. & A. Ramos, Äste aber kletternd, wie die Phyllokladien glatt, Letztere zu 7–25, abstehend, 5–13 mm lang (L F, ssp. *nesiotes* auf den Selvagens).

7

8 Plocamaähnlicher Spargel *Asparagus plocamoides* Webb ex Svent. — Esparragón colgante

Bis 4 m ♄ VII–X

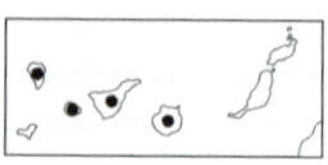

Merkmale Die hohen, aufrechten, unverzweigten Äste biegsam, am Ende überhängend, wie die Phyllokladien glatt. Diese 20–35 mm lang, nur zu 1–3(–6), wenig abstehend. Blüten gewöhnlich einzeln, selten bis zu 6, glockig, mit weißlichen, 3–4 mm langen Hüllblättern. Beeren rötlich.
Vorkommen Felshänge vom Sukkulentenbusch bis in die Kiefernwälder und in den Baumheide-Buschwald. Kanaren-Endemit.

1
2
3
4
5
6
7
8

Spargelgewächse *Asparagaceae* (incl. *Dracaenaceae, Agavaceae, Hyacinthaceae*)

1 Kanarischer Drachenbaum *Dracaena draco* (L.) L. ssp. *draco* — Drago

Bis 20 m ♄ VII–IX

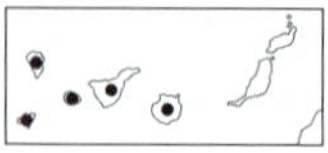

Merkmale Junge Bäume bis zu beträchtlicher Größe unverzweigt, mit dickem grauem Stamm (oder wie auf La Palma auch fast strauchartig, unten verzweigt mit aufstrebenden Ästen, **1a**). Am Ende ein Schopf aus immergrünen, ledrigen, am Grund rotbraunen, gleichmäßig verbreiterten, flachen, schwertförmigen, spitzen, ± biegsamen, am Rand rötlichen, 50–60 cm langen Blättern. Nach frühestens 8–11 Jahren erscheint die erste Blütenrispe (**1b**) mit grünlich weißen, 6-zipfeligen, duftenden Blüten und später etwa 1 cm großen, braunorangen, süß schmeckenden Beeren. Die erste Verzweigung erfolgt unterhalb des Blütenstandes in mehrere wirtelig angeordnete dickliche Äste, die sich dann nach jeder Blühperiode (etwa alle 8–15 Jahre, nahezu bei sämtlichen Bäumen gleichzeitig!) zu der charakteristischen, schirmförmigen Krone älterer Bäume weiter gabeln. Daraus lässt sich das ungefähre Alter der Bäume, die keine Jahresringe ausbilden, berechnen: Der berühmte „tausendjährige" Drachenbaum von Icod (siehe S. 1) dürfte nach der Anzahl der aufeinanderfolgenden Verzweigungen unter Berücksichtigung der Abstände der Blühperioden ein Alter von mehr als 400 Jahren haben, andere ansehnliche Bäume sind wohl nur 150–250 Jahre alt.
Nach Verletzung scheidet der Stamm ein zunächst farbloses, sich dann an der Luft blutrot färbendes Harz aus („Drachenblut", **1c**), das als Heilmittel und zum Färben verwendet wurde und zeitweise ein wichtiger Exportartikel Tenerifes war.
Vorkommen Heute nur noch selten an schwer zugänglichen Felsen zwischen 100 und 600 m, in Ortsnähe und in Gärten häufig gepflanzt. Kanaren, Madeira, Kapverden, Azoren (wohl nicht ursprünglich), endemisch. Aus dem Anti-Atlas (Marokko) wurde 1997 die ssp. *ajgal* Benabid & Cuzin beschrieben.
Weitere Arten *D. tamaranae* Marrero, Almeida & Gonzáles, nicht so dicht verzweigt wie *D. draco*, Blätter stärker blaugrün bis gräulich, rinnig und starr, mit durchscheinendem Rand, am Grund rotbraun, plötzlich verbreitert (unzugängliche Felsstandorte, endemisch im Südwesten von Gran Canaria. Der „drago de Gran Canaria" wurde erst 1998 beschrieben.)

2 Amerikanische Agave *Agave americana* L. — Pitera común

3–8 m ♃ VI–VIII

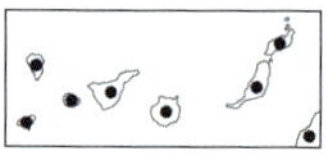

Merkmale Rosettenblätter 1–2 m lang, dickfleischig und graugrün, entfernt dornig gezähnt, an der Spitze ein bräunlicher, stechender Dorn, in der Knospe dicht anliegend und Abdrücke der Ränder hinterlassend (im Unterschied zu *Aloe*-Arten, siehe S. 270). Blütenschaft, gebildet nach 10–20 Jahren, bis 8 m hoch, mit dreieckigen, stängelumfassenden Hochblättern, die waagerechten Rispenäste mit aufrechten, 6-zähligen, 7–9 cm langen, gelben Blüten. Nach der Fruchtreife stirbt die Pflanze ab, vermehrt sich aber leicht vegetativ.
Vorkommen Seit dem 16. Jahrhundert kultviert und verwildert, Heimat Mexiko.
Weitere Arten Ähnlich *A. sisalana* (Engelm.) Perr., aber Blätter schmaler, starr in alle Richtungen abstehend, mit stechendem Enddorn, die Ränder in der Regel glatt und knorpelig. Häufig mit zahlreichen Brutpflänzchen (T C F L, aus kleinfächigem Anbau zur Fasergewinnung verwildert, Heimat Mexiko).

3 Rotschäftiger Blaustern *Scilla haemorrhoidalis* W. & B. — Cebolla almorrana menor

0,1–0,2 m ♃ I–IV

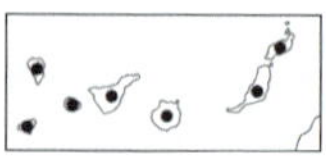

Merkmale Blaustern mit etwa 1 cm großer Zwiebel und meist 2 nur bis 1,5 cm breiten und 20 cm langen, lineal-lanzettlichen, grundständigen Blättern. Blütenschaft häufig rot überlaufen, in der Regel einfach, die blauvioletten, sternförmig ausgebreiteten, etwa 3 mm langen, 6-zähligen Blüten in lockerer, schlanker Traube an aufrechten Stielen mit jeweils 2, bis 4 mm langen Tragblättern. Grünschwarze, später orange, fleischige Kapseln mit Griffelrest.
Vorkommen Küstennahe Felsstandorte. Kanaren-Endemit.
4 **Weitere Arten** Ähnlich der **Berthelot-Blaustern** *S. berthelotii* W. & B., die 2–3 grundständigen Blätter aber breiter, Zwiebel 3–4 cm groß (T C F L, Kanaren-Endemit, seltene und wenig bekannte Art, unklar ist die Beziehung zu der für T C F L angegebenen Art *S. dasyantha* W. & B.).

1a

1b

1c

2

3

4

Spargelgewächse *Asparagaceae* (incl. *Hyacinthaceae*)

1 **Breitblättriger Blaustern** *Scilla latifolia* WILLD. — **Cebolla almorrana mayor**

Bis 0,5 m ♃ XII–I

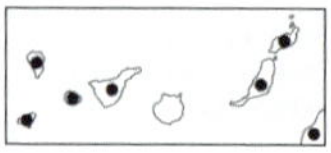

Merkmale Robuster Winterblüher mit großer Zwiebel. Blätter zu 3–6 grundständig, lanzettlich, flach, an der Spitze etwas kapuzenförmig, mit glattem Rand, violett überlaufen. Blütenstand lang traubig, oft mit einem Seitenast, die 4–6 mm langen, blauvioletten, sternförmig ausgebreiteten, 6-zähligen Blüten dicht stehend. Grünschwarze, später orange fleischige Kapseln. Eingeschlossen wird auch die Sippe der Ostinseln *S. iridifolia* W. & B. mit breiteren grünen Blättern.
Vorkommen Felsstandorte im oberen Sukkulentenbusch. Kanaren, Marokko.

2 **Tenerife-Meerzwiebel** *Drimia hesperia* (W. & B.) MANNING & GOLDBLATT (*Urginea hesperia* W. & B.) — **Cebolla almorrana desnuda de Tenerife**

0,5–1 m ♃ VIII–X

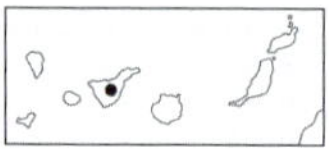

Merkmale Herbstblüher mit oft über 10 cm großer, aus dem Boden herausragender Zwiebel. Die großen, lanzettlichen Blätter zur Blütezeit bereits vertrocknet. Blütenstand lang zylindrisch und relativ locker, die waagerecht abstehenden Blütenstiele sichtbar, nur wenige der 6-zähligen Blüten gleichzeitig sternförmig geöffnet. Die Hüllblätter etwa 8 mm lang, weiß, an der Spitze oft zurückgeschlagen.
Vorkommen Sukkulentenbusch bis in die Kiefernwälder. Tenerife-Endemit.
3 **Weitere Arten** Nur auf F L die westmediterrane **Gewöhnliche Meerzwiebel** *D. maritima* (L.) STEARN mit breiteren Blättern, die dicht stehenden Blüten in größerer Zahl gleichzeitig blühend, Hüllblätter an der Spitze nach vorne gerichtet.

Affodillgewächse *Asphodelaceae* (*Xanthorrhoeaceae*)

4 **Kleinfrüchtiger Affodill** *Asphodelus ramosus* L. ssp. *distalis* Z. DÍAZ & VALDÉS — **Gamona**

0,5–1,5 m ♃ III–V

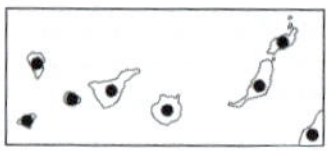

Merkmale Früher zu *A. aestivus* BROT. gestellte Sippe mit fleischigen, spindelförmigen Wurzelknollen. Blätter grün, 2-zeilig gestellt, 1–2(–4) cm breit, flach und etwas gekielt. Der pyramidal verzweigte Blütenstand auf kräftigem Schaft, Blüten mit 6 ausgebreiteten, 14–21 mm langen, weißen, in der Mitte rotbraun genervten Hüllblättern. Eiförmig-elliptische, 7–13 mm lange Kapseln.
Vorkommen Grasfluren, Kiefernwälder. Kanaren, südl. Iberische Halbinsel, NW-Marokko. Auf L auch die im Mittelmeergebiet weitverbreitete ssp. *ramosus*.

5 **Dünnblättriger Affodill** *Asphodelus tenuifolius* CAV. — **Gamonilla fina**

0,2–0,4(–0,7) m ⊙ II–IV

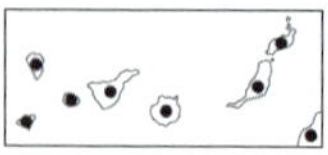

Merkmale Pflanze mit faserigen Wurzeln. Blätter alle grundständig, graugrün, zylindrisch, an der Basis auf allen Nerven deutlich warzig-rau. Blütenstand aufrecht verzweigt, die weißen bis rosa Hüllblätter 5–8 mm lang, glockig abstehend, mit rotbraunem Mittelnerv. Kapseln kugelig, 3–4 mm.
Vorkommen Gestörte Flächen im Sukkulentenbusch. Kanaren, Kapverden, südl. Mittelmeergebiet, SW-Asien.
Weitere Arten Kräftiger ist *A. fistulosus* L., 1-jährig bis ausdauernd, die halbstielrunden oder zylindrischen Blätter 2–4 mm breit, glatt, nur auf einigen Nerven wenig rau. Blütenhüllblätter 8–13 mm lang. Kapseln 5 mm (Kanaren, alle Inseln, Madeira, Kapverden, Mittelmeergebiet). Außerdem *A. ayardii* JAH. & MAIRE mit 13–16 mm langen Hüllblättern (C, Mittelmeergebiet).

6 **Echte Aloe** *Aloe vera* (L.) BURM. f. — **Sabila común**

0,5–1 m ♃ I–XII

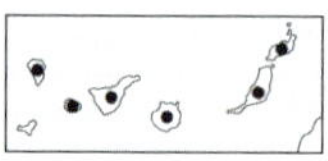

Merkmale Stammlose Aloe. Blätter ± grundständig, fleischig, bis 60 cm lang, am Rand dornig, graugrün, oft rötlich überlaufen, in der Knospe im Gegensatz zu denen der Agaven (siehe S. 268) spreizend. Blütenstand einfach oder mit 2–3 Seitenästen. Die gelben Blüten bis 3 cm lang, geöffnet hängend, äußere Hüllblätter unten zu ⅓–½ verbunden, Staubblätter weit herausragend.
Vorkommen Aus Kulturen verwildert und eingebürgert, Heimat Arabien, NO-Afrika. Durch ihre Nutzung zur Hautpflege und als Heilpflanze bekannte Art.

1

2

3

4

5

6

Amaryllisgewächse *Amaryllidaceae* (incl. *Alliaceae*)

1 Kanaren-Lauch *Allium canariense* (REGEL) FRIESEN & SCHÖNFELDER — Ajo canario

0,1–0,65 m ♃ III–VI

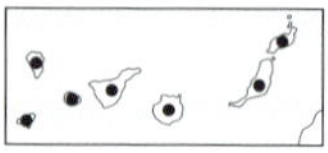

Merkmale Blätter den zylindrischen Blütenschaft unten zu 1/5 scheidig umfassend, lineal und flach, oft fein gezähnelt, bis 14 mm breit. Blüten in halbkugeliger Scheindolde häufig mit Brutzwiebeln, die weiße bis rosa Hülle getrenntblättrig, glockig, 7–12 mm lang, oft mit herausragenden Staubblättern. Formenreiche Art. Wurde früher mit den mediterranen Arten *Allium roseum* L., *A. subvillosum* SALZM. ex SCHULT. & SCHULT. f. und *A. subhirsutum* L. verwechselt.
Vorkommen Felsfluren. Kanaren-Endemit.

2 Zierliche Bastardblume *Nothoscordum gracile* (AIT.) STEARN — Ajo inodoro

0,2–0,6 m ♃ III–XII

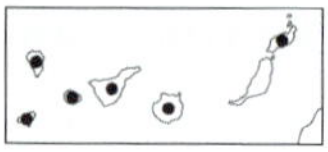

Merkmale Ähnlich *A. roseum* und gerne verwechselt, aber mit Duft nach Vanille und nicht mit Lauchgeruch, Blätter glattrandig. Die Scheindolde aus verschieden lang gestielten Blüten, deren Hüllblätter an der Basis verwachsen, weiß, mit rosa Mittelnerv und grünlichem Grund, 9–15 mm lang.
Vorkommen Eingebürgert im Kulturland, Parkanlagen. Kanaren, Madeira, Azoren und weiter, Heimat S-Amerika.

3 Kanaren-Trichternarzisse *Pancratium canariense* KER-GAWL. — Lágrima de virgen

0,3–0,8 m ♃ IX–XI

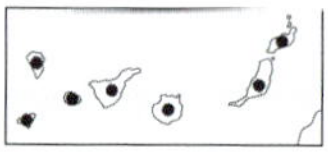

Merkmale Blätter der Zwiebelpflanze lineal, stumpflich, 30–50 cm lang und etwa 1,5 cm breit, etwas fleischig und blaugrün. Bis 10 cm große weiße Blüten doldig zu 9–16(–20), mit schlanker Röhre und 6 abstehenden Zipfeln, die 6 Staubblätter aus der becherförmigen, 12-zähnigen Nebenkrone wenig herausragend.
Vorkommen Schattig-feuchte Stellen im Sukkulentenbusch, vereinzelt auch bis in die Kiefernwaldstufe aufsteigend. Kanaren-Endemit.
Weitere Arten Wie an den Sandstränden des Mittelmeergebietes auf F und L auch *P. maritimum* L.

Liliengewächse *Liliaceae* (incl. *Colchicaceae*)

4 Schweifblatt *Dipcadi serotinum* (L.) MEDIK. — Tarabaste gato

0,1–0,4(–1) m ♃ II–V, IX–X

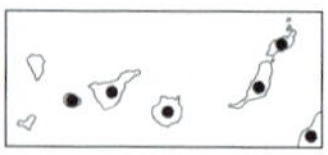

Merkmale Alle Blätter der Zwiebelpflanze grundständig, lineal und rinnig, am Rand glatt, meist kürzer als der Blütenschaft. Die 3–10 schmal glockenförmigen Blüten in lockerer, ± einseitswendiger Traube, ihre Hüllblätter 12–15 mm lang, gelblich, bräunlich oder grünlich, am Grund zu 1/4 bis 1/2 verwachsen, besonders die 3 äußeren auswärts gekrümmt. Tragblätter lanzettlich, lang zugespitzt, länger als die Blütenstiele. Kapseln mit zahlreichen flachen, hautrandigen, schwärzlichen Samen. Die var. *fulvum* (CAV.) BALL, insgesamt kräftiger und Herbstblüher, wird auch für die Kanaren angegeben.
Vorkommen Sandige oder felsige Standorte. Kanaren, westl. Mittelmeergebiet.

5 Sandliebendes Androcymbium *Androcymbium psammophilum* SVENT. — Cebollín estrellado de jable

0,02–0,08 m ♃ XII–II

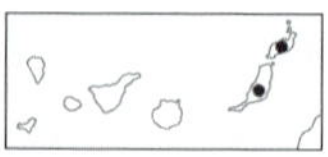

Merkmale Zwiebelpflanze mit 8–15 cm langen, dem Boden ausgebreitet anliegenden, gekielten, eiförmig-lanzettlichen, lang zugespitzten Blättern. Blüten doldig zu 3–6(–7) mit 6 weißen, 25–30 mm langen, freien, schmal spateligen, stumpflichen Hüllblättern, deren Spreite etwa so lang wie der Nagel. Staubbeutel rötlich. Fruchtkapseln mit schwärzlichen, kugeligen, 1,5 mm großen Samen.
Vorkommen Küstensande. Kanaren-Endemit.
Weitere Arten Ähnlich ist *A. hierrense* SANTOS, aber Blütenhüllblätter deutlich zugespitzt, Spreite 3–4-mal so lang wie der Nagel, Staubbeutel gelb. Bei der ssp. *hierrense* seitlich zusammengedrückte, dunkelbraune, 1,5–2 mm große Samen (H P), die ssp. *macrospermum* U. REIFENBERGER mit unregelmäßig zusammengedrückten, kastanienbraunen, 2–3 mm großen Samen (G).

1

2

3

4

5

Schwertliliengewächse *Iridaceae*

1 **Kanaren-Scheinkrokus** *Romulea columnae* Seb. & Mauri ssp. *grandiscapa* (Webb) Kunk.
(*R. grandiscapa* (Webb) Gay ex Baker) **Lila picopaloma**

0,05–0,45 m ♃ XII–IV

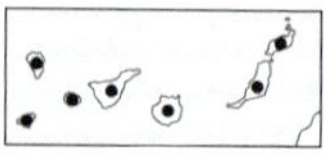

Merkmale Zwiebelgewächs mit 4-kantigen, rinnigen, sehr langen Blättern und meist langem Blütenschaft. Blüten zu 1–4, am Grund von 2 hautrandigen, eiförmig-lanzettlichen, 12–22 mm langen Hochblättern umgeben. Die 6-zipfelige Blütenhülle 20–35 mm lang, blauviolett mit dunkleren Nerven, Schlund und Röhre gelblich. Kapseln stumpf länglich.
Vorkommen Kiefernwälder, feuchte Felsstandorte, Weideflächen. Kanaren, Madeira, endemisch, die ssp. *columnae* im Mittelmeergebiet.
Weitere Arten Im Kulturland und auf beweideten Flächen als weiteres Schwertliliengewächs häufig auch *Gladiolus italicus* Mill. aus dem Mittelmeergebiet. Aus Gärten verwildert finden sich vereinzelt *Iris*-Arten aus der *I. germanica*-Gruppe.

Commelinengewächse *Commelinaceae*

2 **Weißblütige Tradeskantie** *Tradescantia fluminensis* Vell. **Orejagato de Río**

0,1–0,6 m ♃ I–IV

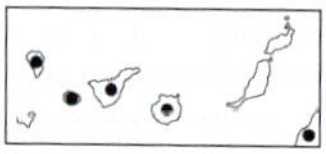

Merkmale Niederliegende bis aufsteigende, an den unteren Knoten wurzelnde Art. Blätter mit kurzer, geschlossener, am Saum behaarter Scheide und spitzer, eiförmig-elliptischer, scheinbar gestielter, parallelnerviger, am Rand gewellter grüner Spreite. Gestielte 3-zählige Blüten zu 2–12, von 2 Hochblättern umgeben, mit 3 grünen Kelch- und 3 weißen, 8–12 mm langen Kronblättern. 6 fruchtbare, behaarte Staubfäden.
Vorkommen Invasiv im feuchteren Bereich der Lorbeerwälder, an Wasserläufen, ursprünglich Zierpflanze. Kanaren, Madeira, Azoren, Mittelmeergebiet und weiter verbreitet, Heimat im östl. Brasilien und Argentinien.
Weitere Arten Von 5 weiteren verwilderten Commelinengewächsen ist *Commelina diffusa* Burm. f. mit blauen, zygomorphen Blüten und kahlen Staubfäden am häufigsten (P G T C, Madeira, weltweit in tropischen Gebieten).

Aronstabgewächse *Araceae*

Neben den unten beschriebenen Arten kommt *Arum italicum* Mill. in der endemischen ssp. *canariense* (W. & B.) Boyce vor, die sich durch schmal spießförmige Blätter unterscheidet, purpurne Stängel und innen purpurnen, sich überlappenden, unteren Teil des Hochblattes (P G T C F, wie bei den folgenden Arten auch Madeira, Azoren). Der Taro *Colocasia esculenta* (L.) Schott tritt nicht selten verwildert an Feuchtstellen auf (P G T C, tropisches Asien), ebenso die Zimmercalla *Zantedeschia aethiopica* (L.)Spreng. (P G T C F L, S-Afrika).

3 **Gewöhnlicher Krummstab** *Arisarum vulgare* Targ. Tozz ssp. *clusii* (Schott) K. Richt.
(*A. simorrhinum* (Dur.) Maire & Weiller var. *subexertum* (Webb) Talavera) **Zumillo candil**

0,1–0,4 m ♃ XII–IV

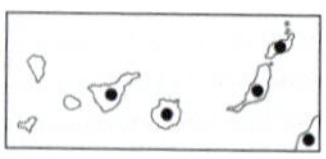

Merkmale Blätter gestielt, mit eiförmig-pfeilförmiger, am Rand etwas gewellter Spreite. Hochblatt (Spatha) zu einer rotbraun gestreiften und punktierten Röhre verwachsen, die im oberen Teil den nach vorn gekrümmten, etwas verdickten und herausragenden Kolben helmförmig überdeckt. Letzterer am Grund mit weiblichen und darüber männlichen Blüten, dazwischen keine unfruchtbaren Blüten. Orangerote Beeren.
Vorkommen Schattig-feuchte Standorte der unteren Stufe. Kanaren, N-Afrika.

4 **Kanaren-Schlangenwurz** *Dracunculus canariensis* Kunth **Taraguntía**

0,6–1,5 m ♃ III–V

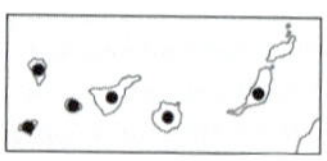

Merkmale Blätter lang gestielt, mit blassgrüner, fußförmig in 5–9 Abschnitte zerteilter Spreite. Das große Hochblatt (Spatha) innen weißlich, außen grünlich, den blassgelben, schmalen Blütenkolben überragend (**4a**). Dieser zwischen den männlichen und weiblichen mit unfruchtbaren Blüten. Grüne, später orangerote Beeren (**4b**).
Vorkommen Feuchte, nährstoffreiche Standorte unterhalb der Wälder. Kanaren-Endemit (auf Madeira ausgestorben).

1

2

3

4a

4b

Palmen *Arecaceae (Palmae)*

1 Kanarische Dattelpalme *Phoenix canariensis* hort. ex CHAB. — Palmera canaria

8–18 m ♄ II–VI

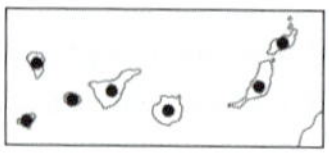

Merkmale Baum mit gedrungenem, kräftigem, immer einzeln stehendem Stamm (**1a**). Krone aus 5–6 m langen, schief stehenden, frisch grünen Wedeln, mittlere Fiedern 40–50 cm lang, am Grund in Dornen übergehend. Blüten 2-häusig, 3-zählig in reich verzweigten, zunächst von einem Hüllblatt (Spadix) umschlossenen Blütenständen. Früchte 1,5–2,5 cm, kaum fleischig, nur als Viehfutter genutzt (**1b**). Auf La Gomera noch Gewinnung des Palmsaftes (guarapo) und daraus Herstellung von Palmsirup (miel de palma).
Vorkommen Im Barrancogrund und an Hängen mit genügend Feuchtigkeit, bis 1000 m ansteigend, bisweilen Bestände (Palmerales) bildend. Kanaren-Endemit.
Weitere Arten Gepflanzt wurde auch die Echte Dattelpalme *Ph. dactylifera* L. mit höherem, schlankerem Stamm. Wedel graugrün, aufsteigend bogenförmig, nicht schief stehend, 3–5 m lang, Fiedern nur bis 40 cm. Die größeren und fleischigen Früchte als Nahrungsmittel (N-Afrika, SW-Asien, S-Spanien, Ursprung wohl im iranisch-arabischen Raum.). Beide Arten bilden Hybriden.

Orchideen *Orchidaceae*

Die Orchideenflora der Kanaren ist mit 8 Arten, davon 3 Endemiten, sehr arm. Während auf Fuerteventura keine Orchideen vorkommen, sind es auf Tenerife immerhin 7, alle bis auf *Himantoglossum* in den niederschlagsreicheren Gebieten. Einzige *Ophrys*-Art ist *O. bombyliflora* LINK (T C, selten), die Unterscheidung einer ssp. *canariensis* KUNK. wurde vorgeschlagen.

2 Zweiblättriger Grünstendel *Gennaria diphylla* (LINK) PARL. — Orquídea de dos hojas

0,1–0,3 m ♃ I–IV

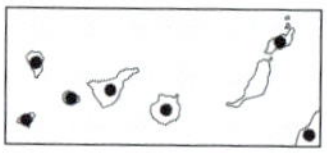

Merkmale Stängel mit 2 wechselständigen, unterschiedlich großen, am Grund herzförmig umfassenden Blättern. Der dichte, einseitswendige Blütenstand aus 10–40 unscheinbaren, gelbgrünen Blüten mit kurzem sackförmigem Sporn. Hüllblätter 3–4 mm lang, glockig zusammenneigend, Lippe 3-lappig, ihr dreieckiger Mittellappen breiter als die seitlichen.
Vorkommen Schattig-feuchte Standorte der Lorbeerwaldstufe, im Baumheide-Buschwald, seltener in Kiefernwäldern. Kanaren, Madeira, westl. Mittelmeergebiet.

3 Kanarenstendel *Habenaria tridactylites* LINDL. — Orquídea de tres dedos

0,1–0,3(–0,5) m ♃
XI–II

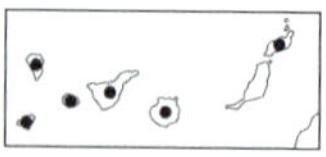

Merkmale Stängel nur am Grund mit 2(–3) derben, eilanzettlichen, stachelspitzigen, fast gegenständigen Blättern. Blütenstand locker, mit 2–25 gelbgrünen Blüten, ihre äußeren seitlichen Hüllblätter abwärts gerichtet und zurückgeschlagen, 5–7 mm lang, die übrigen helmförmig zusammenneigend. Lippe 7–9 mm, tief in 3 lineale Lappen zerteilt, der 9–15 mm lange Sporn abwärts gerichtet.
Vorkommen Schattig-feuchte, felsige Standorte der Lorbeerwaldstufe, im aufgelassenen Kulturland, Terrassenmauern. Kanaren-Endemit.

4 Kanaren-Knabenkraut *Orchis canariensis* LINDL.
(*O. patens* DESF. ssp. *canariensis* (LINDL.) ASCH. & GRAEB.) — Orquídea canaria

0,15–0,6 m ♃ II–IV

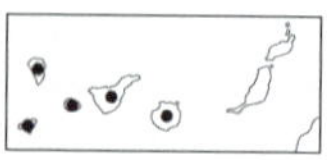

Merkmale Blätter am Grund zu 3–5 rosettig, lanzettlich, immer ungefleckt, außerdem meist 1 scheidiges Stängelblatt am oberwärts oft rot überlaufenen Stängel. Blassviolette Blüten zu 5–20 in ± lockerem Blütenstand, die äußeren seitlichen Blütenhüllblätter aufgerichtet und in der Mitte grünlich. Lippe bis 11 × 14 mm, mit dunklen Flecken, fast flach, tief 3-lappig mit 2-spaltigem Mittellappen. Der dicke Sporn waagerecht bis leicht aufwärts, höchstens 1/2 so lang wie der Fruchtknoten.
Vorkommen Feuchte Felsstandorte der Wälder. Kanaren-Endemit.
Weitere Arten *O. mascula* (L.) L., Blätter oft gefleckt, Blüten purpurn, Sporn schlank, aufwärts gebogen, länger als der Fruchtknoten. Selten auf P, dort als ssp. *lapalmensis* LEIBB. & PETER beschrieben (die Art Europa, NW-Afrika).

1a

1b

2

3

4

1 Keuschorchis, Gefleckte Waldwurz *Neotinea maculata* (DESF.) STEARN — Orquídea manchada

0,1–0,4 m ♃ III–IV

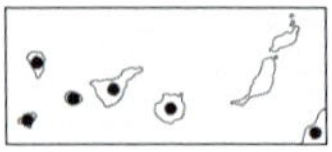

Merkmale Blätter 3–6, blaugrün, gewöhnlich reihenförmig dunkel gefleckt, die unteren zu 1–3 grundständig, länglich, bespitzt, die oberen den Stängel scheidig umfassend. Blütenstand dicht und reichblütig, die Hüllblätter schmutzig rosa bis gelblich oder grünlich weiß, 3–4 mm lang, zu einem Helm zusammenneigend. Lippe meist rötlich gefleckt, kaum länger, ± waagerecht und flach, 3-lappig, Mittellappen vorne 3-zähnig. Sporn sehr kurz, 1–2 mm.
Vorkommen Böschungen, Grasfluren, Lichtungen, Lorbeerwald- und Kiefernwaldstufe. Kanaren, Madeira, Mittelmeergebiet, bis Irland.

2 Metlesics-Mastorchis *Himantoglossum metlesicsianum* (TESCHN.) DELFORGE (*Barlia metlesicsiana* TESCHN.) — Orquídea de Tenerife

0,4–0,6(–0,9) m ♃ XII–II

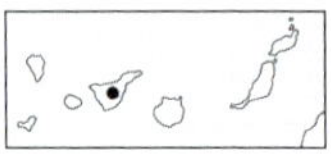

Merkmale Kräftige Orchidee mit 6–8 gleichmäßig am Stängel verteilten, aufrecht-abstehenden, eiförmig-lanzettlichen, spitzen Blättern (**2a**). Blütenstand mit 25–40 Blüten reich und dicht (**2b**). Hüllblätter purpurn, locker zusammenneigend, die äußeren 8–12 mm lang, innen punktiert. Lippe rosa, in der Mitte noch heller, immer ohne Grünton (im Gegensatz zu der mediterranen Art *H. robertianum* (LOISEL.) DELFORGE), mit 16–22 mm etwa so lang wie breit, Mittellappen schwach 2-zipfelig, die beiden Seitenlappen flach ausgebreitet, dreieckig bis rhombisch, an den Rändern kaum gewellt. Sporn abwärts gerichtet, konisch, 5–6 mm lang.
Vorkommen Junge Lavaböden in der Kiefernwaldstufe. Tenerife-Endemit, sehr selten im Westen der Insel. Die Blüten werden von einer endemischen Hummel-Art bestäubt, deren Königinnen zu der ungewöhnlichen Blütezeit aktiv sind.

3 Kleinblütiger Zungenstendel *Serapias parviflora* PARL. — Orquídea gallo menuda

0,1–0,3 m ♃ IV–V

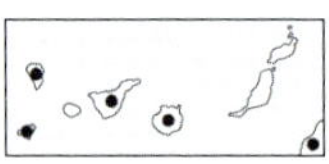

Merkmale Stängel unten gefleckt, mit schmal lanzettlichen Blättern. Blütenstand locker 3–8-blütig, Blütenhüllblätter einen geschlossenen, spitzen, schräg aufrechten, rötlich-grünlichen bis grauvioletten Helm bildend, die Tragblätter wie dieser gefärbt, kürzer bis ebenso lang. Lippe am Grund mit 2 parallelen, braunroten Schwielen, der vordere Teil lanzettlich, braunrot bis gelblich, 7–12 mm lang und bis 4–5 mm breit, nach unten oder rückwärts gerichtet. Fruchtknoten schon in der Knospe deutlich angeschwollen (Selbstbestäubung).
Vorkommen Feuchte Standorte, Lorbeerwaldstufe. Kanaren (selten, Lanzarote?), westl. und zentrales Mittelmeergebiet, portugiesische und spanische Atlantikküste. Für Tenerife wurde die ssp. *mascaensis* (KRETZSCHMAR & KREUTZ) KREUTZ als Endemit vorgeschlagen (besonders kräftige Pflanzen ohne Selbstbestäubung).

Binsengewächse *Juncaceae*

Neben mehreren *Luzula*-Arten kommen *Juncus*-Arten wie der mediterrane *J. acutus* L. vor (H P G T C), der große Horste an Sandküsten und in Barrancos an feuchten Stellen bildet. Außerdem 7 weitere Arten, darunter die verbreiteten *J. effusus* L. (P G T C) und *J. bufonius* L. (alle Inseln).

4 Kanaren-Hainsimse *Luzula canariensis* POIR. — Lúzula canaria

0,4–0,8 m ♃ IV–V

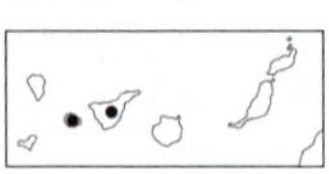

Merkmale Pflanze mit Ausläufern, dichte Polster bildend. Blätter 1–2 cm breit, lineal und flach, oft gewellt, an der Scheidenmündung häufig purpurrot und mit langen weißen Haaren. Blüten zu 6–10 genähert in dichten Spirren, mit 6 silberweißen, 3 mm langen, zugespitzten Hüllblättern, die fast so lang sind wie später die 3-kantigen Kapseln. Samen mit Anhängsel.
Vorkommen Lorbeerwälder. Kanaren-Endemit.
Weitere Arten Ebenfalls Samen mit Anhängsel haben die ausdauernden, aber zierlicheren Arten *L. forsteri* (SM.) DC. (auf G T C) und *L. pilosa* (L.) WILLD. (auf T), mediterraner bzw. eurasischer Herkunft.

1

2a

2b

3

4

Binsengewächse *Juncaceae*

1 Purpurrote Hainsimse *Luzula elegans* Lowe (*Ebingeria elegans* (Lowe) Chrtek & Kríza)

Junquillo de flor

0,1–0,4 m ⊙⊙ III–V

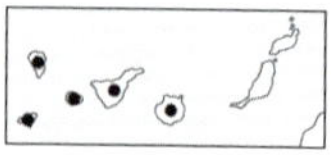

Merkmale Zierliche Pflanze mit 2–3 mm breiten, flachen, am Rand zerstreut lang gewimperten Blättern. Blütenstand reich verzweigt, rispig und sehr locker, die einzeln stehenden Blüten mit 6 braunvioletten, lang grannig zugespitzten, 2,5–3 mm langen Hüllblättern, die die Kapsel überragen. Samen ohne Anhängsel.
Vorkommen Lorbeerwaldregion. Kanaren, Madeira, endemisch, in Portugal wohl eingebürgert.

Sauergräser *Cyperaceae*

2 Tenerife-Zypergras *Cyperus rubicundus* Vahl (*C. teneriffae* Poir.)

Juncia rubia

0,05–0,2 m ⊙ IX–II

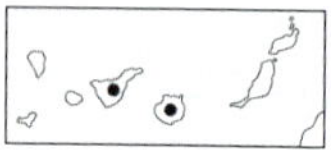

Merkmale Kleine Felspflanze mit 3-kantigen Stängeln, Blätter grundständig, rinnig und schlaff, 1–3 mm breit, an der Basis stark scheidig erweitert. Der kopfige Blütenstand teilweise von den 2–3(–4) ungleich langen Hüllblättern überragt, aus 3–10 stark zusammengedrückten, 12–32-blütigen Ährchen mit rotbraunen, grün berandeten, stachelig bespitzten und dicht dachziegelig gestellten Spelzen.
Vorkommen Felsstandorte im Sukkulentenbusch. Kanaren-Endemit.
Weitere Arten Unter den 10 weiteren *Cyperus*-Arten an Sandstränden häufig die mediterranen *C. capitatus* Vand. (P T C F L) und auch *C. laevigatus* L. (P G T C F L), als lästiges Unkraut im Kulturland *C. rotundus* L. (H G T C F L).

3 Schirm-Zypergras *Cyperus involucratus* Rottb.

Juncia paragüitas

0,3–1,3 m ♃ I–XII

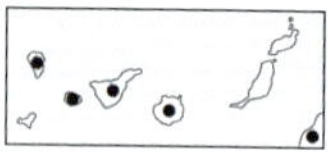

Merkmale Pflanze am Grund nur mit dunkelbraunen, bisweilen bespitzten Blattscheiden. Am Ende der Stängel Scheinquirle aus 11–25 ± waagerecht abstehenden, etwa 20 cm langen, flachen, rauen Hochblättern. In deren Achseln gestielte Büschel aus 6–9 mm langen, eiförmig-lanzettlichen, zusammengedrückten, bräunlichen Ährchen mit 10–30 Blüten.
Vorkommen Eingebürgert an feuchten Stellen in Lorbeerwaldgebieten, aus Gärten entkommen. Kanaren und weiter verbreitet, Heimat tropisches Afrika.

4 Kanaren-Segge *Carex canariensis* Kük.

Cuchillera canaria

0,5–1,6 m ♃ III–IV

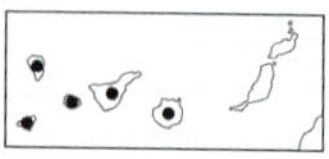

Merkmale Horstförmig wachsende Segge mit scharf 3-kantigem Stängel, die 3–5 mm breiten, dunkelgrünen, flachen Blätter sehr rau. Alle Ähren gleich, 1–2 cm lang, mit männlichen und weiblichen Blüten. Spelzen der weiblichen Blüten braun, eiförmig zugespitzt, Schläuche grün gestreift, geschnäbelt, mit 2 langen, rau bewimperten Zähnen.
Vorkommen Lorbeerwälder. Kanaren-Endemit.
5 **Weitere Arten** Ebenfalls dicht horstig, hellgrün die **Caldera-Segge** *C. paniculata* L. ssp. *calderae* (Hans.) Lewej. & Lobin, Blätter 3–4 mm breit, flach, rau, wie auch der scharf 3-kantige Stängel unter dem Blütenstand. Spelzen breit eiförmig zugespitzt, häutig, Schläuche geschnäbelt, mit 2 kurzen, gewimpert-gesägten Zähnen (Feuchtstellen in der subalpinen Stufe, Tenerife-Endemit).

6 Perraudière-Segge *Carex perraudieriana* Gay ex Bornm.

Cuchillera ancha

0,5–1,4 m ♃ I–III

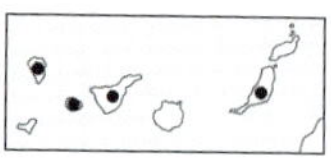

Merkmale Blätter 8–12 mm breit, mit 2 kräftigen Nerven. Verschiedenährige Segge: die oberen 3–5 Ähren schlank und männlich, darunter breitere weibliche, an der Spitze mit einigen männlichen Blüten, die untersten rein weiblich, 10–12 cm lang und hängend. Schläuche etwas aufgeblasen, kurz geschnäbelt.
Vorkommen Selten im feuchteren Bereich der Lorbeerwälder. Kanaren-Endemit.
Weitere Arten Neben den 3 Endemiten 8 weitere *Carex*-Arten, darunter häufiger *C. divulsa* Stok., Blätter 2–3 mm breit, Ähren sehr klein, die untersten durch eine Lücke am Stängel voneinander getrennt (alle Inseln, auch in Europa verbreitet).

1

2

3

4

5

6

Bisher wurden 211 Süßgräser für die Kanaren nachgewiesen (etwa 30 mehr als vor 15 Jahren!). Auf den Inseln endemisch sind nur 10 Arten. Hierzu gehören neben den im Folgenden abgebildeten bzw. erwähnten Sippen auch *Poa pitardiana* H. Scholz (G T C, ähnlich *P. bulbosa* L.), *Avena canariensis* Baum, Rajh. & Samps. (T?, F L, ähnlich *A. sterilis* L.) und *Trisetaria lapalmae* H. Scholz (H P T F L).

1 Agustín-Schwingel *Festuca agustinii* Lind. — Cerillo de risco

0,5–0,8 m ♃ V–VI

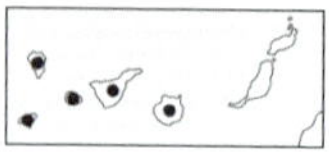

Merkmale Pflanze blaugrün, in großen Horsten, oft von Felsen herabhängend. Blätter zäh, mit eingerollter Spreite, die Scheide mit anliegenden Öhrchen. Rispe locker, wie der Halm sehr fein behaart, Ährchen 3–4-blütig, mit nur kurz begrannten Deckspelzen.
Vorkommen Felsen, Lorbeerwälder bis in die subalpine Stufe. Kanaren-Endemit.

2 Kanaren-Lolch *Lolium canariense* Steud. — Ballico de Canarias

0,2–0,65 m ⊙ III–IV

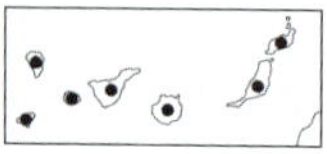

Merkmale Blattspreite eingerollt oder flach und 3–4 mm breit. Ährchen 2–10-blütig, zusammengedrückt und mit der Schmalseite der dünnen, biegsamen Ährenachse zugekehrt. Hüllspelzen ± stumpf, Deckspelzen 4–6,5 mm, am Grund mit undeutlicher Schwiele, ihre Granne bis 6 mm lang.
Vorkommen Sukkulentenbusch. Kanaren, Madeira, Kapverden, endemisch.
Weitere Arten Endemisch ist auch *L. edwardii* H. Scholz, Stierst. & v. Gaisberg, Hüllspelzen spitz, Deckspelzen 6–10 mm, am Grund mit deutlicher Schwiele, ihre Granne bis 15 mm lang (Lorbeerwälder, Baumheide-Buschwalder, H T). *L. saxatile* H. Scholz & S. Scholz dagegen kräftiger, ähnlich *L. multiflorum* Lam. (F L, endemisch). Außerdem 8 meist weit verbreitete *Lolium*-Arten.

3 Smith-Knäuelgras *Dactylis smithii* Link — Jopillo canario

0,2–0,6 m ♃ IV–V

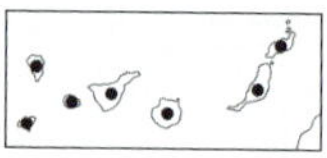

Merkmale Am Grund häufig verholztes Gras mit mehrjährigen, verzweigten Trieben. Obere Blätter büschelig gehäuft, Ährchen am Ende der kurz gestielten Rispenäste knäuelig, 8–12-blütig. 2 Unterarten.
Vorkommen Felsstandorte im Sukkulentenbusch, die ssp. *smithii* (Foto) kanaren-endemisch, H P G T C, die ssp. *hylodes* Parker P T C F L, Madeira, Kapverden.
4 **Weitere Arten** Horstig wächst dagegen das **Metlesics-Knäuelgras** *D. metlesicsii* Schönfelder & Ludwig, mit aufrechten starren Blättern, endemisch in der subalpinen Stufe (T). Die weit verbreitete *D. glomerata* L. im Kulturland (H P T C).

5 Breitblättriges Mittelmeer-Perlgras *Melica minuta* L. ssp. *latifolia* (Coss.) Hempel (*M. teneriffae* Christ) — Triguerilla guanche

0,4–0,9 m ♃ IV–VI

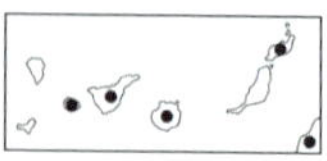

Merkmale Horstig wachsendes, am Grund verholzendes Gras. Blätter ± flach, 2–4 mm breit, rau, mit etwa 4 mm langem, zerschlitztem Blatthäutchen. Blüten in lockerer Rispe mit abstehenden Ästen. Ährchen dicht stehend, zuletzt hängend, 8 mm lang, grannenlos, häufig purpurn überlaufen, mit 2 fruchtbaren Blüten und darüber 1–2 verkümmerten als keulenförmiges Gebilde, Deckspelzen kahl.
Vorkommen Lorbeerwälder, an Wegrändern. Kanaren, westl. Mittelmeergebiet.
6 **Weitere Arten** Beim **Kanarischen Wimper-Perlgras** *M. ciliata* L. ssp. *magnolii* (Green & Godr.) Richt. (*M. canariensis* Hempel) Blüten in dichten Ährenrispen, Deckspelzen am Rand abstehend behaart (G T C F L, Madeira, Mittelmeergebiet).

7 Bäumchen-Zwenke *Brachypodium arbuscula* Knoche — Pajonazo

0,1–0,4 m ♃ V–VII

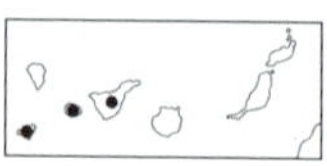

Merkmale Am Grund verholzte, polsterbildende Felspflanze mit blaugrünen, starren, flachen oder eingerollten Blattspreiten. Lange lineale, gelbliche, 8–12-blütige Ährchen mit etwa 3 mm lang begrannten Deckspelzen.
Vorkommen Küstennahe Felsen. Kanaren-Endemit.
Weitere Arten In Lorbeerwäldern verbreitet *B. sylvaticum* (Huds.) Beauv., krautig, mehrjährig (H P G T C, Europa und weiter in sommergrünen Laubwäldern).

1

2

3

4

5

6

7

1 Kunkel-Trespe *Anisantha rubens* (L.) ssp. *kunkelii* (H. Scholz) H. Scholz — Espiguilla de Kunkel

0,1–0,3 m ⊙ III–IV

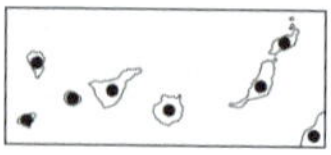

Merkmale Früher zu *Bromus* gestellte Art mit flachen, weich behaarten Blattspreiten. Die lockere, eiförmig-längliche, purpurne Rispe auf oberwärts kurz behaartem Halm. Ährchen zusammengedrückt, 4–8-blütig, mit 13–15 mm langer Deckspelze und rauer, 12–21 mm langer, gerader Granne. Die weiter verbreitete ssp. *rubens* wurde bisher nur auf F gefunden.
Vorkommen Wegränder, Sukkulentenbusch. Kanaren, NW-Afrika.
Weitere Arten Mehrere *Anisantha*- bzw. *Bromus*-Arten, darunter die aus Europa und W-Asien weit verbreitete *A. tectorum* (L.) Nevski mit einseitswendig herabhängenden Ährchen (P T C, in höheren Lagen).

2 Caldera-Glatthafer *Arrhenatherum calderae* Hans. — Mazorilla del Teide

0,5–1 m ♃ VI–VIII

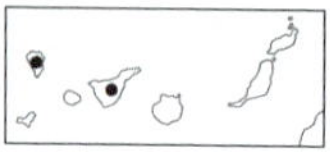

Merkmale Horstig wachsendes Gras mit ± waagerecht abstehenden, 3–4 mm breiten, flachen, unterseits rauen, graugrünen Blattspreiten. Blütenstand locker rispig, silbrig schimmernd, die untere Blüte der 2-blütigen Ährchen mit nur schwach geknieter, langer Granne, Staubbeutel weißlich.
Vorkommen Cañadas, auf La Palma in den Hochlagen. Kanaren-Endemit.
Weitere Arten Im Kulturland *A. elatius* (L.) J. & C. Presl ssp. *bulbosum* (Willd.) Schübl. & Mart. mit knollig verdickten Stängelgliedern am Grund (H P T C L).

3 Gedrehtes Federgras *Stipa capensis* Thunb. (*S. tortilis* Desf.) — Japito

0,1–0,6 m ⊙ III–VI

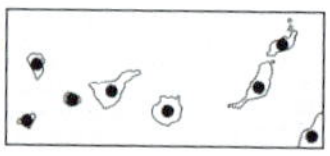

Merkmale Blattspreiten eingerollt, die oberste mit verbreiterter Scheide, die den Blütenstand zunächst teilweise einhüllt. Die Ährenrispe aus 1-blütigen Ährchen zur Reifezeit zusammengedreht. Deckspelzen behaart, mit 2fach geknieter, unten gedrehter und behaarter, 6–12 cm langer Granne.
Vorkommen Grasfluren der Tieflagen. Kanaren, Madeira, Mittelmeergebiet.
4 **Weitere Arten** Neubürger ist das **Nees-Federgras** *Nasella neesiana* (Trin. & Rupr.) Barkw., früher zu *Stipa* gestellt, mit purpurnen Hüllspelzen, Deckspelze mit 5–12 cm langer Granne, die einem bewimperten Krönchen entspringt (G T C, Madeira, Mittelmeergebiet bis Großbritannien, Heimat Chile, Argentinien).

5 Aufsteigendes Grannengras *Aristida adscensionis* L. — Cerilla granuda

0,1–0,4 m ⊙♃ I–IV

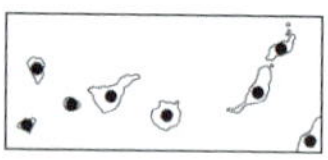

Merkmale Blattspreiten eingerollt, mit hervortretenden Nerven. Rispe schmal, oft purpurn überlaufen und gebogen, mit 1-blütigen Ährchen. Deckspelze bei der ausdauernden ssp. *coerulescens* (Desf.) Bourreil & al. (Foto, H P G T C F) 8–9 mm lang, am Grund zottig behaart und mit endständiger, 3-teiliger, rauer, bis 25 mm langer Granne. Deckspelze bei der 1-jährigen ssp. *adscensionis* 12–13 mm lang (P F L).
Vorkommen Trockengebiete. Kanaren, Madeira, Kapverden, Mittelmeergebiet.

6 Gewimpertes Federstraußgras *Stipagrostis ciliata* (Desf.) De Winter — Esparto plumoso

0,3–0,8 m ♃ II–IV

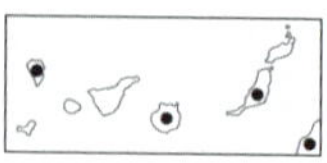

Merkmale Dichte Horste bildend, Blattspreite eingerollt, mit langen Haaren an der Scheidenmündung, der kahle Halm mit auffälligem Haarring an den Knoten. Rispe locker, aus 1-blütigen Ährchen, Deckspelze gegliedert, der obere Teil in ein Säulchen verlängert, das sich in 3 Äste teilt, der mittlere bis 50 mm, fedrig behaart.
Vorkommen Trockene Standorte. Kanaren, N- und S-Afrika, SW-Asien.

7 Behaarter Vierbart *Tetrapogon villosus* Desf. — Falso panasco desnudo

0,1–0,4 m ♃ II–VI

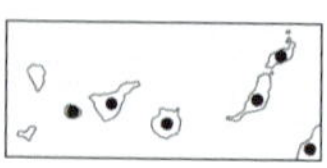

Merkmale Horstig wachsend, mit kahlen graugrünen Blättern. Der ± purpurne Blütenstand 4-kantig, aus 2 an ihrer flachen Achse aneinanderhaftenden, schmalen Ährenrispen mit 3–5-blütigen Ährchen. Deckspelzen seidig, lang begrannt.
Vorkommen Felsige oder sandige, küstennahe Standorte. Kanaren, Kapverden, N-Afrika bis Indien.

1
2
3
4
5
6
7

1 Langblütige Ehrharta *Ehrharta longiflora* Sm. — Avenilla fina

0,2–0,9 m ⊙ III–VI

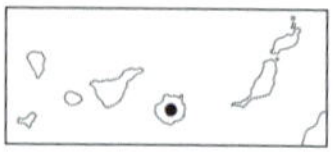

Merkmale Fein behaartes Gras, Blattspreite bis 15 mm breit. Blüten in lockerer Rispe, Äste abstehend, dünn, mit einseitswendig hängenden, insgesamt 8–30 mm langen, 3-blütigen Ährchen. Hüllspelzen 3–4,5 mm lang, die beiden unteren Blüten steril, mit bis 12 mm lang begrannter Deckspelze, die der oberen fertilen Blüte unbegrannt.
Vorkommen Lorbeerwaldregion, schattige Wegränder. Eingebürgert (die Ausbreitung ist zu beobachten), auch in Australien, S-Kalifornien, Heimat S-Afrika.

2 Borstiges Federborstengras *Pennisetum setaceum* (Forssk.) Chiov. ssp. *orientale* (Rich.) Maire — Rabogato

0,4–1,2 m ♃ I–XII

Merkmale Horstgras mit zähen, gefalteten, am Rand rauen Blattspreiten. Ährenrispe mit abstehend behaarten Achsen, Ährchen 1–2-blütig zu 1–3, nur kurz begrannt, umgeben von ± purpurnen, ungleich langen (bis 30 mm), freien, teilweise bewimperten Borsten.
Vorkommen Gestörte Standorte, Straßenränder, auch an Felsstandorten in aggressiver Ausbreitung. Kanaren, N-Afrika, SW-Asien, tropisches und S-Afrika.

3 Wimper-Stachelgras *Cenchrus ciliaris* L. — Panasco

0,2–0,8 m ♃ XII–VI(–XI)

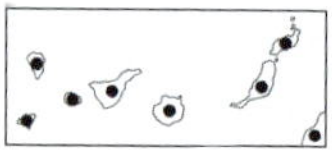

Merkmale Aufsteigendes Gras, mit blassgrünen, flachen, ± rauen Blättern. Ährenrispe mit kurz behaarter Achse und meist 2-blütigen, grannenlosen Ährchen zu 2–4, diese umgeben von ± purpurnen, ungleich langen (bis 15 mm), am Grund verwachsenen, gebogenen, teilweise gewimperten Borsten.
Vorkommen Offene Felshänge, im Sukkulentenbusch. Kanaren, Madeira, Kapverden, südl. Mittelmeergebiet bis Indien.

4 Tenerife-Hirse *Tricholaena teneriffae* (L. f.) Link — Cerrillo blanco

0,1–0,6 m ♃ X–VIII

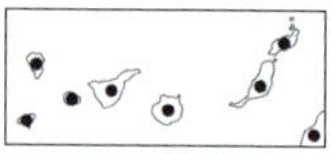

Merkmale Graugrünes Gras mit behaarten Knoten und Scheidenmündungen, die steifen Blätter sonst kahl. Blütenrispe locker, mit haarfeinen gebogenen Ästen und 2-blütigen, grannenlosen, ± purpurnen Ährchen, die untere Hüllspelze winzig und entfernt stehend, wie die obere und die Deckspelzen lang weiß behaart.
Vorkommen Sukkulentenbusch. Kanaren, Kapverden, südl. Mittelmeergebiet.

5 Grubiges Bartgras *Dichanthium foveolatum* (Del.) Roberty (*Eremopogon foveolatus* (Del.) Stapf) — Pasto del desierto

0,2–0,4 m ♃ I–IV

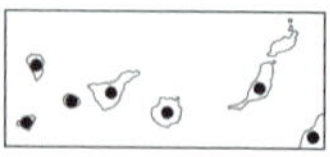

Merkmale Horstig wachsend, mit gekniet aufsteigenden, an den Knoten bärtigen Halmen, Blattspreiten flach oder gefaltet. Die schmalen Ährenrispen einzeln, mit jeweils zwei 2-blütigen, ± purpurnen Ährchen, das eine gestielt und grannenlos, das andere sitzend, mit kahler, geknieter, unten brauner Granne. Untere Hüllspelze mit einer charakteristischen Grube.
Vorkommen Sandige Standorte in Küstennähe. Kanaren, Kapverden, N-Afrika.

6 Sinai-Bartgras *Hyparrhenia sinaica* (Del.) López — Cerrillo común

0,4–1,2 m ♃ IV–IX

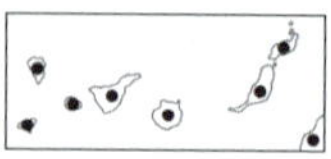

Merkmale Erst in neuerer Zeit als Art bewertet, horstig, mit rauen Blättern. Der lockere Blütenstand aus 2–10 Paaren von 2–4 cm langen, schmalen Trauben, die am Grund jeweils von einem kahlen Hochblatt umgeben sind. Ihr Stiel mit höchstens 1 mm langen Haaren. In den Trauben 2-blütige Ährchen, ein sitzendes zwittrig, mit behaarter, geknieter Granne und ein unbegranntes gestieltes.
Vorkommen Grasfluren, Wegränder der unteren Stufe. Kanaren, Madeira, Mittelmeergebiet und weiter verbreitet.
7 **Weitere Arten** Ähnlich das **Behaarte Bartgras** *H. hirta* (L.) Stapf, aber mit 2–5 mm langen Haaren unterhalb der Traubenpaare und mit behaarten Hochblättern (auf den Kanaren seltener, Mittelmeergebiet und weiter).

1

2

3

4

5

6

7

Aus der Vielzahl der auf den Kanaren kultivierten tropischen und subtropischen Zierpflanzen aus allen Erdteilen werden 62 der häufigsten Ziergehölze und auffälligen, ausdauernden, manchmal meterhohe Wände überziehenden Kletterpflanzen vorgestellt. Größe und Farbenpracht ihrer Blüten übertreffen häufig die der oft unscheinbaren endemischen Arten der Kanarenflora. Verzichtet wurde auf die zu den Einkeimblättrigen gehörenden, kein echtes Holz ausbildenden Palmen, die in zahlreichen Gattungen kultiviert werden. *Phoenix canariensis* ist heimisch (siehe S. 276). Soweit die Arten auch verwildert oder sogar eingebürgert vorkommen, was nicht selten ist, werden die Inseln angegeben.

1 Strand-Kasuarine *Casuarina equisetifolia* L. — Casuarina blanca

Kasuarinengewächse
Casuarinaceae
Bis 35 m ♄ IX–XII
SO-Asien, NO-Australien

Merkmale Einhäusiger Baum mit hängenden, schachtelhalmartigen Zweigen. Diese zwischen den 6–8 Längsrippen behaart und mit 6–11(–12) quirlig angeordneten, spitzen, mehr als doppelt so langen wie breiten, schuppenartigen Blättern an den Knoten. Blüten unscheinbar, männliche ährenartig an den Zweigenden, weibliche in Köpfchen an kurzen Seitenästen, zu 5–8 mm großen, zapfenartigen Fruchtständen heranwachsend (verwildert, T C F).

2 Indischer Lorbeerbaum *Ficus microcarpa* L. f. — Laurel de Indias

Maulbeergewächse
Moraceae
Bis 20 m ♄ V–VI
Tropisches Asien, Australien

Merkmale Immergrüner Baum mit grauem Stamm und ausladender, dichter Krone. Blätter kahl, dunkelgrün und glänzend, dick ledrig, eiförmig-lanzettlich, mit etwas ausgezogener, abgerundeter Spitze, am Grund keilförmig, etwa 6–8 × 3 cm. Nur 5–8 mm große, sitzende „Feigen". Wohl häufigste unter den zahlreichen kultivierten *Ficus*-Arten auf den Kanaren, beliebt als Schattenbaum auf Dorfplätzen.

3 Australische Silbereiche *Grevillea robusta* R. Br. — Pino de oro

Proteusgewächse
Proteaceae
Bis 35 m ♄ III–VI
O-Australien

Merkmale Immergrüner Baum, Blätter ledrig, verkehrteiförmig, bis 30 cm lang, mit 11–12 unregelmäßig gezähnten bis gelappten Fiederpaaren, oberseits dunkelgrün, unterseits silbrig weiß. 4-zählige Blüten in bis 15 cm langen, einseitswendigen Trauben „wie eine Zahnbürste". Krone goldgelb bis orange, mit seitlich weit bogenförmig herausragendem, später aufgerichtetem Griffel (verwildert, C).

4 Meertraube *Coccoloba uvifera* (L.) L. — Uva del mar

Knöterichgewächse
Polygonaceae
Bis 10 m ♄ III–VIII
Tropisches Amerika

Merkmale Kleiner immergrüner Baum mit auffällig geflecktem Stamm, meist in Meeresnähe gepflanzt. Bis 20 cm große, derbe, ganzrandige, rundliche bis breit eiförmige Blätter mit rötlichen Nerven. Unscheinbare, stark duftende, weißliche, eingeschlechtige Blüten in zunächst aufrechten, 10–20 cm langen Trauben (**4a**). Fruchtstände hängend, die kugeligen bis birnenförmigen, etwa 1 cm großen, purpurnen Früchte können zu Marmelade oder Wein verarbeitet werden (**4b**).

5 Zweihäusige Kermesbeere *Phytolacca dioica* L. — Ombu, bella sombra

Kermesbeerengewächse
Phytolaccaceae
Bis 25 m ♄ III–V
S-Amerika

Merkmale Zweihäusiger, immergrüner oder kurze Zeit laubwerfender Baum mit grauem, kurzem und dickem Stamm und auffällig breitem Stammfuß, Sitzplätze im Schatten anbietend (**5a**). Blätter kahl, eiförmig, spitz, am Grund meist abgerundet, bis 12 × 6 cm. Blüten mit 5-zähliger, weißer, 2–3 mm langer Krone in ± hängenden, bis 15 cm langen Trauben. Gelbe bis braune, gerippte, saftige Beeren (**5b**).

6 Kahle Drillingsblume *Bougainvillea glabra* Choisy — Buganvilla lisa

Wunderblumengewächse
Nyctaginaceae
Bis 4 m ♄ I–XII
Brasilien

Merkmale Kletterstrauch mit elliptischen, zugespitzten, jung fein behaarten Blättern, in den Achseln bisweilen mit geraden Dornen. Blüten zu 1–3, röhrenförmig mit kurzem, ausgebreitetem, weißem oder gelblichem Saum, umgeben und überragt von 3 purpurnen, fast kahlen, breit eiförmigen, zugespitzten Hochblättern (verwildert, G C). Viele Kulturformen mit verschieden gefärbten Hochblättern. Seltener kultiviert wird *B. spectabilis* Willd. mit samtig-filzigen Blattunterseiten.

1

2

3

4a

4b

5a

5b

6

1 Madeirawein *Anredera cordifolia* (Ten.) Steen. — Enredadera tuberosa

Schlingmeldengewächse
Basellaceae
Bis 6 m ♃ V–XI
Brasilien, Argentinien

Merkmale Schnellwüchsige, windende, kahle Pflanze mit knollig verdicktem Wurzelstock. Blätter herzeiförmig, hellgrün und etwas fleischig, gewellt. Stark duftende Blüten mit 5-teiliger weißer Hülle, umgeben von jeweils 2 Hochblättern, in reichen, 10–20 cm langen, achselständigen Trauben. In den Blattachseln ohne Blütentriebe essbare Brutknospen (eingebürgert, H P G T C F).

2 Chinesischer Klebsame *Pittosporum tobira* (Thunb.) Ait. f. — Pitósporo de Japón

Klebsamengewächse
Pittosporaceae
2–4 m ♄ III–V
China, Japan

Merkmale Immergrüner Strauch mit ledrigen, dunkelgrünen, verkehrteiförmigen, am Ende abgerundeten bis ausgerandeten, am Rand umgebogenen, zuletzt kahlen Blättern. Blüten in endständigen Doldentrauben, wie Orangenblüten duftend, mit 5 stumpflichen, weißen, später gelblichen, 12–14 mm langen Kronblättern. Gelbbraune Kapseln mit Griffelrest, die Samen in eine klebrige Flüssigkeit eingebettet.

3 Der **Gewelltblättrige Klebsame** *P. undulatum* Vent., bis 15 m hoher Strauch oder Baum, dagegen mit spitzen, am Rand gewellten Blättern und spitzen, zurückgeschlagenen Kronblättern (eingebürgert, T C, Heimat Australien).

4 Weidenartige Akazie *Acacia saligna* (Lab.) Wendl. (*A. cyanophylla* Lindl.) — Acacia azul

Mimosengewächse
Mimosaceae
4–10 m ♄ I–XII
W-Australien

Merkmale Dornenloser Strauch oder Baum mit überhängenden Ästen, die zu Phyllodien reduzierten Blätter grau- oder blaugrün, lineal-länglich, 1-nervig, sehr unterschiedlich, 15 (–30) × 0,5–5 cm. Blütenköpfchen gelb bis orange, 6–15 mm breit, in reichen Trauben. Hülsen flach, zwischen den Samen eingeschnürt. Früher wurde *A. cyanophylla* Lindl. mit den größeren Köpfchen und breiteren Blättern als eigene Art angesehen (eingebürgert, P G T C F L).

5 Bei der **Rundäugigen Akazie** *A. cyclops* G. Don f. Blätter breiter und kürzer, 3–6-nervig, mit knorpeliger Spitze. Blütenköpfchen zu 1–3, leuchtend gelb, 4–6 mm breit. Hülsen stark gekrümmt, kräftig, Samen ganz von ihrem scharlachroten Stielchen umgeben (eingebürgert, T C F L, Heimat W-Australien). Weitere Akazien werden kultiviert.

6 Duftende Akazie *Acacia farnesiana* (L.) Willd. — Aromo espinoso

Mimosengewächse
Mimosaceae
1,5–4 m ♄ I–XII
Mittelamerika

Merkmale Laubwerfende Art mit 2fach fein gefiederten Blättern und 0,5–1,5(–3) cm langen Nebenblattdornen. Duftende, goldgelbe, 1–1,5 cm breite Blütenköpfchen, einzeln oder zu 2–5. Die charakteristischen Hülsen aufgeblasen zylindrisch, zuletzt dunkelbraun mit heller Bauchnaht (eingebürgert, G T C F L). Die dornenlose *A. dealbata* Link hat grau behaarte, 2fach gefiederte Blätter und blassgelbe Blütenköpfchen (verwildert, H T, Heimat SO-Australien).

7 Weißköpfige Mimose *Leucaena leucocephala* (Lam.) De Wit — Aromo blanco

Mimosengewächse
Mimosaceae
Bis 9 m ♄ I–XII
Mittelamerika

Merkmale Akazienartiger, lichter, kahler, dornenloser Strauch oder kleiner Baum mit doppelt gefiederten Blättern. Blättchen asymmetrisch, länglich und spitz, bis 1,5 cm lang. Blüten achselständig in etwa 2–5 cm breiten, weißlich gelblichen, kugeligen Köpfchen zu 1–4. Flache, ± gerade und nicht eingeschnürte hängende Hülsen, bis 15 cm lang, zur Reifezeit dunkelbraun (eingebürgert, H G C L).

8 Zylinder-Albizzie *Paraserianthes lophantha* (Willd.) I. C. Nielsen (*Albizia lophantha* (Willd.) Benth.) — Mimosa australiana

Mimosengewächse
Mimosaceae
5–10 m ♄ X–IV
SW-Australien

Merkmale Dichter Strauch oder kleiner Baum mit samtig behaarten Trieben und Blattstielen. Blätter doppelt gefiedert, dunkelgrün, Blättchen etwas asymmetrisch, lineal, spitz, etwa 1 cm lang. Blütenstände häufig zu zweit, zylindrisch, bis 8 cm lang, „flaschenbürstenartig“, die kurz gestielten Blüten mit langen, grünlich oder weißlich gelben Staubfäden. Hängende, flache und gerade, braune, etwa 10 cm lange Hülsen (eingebürgert, G T C F).

1
2
3
4
5
6
7
8

1 Paradiesvogelstrauch *Caesalpinia gilliesii* (HOOK.) D. DIETR.

Poinciana

Johannisbrotgewächse
Caesalpiniaceae
Bis 3 m ♄ VIII–III
S-Amerika

Merkmale Laubwerfender Strauch oder kleiner Baum mit drüsenhaarigen Trieben. Blätter doppelt paarig gefiedert, zart, die länglichen Blättchen 5–8 mm lang, am Rand unterseits schwarz punktiert. Blüten in endständigen, aufrechten Trauben, mit bis zu 3 cm langen, gelben Kronblättern und scharlachroten, sehr weit herausragenden Staubblättern. Behaarte, flache Hülsen (eingebürgert, G C F L).

2 Ähnlich der **Pfauenstrauch** *C. pulcherrima* (L.) SW., bisweilen schwach dornig, mit kahlen Trieben, Blättchen 1–2,5 cm lang. Kronblätter etwa 2 cm, meist rot mit gelben, krausen Rändern. Kahle, flache Hülsen (tropisches Amerika).

3 Feuerakazie *Delonix regia* (HOOK.) RAF.

Flamboyant

Johannisbrotgewächse
Caesalpiniaceae
Bis 10 m ♄ VI–VIII
Madagaskar

Merkmale Laubwerfender Baum mit weit ausladender, schirmförmiger Krone. Blätter doppelt paarig gefiedert, die elliptischen, stumpflichen Blättchen 5–10 mm lang. Blüten 7–10 cm breit, von den 5 Kronblättern 4 scharlachrot, das 5. größer, weiß bis gelb mit roten Flecken, die 5 Kelchzipfel innen ebenfalls rot. Staubblätter etwa so lang wie die Kronblätter. Dunkelbraune, flache, 20–60 cm lange Hülsen.

4 Stachelige Parkinsonie *Parkinsonia aculeata* L.

Espino de Jerusalén

Johannisbrotgewächse
Caesalpiniaceae
Bis 10 m ♄ VII–IV
Tropisches Amerika

Merkmale Lichter Baum mit überhängenden Ästen. Blätter 2fach gefiedert, mit 2 Nebenblattdornen am Grund und dornig endender, verkürzter Spindel, Blättchen entfernt stehend, linealisch, etwa 7 mm lang, hinfällig. Blüten in lockeren, hängenden Trauben, etwa 2,5 cm breit, mit 5 am Rand gezähnelt-gewellten Kronblättern, davon 4 gelb, das obere orange gefleckt (verwildert, T F).

5 Kerzenstrauch, Doppeltraubige Kassie *Senna didymobotrya* (FRESEN.) IRW. & BARN. (*Cassia didymobotrya* FRESEN.)

Flor de gofio

Johannisbrotgewächse
Caesalpiniaceae
1,5–3 m ♄ I–XII
Tropisches Afrika und Asien

Merkmale Immergrüner Strauch. Die an den Zweigenden gehäuft stehenden Blätter mit 8–18 Paaren eiförmig-elliptischer, bespitzter, 2,5–5 cm langer, behaarter Fiedern. Eigenartig riechende Blüten in lang gestielten, aufrechten, ährenartigen Trauben, in der Knospe jeweils von einem dunklen Hochblatt umhüllt. Kronblätter goldgelb, 17–27 mm lang. Flache Hülsen (verwildert, T C F).

6 Die **Ansehnliche Kassie** *S. spectabilis* (DC.) IRW. & BARN. ist dagegen ein hoher, laubwerfender Baum mit einfach 10–15-paarig gefiederten Blättern (siehe auch S. 36). Fiedern spitz eiförmig-lanzettlich, bis 8 cm lang, unterseits behaart. Gelbe Blüten in beeindruckenden, aufrechten, bis zu 60 cm langen, kegelförmigen Trauben. Früchte lineal zylindrisch (blüht VII–X, Heimat Mittel- und S-Amerika). Weitere *Senna*-Arten werden kultiviert, darunter die strauchige *S. corymbosa* (LAM.) IRW. & BARN., Blätter mit nur 2–3 Blattpaaren, Blüten in Doldentrauben (verwildert, C, Heimat S-Amerika).

7 Buntfarbene Bauhinie *Bauhinia variegata* L.

Árbol orquídea, Pata de vaca

Johannisbrotgewächse
Bis 12 m ♄ I–IV
Indien, China, SO-Asien

Merkmale Laubwerfender Baum, die rundlichen, bogennervigen Blätter vorn etwa zu ⅓ eingeschnitten. Blüten orchideenartig auffällig („Orchideenbaum"), mit einseitig geöffnetem, scheidigem Kelch und 5, bis 6 cm langen Kronblättern, davon 4 blasspurpurn, das oberste vorstehend, kräftiger purpurn und dunkler geadert. 5 nach oben gebogene Staubblätter. Flache, bis 20 cm lange Hülsen.

8 Korallenstrauch *Erythrina crista-galli* L.

Cresta de gallo

Schmetterlingsblütler
Fabaceae
6–9 m ♄ III–IX
S-Amerika

Merkmale Laubwerfender, giftiger Strauch oder Baum, bis hin zu den langen Blattstielen mit flachen Stacheln. 3 lang gestielte, spitz eiförmig-lanzettliche Fiederblättchen. Blüten in endständigen Trauben, mit glockigem Kelch und scharlachroten Schmetterlingsblüten, die ausgebreitete Fahne nach unten gerichtet, mit 5 cm viel länger als das Schiffchen und die Flügel. Schwach eingeschnürte Hülsen.

1
2
3
4
5
6
7
8

1 Schillerndes Nesselblatt *Acalypha wilkesiana* Muell. Arg. — Acalifa

Wolfsmilchgewächse
Euphorbiaceae
Bis 4,5 m ♄ IV–VIII
Pazifische Inseln

Merkmale Dichter Strauch mit eiförmigen, zugespitzten Blättern. Diese hell- bis dunkelgrün, unregelmäßig rosa und rot gescheckt, am Rand stumpf gesägt. Blüten unscheinbar, eingeschlechtig, in bis zu 10 cm langen, kätzchenartigen Ähren. Sehr variable Art mit zahlreichen Kulturformen. Auffällig ist *A. hispida* Burm. f. durch die bis zu 50 cm langen, hängenden, leuchtend roten Blütenstände (Neuguinea).

2 Wunderstrauch *Codiaeum variegatum* (L.) Rump. ex Juss. — Croton

Wolfsmilchgewächse
Euphorbiaceae
Bis 3 m ♄ I–XII
SO-Asien

Merkmale Strauch mit auffälligen Blattnarben an den Ästen. Blätter in Größe, Form und Farbe sehr variabel, von lineal bis breit lanzettlich und ungeteilt oder 3-lappig, zugespitzt, dunkelgrün, gelbgrün, orange bis rot, mit Flecken oder Streifen. Blüten unscheinbar in achsel- und endständigen Trauben, eingeschlechtig, männliche weiß, weibliche gelblich.

3 Kandelaber-Wolfsmilch *Euphorbia candelabrum* Kotschy — Candelabro

Wolfsmilchgewächse
Euphorbiaceae
Bis 12 m ♄ I–IV
O-Afrika

Merkmale Baumförmige „kaktusähnliche“ Wolfsmilch, an die Kanaren-Wolfsmilch (siehe S. 132) erinnernd, wie diese mit sehr giftigem Milchsaft! Äste ± aufrecht, fleischig, 5–10 cm breit, in etwa 20 cm lange Abschnitte eingeschnürt, scharf 4-kantig, entfernt schwach gezähnt. An den Kanten 2 Dornenpaare, das eine kräftig, etwa 5 mm lang, das andere biegsam, 1,5 mm, bald abfallend, wie auch die Blätter an Jungtrieben. Scheinblüten (Cyathien) jeweils zu 1–6 gestielt an den Astenden. Kapseln fast kugelig, zuletzt stumpf 3-lappig, etwa 1 cm groß, grün, später rötlich.

4 Meist nur strauchartig, bis 4 m hoch, die **Tirucalli-Wolfsmilch** *E. tirucalli* L., als Jungpflanze dem Kanaren-Endemiten *E. aphylla* (siehe S. 130) ähnlich. Die dicht verzweigten Äste zylindrisch, fleischig, aus nur 5–7 mm dicken und 7–10 cm langen Gliedern, die jüngeren fast quirlig angeordnet, kahl, mit hinfälligen, lineal-lanzettlichen, 4–15 mm langen Blättchen (Heimat tropisches Afrika, Asien).

5 Weihnachtsstern, Poinsettie *Euphorbia pulcherrima* Klotzsch — Flor de pascua

Wolfsmilchgewächse
Euphorbiaceae
Bis 4 m ♄ X–II
Mexiko

Merkmale Laubwerfender, milchsaftführender, giftiger Strauch. Die lang gestielten Blätter an den Zweigenden gehäuft, kahl, eiförmig-länglich, ungeteilt oder gezähnt bis buchtig gelappt, zugespitzt, am Grund keilförmig. Blüten ziemlich unscheinbar, endständig trugdoldig, mit gelben Honigdrüsen, umgeben von ausgebreiteten, laubblattähnlichen, großen, meist lebhaft rot gefärbten Hochblättern.

6 Paternosterbaum, Indischer Zedrachbaum *Melia azedarach* L. — Árbol del paraíso

Zedrachgewächse
Meliaceae
Bis 15 m ♄ IV–VI
China, Indien

Merkmale Laubwerfender Baum mit 2fach unpaarig gefiederten, bis 90 cm langen Blättern. Fiederchen eiförmig-lanzettlich, zugespitzt und schwach gesägt bis gelappt. Blüten mit Fliederduft in 20–25 cm langen, lockeren Rispen, mit 5 freien, blassvioletten, etwa 2 cm langen Kronblättern und einer dunkel rotvioletten Staubblattröhre. Gelbliche, zuletzt bräunliche, erbsengroße, giftige Steinfrüchte, die gerne zu Ketten verarbeitet werden (verwildert, H T C).

7 Peruanischer Pfefferbaum *Schinus molle* L. — Pimentero falso

Sumachgewächse
Anacardiaceae
Bis 12 m ♄ I–XII
S-Amerika

Merkmale Einhäusiger, immergrüner Baum mit dünnen, überhängenden Ästen. Blätter aromatisch, mit 10–39 lineal lanzettlichen, ganzrandigen oder schwach gesägten, sitzenden Fiedern an ungeflügelter Spindel. Kleine, gelblich weiße, 5-zählige Blüten in lockeren, hängenden Rispen. Die 4–7 mm großen, rosa bis roten Steinfrüchte mit pfefferartigem Geschmack sind wie auch die Früchte der folgenden Art als „Rosa Pfeffer“ im Handel (verwildert, G T C F L).

8 Der **Brasilianische Pfefferbaum** *Sch. terebinthifolius* Raddi dagegen mit abstehenden Ästen, die 5–13 verkehrteiförmigen Fiedern an zum Ende hin breiter geflügelter Spindel (Heimat S-Amerika).

1

2

3

4

5

6

7

8

1 Großblütiger Herzsame *Cardiospermum grandiflorum* Sw. — Farolito trepador

Seifenbaumgewächse
Sapindaceae
Bis 8 m ♃ I–XII
Tropisches Afrika und Amerika

Merkmale Üppig rankende, behaarte Pflanze. Blätter doppelt dreizählig gefiedert, Blättchen gestielt, grob gesägt. Blüten in kleinen, lang gestielten Doldentrauben, am Grund mit 1 Paar gegenständiger Ranken, die 4 Kronblätter weiß, etwa 7 mm lang, Kelchblätter ungleich groß. Auffällig die ballonartig aufgeblasenen, trockenhäutigen, etwa 5 cm großen Früchte (eingebürgert, P G T C). Die Art wird teilweise als synonym mit der Heilpflanze *C. halicacabum* L. angesehen.

2 Pappelblättriger Brachychiton *Brachychiton populneus* (Schott & Endl.) R. Br. — Braquiquito

Sterkuliengewächse
Sterculiaceae
Bis 20 m ♄ II–VI
Australien

Merkmale Immergrüner oder halbimmergrüner Baum mit kahlen, lang gestielten, am Grund keilförmigen, einfachen oder geschweift 2–5-lappigen, an den Spitzen lang ausgezogenen Blättern. Blüten mit 1–2 cm langem, glockenförmigem, kurz und spreizend 5–6-zipfeligem, randlich behaartem, weißlichem, innen rot geflecktem Kelch, ohne Kronblätter. Früchte aus (2–4)–5 dunkelbraunen, geschnäbelten Bälgen. Kultiviert wird auch *B. acerifolius* (Cunn.) Muell. mit roten Blüten.

3 Chinesischer Roseneibisch *Hibiscus rosa-sinensis* L. — Hibisco, rosa de China

Malvengewächse
Malvaceae
2–5 m ♄ I–XII
Heimat unbekannt, tropisches Asien?

Merkmale Strauch oder kleiner Baum, Blätter kahl und glänzend, breit eiförmig, zugespitzt, vorn unregelmäßig grob gesägt. Blüten einzeln, lang gestielt, mit 10–15 cm breiter, 5-blättriger, scharlachroter, auch rosa, weißer, gelber oder orangeroter Krone, außerdem gefüllte Formen. Die 5 kopfigen Narben und zahlreiche Staubbeutel am Ende einer weit vorgestreckten Staubblattsäule. 7 schmale Außenkelchblätter. Frucht eine eiförmige Kapsel.

4 Der **Koralleneibisch** *H. schizopetalus* (Mast.) Hook. f. mit eiförmigen, spitzen, ± regelmäßig grob gesägten Blättern. An gegliederten, langen Stielen hängend die Blüten mit 5 rosarot gescheckten, streng zurückgeschlagenen, tief und unregelmäßig gefransten Kronblättern. Staubblattsäule dünn und viel weiter heraushängend.

5 Baumartige Beerenmalve *Malvaviscus arboreus* Cav. — Malvavisco arbóreo

Malvengewächse
Malvaceae
2–4 m ♄ III–VI
Mittel- bis S-Amerika

Merkmale Immergrüner Strauch, die herzeiförmigen, zugespitzten, manchmal gelappten, grob gesägt-gezähnten Blätter beiderseits behaart, später verkahlend. Blüten gestielt, einzeln in den Blattachseln, aufrecht oder hängend (var. *penduliflorus* (DC.) Schery, Foto), der 5-zähnige Kelch von einem 7–9-teiligen Außenkelch mit schmalen Zipfeln umhüllt. Krone bleibend tütenförmig eingerollt, mit 2,5–7 cm langen, leuchtend roten Kronblättern und 10 herausragenden Griffelästen. 5–10 lineal-lanzettliche Außenkelchblätter. Rote fleischige Früchte.

6 Rutenförmiger Zylinderputzer *Callistemon viminalis* (Gaertn.) G. Don — Limpiatubos llorón

Myrtengewächse
Myrtaceae
Bis 8 m ♄ III–VI
O-Australien

Merkmale Strauch oder kleiner Baum mit hängenden Zweigen und schmal lanzettlichen, zugespitzten Blättern. Blüten sitzend und dicht gedrängt in hängenden, zylindrischen, flaschenbürstenartigen Ähren, übergipfelt von beblätterten Sprossen. Auffällig die zahlreichen, langen, leuchtend roten Staubfäden mit gelben Staubbeuteln und später die kleinen, verholzenden, knopfartigen Kapseln, die mehrere Jahre an der Pflanze verbleiben. Zahlreiche weitere Arten und Hybriden.

7 Rotblütiger Fieberbaum *Eucalyptus ficifolia* F. v. Muell. — Eucalipto rojo

Myrtengewächse
Myrtaceae
Bis 10 m ♄ VIII
W-Australien

Merkmale Immergrüner Baum, Altersblätter breit lanzettlich bis eiförmig, zugespitzt, ledrig, oberseits dunkelgrün, unterseits heller, die Mittelrippe gelb. Die doldenartig endständigen Blüten etwa 2,5 cm breit, mit zahlreichen, scharlachroten Staubfäden. Mit weißlichen Staubfäden *E. globulus* Labill., nur bei dieser Art Blüten einzeln, groß,
8 die blau überlaufenen Kapseln über 1 cm breit (eingebürgert, H G T C) und der **Camaldoli-Fieberbaum** *E. camaldulensis* Dehnh., Blüten zu 5–10 in gestielten kleinen Dolden, Kapseln 5–6 mm breit (verwildert, H G T C F).

1
2
3
4
5
6
7
8

1 **Rangunschlinger** *Quisqualis indica* L. — Quiscual

Flügelsamengewächse
Combretaceae
Bis 6 m ♄ IV–XI
S-Asien, O-Afrika

Merkmale Immergrüner Kletterstrauch mit gegenständigen, gestielten, elliptischen, plötzlich zugespitzten, behaarten Blättern. Blüten duftend, hängend in lockeren Ähren, mit 5–9 cm langer Kelchröhre und 5 ausgebreiteten, 1–2 cm langen Kronzipfeln, zuerst weiß, im Tagesverlauf sich rosa bis zuletzt rot färbend. Trockene, geflügelte Früchte.

2 **Kap-Bleiwurz** *Plumbago auriculata* Lam. (*P. capensis* Thunb.) — Belesa

Bleiwurzgewächse
Plumbaginaceae
2–3 m ♄ I–XII
S-Afrika

Merkmale Kletternder oder überhängender Strauch, die eilänglichen bis spateligen Blätter ganzrandig. Blüten in kurzen, endständigen, ± halbkugeligen Ähren, Krone hellblau, mit langer, enger Röhre und flachem, 5-teiligem, 2–3 cm breitem Saum, der Kelch mit charakteristischen, großen Stieldrüsen (verwildert, G T C).

3 **Giftlorbeer** *Acokanthera oblongifolia* (Hochst.) Codd. — Laurel tóxico

Hundsgiftgewächse
Apocynaceae
Bis 6 m ♄ XI–V
Mozambique,
S-Afrika

Merkmale Kleiner immergrüner Baum mit äußerst giftigem Milchsaft. Die ganzrandigen Blätter ledrig glänzend, elliptisch, an beiden Enden verschmälert. Blüten doldenartig an den Zweigenden, stark duftend, mit schlanker, weißer, oft rosa überlaufener, im Schlund lang behaarter Kronröhre und 5 weißen, 3–7 mm langen, ausgebreiteten Zipfeln. Olivenartige, schwarzpurpurne, etwa 2,5 cm lange Früchte.

4 **Tempelbaum, Frangipani** *Plumeria rubra* L. — Flor de cera

Hundsgiftgewächse
Apocynaceae
Bis 10 m ♄ VI–IX
Mexiko bis Panama

Merkmale Laubwerfender, kleiner Baum mit dicken, giftigen Milchsaft führenden Ästen. Gruppiert an ihren Enden die bis 40 cm langen, ledrigen, kahlen Blätter, spitz länglich-lanzettlich und ganzrandig, mit fast rechtwinkelig abgehenden Seitennerven und einem deutlichen Randnerv. Stark duftende, wachsartige Blüten mit schlanker Kronröhre und 5 ausgebreiteten, sich überlappenden Zipfeln, weißlich, rosa überlaufen oder rot, fast immer mit gelbem Schlund.

5 **Gelber Oleander, Schellenbaum** *Thevetia peruviana* (Pers.) Schum. — Adelfa amarilla

Hundsgiftgewächse
Apocynaceae
Bis 6 m ♄ VI–X
Tropisches Amerika

Merkmale Immergrüner kahler Strauch oder kleiner Baum mit giftigem Milchsaft. Blätter schmal lanzettlich mit vortretender Mittelrippe, oberseits glänzend dunkelgrün, oleanderähnlich, aber wechselständig. Große, gelbe, trichterförmige Blüten mit 5 gedrehten, nur wenig ausgebreiteten, bis 7 cm langen Kronlappen. Unregelmäßig vierkantige, zuletzt schwarze, klappernde Früchte (Name).

6 **Blaue Prunkwinde** *Ipomoea indica* (Burm.) Merr. (*Pharbitis learii* (Paxt.) Lindl.) — Batatilla de Indias

Windengewächse
Convolvulaceae
Bis 6 m ♃ –XII
Tropisches Amerika

Merkmale Staude mit verholzenden, windenden Stängeln. Blätter herzförmig, ungeteilt oder 3-lappig, zugespitzt, unterseits fein behaart. Blüten mit weit trichterförmiger, 6–8 cm breiter, blauvioletter Krone. Die schmalen, lang zugespitzten Kelchblätter am Grund fein und dicht behaart (eingebürgert, H P G T C F). Dagegen bei *I. purpurea* (L.) Roth Kelchblätter mit am Grund knotig verdickten Borstenhaaren (verwildert, C).

7 Die **Kairo-Prunkwinde** *I. cairica* (L.) Sw. hat bis zum Grund 5–7-zählig gefingerte Blätter (verwildert, H P G T C F, heute fast weltweit in den Tropen und Subtropen).

8 **Wandelröschen** *Lantana camara* L. — Lantana

Eisenkrautgewächse
Verbenaceae
Bis 3,5 m ♄ I–XII
Tropisches Amerika

Merkmale Immergrüner Strauch, ± dornig, mit gegenständigen, eilänglichen, stumpfen oder kurz zugespitzten, gekerbt-gesägten, etwas runzeligen und unterseits weich behaarten Blättern. Blütenstand flach halbkugelig, Saum der Kronen unregelmäßig 4–5-lappig. Die Farbe wechselt bei den meisten Sorten während der Blütezeit von Gelb oder Rosa zu Orange oder Rot bis Violett. Stahlblaue, beerenartige Früchte. In Kultur wohl nur Hybriden (verwildert, P G T C F L).

1
2
3
4
5
6
7
8

1 **Purpurkranz** *Petrea volubilis* L. — Petrea

Eisenkrautgewächse
Verbenaceae
Bis 6(–12) m ♄ II–IX
Mittelamerika, Karibik

Merkmale Immergüne, verholzende Kletterpflanze mit windenden, überhängenden Zweigen. Die gegenständigen Blätter kurz gestielt, bis 20 cm lang, elliptisch, sehr rau. Blüten etwa 4 cm im Durchmesser in oft reichen, 30–45 cm langen, end- und achselständigen, überhängenden Trauben. Kelch blauviolett, mit kurzer Röhre und 5 ausgebreiteten Zipfeln, bis zur Fruchtreife ausdauernd, Krone viel kürzer und meist dunkler, nach wenigen Tagen abfallend.

2 **Chilenischer Hammerstrauch** *Cestrum parqui* L'HÉR. — Cestrum llorón

Nachtschattengewächse
Solanaceae
Bis 3,5 m ♄ I–XII
Chile

Merkmale Strauch oder kleiner Baum, die zuletzt kahlen Blätter wechselständig, lanzettlich bis eilanzettlich, spitz, 5–12 cm lang. Nachts duftende Blüten in end- und achselständigen Rispen, Krone grünlich gelb, mit schmaler, bis 2,5 cm langer Röhre und 5(–6) innen gewöhnlich behaarten, spreizenden, 3–6 mm langen Lappen, die durch eingerollte Ränder spitz erscheinen. Schwärzliche Früchte. Ähnlich *C. nocturnum* L., aber Blüten grünlich weiß, mit aufrechten Lappen, Früchte weiß (Kleine Antillen).

3 Der halb kletternde **Goldgelbe Hammerstrauch** *C. aurantiacum* LINDL. mit entsprechend gefärbten, kaum duftenden Blüten, die Lappen der Krone eiförmig, bald zurückgeschlagen, Früchte weiß (Guatemala). Giftpflanzen.

4 **Goldkelch** *Solandra grandiflora* SW. (*S. nitida* ZUCC.) — Copa de oro

Nachtschattengewächse
Bis 5 m ♄ I–XII
Mexiko

Merkmale Immergrüne verholzende Kletterpflanze mit wechselständigen, eiförmigen, ± spitzen, ganzrandigen, ledrigen Blättern. Die bis 25 cm langen, becherförmigen Blütenkronen anfangs blassgelb, später gold- bis braungelb, innen mit 5 braunvioletten Streifen, am Saum 5 am Rand krause, zurückgeschlagene Lappen.

5 **Jasmin-Nachtschatten** *Solanum jasminoides* PAXT. — Enredadera de papa

Nachtschattengewächse
Bis 4 m ♄ I–XII
Brasilien

Merkmale Kahler, kletternder Strauch. Blätter unterschiedlich, obere zugespitzt eilanzettlich, ungeteilt, untere mit 2–5 Lappen. Blüten in end- und achselständigen Trauben, ähnlich Kartoffelblüten, 2–2,5 cm breit, mit weißer bis bläulicher, ausgebreitet 5-zipfeliger Krone, 5 zusammenneigende Staubblätter (verwildert, T C).

6 **Marmeladenstrauch** *Streptosolen jamesonii* MIERS — Mermeladero

Nachtschattengewächse
Bis 3 m ♄ III–VI
Kolumbien, Ecuador, Peru

Merkmale Schnellwüchsiger, behaarter Strauch mit wechselständigen, gestielten, immergrünen, spitz eiförmigen, stark genervten Blättern. Blüten gestielt in ± hängenden, reichen Rispen, mit ungleich 5-zähnigem Kelch, langer, gebogener Kronröhre und 2,5–3 cm breitem Saum mit 5 ungleichen, abgerundeten Lappen, anfangs gelb, zuletzt leuchtend orangerot.

7 **Jacaranda, Falscher Palisander** *Jacaranda mimosifolia* D. DON — Jacaranda

Trompetenbaumgewächse
Bignoniaceae
Bis 15 m ♄ V–X
Argentinien, Bolivien

Merkmale Laubwerfender Baum mit gegenständigen, 2fach fein gefiederten Blättern. Blättchen bis zu 31, sitzend, lanzettlich, in eine grannige Spitze auslaufend, oberseits behaart. Große rispige Blütenstände, Krone blauviolett mit weißem Schlund, etwa 5 cm lang, gebogen, mit bauchig erweiterter Röhre, 2-lippig mit 5 rundlichen, abstehenden Lappen. Holzige, flache, fast kreisrunde Kapseln.

8 **Roter Trompetenwein** *Distictis buccinatoria* (DC.) A. GENTRY — Trompeta sangrienta

Trompetenbaumgewächse
Bignoniaceae
Bis 10 m ♄ V–VIII
Mexiko

Merkmale Immergrüner Kletterstrauch, Blätter gegenständig, aus 2 gestielten, glänzenden, unterseits winzig weißschuppigen, eiförmigen, spitzen Blättchen und einer 1- oder 3-armigen Ranke. 5–10 cm lange Blüten mit röhrenförmiger, außen filziger, oranger Krone, der blutrote Saum mit 5 abstehenden, eingeschnittenen Lappen, der Schlund orangegelb (verwildert, C).

1 2
3
4 5
6
7 8

1 Feuerranke, Feuer-Bignonie *Pyrostegia venusta* (Ker-Gawl.) Miers — Bignonia de fuego

Trompetenbaumgewächse
Bignoniaceae
Bis 14 m ♄ I–XII
S-Amerika

Merkmale Immergrüner Kletterstrauch. Blätter gegenständig, aus 2 gestielten, eiförmig-länglichen, zugespitzten Blättchen, das dritte meist durch eine 3-armige Ranke ersetzt. Blüten aufrecht, bis 7 cm lang, mit röhrenförmiger, feurig orangeroter Krone, deren 4 Lappen zurückgerollt, der obere 2-spaltig (verwildert, C).

2 Kap-Bignonie *Tecomaria capensis* (Thunb.) Spach. — Bignonia roja

Trompetenbaumgewächse
Bignoniaceae
2–5 m ♄ I–XII
S-Afrika

Merkmale Immergrüner, ± kletternder Strauch mit gegenständigen, unpaarig gefiederten Blättern, die 5–11 dunkelgrünen, glänzenden Blättchen gesägt, rundlich bis eiförmig, die unteren gestielt. Blüten endständig, mit leicht gekrümmter, bis 5,5 cm langer, schmal trichterförmiger, orangeroter Krone, der Saum 4-lappig mit 2-spaltigem, oberem Zipfel, Schlund orange (verwildert, T C).

3 Afrikanischer Tulpenbaum *Spathodea campanulata* Beauv. — Tulipero del Gabón

Trompetenbaumgewächse
Bignoniaceae
Bis 25 m ♄ I–XII
Tropisches Afrika

Merkmale Immergrüner Baum mit gegenständigen, unpaarig gefiederten Blättern, die 9–19 sitzenden, dunkelgrünen Blättchen ganzrandig, kurz zugespitzt eiförmig-länglich. Aufrechte, dicht stehende, bis 12 cm lange Blüten an den Zweigenden, die scharlachroten Kronen mit einseitig bauchiger, becherförmig erweiterter Röhre, am 5-lappigen, krausen Saum goldfarben berandet.

4 Gelber Trompetenbaum *Tecoma stans* (L.) HBK. — Bignonia amarilla

Trompetenbaumgewächse
Bignoniaceae
6–9 m ♄ I–XII
Mexiko bis Peru

Merkmale Immergrüner Strauch bis kleiner Baum mit gegenständigen, unpaarig gefiederten Blättern, die 3–13 Blättchen eilanzettlich, am Rand deutlich gesägt. Blüten 3,5–8,5 cm lang, mit plötzlich trichterförmig erweiterter, goldgelber Krone, der ausgebreitete 5-lappige Saum schwach 2-lippig, Schlund und obere Lappen meist rot geadert. Lineale, zugespitzte, bis 25 cm lange Kapseln.

5 Weitschlundige Bignonie *Podranea ricasoliana* (Tanf.) Sprag. — Bignonia rosada

Trompetenbaumgewächse
Bignoniaceae
3–10 m ♄ I–XII
S-Afrika

Merkmale Immergrüner Kletterstrauch mit gegenständigen, unpaarig gefiederten Blättern. 5–13 eiförmige, zugespitzte, schwach und unregelmäßig gesägte Blättchen, am Grund oft ungleich, die unteren gestielt. Blüten in reichen, lockeren, endständigen Rispen, Krone plötzlich glockig erweitert, rosa mit dunkleren Adern im Schlund, etwas 2-lippig, mit 5 rundlichen Lappen, bis 7 × 7 cm.

6 Großblütige Thunbergie *Thunbergia grandiflora* Roxb. — Tumbergia azul

Akanthusgewächse
Acanthaceae
Bis 15 m ♄ I–XII
N-Indien

Merkmale Immergrüner, windender Strauch mit gegenständigen, ungeteilten Blättern, diese dicklich und rau, zugespitzt eiförmig, geschweift-gezähnt bis leicht gelappt. Krone aus enger Röhre plötzlich glockig erweitert, hellblau, der 7,5 cm breite Saum schwach 2-lippig, mit 5 dunkel geaderten, abgerundeten Lappen, im Schlund gelblich.

7 Zur selben Familie gehört der **Fackelbusch** *Megaskepasma erythrochlamys* Lindau, bis 2 m hoher Strauch, die bis 30 cm langen Blütenähren mit auffälligen, purpurroten, bis 4 cm langen Hochblättern, in denen zierliche, weißliche, 2-lippige Blüten sitzen (Venezuela).

8 Freudige Drüsenpflanze *Myoporum laetum* Forst. — Transparente

Myoporumgewächse
Myoporaceae
Bis 12 m ♄ XI–VI
Neuseeland

Merkmale Immergrüner Strauch oder Baum. Wechselständige, lanzettliche, zugespitzte, meist ganzrandige Blätter mit deutlichen, durchscheinenden Drüsenpunkten. Blüten zu 5–10 in den Blattachseln, die weiße Krone mit kurzer Röhre und 10–15 mm breitem, 5-lappigem, bärtigem, purpurn geflecktem Saum. 4(5) herausragende Staubblätter (eingebürgert, H T C).

1

2

3

4

5

6

7

8

Literaturauswahl zu Flora und Vegetation

Das folgende Literaturverzeichnis bringt eine Auswahl der wichtigsten, für die Abfassung dieses Buches benutzten Werke sowie einige populäre Bildbände. Viele Beiträge enthalten auch die kanarischen Zeitschriften Vieraea und Makaronesia (Santa Cruz de Tenerife), Botanica Macaronesica (Las Palmas de Gran Canaria) sowie zahllose botanische Zeitschriften aus verschiedenen Erdteilen. Eine umfangreiche Bibliografie der älteren Literatur von A. Hansen & P. Sunding findet sich in Sommerfeltia, suppl. 5, Oslo 1994.

Acebes Ginovés, J. R. & al. Pteridophyta, Spermatophyta in: Arechavaleta, M. & al. (ed.): Lista de especies silvestres de Canarias. 2009. Gobierno de Canarias (2010) (http://www.gobcan.es/cmayot/medioambiente/medionatural/biodiversidad/especies/bancodatos/Lista_Especies_Silvestres.pdf)

Arco Aguilar, M. J. del, Pérez de Paz, P. L., Wildpret de la Torre, W. & al.: Atlas cartográfico de los pinares canarios. I. La Gomera y El Hierro, II. Tenerife, III. La Palma, IV. Gran Canaria. Gobierno de Canarias, 1990–1994

Arechavaleta, M. & al. (eds.): Lista preliminar de espécies silvestres de Cabo Verde. 2005. Gobierno de Canarias (http://www.azoresbioportal.angra.uac.pt/files/noticias_Check_List_Cabo_Verde.pdf)

Bañares Baudet, Á. & al. (eds.): Atlas y Libro Rojo de la Flora Vascular Amenazada de España. Madrid 2003. Adenda 2006–2010. Madrid 2006–2010 (http://www.jolube.es/AFA_entrada_jolube.htm)

Bañares Baudet, Á.: Las plantas suculentas (Crassulaceae) endémicas de las Islas Canarias. Santa Cruz de Tenerife 2015

Beltrán Tejera, E. & al.: Libro rojo de las especies de la Flora Canaria. La Laguna 1999

Beltrán Tejera, E. & al. (ed.): Homenaje al Prof. Dr. Wolfredo de la Torre. La Laguna 2009

Blanca, G. & al. (eds.).: Flora Vascular de Andalucía Oriental, 4 Bände. Sevilla 2009 (http://bibdigital.rjb.csic.es/spa/Volumenes.php?Libro=6402)

Borges, P. A. V. & al.: A list of the terrestrial fungi, flora and fauna of Madeira and Selvagens archipelagos, 2008

Bramwell, D. & Z.: Jardines de Canarias, 3 Bände. Madrid 1983–1987

Bramwell, D. & Z.: Historia Natural de las Islas Canarias. Madrid 1987

Bramwell, D. & Z.: Kanarische Flora. Illustrierter Führer, 2. Aufl. Madrid 1993

Bramwell, D. & Z.: Wild flowers of the Canary Islands. 2. ed. Madrid 2001

Castroviejo, S. u. a. (Hrsg.): Flora iberica, 16 Bände. Madrid 1986–2010 (http://www.flora-iberica.org/)

Ceballos, L. & F. Ortuño: Estudio sobre la vegetación y flora forestal de las Canarias occidentales, 2. Aufl. Santa Cruz de Tenerife 1977

Fennane, M. & al.: Flore pratique du Maroc, 2 Bände. Rabat 1999, 2007

Fernández-Palacios, J. M. & J. L. Martín Esquivel: Naturaleza de las Islas Canarias. 2. ed., Sta. Cruz de Tenerife 2002

Fernández-Palacios, J. M. & al.: Los Bosques Termófilos de Canarias. Sta. Cruz de Tenerife 2008

Gaisberg, M. v.: Die Vegetation der Fußstufe von El Hierro. Diss. Bot. 395. 2005

García Rodríguez, J.-L., Hernández Hernández, J. & al.: Atlas interinsular de Canarias. Santa Cruz de Tenerife 1990

Gómez Campo, C. & al.: Libro rojo de especies vegetales amenazadas de las Islas Canarias. 1996

González Henríquez, M. N. & al.: Flora y vegetación del Archipiélago Canario. Las Palmas de Gran Canaria 1986

Greuter, W., H. M. Burdet & G. Long (Hrsg.): Med-Checklist, Band 1–4. Genf 1984–2008 (http://ww2.bgbm.org/mcl/home.asp)

Griffiths, M.: Index of Garden Plants. London, Basingstoke 1994

Hohenester, A. & W. Welß: Exkursionsflora für die Kanarischen Inseln. Stuttgart 1993

Kunkel, G.: Las plantas vasculares de Fuerteventura. Naturalia Hispanica 8. Madrid 1977

Kunkel, G.: La vida vegetal del Parque Nacional de Timanfaya, Lanzarote, Islas Canarias. Collección Botánica Canaria 2. Las Palmas de Gran Canaria 1981

Kunkel, G.: Los Riscos de Famara (Lanzarote, Islas Canarias). Naturalia Hispanica 22. Madrid 1983

Kunkel, G.: Flora y vegetación del Archipiélago Canario, Tratado Florístico, 2 Bände. Las Palmas de Gran Canaria 1991, 1992

Kunkel, G.: Die Kanarischen Inseln und ihre Pflanzenwelt, 3. Aufl. Stuttgart, Jena, New York 1993

Kunkel, G. & M. A.: Flora de Gran Canaria, 4 Bände. Las Palmas de Gran Canaria 1974–1979

Lodé, J.: Plantas Suculentas de las Islas Canarias. Sta. Cruz de Tenerife 2010

López González, G.: Los árboles y arbustos de la Península Ibérica e Islas Baleares. 2 Bände, Madrid 2001

Lüpnitz, D.: Kanarische Inseln, Florenvielfalt auf engem Raum. Palmengarten, Sonderh. 23. Frankfurt 1995

Machado, A. & M. Morera: Nombres comunes de las plantas y los animales de Canarias. 2005

Maire, R.: Flore de l'Afrique du Nord, 16 Bände. Paris 1952–1987

Martín Esquivel, J. L. & al.: La Red Canaria de Espacios Naturales Protegidos 1995

Meusel, H.: Die Reliktvegetation der Kanarischen Inseln in ihren Beziehungen zur süd- und mitteleuropäischen Flora. Gesammelte Vorträge über moderne Probleme der Abstammungslehre 1: 117–136, 1965

Muer, Th., H. Sauerbier, F. Cabrera Calixto: Die Farn- und Blütenpflanzen der Kanarischen Inseln. Weikersheim 2016

Pérez de Paz, P. L. (Hrsg.): Parque Nacional de Garajonay. Excmo. Cab. Insular de La Gomera 1990

Pérez de Paz, P. L. & C. E. Hernández Padrón: Plantas medicinales o útiles en la flora canaria. La Laguna 1999

Pott, R., J. Hüppe, W. Wildpret de la Torre: Die Kanarischen Inseln. Natur- und Kulturlandschaften. Stuttgart 2003

Press, J. R., Short, M. J. & N. J. Turland: Flora of Madeira. London 1994

Quezel, P. & S. Santa: Nouvelle Flore de l'Algérie et des régions désertiques méridionales, 2 Bände. Paris 1962–1963

Reifenberger, A.: Lanzarote Handbuch. Ebenso: Fuerteventura, Gran Canaria, Teneriffa, Gomera, La Palma. Kiel 1990–1994

Reyes Betancort, J. A. & al.: The vegetation of Lanzarote. Phytocoenologia 31: 185-247, 2001

Rivas-Martínez, S., Wildpret de la Torre & al.: Las communidades vegetales de la Isla de Tenerife. Itinera Geobotanica, 7. León, 1993

Rodríguez Pérez, J. A.: Die exotische Pflanzenwelt der Kanarischen Inseln. León 1998

Rothe, P.: Kanarische Inseln, 3. Aufl. Berlin 2008

Santos Guerra, A.: Vegetación y flora de La Palma. Santa Cruz de Tenerife 1983

Schäfer, H.: Chorology and Diversity of the Azorean Flora. Diss. Bot. 374. Stuttgart 2003

Schmidt, H.: Pflanzen auf Teneriffa. 2. Aufl. Marburg 1997

Schönfelder, I. & P.: Kosmos-Atlas Mittelmeer- und Kanarenflora. Sonderausg. Stuttgart 2011

Schönfelder, P. & I.: Die Kosmos-Mittelmeerflora. Stuttgart 2018

Silva, L. & al.: Invasive Terrestrial Flora & Fauna of Macaronesia. Ponta Delgada, 2008 (http://www.azoresbioportal.angra.uac.pt/files/publicacoes_Part5_Fichas.pdf)

Silva, L. & al.: List of vascular plants in: Borges, P. A. V. & al. A list of the terrestrial and marine biota from the Azores, Cascais 2010 (http://www.azoresbioportal.angra.uac.pt/files/noticias_Listagem_ml.pdf)

Stierstorfer, C.: The Vascular Plant Vegetation in the Forest Belt of El Hierro. Diss. Bot. 393, 2005

Stierstorfer, C. & v. Gaisberg, M.: Annotated checklist and distribution of the vascular plants of El Hierro, Canary Islands, Spain. Englera Band 27, Berlin 2006

Suárez Rodríguez, C.: Estudio de los relictos actuales del monte verde en Gran Canaria. Cabildo Insular de Gran Canaria 1994

Sunding, P.: The Vegetation of Gran Canaria. Skr. Norske Vidensk.-Akad. Oslo. I. Matem.-naturv. Kl. n. s. 29. 1972

Sventenius, E. R.: Additamentum ad floram Canariensem. Madrid 1960 (http://bibdigital.rjb.csic.es/spa/Libro.php?Libro=2368)

Tutin T. G. u.a. (Hrsg.): Flora Europaea. 5 Bände, Cambridge 1964–1980, 1993

Valdés, B., S. Talavera & E. Fernández-Galiano: Flora Vascular de Andalucía Occidental, 3 Bände. Barcelona 1987 (http://bibdigital.rjb.csic.es/spa/Volumenes.php?Libro=4136)

Valdés, B. & al.: Catalogue des plantes vasculaires du Nord du Maroc, incluant des clés d'identification. 2 Bände, Madrid 2002

Voggenreiter, V.: Geobotanische Untersuchungen an der natürlichen Vegetation der Kanareninsel Tenerife. Diss. Bot. 26, Lehre 1974

Walters, S. M. & al.: The European Garden Flora, 6 Bände. Cambridge 1986–2000

Webb, P. B. & Berthelot, S.: Histoire naturelle des îles Canaries. III. Botanique. 2. Phytographia canariensis. Paris 1836–1840 (http://bibdigital.rjb.csic.es/spa/Volumenes.php?Libro=110)

Wildpret de la Torre, W. & al.: Flora Ornamental del Casco Histórico de La Laguna. La Laguna 2005

Internet-Datenbanken:

http://www.floradecanarias.com/index.html

http://portal.grancanaria.com/portal/form_busc_flora.jc

http://www.anthos.es/dispatch.en.html

http://ww2.bgbm.org/EuroPlusMed/query.asp

http://epic.kew.org/searchepic/searchpage.do

http://plants.usda.gov/java/

http://www.efloras.org/index.aspx

Register

Wegen des Umfangs des Registers wurden zweiteilige deutsche Namen nur einmal, und zwar mit vorgestelltem Gattungsnamen aufgeführt.
So ist z. B. das „Großblättrige Abutilon" nur unter „Abutilon, Großblättriges" zu suchen.
Die beschriebenen Unterarten und Varietäten sind jeweils bei der Art zu finden.

Mit 921 Farbfotos von R. Barone Tosco (243-4), M. L. Gil González (119-2, 193-2, 271-2), J. J. Hernández (139-2b), L. Hoskovec (97-2), A. Kovalchuk (211-5), P. L. Pérez de Paz (123-3, 193-3, 193-4, 255-4), Ch. Stierstorfer (81-5, 163-1), W. Welß (101-3) und 907 Fotos von P. Schönfelder.

6 Farbzeichnungen von Melanie Waigand-Brauner, 22 s/w-Zeichnungen auf den Klappen von Wolfgang Lang und 83 s/w-Zeichnungen zu den botanischen Fachausdrücken von Marianne Golte-Bechtle sowie 2 historische Abbildungen.

527 Karten von Peter Schönfelder, Grundkarte von Wolfgang Lang

Seite 2 und 3: Sukkulentenbusch mit *Euphorbia canariensis* und *E. balsamifera* oberhalb von Playa del Ingles, Gran Canaria,
Seite 4: Lorbeerwald im Anaga-Gebirge, Tenerife.

Umschlaggestaltung von BÜRO JORGE SCHMIDT, München, unter Verwendung zweier Fotos von Peter Schönfelder (vorne: Wildpret-Natternkopf, *Echium wildpretii*, hinten: Rotbraune Leuchterblume, *Ceropegia fusca*) und einer historischen Zeichnung aus Webb et Berthelot (Kanarenglockenblume, *Canarina canariensis*).

Unser gesamtes Programm finden Sie unter **kosmos.de**.
Über Neuigkeiten informieren Sie regelmäßig unsere Newsletter, einfach anmelden unter **kosmos.de/newsletter**

MIX
Papier aus verantwortungsvollen Quellen
FSC® C015829
www.fsc.org

ISBN 978-3-440-15407-6
Projektleitung: Claudia Salata
Redaktion: Rainer Gerstle
Gestaltungskonzept: eStudio Calamar
Produktion: Markus Schärtlein
Printed in Italy / Imprimé en Italie

16a Blätter ohne jeden Drüsenpunkt (Lupe), eiförmig oder eiförmig-länglich mit stumpflicher Spitze, 4–11 cm lang, Blattunterseite heller grün, mit nicht mehr als 10 wenig hervortretenden Nervenpaaren, an Jungtrieben und Stockausschlägen oft mit Zähnen am Rand (**L**)
→ ***Ilex canariensis (Aquifoliaceae)*** S. 134

16b Blätter mit Drüsenpunkten und mehr als 10 deutlichen Nervenpaaren → **17**

17a Pflanze mit Milchsaft, selten (**M**) → ***Sideroxylon canariensis (Sapotaceae)*** S. 158

17b Pflanze ohne Milchsaft → **18**

18a Blätter mit hell durchscheinenden Drüsenpunkten, hellgrün, oval, groß, oft 20 × 9 cm (**N**) → ***Pleiomeris canariensis (Myrsinaceae)*** S. 164

18b Blätter mit sehr feinen dunkelroten Drüsenpunkten (Lupe), dunkelgrün, kleiner, eiförmig-rhombisch, im vorderen Teil bisweilen schwach gezähnt (**O**)
→ ***Heberdenia excelsa (Myrsinaceae)*** S. 164

19a Blattzähne stachelig, Blattspitze ausgezogen, Blätter blühender Triebe auch ganzrandig (**P**)
→ ***Ilex perado* ssp. *platyphylla (Aquifoliaceae)*** S. 134

19b Blattzähne nicht stachelig → **20**

20a Blätter beiderseits mit nicht durchscheinenden Drüsenpunkten, aromatisch → **21**

20b Blätter ohne Drüsenpunkte auf der Spreite (Lupe) → **22**

21a Blätter länglich-lanzettlich, Blätter blühender Triebe auch ganzrandig oder gewellt (**Q**)
→ ***Morella faya (Myricaceae)*** S. 64

21b Blätter spatelig, sehr selten (**R**) → ***Morella rivas-martinezii (Myricaceae)*** S. 64

22a Junge Zweige durch Korkleisten fast geflügelt, Blätter eilanzettlich, 2-zeilig angeordnet (**S**) → ***Visnea mocanera (Theaceae)*** S. 142

22b Junge Zweige ohne Korkleisten → **23**

23a Blätter eiförmig, höchstens 2× so lang wie breit (**T**)
→ ***Gymnosporia cassinoides (Celastraceae)*** S. 136

23b Blätter länglich-lanzettlich od. schmal eiförmig-länglich, mind. 2× so lang wie breit → **24**

24a Blätter in der Regel auf der Unterseite mit 2 eingesenkten Drüsen am abgerundeten oder breit keilförmigen Spreitengrund, auch die Blattzähne häufig mit Drüsen, Borke rauh (**U**) → ***Prunus lusitanica* ssp. *hixa (Rosaceae)*** S. 110

24b Blätter ohne eingesenkte Drüsen am lang in den Stiel verschmälerten Spreitengrund, aber Drüsenhaare am Blattstiel und an jungen Trieben, Borke glatt, sich ablösend (**V**)
→ ***Arbutus canariensis (Ericaceae)*** S. 158

25a Blätter gegenständig → ***Sambucus nigra* ssp. *palmensis (Caprifoliaceae)*** S. 212

25b Blätter wechselständig oder rosettig an den Zweigenden → **26**

26a Fiederblättchen gesägt oder gekerbt → **27**

26b Fiederblättchen ganzrandig → **30**

27a Fiederblättchen behaart → **28**

27b Fiederblättchen kahl → **29**

28a Fiederblättchen kurz gestielt → ***Bencomia caudata (Rosaceae)*** S. 108

28b Fiederblättchen sitzend → ***Bencomia sphaerocarpa (Rosaceae)*** S. 108

29a Blätter mit deutlichen, großen breiten Nebenblättern
→ ***Dendriopoterium menendezii (Rosaceae)*** S. 108

29b Nebenblätter klein und schmal → ***Marcetella moquiniana (Rosaceae)*** S. 108

30a Fiederblättchen zu 3–5 → ***Jasminum odoratissimum (Oleaceae)*** S. 166

30b Fiederblättchen meist zu mehr als 5 → **31**

31a Blätter paarig gefiedert, Spindel breit geflügelt, Stiel kahl
→ ***Pistacia lentiscus (Anacardiaceae)*** S. 134

31b Blätter unpaarig gefiedert, Spindel sehr schmal geflügelt, Stiel behaart
→ ***Pistacia atlantica (Anacardiaceae)*** S. 134